"十二五"职业教育国家规划教材

经全国职业教育教材审定委员会审定

SULIAO
JICHU CHENGXING

塑料挤出成型

第四版

熊 煦 李建钢 主编

陈飞虎 主审

化学工业出版社

·北京·

内容简介

本书全面贯彻党的教育方针，落实立德树人根本任务，有机融入了党的二十大精神。全书共分为十三个模块：模块一为绪论，主要介绍挤出成型技术的发展概况；模块二介绍了单、双螺杆挤出机的结构和工作原理；模块三至模块十三以十一种塑料制品的挤出成型工艺和生产过程为主线，按照模具、辅机结构由简单到复杂的顺序编写，详细介绍了各种制品的性能要求、挤出机的选择、模头的基本结构和工作原理等，并对各种制品在挤出生产中的异常现象、产生原因和解决方法进行了分析。

本书内容丰富，针对重要的知识点配有动画、短视频等信息化资源，便于学生理解相关内容；附录中提供了各种塑料挤出设备的选型，可供学习参考。

本书可作为高等职业教育高分子材料类专业的教材，也可供从事高分子材料加工与应用的技术人员参考。

图书在版编目（CIP）数据

塑料挤出成型/熊煦，李建钢主编. —4版. —北京：化学工业出版社，2024.4
ISBN 978-7-122-44749-4

Ⅰ.①塑… Ⅱ.①熊… ②李… Ⅲ.①塑料成型-挤出成型-高等职业教育-教材 Ⅳ.①TQ320.66

中国国家版本馆CIP数据核字（2024）第046312号

责任编辑：提 岩 于 卉　　文字编辑：邢苗苗
责任校对：李 爽　　装帧设计：张 辉

出版发行：化学工业出版社
（北京市东城区青年湖南街13号 邮政编码100011）
印 刷：北京云浩印刷有限责任公司
装 订：三河市振勇印装有限公司
787mm×1092mm 1/16 印张18 字数444千字
2024年8月北京第4版第1次印刷

购书咨询：010-64518888　　售后服务：010-64518899
网 址：http://www.cip.com.cn
凡购买本书，如有缺损质量问题，本社销售中心负责调换。

定 价：48.00元

第四版前言

本书自2004年出版以来，广泛用于高等职业院校相关专业的教学，以及作为相关人员的培训教材，受到了一致好评。2009年修订出版了第二版，2015年修订出版了第三版，第三版经全国职业教育教材审定委员会审定，立项为“十二五”职业教育国家规划教材。

随着高分子科学与技术的发展，高分子材料制品已广泛应用于工业、农业、航空航天、国防军工和日常生活的各个领域。挤出成型是塑料成型加工领域中生产品种最多、变化最多、生产率高、适应性强、用途广泛、产量所占比例最大的成型加工方法。挤出成型工艺适用于除某些热固性塑料外的大多数塑料，挤出制品包含了管材、棒材、板材、片材、异型材、薄膜、单丝、发泡制品、电线电缆包覆层等各种形态的连续型制品。此外，挤出成型工艺还可用于塑料的混合、塑化、造粒、着色及共混改性，是塑料成型中最为重要的方法。通过对塑料挤出成型的学习和研究，可以加深对挤出成型工艺的正确理解，指导高分子材料相关领域的技术人员优化挤出成型工艺条件，有效提高挤出成型制品的质量和性能。

本次修订充分落实党的二十大报告中关于“着力推动高质量发展”“加快建设制造强国”等要求，对新标准、新知识、新技术等进行了全面更新和补充。主要体现在以下方面：

(1) 进一步精练内容，注重更新塑料挤出成型方面的新知识、新技术、新方法，并补充了一些实际操作内容；

(2) 遵循学生的认知规律，对部分内容进行了更科学合理的编排；

(3) 各模块后增加拓展阅读材料，介绍我国高分子领域杰出科学家的事迹和我国高分子行业的最新进展，弘扬爱国情怀，树立民族自信，培养学生的职业精神和职业素养；

(4) 针对重要的知识点，配套建设了动画、视频、微课等信息化资源，以二维码的形式融入教材，便于学生理解相关内容。

本书由熊煦、李建钢担任主编，孔萍、陈晓松担任副主编。具体编写分工为：模块一、模块七由邱志文编写；模块二由李建钢编写；模块三、模块九、模块十二、模块十三由熊煦编写；模块四、模块六由陈晓松编写；模块五、模块十一由罗伟编写；模块八、模块十由孔萍编写。全书由熊煦统稿，上海锦湖日丽塑料有限公司陈飞虎主审。

本次修订得到了前几版编写团队的大力支持，并吸收了一些用书单位的宝贵建议，还得到了有关兄弟院校的大力支持，在此谨致以衷心的感谢。

由于编者水平所限，书中不足之处在所难免，敬请读者批评指正！

编　者

2024年1月

目录

二维码资源目录

模块一
绪　论

知识目标：通过本模块的学习，了解挤出成型技术的历史与现状，挤出成型制品的用途，挤出成型新工艺、发展趋势以及挤出成型设备的发展现状。

能力目标：掌握挤出成型生产的基本过程及特点，培养通过对挤出成型行业发展现状的了解，制订专业发展规划的能力。

素质目标：培养积极思考、主动及时了解所学课程前沿技术的习惯，培养不断探索的奋斗精神，培养爱国主义情怀、民族自豪感与专业、行业自豪感。

单元一　挤出成型概况

一、挤出成型技术的历史与现状

挤出成型技术作为聚合物加工技术之一，是伴随聚合物加工工业技术的发展而成长的。20 世纪 50 年代，石油化工的发展使高分子工业迅速成熟；60 年代，塑料、橡胶、化纤三大合成材料的生产向规模化转变；70 年代，世界合成高分子材料在总体积上已超过了金属材料；80 年代至今，开始对高分子材料进行功能化改性，使其具有更多的特殊性能和应用功能，朝着绿色环保、高性能、复合化、功能化、智能化等新型材料的方向发展。聚合物只有通过成型加工才能成为有使用价值的制品，成型加工是高分子材料不可缺少的生产环节。

挤出成型作为聚合物加工工业中的一项重要技术，是在聚合物树脂应用工程技术、挤出生产设备研制技术两方面互相促进，又互相依存而发展起来的。各类挤出产品有：早期的硬聚氯乙烯（PVC）管，包覆电缆，聚苯乙烯（PS）、聚丙烯（PP）和丙烯腈-丁二烯-苯乙烯共聚物（ABS）片材与板材，聚乙烯（PE）吹塑薄膜和涂覆薄膜等；如今的 PVC 型材，交联 PE、铝塑复合、增强聚丙烯（RPP）管材，双向拉伸聚丙烯薄膜，多层共挤复合膜，具有高阻隔性、透气性、自黏性、热收缩性、自消性等特殊性能的薄膜，功能母粒与色母粒，发泡制品。运用挤出加工手段制备改性聚合物材料，如共混增强、增韧技术，辐射改性技术，纳米复合技术，以及其他一些新型改性技术。各种结构与功能的挤出机如混炼型螺杆挤出机，排气式挤出机，双螺杆、多螺杆式挤出机，反应式挤出机，组合式挤出机，是适应高分子材料物理与化学特性而建立的成型装置，具备各种制品所需要的专门功能，能够实施成型步骤的挤出生产线辅机，以追求操作简便、控制精确、节能高效、清洁生产的目标而不断改进的新型设备。

目前，许多产品的挤出成型技术已发展成为包括生产工艺和生产线设备在内的专门化成套技术。制品达到高质量，可获得良好的经济效益。虽然挤出成型新的加工方法和理论快速发展的时期已经过去，现在正处于一个较过去水平高得多而在发展上趋于平缓的时期，但在对这些技术的运用中仍可以不断创新，开发新产品、制造新材料、形成新技术。

二、挤出成型制品的用途

挤出成型可以加工部分热固性塑料和绝大部分热塑性塑料以及弹性体。

挤出制品主要有薄膜、管材、板材、片材、型材、棒材、丝、网、带、电线、电缆包覆、中空容器、泡沫塑料等，它们广泛应用于国民经济各个领域。

包装材料是挤出制品的重要用途之一。各种薄膜、中空容器、编织袋、网、打包带、捆扎绳等广泛用于农副产品、纺织品、食品、药品、化工产品、精密仪器、日用品、体育用品、文化用品等的包装。

农业上，大量使用塑料薄膜育秧及温室种植，可促进农作物生长，增加产量，增加农民收入。如水稻育秧，能提早15～20天收割，每亩增产100～200kg（1亩＝666.6m^2），日光温室可使寒冷的北方常年吃到新鲜的蔬菜。塑料管可用于农田排灌，塑料网用于养殖业可大大提高诸如珍珠、鲜贝的产量，也可用于捕鱼业、水产业。

在机械制造业及交通运输业上，塑料制品的应用也十分广泛。塑料棒材可加工成轴承、齿轮、管件等机械零件。塑料材料还可以制造各种仪表盘、车门内壁、挡泥板内衬、水管、油管、气管、装饰件、门、窗、顶板、扶手、地板等。

由于塑料制品具有优异的耐化学腐蚀性，在化学工业上大量采用塑料作为防腐蚀材料，制造各种槽、罐、釜、管道、泵、风机、塔等的内衬、填料，节约了大量金属材料。如1t塑料可以代替6～7t不锈钢、铜等金属。

在电子、电信工业上，利用塑料的电绝缘性能好的优点，大量采用塑料作绝缘材料，如电线、电缆的绝缘层、防护层，各种电器的绝缘件、绝缘板等。

建筑工业越来越多地采用塑料板材、型材制造门窗、地板、壁板、屋顶板、上下水管、隔音隔热材料、家具等。

在医疗卫生业，塑料可以制造输血袋、输血管、氧气管、食管、尿道及手术器具等。

日常生活中使用的塑料制品更是琳琅满目，比比皆是。

单元二 挤出成型的过程与特点

在挤出机中通过加热、加压而使物料以流动状态连续通过口模成型的方法称为挤出成型或挤塑。

挤塑成型设备概述

一、挤出成型生产的基本过程

挤出成型可加工的聚合物种类很多，制品更是多种多样，成型过程也有许多差异，图1-1列举了几种挤出成型工艺流程。常见的聚合物加工中，挤出管材、挤出板材、吹塑薄膜、电线电缆包覆是连续式塑化挤出，吹塑中空制品、热挤冷压工艺中挤出机是以间歇式操作。基本过程大致相同，比较常见的是以固体状态加料挤出制品的过程。这一挤出成型过程是：将颗粒状或粉状的固体物料加入挤出机的料斗中，挤出机的料筒外面有加热器，通过热传导将加热器产生的热量传给料筒内的物料，温度上升，达到熔融温度。机器运转，料筒内的螺杆转动，将物料向前输送，物料在运动过程中与料筒、螺杆以及物料与物料之间相互摩擦、剪切，产生大量的热，与热传导共同作用，使加入的物料不断熔融，熔融的物料被连续、稳定地输送到具有一定形状的机头（或称口模）中。通过口模后，处于流动状态的物料形成近似口模的形状，再进入冷却定型装置，使物料一面固化，一面保持既定的形状，在牵引装置的作用下，使制品连续地被挤出，获得最终的制品尺寸。最后用切割的方法截断制品，以便贮存和运输。模块五中图 5-1 所示的管材挤出工艺流程是比较有代表性的挤出成型生产线。挤出成型的工艺流程为：

聚合物熔融→挤出成型→定型→冷却→牵引→切割→堆放

其他的挤出成型产品，根据物料特性，制品大小和产量要求，挤出机的结构、类型和规格是不同的；机头结构、形状、尺寸按具体制品而设计制造；冷却定型方式根据制品品种和材料性能而定；其余的辅机也不同。但工艺过程中的各工艺环节基本相同。

1. 挤出成型生产线的组成

挤出生产线通常由主机、辅机组成，统称为挤出机组。

（1）主机　挤出机由三部分组成：挤压系统、传动系统和加热冷却系统。

（2）辅机　挤出机组辅机的组成可根据制品的种类而定，通常由下列部分组成：机头（口模），是制品成型的主要部件，当物料经机头口模不同截面形状的出料口时，便可得到不同的制品；定型装置，作用是将从口模挤出的物料的形状和尺寸进行精整，并将它们固定下来，从而得到具有更为精确的截面形状、表面光亮的制品；冷却装置，从定型装置出来的制品，在冷却装置中充分地冷却固化，从而得到最后的形状；牵引装置，用来均匀地引出制品，使挤出过程稳定地进行，牵引速率的快慢，在一定程度上能调节制品的截面尺寸，对挤出机生产率也有一定的影响；切割装置，作用是将连续挤出的制品按照要求截成一定的长度；堆放或卷取装置，将切成一定长度的硬制品整齐地堆放或将软制品卷绕成卷。

控制系统主要由电器仪表和执行机构组成，其主要作用是：控制主机、辅机的驱动电机，使其按操作要求的转速和功率运转，并保证主机、辅机协调运行；控制主机、辅机的温度、压力、流量和制品的质量；实现全机组的自动控制。

2. 挤出成型生产工艺控制的因素

（1）螺杆转速　螺杆的转速在挤出生产线主机控制装置中调节。螺杆转速的大小直接影响挤出机输出的物料量，也决定由摩擦产生的热量，影响熔体物料的流动性。螺杆转速的调节随螺杆结构和所加工的材料而异，视制品形状、产量和辅机中的冷却速率而定。

（2）螺杆背压　挤出机前的多孔板、滤网和机头上的可调节阻力元件对熔体流动的节制作用可产生不同的螺杆背压。背压的调节使物料得到不同程度的混合和剪切，改变塑化质量和供料的平稳性。

（3）机筒、螺杆和机头温度　热塑性聚合物固体在一定的温度条件下发生熔融，转化为熔体。熔体黏度与温度成反比关系，因此，挤出机的挤出量会因物料温度的变化而受到影响。当物料被加入挤出机料筒内时，会受到外部加热装置提供的热量及做功所产生的摩擦热

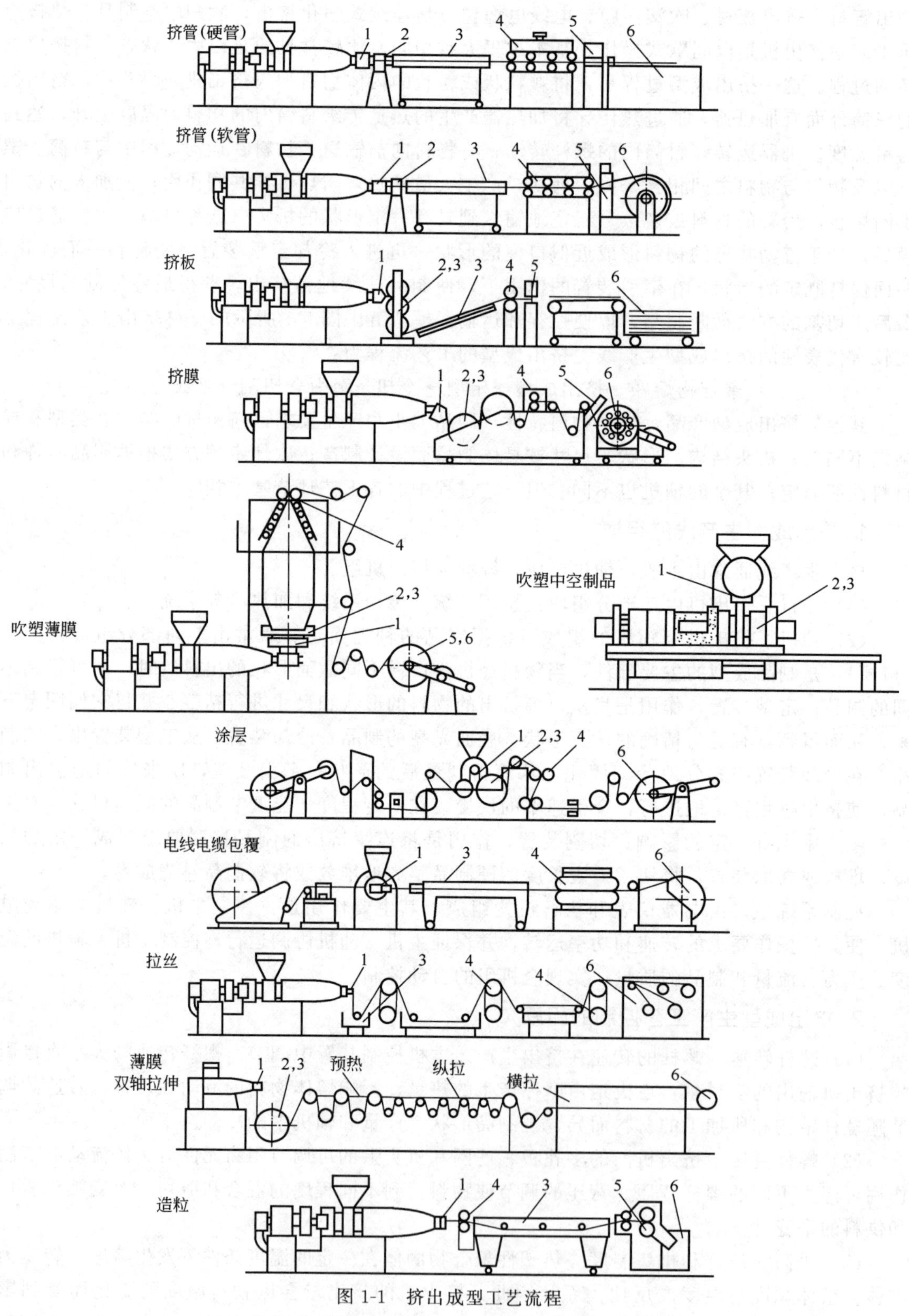

图 1-1 挤出成型工艺流程

1—机头；2—定型；3—冷却；4—牵引；5—切割；6—卷取

的综合作用。物料在机头中时，由机头外部的加热装置提供热量。

操作中挤出物料的温度不足以把固体物料熔融，流动性很差，产品的质量达不到要求；温度过高，会使聚合物过热或发生分解。温度的控制是挤出操作中非常重要的控制因素。

螺杆的温度控制涉及物料的输送率、物料的塑化、熔融质量。许多挤出机将螺杆制造成可控制温度的结构，料筒各段的温度根据物料状态变化的需要设定，比较大的机头也可将加热装置分成多个部位。挤出机的温度是按螺杆、料筒各段、机头各段分别设定并控制的。

(4) 定型装置、冷却装置的温度　不同的挤出产品，采用的定型方式和冷却方式是不同的，相关的设备也不同，共同点是需要控制温度。冷却介质可以是空气、水或其他液体。温度影响冷却速度、生产效率、制品内应力，若为结晶型聚合物，还影响到与制品的结晶度、晶粒尺寸相关的一些物理性能。冷却介质的温度和流量在操作中可适当调节。

(5) 牵引速率　挤出机连续挤出物料，进入机头，从机头流出的物料被牵出，进入定型、冷却装置，牵引速率应与挤出速率相匹配。牵引速率还决定制品截面尺寸、冷却效果。牵引作用影响制品纵向的拉伸、制品的力学性能和纵向尺寸的稳定性等。有些工艺靠牵引速率的调节获得所需性能。牵引速率在挤出操作中的调节很重要。

二、挤出成型的特点

挤出成型加工的主要设备是挤出机，此外，还有机头口模、冷却定型、牵引、切割、卷取等附属设备。塑料在挤出机内熔融塑化，通过口模成为需要的形状，经冷却定型得到与口模断面形状相吻合的制品。

同其他成型方法相比，挤出成型具有以下突出的优点：

① 设备成本低，制造容易，投资少，上马快。

② 生产效率高。挤出机的单机产量较高，如一台直径为 ϕ65mm 的挤出机，生产聚乙烯薄膜，年产量可达 300t 以上。

③ 可以连续化生产。能制造较长的管材、板材、型材、薄膜等。产品质量好，均匀、密实。

④ 生产操作简单，工艺控制容易，易于实现自动化。占地面积小，生产环境清洁，污染少。

⑤ 可以一机多用。一台挤出机，只要更换机头，就能加工多种塑料制品。挤出机也能进行混合、塑化、造粒。挤出机与压延机配合，可以喂料生产压延薄膜，与油压机配合生产模压制品。

因此，挤出成型是重要的成型方法之一，在塑料加工工业中占有相当重要的地位。目前挤出成型制品产量占中国塑料制品总量的 1/3 以上。

单元三　挤出成型技术的发展

在广泛的生产实践中，挤出成型的理论和技术得到不断深化和拓展；可加工的聚合物种类、制品结构和制品形式越来越多；挤出工艺得到不断发展；挤出成型的设备得以不断改进和创新，设备越来越大型化、高效率化、精密化、智能化及专用化；计算机技术在挤出成型加工中的应用越来越广泛、深入。

一、挤出成型新工艺

由于石油化学工业和聚合物加工工业的不断发展，为了扩大可成型材料的范围和增加挤出制品的类型，在传统的挤出成型技术的基础上不断发展，形成一些新技术，其中主要有反应挤出工艺、固态挤出工艺和共挤出工艺等。

1. 反应挤出工艺

反应挤出工艺是20世纪60年代后才兴起的一种新技术，因可以使聚合物性能多样化、功能化、生产连续、工艺操作简单和经济实用而普遍受到重视。它是连续地将单体聚合并对现有聚合物进行改性的一种方法。该工艺的最大特点是将聚合物的改性、合成与聚合物加工这些传统工艺分开的操作联合起来。

反应挤出机一般有较大的长径比、多个加料口和特殊螺杆结构。反应物由各个不同的加料位置加入挤出机中，固体物料从料斗加入，黏性流体或气体反应物按反应顺序沿机筒各点通过注入口加料。通过螺杆的旋转将物料向前输送，在一定的反应温度下，物料在混合过程中充分反应，在适当的位置除去反应过程产生的挥发物，反应完全的聚合物经口模被挤出，冷却、固化、造粒或直接挤出成型为制品。

反应挤出早已引起世界化学和聚合物科学与工程界人士的广泛关注，在工业方面发展很快。其获得关注并迅速发展是由于挤出机特有的处理高黏度聚合物的功能。挤出机能熔融、挤出、配混聚合物及对聚合物排气脱挥处理。这种功能正是化学反应器所需要的。

反应挤出机的特点是：①熔融进料，预处理容易；②混合分散性和分布性优异；③温度控制稳定；④可控制整个停留时间的分布；⑤可连续加工；⑥分段性；⑦未反应单体和副产品易除去；⑧具有对后反应的限制能力；⑨可进行黏流熔融输送；⑩可连续制造异型制品。

反应挤出加工主要应用于聚合物的降解、合成、接枝、增容等。如在反应挤出过程中，通过向PP中加入适量的过氧化物，使PP主链断裂，支化终止，由断裂产生的大分子自由基制得用一般方法难以制得的熔体黏度低、分子量分布窄、分子量小的可用于满足薄膜挤出、薄壁注射制品要求的PP。以特制的双螺杆挤出机为反应器，采用己内酰胺阴离子快速聚合原理直接反应成型，可实现单体-聚合物-制品一体化，用此工艺制得的聚酰胺6（又称为尼龙6，PA6）的强度为普通PA6的120%，韧性为普通PA6的3倍以上，将该双螺杆挤出机与成型装置相连，可直接制得PA6制品，大大缩短成型周期，降低成本。在极性聚合物分子链上接枝极性官能团，可赋予制品一些特殊的性能，这种接枝物在塑料改性、复合材料制备等方面有着广泛的应用，如通过硅烷交联或辐射交联反应挤出生产的XPE管材具有耐高温、耐高压、柔软性好、耐化学药品性优良、蠕变性能较好、耐应力开裂性好等优点。在聚合物增容方面，在加入增容剂马来酸酐接枝聚乙烯（PE-*g*-MAH）的PE/$CaCO_3$共混物中，$CaCO_3$粒径一致且分布均匀，使共混物的拉伸强度明显提高，断裂伸长率变化较小，熔体流动速率（*MFR*）略有下降。

反应挤出成型技术是近年来发展的旨在实现高附加值、低成本的新技术，已经引起世界化学和聚合物材料科学与工程界的广泛关注，在工业方面发展很快。与原有的挤出成型技术相比，其明显的优点是：①降低加工中的能耗；②避免了重复加热；③降低了原料成本；④在反应挤出阶段，可在生产线上及时调整单体、原料的物性，保证最终制品的质量。

2. 固态挤出工艺

固态挤出是使聚合物在低于熔点的条件下被挤出口模。固态挤出一般使用单柱塞挤出机，柱塞式挤出机为间歇式操作。柱塞的移动产生正向位移和非常高的压力。挤出时口模内的聚合物发生很大的形变，使得分子严重取向，其效果远大于熔融加工，从而使制品的力学性能大幅度提高。

柱塞式
挤出机

固态挤出有两种方法：一种是直接固态挤出，另一种是静液压挤出。在直接固态挤出中，预成型的实心圆棒状物料被放入料筒，柱塞直接接触固体物料，推动物料从口模中挤出，如图 1-2 所示。在静液压挤出中，挤出所需的压力由柱塞经润滑液传递至料锭，料锭形状与口模配合以防止润滑液漏失。静液压油减小摩擦，因而降低挤出压力，如图 1-3 所示。

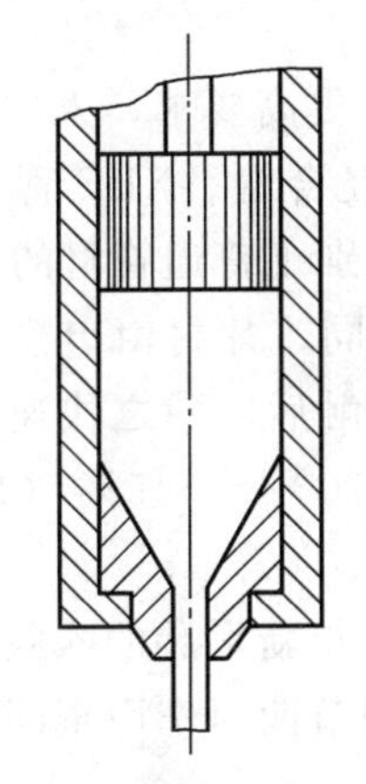
图 1-2 直接固态挤出

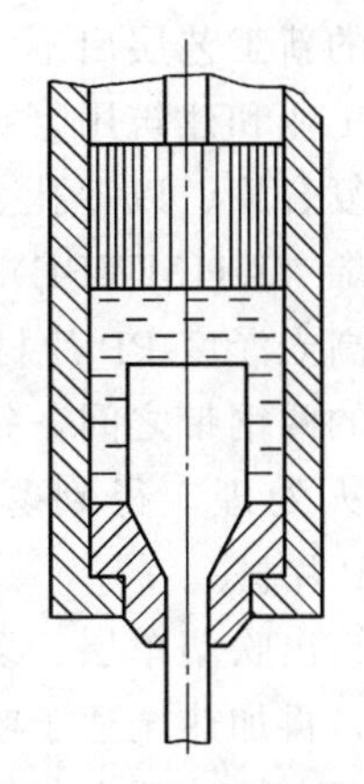
图 1-3 静液压挤出

固态挤出高密度聚乙烯（HDPE）的力学性能与某些金属材料及普通熔融挤出 HDPE 的比较，见表 1-1。

表 1-1 几种材料的力学性能比较

材料	拉伸模量/MPa	拉伸强度/MPa	伸长率/%	密度/(g/cm^3)
碳素钢				
退火 SAE1020 钢	210000	410	35	7.86
W-200-SAE1020 钢	210000	720	6	7.86
不锈钢				
退火 304 钢	200000	590	50	7.92
铅 1100-1	70000	90	45	2.71
固态挤出 HDPE	70000	480	3	0.97
熔融挤出 HDPE	10000	30	2～100	0.96

从表 1-1 中可看出，由于单柱塞挤出机的料筒截面积远大于口模截面积，因此，挤压料锭通过口模时需要足够的压力，在力的作用下固态物料产生形变和分子取向。固态挤出中，将料筒截面积与口模截面积之比定义为挤出比。在高挤出比的情况下，基本上不产生熔融挤出中的离模膨胀，因而挤出物的尺寸与口模尺寸相等。固态挤出 HDPE 的力学性能优于熔融挤出的 HDPE，其拉伸强度约与碳素钢相同。固态挤出的基本过程不连续，不能用普通的聚合物加工设备成型，需要很高的压力才能实现挤出。

3. 共挤出工艺

共挤出技术在塑料制品上的应用可使制品多样化或多功能化，从而提高制品档次。共挤出工艺由两台或两台以上的挤出机完成，可以增大挤出制品的截面积，组成特殊结构和不同颜色、不同材料的复合制品，使制品获得最佳性能。

共挤出技术按照共挤物料的特性可分为软硬共挤、芯部发泡共挤、废料共挤、双色共挤等。由三台挤出机共挤出制得PVC发泡管材的生产线，比两台挤出机共挤的方式控制挤出工艺条件更准确，内外层和芯部发泡层的厚度尺寸更精确，可以获得更优异的管材性能。

为满足农用薄膜、包装薄膜功能发展的需要，共挤出吹塑薄膜趋于向多台挤出机、多层化发展。目前多层共挤出吹塑膜可达9层。多层共挤对各种聚合物的流变性能、相黏合性能及各挤出机之间的相互匹配有很高的要求，机头流道的设计与制造更为关键。

随着聚合物加工的高效率和应用领域的不断扩大和延伸，挤出成型制品的种类不断出现，挤出成型的新工艺层出不穷。

为了满足工业和建筑用管材在耐压、耐温、抗开裂方面的更高要求，人们研制了以特种纤维为骨架的复合管、以多孔金属管为骨架的复合管、铝塑复合管、XPE管、RPP管及超高分子量聚乙烯（UHMWPE）管等，这些管材的成型工艺有别于普通管材的挤出成型。

低雾度、高光泽度PP片材的生产工艺与普通PP片材不同，片材由口模挤出后，进入与其同步运动的两钢带之间，钢带被水冷却，与PP挤出物接触后，使之快速冷却形成透明片材，再经回火处理，得到雾度为2%～5%、光泽度为120%～145%（厚度为0.2～0.3mm）的PP片材。

双膜泡法挤出吹塑单层、多层双向拉伸热收缩薄膜是近几年新发展的吹膜工艺，挤出的管膜先经水冷，再加热至适于吹胀的温度，充入压缩空气和调节两对牵引辊间的速比，形成单层或多层的双向拉伸复合收缩膜。

为了提高生产效率，挤出工艺中采用新的冷却工艺。德国Battenfeld公司采用液氮冷却系统使吹塑膜产量提高41%。在吹塑双向拉伸热收缩膜中，也有改变管膜的水浴冷却为定型套中水雾冷却的工艺，双向拉伸时可得到更大的拉伸比。

二、挤出成型工艺的发展趋势

制品的大型化、生产的高效率、制品的新结构和新工艺是挤出成型在传统挤出生产基础上的发展趋势。

1. 挤出制品的大型化

（1）管材　随着塑料管材应用领域的不断扩大，管材生产正朝着高性能、大口径方向发展。管材高性能依赖于聚合物新品种、聚合物的改性和管材成型设备的改进。目前国内可生产的用作给排水管、市政工程污水管的硬聚氯乙烯（UPVC）管材，国外可达1500mm以上，国内已达2000mm以上。国外的HDPE燃气管的管径最大达到2000mm以上，输水管的管径可达3000mm以上。

（2）薄膜　为减少拼幅在铺设中的工作量，人们希望农用棚膜、地膜能加大幅宽。目前国内挤出吹塑棚膜最大幅宽为20m以上，而国外可达25m。国内双向拉伸PP薄膜（BOPP膜）可加工最小厚度可达8μm，最大宽度可达10.6m，三层共挤膜幅宽可达20m以上。宽幅膜更广泛地适应各种包装的需要，由于幅宽增大，可减少平膜由于切边形成的边角膜与成品膜之间的比例，增大成品率，降低成本。因此流延膜和双向拉伸膜均向宽幅方向发展。

（3）板材、片材　广泛用作工业衬垫、绝缘、建筑材料和广告制作的板材，以及食品包装、医药、工业包装的片材，也正根据市场需要向特殊性能和宽幅面发展。目前中国生产的板材宽度可达3000mm以上，板厚可达65mm以上；共挤出PVC发泡板宽度可达2440mm以上，其中的发泡层的厚度可达40mm以上。

2. 挤出成型的高效率

自从挤出成型方法用于生产以来，对于高质量和高效率的追求从未停止过。人们不断地改进工艺和设备，以高质量为前提，提高生产率。

世界上比较先进的挤出造粒设备有：直径为700mm的单螺杆挤出机，产量达36t/h；直径为600mm的双螺杆挤出机，产量达45t/h。广东石化50万t/a聚丙烯装置是全球单线挤压机能力最大UNIPOL聚丙烯装置，正常工况下，每小时可产出63t聚丙烯粒料，每小时最高可达78.75t。

产量占挤出制品份额很大的几种产品挤出速率不断提高。金纬机械的TEX400a的挤出机产量最高可达400000kg/h。中德合作的德科摩橡塑科技（东莞）有限公司生产的德科摩400PVC管材DKM-EII138x28A平行双螺杆挤出生产线最大产量达1700kg/h；江苏贝尔机械的ϕ1000～2000mm的BRD-2000挤出机挤出量达2200kg/h。奥地利的巴顿菲尔辛辛那提LeanEX生产线可在高速运转的条件下生产出优质管材，对于32mm和63mm管材的生产线，线速度高达40m/min；对于160mm和250mm管材的生产线，线速度高达15m/min；对于400mm管材的生产线，线速度高达5.5m/min；而对于630mm管材的生产线，线速度高达5m/min。意大利机器制造商GAP推出了能够生产27层薄膜的技术，能够生产出厚度更薄的薄膜，超越了更传统的共挤结构。

吹塑薄膜的牵引线速度由普通的100m/min，提高到300～350m/min以上的高速牵引。挤出复合的多层热收缩膜，幅宽达5200mm以上，挤出线速度达250m/min以上，挤出产量达1000kg/h以上。国内多层共挤流延膜中，三层共挤幅宽2.2m膜生产线速度可达200m/min以上，产量达800kg/h以上；四层共挤幅宽3.2m膜生产线速度可达200m/min以上，产量达1100kg/h以上；六层共挤幅宽3m膜生产线速度可达200m/min以上，产量达710kg/h以上；九层共挤幅宽2.6m膜生产线速度可达150m/min以上，产量达910kg/h以上。目前，德国布鲁克纳机械有限公司的高产量BOPP、双向拉伸PET（BOPET）和双向拉伸PA（BOPA）薄膜拉伸生产线，工作宽度达10.4m，速度达600m/min，年产量超过6万吨。

挤出涂覆的涂布宽度达1400mm以上，烘箱长度达80m以上，可实现涂布速度达80m/min以上；一般的挤出流延复合机可在150～180m/min，进口的可达250m/min。日本已开发生产出生产速度可达500～600m/min的高速挤出涂布设备，用于生产纸/塑层合产品。

挤出成型板材与片材的幅宽一般为1～1.5m，最大宽度可达3～4m，常规上，0.25～1mm厚度的为片材，1mm以上的为板材。佛山巴顿菲尔辛辛那提塑料设备有限公司专门为中国市场而推出的高速PP热成型片材挤出生产线可与ILLIG热成型设备无缝连接，厚1.5mm、宽740mm的PP片材以430kg/h的产量被挤出，ILLIG的RDM热成型机每1.5s可生产27个280mL的杯子；该公司的行星螺杆PET片材挤出机——starEX 120-40-C PET产量可达1300kg/h。民扬塑胶科技有限公司专业生产非结晶聚对苯二甲酸乙二醇酯（APET）片板材，年生产能力达3万吨，其中“纳米强化”系列PET板材，高达6mm的最大厚度为国内首创，产品厚度为0.8～6mm，宽度在100～1220mm之间。

建筑用门、窗框PVC型材的挤出成型，中国最大制品宽度可达500mm以上，最大挤出

双阶挤出机

生产量可达550kg/h以上。真空成型一般挤出速度可以达到3～8m/min。有的进口设备可以达到10～18m/min。比如使用辛辛那提的65单螺杆，挤出超市货架标签条，挤出速度能够达到18m/min，并且是软硬（双色）共挤。

三、挤出成型设备的发展

近年来，高速挤出已经带来了生产效率的大幅度提高。高速、高效、智能化一直是挤出成型设备的发展方向。平行双螺杆挤出机总扭矩大为提高，广泛用于高填充混合、聚合物共混、反应挤出等工艺。螺杆转速趋向于高转速，国外螺杆转速可达600～1200r/min。增大长径比是双螺杆挤出机发展的另一个特点。以往的双螺杆长径比为30左右，在新型、高效的混合和反应挤出中，将带有加成聚合反应、接枝共聚反应、控制聚合物分子量及分子量分布的过程，聚合物改性、聚合物合金的制备以及成型在内的多道工序集中在挤出机中完成的情况下，螺杆的长径比已发展为40以上，美国Welding Engineers公司的双螺杆挤出机的长径比为48～72。影响挤出生产线经济性能的重要因素是产量。以PVC异型材的生产为例，20世纪70～80年代，用平行双螺杆挤出机生产PVC异型材的线速度为1～2m/min；90年代中期，产量急速增长，由于模头和定型技术的发展，线速度从2m/min增加到4m/min，挤出机的螺杆直径约为110mm，长径比为20～23，产量在150～350kg/h。1995年挤出机的螺杆直径发展为130mm，产量在450～500kg/h。为继续满足市场的需求，Krauss Maffei公司开发了螺杆直径为160mm，长径比为26的新一代平行双螺杆挤出机，产量增加到1000kg/h。

挤出成型技术的发展集中体现在挤出速率的提高上。目前UPVC异型材和管材的挤出速率已经达到单腔6m/min以上，双腔4m/min；聚烯烃管材的挤出速率已达到20m/min。在双向拉伸技术方面，双向拉伸薄膜机械的生产速度已经达到450m/min以上，膜幅宽达到10m，可以多层共挤出。

根据共混合反应挤出物料多种组分中加料顺序的要求，挤出机除主料斗外，按所加入物料的形态不同，设有多个加料口，沿螺杆轴向，顺次加入化学反应所需的辅料和有利于熔融混合、均匀分散的各组分。与多点加料相对应，在料筒上设置多个排气口，满足在不同位置、不同状态进行排气、脱水、脱挥的需要。

随着挤出制品尺寸精度的提高，越来越多的挤出生产设备中采用熔体泵。国外已将熔体泵用于聚酰胺、聚烯烃、氟树脂、聚氨酯弹性体等聚合物的加工，以生产薄膜、片材、发泡制品、单丝等，大大拓展了以前只在熔融纺丝和双向拉伸薄膜等少数挤出生产场合的应用，使挤出产品达到高黏度成为可能。

在设备革新方面，除了增大螺杆直径和长径比之外，为提高产量，还采取加大装机扭矩、提高螺杆转速和增强塑化及混合能力等措施。同时为提高制品的质量和生产的稳定性，各挤出机厂家还在挤出生产线的自动化控制、在线检测和驱动系统的精确同步化方面进行技术上的创新。挤出设备的发展还体现在节能和自动控制水平的提高方面。

未来挤出成型技术的发展方向是：①减少劳动力和材料消耗，主要体现在尽量缩短更换产品的时间，尽可能在生产过程中更换以及自动更换；②通过增加设备的塑化能力，加大齿轮扭矩，进一步加大螺杆的长径比来提高生产效率；③突破冷却限制，在挤出成型中，冷却一直在限制生产率的提高，多腔和多线挤出成为提高产量的重要方法；④在挤出生产线控制系统中不断应用感测技术、控制技术和人工智能技术，使制品的质量和生产的稳定性得到进一步提高。

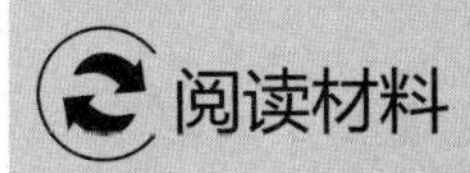

阅读材料

中国双螺杆挤出机之父——刘光知

刘光知（1950～2021），毕业于北京化工大学，工学硕士，研究员级高级工程师，国家有突出贡献专家，国家科技进步奖获得者，南京科亚装备集团创始人、董事长。

刘光知先生是我国同向双螺杆挤出机制造业的奠基人。1993～1999年，他研制了中国第一台“SHL-60”同向双螺杆配混挤出机，主持推出螺杆直径从30～135mm七种规格的系列产品，奠基中国国产品牌，螺杆最高转速为300r/min。三十多年致力于该产品的研制和不断的技术进步，他不仅亲自设计了我国同向双螺杆挤出机组三代产品，为推动替代进口设备和引领中国制造走向世界做出了重要贡献，还先后在国内外期刊上发表论文23篇，研发的产品获省、部级及国家级奖励十余项，在一代又一代的从业者中产生了广泛影响，被业界誉为“中国双螺杆挤出机之父”。

刘光知先生主要经历：

• 1978年参加工作，曾任化工部化工机械研究院高工、南京挤压研究所所长、总工等职。

• 20世纪80年代研制的“SHL-60”同向双螺杆挤出机一经推向市场，打破了国外产品的垄断，开创了国产机的先河，1990年该项目荣获年度“国家级科技进步奖”。

• 1993年，创建江苏科亚化工装备有限公司，短时间内发展成为行业的龙头企业，并被《人民日报》以《南京有个小巨人》进行专题报道。

• 20世纪90年代，积十余年之经验，研制出“TE”系列第二代产品，推动了行业的崛起和发展，至今仍为国产设备的主要产品。

• 2004～2009年，科亚与德国科倍隆组建合资企业，实现了中国第一与世界第一的强强合作，任德国科倍隆科亚（南京）机械有限公司首任CEO。

• 2010年脱离科倍隆集团，再次创业，创办了南京科亚化工成套装备有限公司，任董事长兼总经理。

• 2014年，向市场推出最新研制的第三代“HK”系列产品，其主要技术指标达到国际先进水平，产品质量和产能可与国际先进设备媲美。

• 2015年，成立科亚装备集团，已拥有6个各具特色的子公司，任南京科亚装备集团总裁。

• 2020年11月，南京科亚装备集团上榜工信部第二批专精特新“小巨人”企业公示名单。

刘光知先生的一生，是奋斗的一生，光荣的一生，造福社会的一生。他爱国、敬业、实干、勤勉、朴实、耿直，他爱护员工，受到了广大员工的尊重与爱戴。他以优秀的品德、超群的智慧、卓越的才干，书写人生的辉煌，也为我国双螺杆挤出机制造业贡献了重要力量！

知识能力检测

1．什么是挤出成型？挤出成型有哪些优点？
2．挤出生产线需要什么基本设备？工艺控制受哪些因素影响？
3．举例说明挤出制品的用途有哪些？
4．叙述反应挤出的基本过程和反应挤出工艺的特点。
5．叙述反应挤出机的特点、反应挤出加工的主要应用，并举例说明。
6．简述固体挤出过程以及固体挤出的特点。
7．共挤出工艺有何特点？
8．叙述挤出成型工艺的发展趋势，并举例说明。
9．目前，挤出成型设备的发展状况如何？

模块二

挤 出 机

学习目标

知识目标：通过本模块的学习，理解挤出成型基础知识，掌握各种挤出机的结构、工作原理、性能特点、选择依据；熟悉挤出机操作及维护保养。

能力目标：能够合理选择挤出机，能够描述相应挤出机的结构、工作原理、性能特点、主要性能参数，能够完成挤出机操作及维护保养。

素质目标：培养夯实挤出机基础知识，树立挤出机是挤出产品生产的技术物质基础的意识。

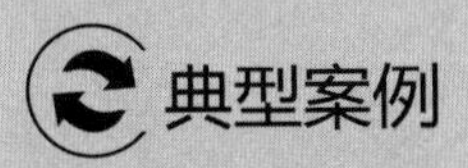

典型案例

挤出机案例

经典的挤出机——“常规三段式挤出机”的关键零部件挤压系统螺杆，按照螺杆功能，划分为加料段、压缩段、均化段，对应固体物料加料、物料熔融、熔体计量输送。

单元一　单螺杆挤出机

一、概述

挤出成型是塑料成型加工的重要成型方法之一。大部分热塑性塑料都能用此法进行加工。与其他成型方法相比，挤出成型有下述特点：生产过程是连续的，因而其产品都是连续的；生产效率高；应用范围广，可生产管材、棒材、板材、薄膜、单丝、电线、电缆、异型材及中空制品等；投资少，收效快。用挤出成型生产的产品广泛地应用于人民生活以及农业、建筑业、石油化工、机械制造、国防等工业部门。

挤出成型在挤出机上进行，挤出机是塑料成型加工机械的重要机器之一。

1. 挤出机的组成

挤出过程是这样进行的：将塑料加热到黏流状态，在加压的情况下，通过具有一定形状的口模而成为截面与口模形状相仿的连续体，然后通过冷却，使其具有一定几何形状和尺寸的塑料制品。材料由黏流态变为高弹态，最后冷却定型为玻璃态。

一台挤出机一般由下列各部分组成：

(1) 挤压系统　主要由料筒和螺杆组成。塑料通过挤压系统而塑化成均匀的熔体，并在这一过程中所建立的压力下，被螺杆连续地定压、定量、定温地挤出机头。

(2) 传动系统　它的作用是给螺杆提供所需的扭矩和转速。

(3) 加热冷却系统　通过对料筒（或螺杆）进行加热和冷却，保证成型过程在工艺要求的温度范围内完成。

(4) 机头　它是制品成型的主要部件，熔融塑料通过它获得一定的几何截面和尺寸。

(5) 定型装置　它的作用是将从机头中挤出的塑料的既定形状稳定下来，并对其进行精整，从而得到更为精确的截面形状、尺寸和光亮的表面。通常采用冷却和加压的方法达到这一目的。

(6) 冷却装置　由定型装置出来的塑料在此得到充分的冷却，获得最终的形状和尺寸。

(7) 牵引装置　均匀地牵引制品，并对制品的截面尺寸进行控制，使挤出过程稳定地进行。

(8) 切割装置　将连续挤出的制品切成一定的长度或宽度。

(9) 卷取装置　将软制品（薄膜、软管、单丝等）卷绕成卷。

一般将挤压系统、传动系统、加热冷却系统组成的部分称为主机（图 2-1），将机头以后的部分称为辅机。根据制品的不同，辅机可由不同部分（较上述的各部分更多或更少）组成。

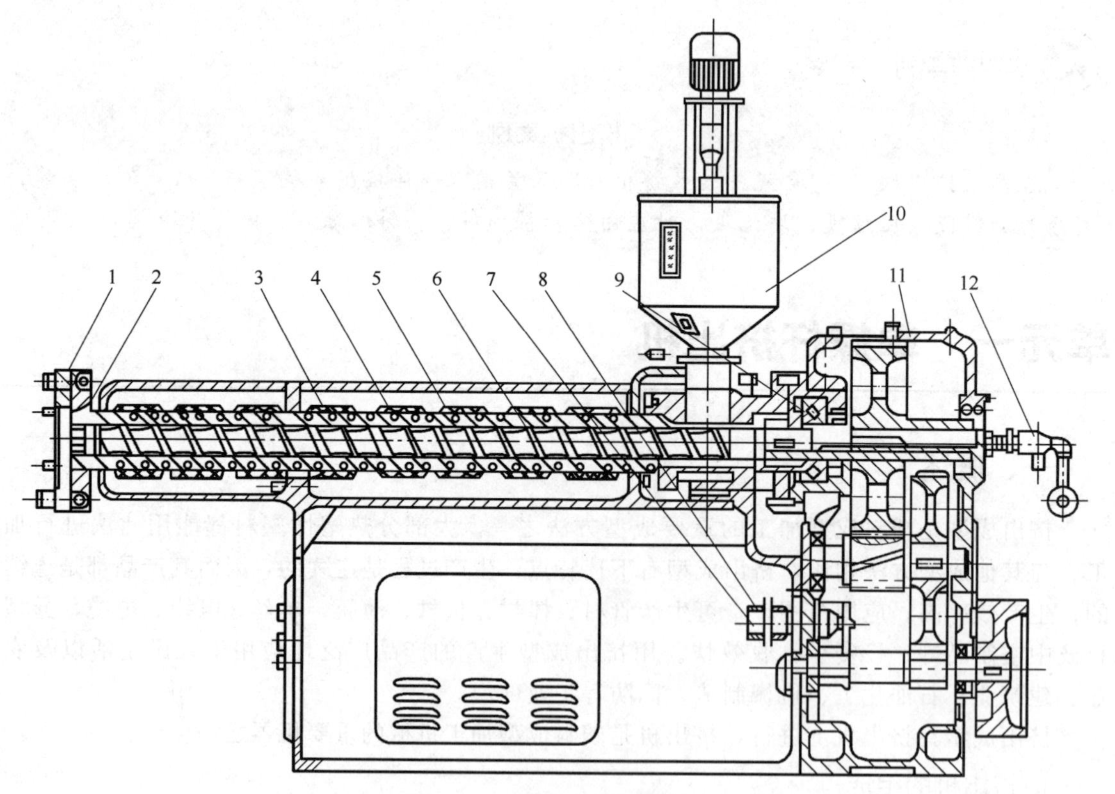

图 2-1　挤出机主机结构

1—机头连接法兰；2—滤板；3—冷却水管；4—加热器；5—螺杆；6—料筒；7—油泵；8—测速电机；9—止推轴承；10—料斗；11—减速箱；12—螺杆冷却装置

挤出机的控制系统由各种电器、仪表和执行机构组成，根据自动化水平的高低，可控制挤出机的主、辅机的拖动电机、驱动油泵、油（汽）缸和其他各种执行机构按所需的功率、速度和轨迹运行及检测。控制主机和辅机的温度、压力、流量，最终实现对整个挤出机组的自动控制和对产品质量的控制。

我们一般称由以上各部分组成的挤出装置为挤出机组。

2. 挤出机的分类

随着挤出机用途的增加，出现了各种挤出机，其分类方法多种多样。按螺杆数目的多少，可分为单螺杆挤出机、双螺杆挤出机和多螺杆挤出机；按可否排气，可分为排气挤出机和非排气挤出机；按螺杆的有无，可分为螺杆挤出机和无螺杆挤出机；按螺杆在空间的位置，可分为卧式挤出机和立式挤出机。

最常用的是非排气卧式单螺杆挤出机。

3. 挤出机的主要参数及规格

（1）单螺杆挤出机的性能特征　通常用以下几个主要技术参数表示。

螺杆直径：指螺杆外径，用 D 表示，单位 mm。

螺杆长径比：螺杆有效部分长度和螺杆外径之比，用 L/D 表示。其中 L 为螺杆的工作部分（或有效部分）长度。

螺杆的转速范围：用 $n_{min} \sim n_{max}$ 表示。n_{max} 表示最高转速，n_{min} 表示最低转速，单位 r/min。

驱动电机功率：用 N 表示，单位 kW。

料筒加热段数：用 B 表示。

料筒加热功率：用 E 表示，单位 kW。

挤出机生产率：用 Q 表示，单位 kg/h。

机器的中心高：指螺杆中心线到地面的高度，用 H 表示，单位 mm。

机器的外形尺寸：长、宽、高，单位 mm。

（2）型号编制及其含义　按照 GB/T 12783—2000《橡胶塑料机械产品型号编制方法》规定单螺杆塑料挤出机的型号编制，产品型号由产品代号、规格参数（代号）、设计代号三部分组成。

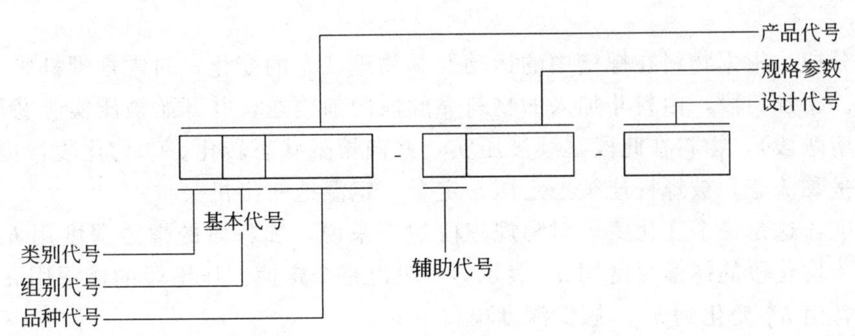

产品代号由基本代号和辅助代号组成，均用汉语拼音字母表示。基本代号与辅助代号之间用短横线“-”隔开。

基本代号由类别代号、组别代号、品种代号三个小节顺序组成。

基本品种不标注品种代号。塑料机械的品种代号以三个以下的字母组成。

主机不标注辅助代号。

凡规格参数未作规定的产品，如确有需要表示时，应在该产品的标准中说明。

设计代号在必要时使用，可以用于表示制造单位的代号或产品设计的顺序代号，也可以是两者的组合代号。设计代号在使用字母时，一般不使用 I 和 O，以免与数字混淆。表 2-1 列出了塑料机械产品型号。

表 2-1 塑料机械产品型号

类别	组别	品种		产品代号		规格参数	备注
		产品名称	代号	基本代号	辅助代号		
塑料机械 S（塑）	挤出成型机械 J（挤）	塑料挤出机		SJ		螺杆直径(mm)×长径比	20∶1 的长径比可不标注
		塑料排气挤出机	P(排)	SJP			
		塑料喂料挤出机	W(喂)	SJW			
		塑料鞋用挤出机	E(鞋)	SJE		工位数×挤出装置数	挤出装置数为 1 的可不标注
		双螺杆塑料挤出机	S(双)	SJS		螺杆直径(mm)×长径比	20∶1 的长径比可不标注
		锥形双螺杆塑料挤出机	SZ(双锥)	SJSZ		小头螺杆直径(mm)	
		双螺杆混炼挤出机	SH(双混)	SJSH		螺杆直径(mm)×长径比	
		多螺杆塑料挤出机		SJ		主螺杆直径(mm)×螺杆数	
		电磁动态塑化挤出机	DD(电动)	SJDD		转子直径(mm)	

4. 螺杆的主要参数

（1）螺杆参数 除上面介绍过的螺杆直径 D 和长径比 L/D 以外，螺杆还有下面几个参数。

螺杆的分段：根据物料在螺槽中的运动及其物理状态的变化，对常规螺杆来说，一般分为以下三段。①加料段，由料斗加入的物料靠此段向前输送，并开始被压实。②压缩段（亦叫转化段、熔融段)，物料在此段继续被压实，并向熔融状态转化。③均化段，也叫计量段，物料在此段呈黏流态，被螺杆连续地定压、定量、定温地挤出机头。

螺槽深度：这是一个变化值。对常规三段螺杆来说，加料段的螺槽深度用 h_1 表示，一般是个定值。均化段的螺槽深度用 h_3 表示，一般也是个定值。压缩段的槽深用 h_2 表示，是一个变化值，由 h_1 变化到 h_3。螺槽深度单位 mm。

压缩比：螺杆压缩比实质上是几何压缩比，它是螺杆加料段第一个螺槽容积和均化段最后一个螺槽容积之比，用 ε 表示：

$$\varepsilon=\frac{(D-h_1)h_1}{(D-h_3)h_3} \tag{2-1}$$

式中，h_1 和 h_3 分别是螺杆加料段第一个螺槽的深度和均化段最后一个螺槽的深度。

物理压缩比：塑料受热熔融后的密度和松散状态的密度之比。设计时采用的几何压缩比应当大于物理压缩比。

螺纹螺距：用 S 表示，其定义同一般螺纹。

螺纹升角：用 ϕ 表示，其定义同一般螺纹。

螺纹头数：用 P 表示。

螺棱宽度：用 e 表示，一般指沿轴向螺棱顶部的宽度，单位 mm。

螺杆外径与料筒内壁的间隙用 δ 表示（也有用 δ_0 表示的），单位 mm。

加料段、压缩段、均化段长度分别用 L_1、L_2、L_3 表示，单位 mm。

以上各螺杆参数示意可见图 2-2。

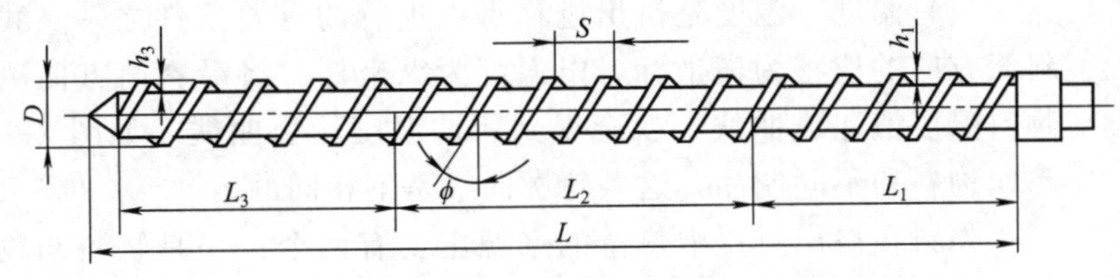

图 2-2 螺杆参数示意

（2）产品标准系列化技术参数 我国生产的塑料挤出机的主要参数已标准化，现将我国塑料挤出机系列标准有关部分列出，供参考，见表 2-2。

表 2-2 单螺杆挤出机的基本参数

螺杆直径/mm	长径比	螺杆转速/(r/min)	产量/(kg/h)		电动机功率/kW	料筒加热段数≥	料筒加热功率/kW	中心高/mm
			RPVC	SPVC				
30	15,20,25	20～120	2～5	3～8	2.2	3	4,5	1000
45	15,20,25	17～102	6～15	9～22	5.5	3	6,8	1000
65	15,20,25	15～90	15～37	22～55	15	3	12,16	1000
90	15,20,25	12～72	32～64	40～100	24	3,4	24,30	1000
120	15,20,25	8～48	65～130	84～190	55	4,5	40,45	1100
150	15,20,25	7～42	90～180	120～280	75	5,6	60,72	1100
200	15,20,25	5～30	140～280	180～430	100	6,7	100,125	1100

注：本表以生产硬质聚氯乙烯（RPVC）、软质聚氯乙烯（SPVC）为主，也可以生产聚烯烃等塑料。

二、挤出成型原理

1. 挤出过程分析

挤出机的工作原理

聚合物一般存在着玻璃态、高弹态和黏流态三种物理状态，在一定条件下，这三种物理状态将发生相互转化。塑料的成型（压制、压延、挤出、注射等）是在黏流态下进行的。

塑料由料斗进入料筒后，随着螺杆的旋转而被逐渐推向机头方向。在加料段，螺槽为松散的固体粒子（或粉末）所充满，物料开始被压实。当物料进入压缩段后，由于螺槽逐渐变浅，以及滤网、分流板和机头的阻力，在塑料中形成了很高的压力，把物料压得很密实。

对于常规三段全螺纹螺杆来说，大约在压缩段的三分之一处，与料筒壁相接触的某一点的塑料温度达到黏流温度，开始熔融。随着物料的向前输送，熔融的物料量逐渐增多，而未熔融的物料量逐渐减少，大约在压缩段的结束处，全部物料熔融而转变为黏流态，但这时各点的温度尚不很均匀，经过均化段的均化作用就比较均匀了，最后螺杆将熔融物料定量、定压、定温地挤入机头。机头中口模是个成型部件，物料通过它便获得一定几何形状和尺寸的截面，再经过冷却定型和其他工序，就得到已成型的制品。

描写这一过程的物理量有温度、压力、流率（或挤出量、产量）和能量（或功率）。有时也用物料的黏度，因其不易直接测得，而且它与温度有关，故一般不用它来讨论挤出过程。

下面讨论挤出过程中温度、压力以及挤出过程中的物态变化。

挤塑过程及三个主要参量

(1) 温度　温度是挤出过程得以进行的重要条件之一。我们以物料沿料筒方向的位移为横坐标，以温度为纵坐标，将沿料筒方向测得的各点的物料温度值连成曲线，就会得到所谓温度轮廓曲线，如图 2-3 所示。加工不同物料和不同制品，这条轮廓曲线是不相同的。

物料在挤出过程中热量的来源主要有两个：一是物料与物料之间，物料与螺杆、料筒之间的剪切、摩擦产生的热量；二是由料筒外部加热器提供的热量。而温度的调节则是靠挤出机的加热冷却系统和控制系统进行的。

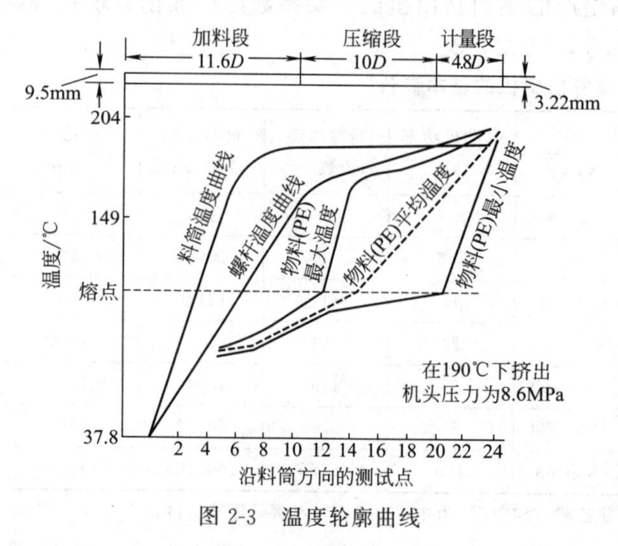

图 2-3　温度轮廓曲线

由图 2-3 可知，物料的温度轮廓曲线、料筒的温度轮廓曲线和螺杆的温度轮廓曲线是不相同的。一般情况下，我们测得的温度轮廓线是料筒的，而不是物料的。料筒和螺杆的设计对挤出过程热量的产生有很大影响。

即使在稳定的挤出过程中，其温度相对于时间也是一个变化的值，而且这种变化往往具有一定的周期性（图 2-4）。沿物料流动方向温度的波动情况，可称为料流方向温度波动（也叫 MD 方向的温度不均匀性）；垂直于物料流动方向的截面内的各点之间的温度有时也不一致，可称为径向温差（也叫 TD 方向的温度不均匀性）。我们往往只是对在机头处或螺杆头部测得的这种温度变化感兴趣，因为它们直接影响挤出物质量。

这种 MD 方向的温度波动和 TD 方向的温差，给制品质量带来非常不良的后果，会使制品产生残余应力、各点强度不均匀、表面灰暗无光泽等。努力的方向应当是尽可能减少或消除这种波动和温差。

产生这种波动和温差的原因很多，如加热冷却系统不稳定、螺杆转速的变化等，但以螺杆设计的好坏影响最大。

(2) 压力　挤出过程中，由于螺槽深度的改变，分流板、滤网和口模产生的阻力，沿料筒轴线方向在物料内部建立起不同的压力。压力的建立也是物料得以经历物理状态变化、得

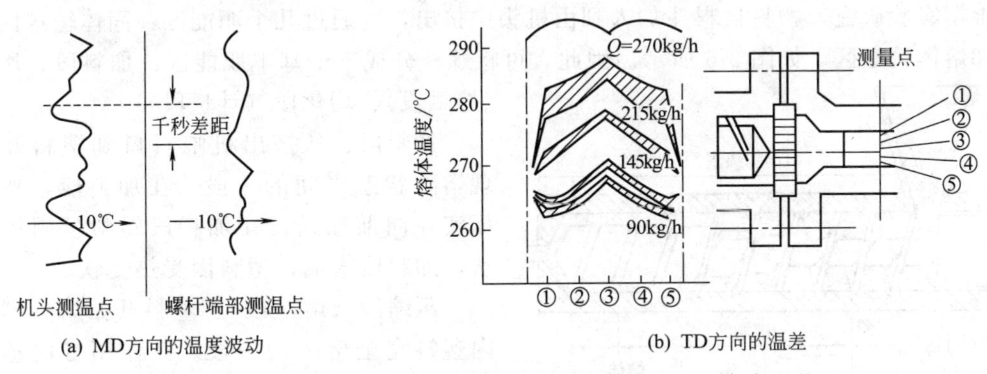

(a) MD方向的温度波动 (b) TD方向的温差

图 2-4 在螺杆头部测得的 MD 方向温度波动和 TD 方向温差

到均匀密实的熔体，并最后得到成型制品的重要条件之一。将沿料筒轴线方向（包括口模）测得的各点的物料压力值作为纵坐标，以料筒轴线为横坐标做一曲线，即可得到压力轮廓线，如图 2-5 所示。影响各点压力数值和压力轮廓线形状的因素很多，但以螺杆和料筒的结构影响最大。图 2-5 中有常规三段螺杆的、有 IKV 挤压系统的压力轮廓线。研究挤出过程的压力轮廓线对挤出过程的了解和改进螺杆、料筒的设计有着重要的意义。

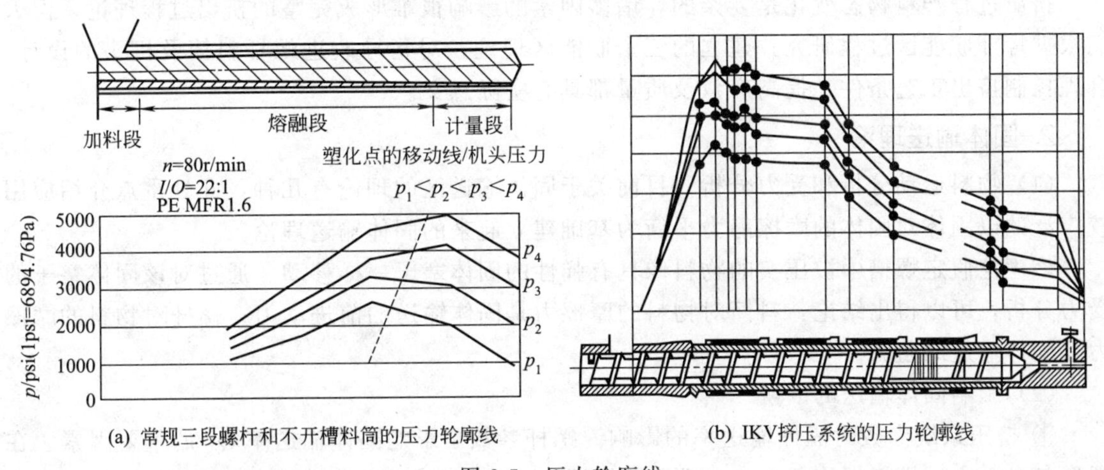

(a) 常规三段螺杆和不开槽料筒的压力轮廓线 (b) IKV挤压系统的压力轮廓线

图 2-5 压力轮廓线

压力随着时间发生周期性的波动，这种波动对制品的质量同样有不利影响。螺杆和料筒的设计、螺杆转速的变化，加热冷却系统的不稳定性都是产生压力波动的原因。努力的方向应当是减少、消除这种波动。

（3）挤出过程中的物态变化 为说明挤出成型的基本原理，先简要说明塑料的三种物理状态。

① 塑料随温度的三态变化。塑料受热时会出现玻璃态、高弹态、黏流态三种物理状态，这三种物理状态在一定条件下会相互转化。

若以 T_g 表示玻璃化温度，T_f 表示黏流温度，T_d 表示分解温度，则挤出成型是塑料在 $T_f \sim T_d$ 之间黏流态下进行的，所以塑料 $T_f \sim T_d$ 的温度范围越宽，成型过程的操作就越容易进行（例如 PE）；而 $T_f \sim T_d$ 的范围越窄，挤出成型就越困难（例如 PVC）。

② 挤出过程中的物态变化。目前常用的关于挤出过程的理论，是在常规全螺纹螺杆中建立起来的。

根据实验研究，物料自料斗加入到由机头中挤出，要通过几个职能区：固体输送区、熔融区和熔体输送区，如图 2-6 所示。因此，可将螺杆分成三个基本职能区：加料段、压缩段（熔融段）、均化段（计量段）。

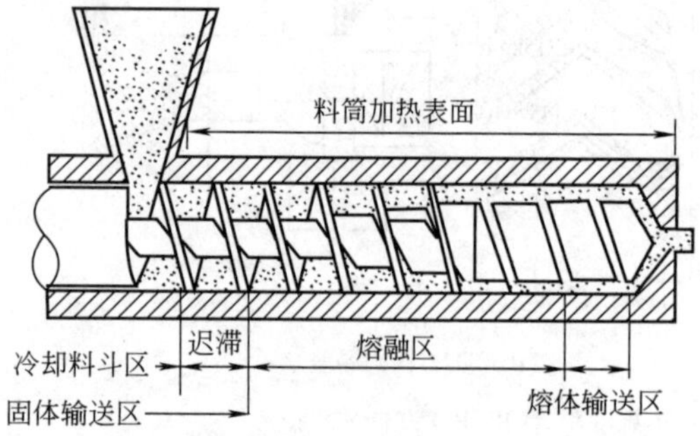

图 2-6 常规全螺纹螺杆的三个职能区

加料段：从挤出机喂料口到塑料开始呈现熔融状态之间的一段。在加料段，塑料被压实并向前输送，在加料段塑料呈固体颗粒状，加料段末端，塑料因受热变软。

压缩段（熔融段）：塑料开始熔融到螺槽内塑料完全熔融的一段。其作用是使塑料进一步被压实、塑化，并使塑料内夹带的气体从加料口处排出，提高塑料的热传导性，使其温度继续升高。为使塑料被压实塑化，该段的螺槽是逐渐变浅的。

均化段（计量段）：从压缩段末端到机头之前的一段。塑料进入均化段时，温度及塑化程度不够均匀，所以要进一步被塑化均匀，再被定压、定量、定温地挤出。该段的螺槽容积可以是不变的或逐渐变小的，一般该段的螺槽容积是不变的。

挤出过程塑料物态变化是复杂的，诸多因素的影响很难形成完整的挤出过程理论。但人们根据螺杆职能区过程研究并建立的三个职能区理论，对指导改进螺杆料筒及机头的设计、合理控制挤出工艺条件、提高产量及质量都具有实际意义。

2. 固体输送理论

（1）物料运动分析和受力分析　目前关于固体输送区的理论有几种，此处重点介绍应用较广泛的以固体对固体的摩擦静力平衡为基础建立起来的固体输送理论。

该理论假定螺槽中被压实的物料像具有弹性的固体塞子一样移动。通过对该固体塞子的受力分析，可以得出结论：料筒对物料的摩擦力是固体输送的前进动力；螺杆对物料的摩擦力是固体输送的阻力。

（2）影响固体输送的因素

① 挤压系统参数对固体输送率的影响。螺杆参数是影响固体输送率 Q_s 的重要因素。在螺杆各参数中，螺杆螺旋角 ϕ、加料段螺槽深度 h_1 对固体输送率影响较大。

螺旋角 ϕ 的影响：大多数塑料的摩擦系数在 0.25～0.5 范围内，在此条件下得到的螺旋角在 15°～30°为最佳。通常为了螺杆加工方便，取 $S=D$（S 为螺距，D 为螺杆直径），即 $\phi=17°40''$。

螺槽深度 h_1 的影响：螺杆加料处螺槽深度 h_1 增加，可以增大螺槽容积，能直接增大固体输送率 Q_s，提高流率；但 h_1 太大，螺杆容易被扭断，这种情况在螺杆直径比较小的时候容易发生。

螺杆及料筒的表面粗糙度的影响：要提高固体输送速率，应降低螺杆粗糙度以降低螺杆与塑料的摩擦系数。根据机械行业标准《塑料机械用螺杆、机筒》（JB/T 8538—2011）产品质量要求，螺杆外圆表面粗糙度为 $R_a \leqslant 0.8\mu m$。料筒内孔的表面粗糙度 $R_a \leqslant 1.6\mu m$。

另外，在料筒内表面开纵向沟槽（IKV 料筒），增加塑料与料筒的摩擦系数，特别适用于 PVC 粉料成型加工，或者厚壁大型制品等需要提高固体输送率的场合。

② 塑料原料对固体输送率的影响。不同塑料品种与钢材的摩擦系数不同，其固体输送

率不同。

原料形状及几何尺寸的影响：塑料为粒状和块状时，固体输送率 Q_s 较高；当塑料原料为粉末或不规则细小颗粒时，Q_s 较低。所以，对不规则原料最好先造粒后再进行挤出加工。

③ 工艺条件对固体输送率的影响。塑料固体与金属之间的摩擦系数与温度有较密切的关系，一般条件下，塑料固体摩擦系数随温度的升高而增加。

对加料口附近的螺杆段进行冷却，以降低塑料与螺杆之间的摩擦系数，提高固体输送率。螺杆的冷却长度以 1/3～1/2 螺杆长度为宜。

在加料口处对料筒进行冷却，以防止加料口处因塑料升温而黏结，避免形成“架桥”现象。

在固体输送区对料筒进行适当加热，以提高固体输送能力。但是要防止塑料过早熔化，在这种情况下，料筒需要进行冷却。

增加螺杆转速也可以提高固体输送能力。

3. 熔融理论

压缩段是固体输送段与熔体输送段之间的区段。在压缩段内塑料从固态转变为熔融态，并有高弹态与黏流态共存。

（1）熔融过程概述　熔融过程的物理模型是经在挤出机上进行大量的冷却实验后，根据实验结果观察，由 Maddock 和 Street 分别于 1959 年和 1961 年提出的。

在研究塑料挤出机的熔化过程中，研究者对黑色塑料与本色塑料的混合物进行挤出实验，令正常运转的挤出机突然停车，迅速冷却螺杆和料筒，使螺槽内的熔体塑料固化。把固化了的塑料和螺杆一起从料筒中顶出，剥下螺槽内的塑料带，即可在静态下观察分析塑料从加料段到压缩段再到均化段的全过程变化。这是 Maddock 和 Street 最初的研究方法。目前，人们已经利用小型透明（实验用）料筒的挤出机实现全程可视化，在动态下观察研究塑料的熔融过程及其在螺杆内实际流动情况。

经观察分析，塑料在挤出过程的变化如下：从加料段开始，在螺杆的推进作用下，固体塑料颗粒从松散状逐渐到未熔融的坚实紧密的固体塞（或称固体床）状，塑料固体塞到加料段末端，在料筒壁传热及摩擦热的作用下，螺槽中与料筒壁接触部分及螺杆与筒壁之间的部分塑料最先升温，到达熔点后，开始形成熔膜。熔膜随着塑料被向前输送而增加，熔膜厚度超过螺杆与料筒的间隙，螺棱将熔体刮落至螺槽内推进面一侧，形成熔池。塑料被继续向前推送，螺槽内熔池宽度不断增加，固体床宽度不断减少，直至固体床最终消失，螺槽内充满了熔融塑料，至此熔融过程全部结束，进入熔体输送区（图 2-7 和图 2-8）。在压缩段中，固体粒子和熔体共存，固相和液相有分界面。从熔融开始到熔融结束的轴向距离叫作熔融长度 Z_T。

（2）影响熔融长度的相关因素　熔融区长度是熔融速率的度量。确定熔融区的长度的目的，一是要保证塑料在压缩段内全部熔融，即保证挤出质量；二是要提高熔融速率，即提高挤出产量。

影响熔融长度的因素很多，一般与螺杆设计参数、塑料性能及加工工艺条件有关。

① 工艺条件的影响。挤出流率 Q（挤出量）与熔融长度成正比。此外，Q 的增加将导致迟滞作用的增强，即熔融的发生和完成都延迟，且末端温度波动的幅度增大。在其他条件不变的情况下，随着流率的增加，产品质量变坏。所以要增加流率，必须相应增加压缩段的

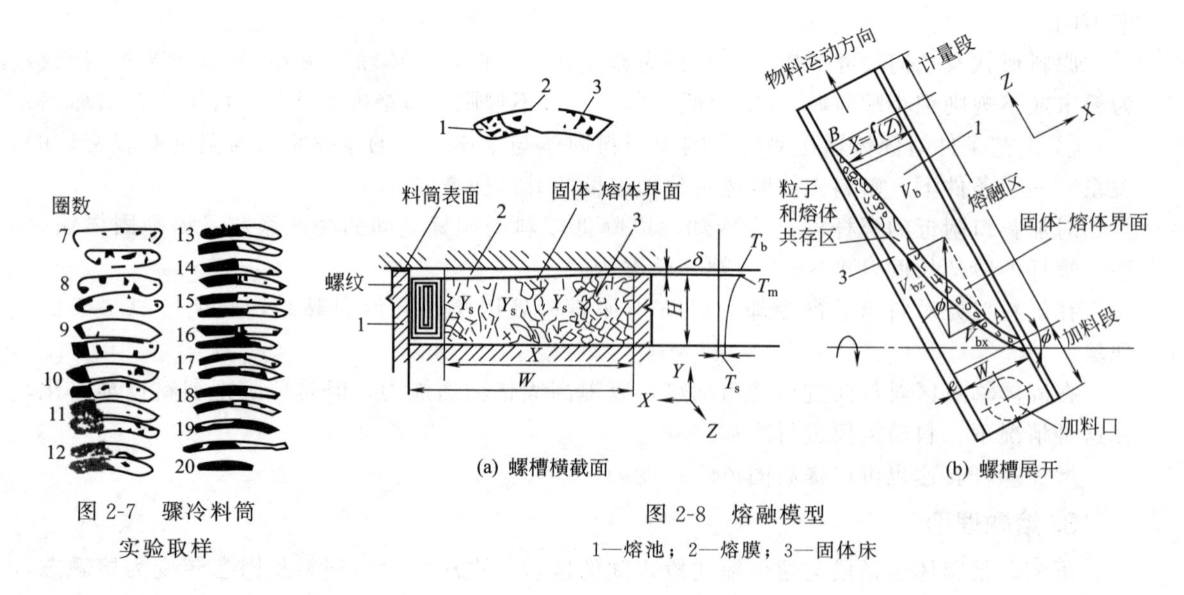

图 2-7 骤冷料筒实验取样

图 2-8 熔融模型
1—熔池；2—熔膜；3—固体床

长度，否则，产品的质量会降低。

螺杆转速 n 对 Z_T 的影响是复杂的。增加 n 意味着剪切热增加，可以起到减少 Z_T 的作用；但增加 n 将导致Q 的增加，从而对 Z_T 起到相反的作用。至于这两种作用的强弱，可以分为以下两种情况。

第一，当无背压控制时（挤出机通常的设备情况），由于 n 的提高，热量提高的作用（即加强熔融的作用）抵消不了 Q 增加带来的影响，各种影响的综合作用使 Z_T 加长。这就是在一般设备上转速不能过高的原因。

第二，当有背压控制时（注射机通常的设备情况），在提高 n 的情况下，由于 Q 的增加可以得到控制，热量增加的影响得到提高，故亦会起到减少 Z_T 的作用。这就是提高转速 n 时，需要增设背压控制装置的原因。

料筒温度 T_b 的提高有利于熔融，但 T_b 过高，降低了黏度，减少了摩擦热，故 T_b 是存在着最佳值的，过高反而不利于 Z_T 的减少。

提高料温 T_s，则耗热量减少，从而使得 Z_T 减少，所以很多时候都对塑料预热干燥，提高料温 T_s 还可以消除物料中的水分。

② 螺杆几何参数的影响。通常认为螺槽深度 H 在实用范围内大些为好。因为 Q 相同的情况下，螺槽深度大的固相速度变慢，有利于料筒传热，当然，也减少了摩擦热。主要是对前者有影响，后者的影响并不强烈。

渐变度 A 起着加速熔融过程的作用。螺槽的横截面积是逐渐减少的，导致固相初始形状改变和宽度增加，致使固相更加暴露于热料筒表面，从而加速了熔融。

螺纹与料筒间隙 δ 加大后，将导致熔膜增厚，因而不利于热传导并降低了剪切速率，不利于物料的熔融，并使漏流量增加。

③ 塑料性质的影响。塑料性质对流率及熔融长度主要影响因素有：塑料的热性能参数（如比热容 C、热导率 k、熔融潜热 λ、熔点温度 T_m），流变性能参数（如黏度 μ）。对于比热容小、热导率大、熔融潜热小、密度小、熔点温度低的塑料熔融快，所需熔融段长度短；或在相同的熔融段长度下，可以获得较大的流率。

塑料黏度对熔融速率也有一定影响，且影响是复杂的。黏度高的物料，在剪切作用下产生热量大，可以加速熔融，但因高黏度的物料，其熔点高，需要一个较长的吸热过程。所以此类塑料也要求有一个较长的熔融段。

塑料配方对熔融速率也有影响。加入塑料中的添加剂及填料等，将在一定程度上改变塑料的热性能指数，从而影响熔融速率。

4. 熔体输送理论

（1）物料在均化段螺槽中的流动　熔体输送区作用相当于一个泵，对物料进一步均匀混合、塑化、加压，然后使其在合适的温度下，定压、定量地输送到机头。所以，熔体输送段有时又称为计量段、均化段或挤出段。研究这一段基本规律的理论称为熔体输送理论。在进行概略的设计计算时，一般都以该段的生产率代表挤出机的生产率，以其动力消耗作为整个挤出机功率计算基础。

熔体输送理论于 1953 年提出，以流体动力学为基础，将物料在熔体输送段运动作为等温牛顿黏性流体的流动，假定熔体在两块无限大的平行板之间流动为条件建立起来，后来考虑到螺纹和螺槽曲率的影响，进行了修正。下面简要介绍该理论。

假定展开后的螺杆固定不动，而展开后的料筒以原来螺杆的速度作反向移动（图 2-9）。

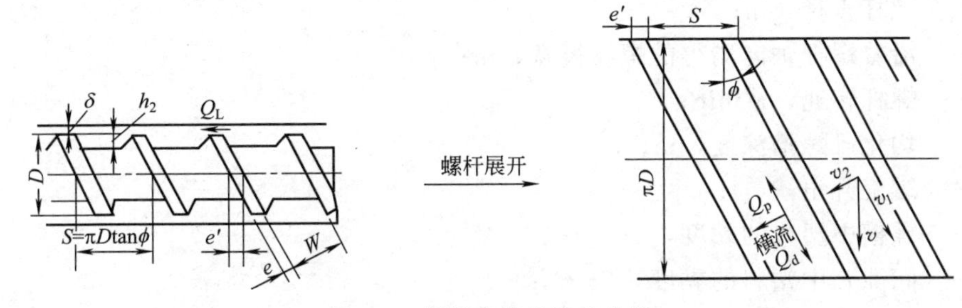

图 2-9　螺槽中流体流动分析

首先分析螺槽中熔体的流动情况，料筒相对螺杆螺槽平移（夹角为 ϕ），在摩擦力的作用下，熔体被拖动向前进，其速度为 v。v 可以分解成两个分速度，一个是平行于螺槽的 v_1，另一个是垂直于螺纹方向的 v_2。这两个分速度使熔体产生不同方向的流动，实现输送和混合。此外，还有一个沿着螺槽方向的反流和一个流过螺棱和料筒构成的间隙沿着螺杆轴线流向料斗方向的漏流，我们分别将它们称为正流 Q_d、漏流 Q_L、压力流 Q_p 和横流 Q_T。

正流 Q_d：它与速度 v_1 相应，沿着螺槽流向机头，它是料筒表面作用到熔体上的力而产生的流动，其体积流率用 Q_d 表示。正流在螺槽深度方向的速度分布见图 2-10（a）。

压力流 Q_p：其流动方向与正流相反，它是由机头、分流板、滤网等对熔体的反压引起的流动，其体积流率用 Q_p 表示。其在螺槽深度方向的速度分布见图 2-10（b）。

图 2-10（c）是螺槽前进方向熔体流动情况。

漏流 Q_L：它是由机头、分流板、滤网等对熔体的反压引起的流动，是一种在螺棱和料筒形成的间隙 δ 中沿着螺杆轴线方向向料斗方向的流动。由于 δ 在一般情况下很小，故漏流的体积流率 Q_L 在数量上比 Q_d 小很多，其流动情况见图 2-10（d）。

横流 Q_T：其方向与 v_2 的方向相一致，它是一种与螺纹方向垂直的流动。当这种流动到达螺纹侧面时被挡回，便沿着螺槽侧面向上流动，又为料筒所挡，再作与 v_2 方向相反的流动，形成环流，其流动状况见图 2-10（e）。这种流动对总的流率影响不显著，故一般不计，但对熔体的混合、热交换、塑化影响很大，也消耗一定能量，其体积流率用 Q_T 表示。

实际在螺槽中，熔体的总流动是这几种流动的总和。

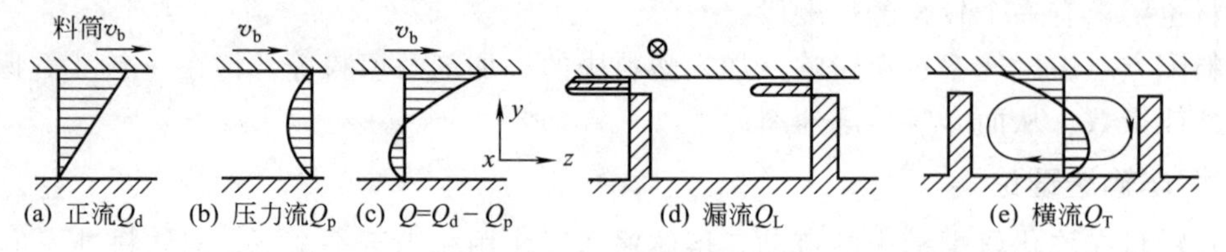

图 2-10 正流、压力流、漏流和横流的流动情况

根据以上分析，挤出机的流率（挤出量）为：

$$Q=Q_d-Q_p-Q_L \tag{2-2}$$

即挤出机的流率等于正流、压力流、漏流的代数和。

根据流体动力学的公式推导，可以得出挤出机的流率公式：

$$Q=\frac{\pi^2 D^2 n h_3 \sin 2\phi}{4}-\frac{\pi D h_3^3 \sin^2\phi}{12\mu_1}\times\frac{p_2-p_1}{L_3}-\frac{\pi^2 D^2 \delta^3 \tan\phi}{10\mu_2 e'}\times\frac{p_2-p_1}{L_3} \tag{2-3}$$

式中 Q——挤出机的流率（挤出量），m^3/s；

D——螺杆直径，m；

e'——沿着螺杆轴向测得的螺纹棱宽，m；

n——螺杆转速，r/min；

h_3——均化段螺槽深度，m；

ϕ——螺旋升角，(°)；

μ_1——螺槽中塑料的黏度，Pa·s；

μ_2——间隙 δ 中塑料的黏度，Pa·s；

L_3——计量段长度，m；

δ——螺杆与料筒的间隙，cm；

p_1——均化段开始处熔体压力，Pa；

p_2——均化段末端处熔体压力，Pa。

比较式（2-2）和式（2-3）可以看出，式（2-3）右端三项分别等于正流流率 Q_d、压力流流率 Q_p、漏流流率 Q_L，而这三部分流动以非常不同的方式依赖于螺杆的几何尺寸（特别是 D、h_3、ϕ、δ 和 L_3）以及工艺条件（螺杆转速 n、p_2-p_1、μ_1 和 μ_2）。

（2）影响流率的因素

① 螺杆的几何尺寸对流率 Q 的影响。螺杆直径 D 增加，正流、压力流、漏流都增加。挤出流率 Q 近似与螺杆直径的平方成正比。

均化段螺槽深度 h_3 对流率 Q 的影响是复杂的，例如 h_3 增加 1 倍，Q_d 增加 1 倍，但 Q_p 增加至 8 倍，因此在确定 h_3 时要考虑到这一点。一般挤出压力低时，h_3 取较大值；挤出压力高时，h_3 取较小值。

均化段长度 L_3 的增加可以减少压力流和漏流，有利于流率的提高，有利于熔体的混合，但 L_3 的长度还与螺杆长度的分配有关。

漏流与螺杆和料筒之间的间隙 δ 的三次方成正比。δ 较小时，Q 随 δ 的增加略有下降，但是当 δ 增大到一定值（$\delta>1$mm）时，Q 就显著降低。

② 工艺条件对流率 Q 的影响。正流 Q_d 与螺杆转速 n 成正比，挤出流率 Q 近似与螺杆转速成正比。

机头压力 p_2 增加，压力梯度 $(p_2-p_1)/L_3$ 增加，压力流成比例增加，漏流成比例增加，因而流率 Q 减少。

压力流、漏流分别与黏度 μ_1、μ_2 成反比，μ_1、μ_2 增加，压力流、漏流减少，因而流率 Q 增加。

可以看出，固体输送理论、熔融理论和熔体输送理论都是分别在不同时期孤立地就螺杆各段提出的。由于挤出过程是一个完整的统一体，显然上述各理论不可能完整地全面揭示出挤出过程的本质。更何况挤出过程是否就只有这几个区段还有待进一步论证，例如有人提出在固体输送区末和熔融区开始处之间存在着一个所谓迟滞区等。

5. 螺杆特性线和口模特性线

前面讨论了物料在螺杆中的流动理论。要想了解整个挤出过程的特性，还必须将螺杆和机头联合起来进行讨论。为此，我们引入螺杆特性线和口模特性线以及挤出机的工作特性图的概念。

（1）螺杆特性线　将均化段的流率方程式（2-3）予以简化，令：

$$\alpha=\frac{\pi^2 D^2 h_3 \sin^2\phi}{4} \tag{2-4}$$

$$\beta=\frac{\pi D h_3^3 \sin^2\phi}{12L_3} \tag{2-5}$$

$$\gamma=\frac{\pi^2 D^2 \delta^3 \tan\phi}{10e' L_3} \tag{2-6}$$

则式（2-3）变为：

$$Q=\alpha\times n-\frac{\beta}{\mu}\times p-\frac{\gamma}{\mu}\times p \tag{2-7}$$

此处用机头压力 p 代替 $\Delta p=p_2-p_1$，p_2 是均化段末的熔体压力，p_1 是均化段开始处的熔体压力。这种代替是有条件的，即认为在计量段开始处压力很小，但由于实际上 p_1 仍有相当大的数值，故这样会给计算带来误差。也可以认为 p_1 是一项和螺杆转速 n、挤压系统设计、设备运行参数等有关的量，式（2-7）对式（2-3）进行修正，其第一项包括了料筒拖曳对正流的影响和 p_1 压力对正流的影响。挤出稳定后，可以认为温度和转速皆不变，故 μ_1 和 μ_2 也不变，$\mu=\mu_1=\mu_2$。

由式（2-7）可知，α、β、γ 都与螺杆的几何参数有关，对于给定的螺杆，它们的数值为常数。若挤出机螺杆和料筒的间隙正常，可以不考虑漏流。则均化段的流率方程变为式（2-8）：

$$Q=\alpha\times n-\frac{\beta}{\mu}\times p \tag{2-8}$$

因此，Q 和 p 呈线性方程，其斜率为负值，如图 2-11 所示的线段 AB，可称 AB 为螺杆特性线。若螺杆不变，改变螺杆转速，就会得到一组互相平行的螺杆特性线，可称之为螺杆特性线族。螺杆特性线是挤出机的重要特性线之一，它表示出螺杆均化段熔体的流率和压力的关系。随着机头压力的升高，挤出量降低（当转速不变时），而降低的快慢取决于螺杆特性线的斜率。螺杆特性线的斜率取决于螺杆均化段参数，螺槽深度 h_3 的影响最大。h_3 越大，螺杆特性线倾斜越厉害；h_3 越小，螺杆特性线越平缓。前者意味着挤出量对机头压力敏感，后者意味着挤出量对机头压力不敏感。挤出量 Q 对机头压力敏感，则称之为螺杆特性线软；反之，称之为螺杆特性线硬。

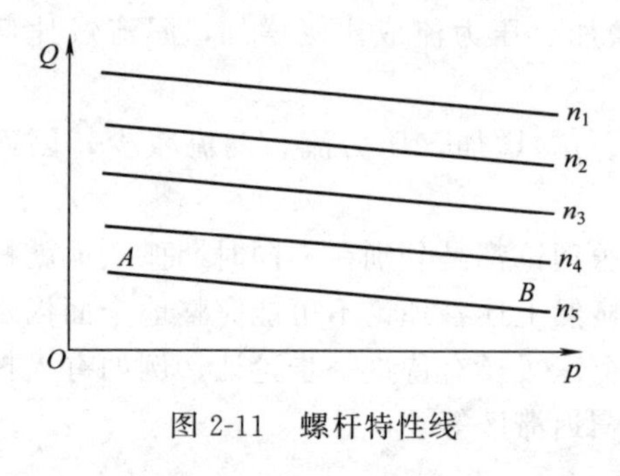

图 2-11 螺杆特性线

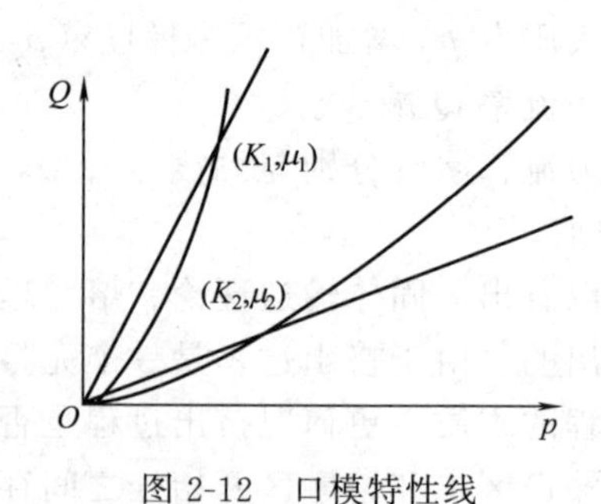

图 2-12 口模特性线

(2) 口模特性线 由前述可知，到达螺杆均化段的熔体已是完全塑化、具有一定压力和温度均匀的塑料，在螺杆的输送下，直接（或经过分流板和滤网）被挤入机头。

假定熔体为牛顿型流体，当其通过机头时，其流动方程为：

$$Q=\frac{K}{\mu}\times p \tag{2-9}$$

式中，Q 为通过口模的体积流率，在正常操作时它与流率方程式（2-8）中的流率相等；K 是口模常数，仅与口模尺寸有关；p 为熔体通过口模时的压力降，因为机头出口压力很小，一般用机头压力代替；μ 为物料的黏度。

可以看出，流率 Q 正比于压力降而反比于物料的黏度。

机头口模的阻力系数 K 可以用测量方法求出，当知道 Q、p 和 μ 后即可求出 K；也可用解析方法求出。

根据式（2-9）可以在 Q-p 坐标上画出一条通过坐标原点的直线，其斜率为 K/μ。不同的直线代表不同的口模，我们把这条直线称为口模特性线，如图 2-12 所示。对给定的口模而言，压力越高，流过口模的流量越大。

(3) 挤出机的工作特性图 把式（2-8）和式（2-9）在同一个 Q-p 坐标中画出。得出的螺杆特性线和口模特性线的交点称为挤出机的工作点（如图 2-13 中 AB 和 OD_1 的交点 C）。这意味着在给定的螺杆和口模下，当转速一定时，挤出机的机头压力和流率应符合这一点所表示的关系（如对应工作点 C 的流率应为 Q_c，机头压力应为 p_c）。在给定的螺杆和口模下，工作点会因螺杆转速的改变而改变；在给定的螺杆下，若更换机头，工作点亦会改变。

若将式（2-7）和式（2-9）联立，则可得到：

$$Q=\frac{\alpha\times n\times K}{K+\beta+\gamma} \tag{2-10}$$

由式（2-10）可知，带有机头的挤出机的流率 Q 与螺杆转速以及螺杆、机头的结构尺寸有关，而与物料的黏度无关。式（2-10）说明在不知道被挤出的聚合物的黏度的情况下计算单螺杆挤出机的流率是可能的。

我们把螺杆特性线和口模特性线组成的坐标图称为挤出机的工作特性图（图 2-13）。工作特性图很有用，可以利用它来讨论螺杆、机头的联合设计等。

上述螺杆特性线和口模特性线及挤出机的工作特性图是在等温条件下对牛顿型流体做出的，故它们都是线性关系。但对于假塑性材料，口模特性线和螺杆特性线不再是直线而是抛物线（图 2-14）。

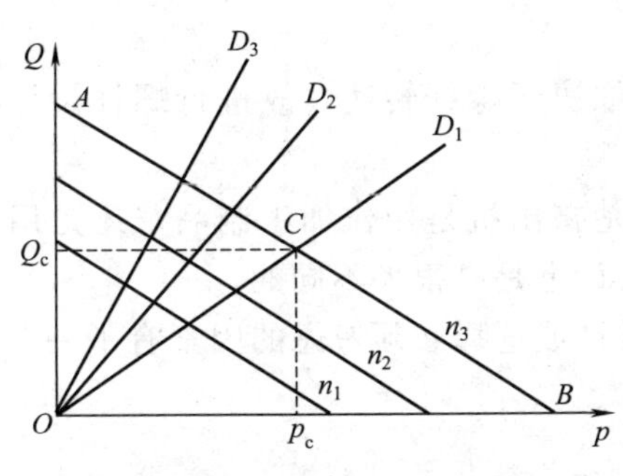

图 2-13 挤出机的工作特性图

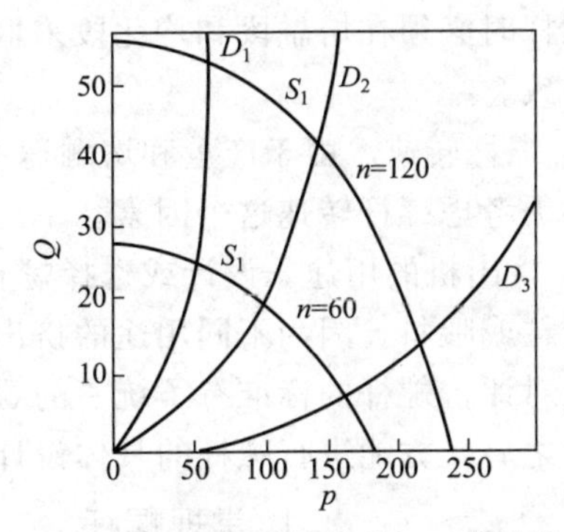

图 2-14 假塑性材料的挤出机工作特性图

三、螺杆

螺杆和料筒组成了挤出机的挤压系统。为说明挤压系统的重要性，人们通常把它称为挤出机的心脏。就螺杆和料筒相比，螺杆更应居于关键地位。这是因为一台挤出机的生产率、塑化质量、添加物的分散性、熔体温度、动力消耗等，主要取决于螺杆的性能。因此，本节将较详细地介绍有关螺杆的诸问题，包括常规螺杆和新型螺杆。

如何评价螺杆的好坏呢？由前面对挤出过程的分析可以看出，至少应当从以下几个方面评价螺杆。

① 塑化质量。一根螺杆首先必须能生产出合乎质量要求的制品。生产的制品应当具有合乎规定的物理、化学、力学、电学性能；具有合乎要求的表观质量，如能达到用户对气泡、晶点、染色分散均匀性的要求等。

② 产量。产量是指在保证塑化质量的前提下，通过给定机头的产量或挤出量。一根好的螺杆，应当具有较高的塑化能力。产量一般用 kg/h 或 kg/(r/min) 来表示。

③ 单耗。单耗是指每挤出 1kg 塑料所消耗的能量。一般用 N/Q 表示，其中 N 为功率，单位 kW；Q 为产量，单位 kg。

④ 适应性。螺杆的适应性是指螺杆对加工不同塑料、匹配不同机头和不同制品的适应能力。适应性越强，往往伴随着塑化效率的降低。

⑤ 制造的难易。一根好的螺杆还必须易于加工制造且成本低廉。

以上几条标准必须综合起来考虑，只强调一方面是片面的。当然，也允许针对不同要求，重点保证某条标准的达到。

要设计或者选择一根合乎以上标准的性能优异的螺杆并非一件容易的事，在进行螺杆设计或者选择螺杆时，要综合考虑以下诸因素。

① 物料的特性及其加入时的几何形状、尺寸和温度状况。如 PVC 和环氧丙烷（PO）就有很大差别，粒料和粉料的情况也不同。因此，要采取不同的螺杆来适应不同的物料。

② 口模的几何形状和机头阻力特性。由挤出机的工作图可知，口模特性线要与螺杆特性线很好地匹配，才能获得满意的挤出效果。如高阻力机头，一般要配以均化段螺槽深度较浅的螺杆；而低阻力机头，需与均化段螺槽较深的螺杆相配。

③ 料筒的结构形式和加热冷却情况。由固体输送理论可知，在加料段料筒壁上加工出锥度和纵向沟槽并进行强力冷却，会大大提高固体输送效率。若采用这种结构形式的料筒，

设计螺杆时必须在熔融段和均化段采取相应措施，使熔融速率、均化能力与加料段的输送能力相一致。

④ 螺杆转速。由于产量和熔融速率很大程度上取决于螺杆转速，故进行螺杆设计或选择时必须考虑螺杆转速这个因素。

⑤ 挤出机的用途。设计或选择螺杆时必须弄清楚挤出机是用作加工制品，还是用作混料、造粒或喂料。因为不同用途的挤出机的螺杆在设计上是有很大不同的。

在对评价螺杆的标准有了统一的看法和对螺杆设计或选择必须考虑的因素有了一个全面的了解之后，方能进行螺杆的具体设计或者选择螺杆。

渐变型螺杆

1. 常规螺杆

所谓常规全螺纹三段螺杆，是指出现最早、应用最广、整根螺杆由三段组成，其挤出过程完全依靠全螺纹的形式完成的螺杆。

（1）关于螺杆类型的确定　按照传统的说法，常规全螺纹三段螺杆分为渐变型螺杆和突变型螺杆。所谓渐变型螺杆是指由加料段较深螺槽向均化段较浅螺槽的过渡，是在一个较长的螺杆轴向距离内完成的。而所谓突变型螺杆的上述过渡是在较短的螺杆轴向距离内完成的，如图 2-15 所示。

(a) 渐变型螺杆　　(b) 突变型螺杆

图 2-15　渐变型螺杆和突变型螺杆

渐变型螺杆大多用于无定形塑料的加工。它对大多数物料能够提供较好的热传导，对物料的剪切作用较小，而且可以控制，其混炼特性不是很高。适用于热敏性塑料，也可用于结晶性塑料。

突变型螺杆由于具有较短的压缩段，有的甚至只有 $(1\sim2)D$，对物料能产生巨大的剪切，故适用于黏度低、具有突变熔点的结晶性塑料，如 PA、PO。而对于高黏度的塑料容易引起局部过热，故不适用于 PVC 等。

目前不少人对具有非常短的压缩段的突变型螺杆的可信性提出了怀疑，并在生产实践再次提出这个问题，目前不少加工 PE 塑料的螺杆的压缩段加长到 $(4\sim5)D$。这样说来，也可以不分突变型螺杆和渐变型螺杆，而是采用一种介于二者之间的适用性好的“通用型”螺杆。

（2）螺杆材料　由挤出过程可知，螺杆是在高温、一定腐蚀、强烈磨损、大扭矩下工作的。因此，螺杆必须由耐高温、耐磨损、耐腐蚀、高强度的优质材料做成。这些材料还应具有切削性能好、热处理后残余应力小、热变形小等性能。目前我国常用的螺杆材料有 45 号钢、40Cr、氮化钢 38CrMoAl 等。

氮化钢 38CrMoAl 的综合性能比较优异，应用比较广泛。一般氮化层达 0.4～0.6mm。但这种材料抵抗氯化氢腐蚀的能力低，且价格较高。国外有用碳化钛涂层的方法来提高螺杆表面的耐腐蚀能力，但其耐磨损能力还不够好。还有一种办法是采用高度耐磨耐腐蚀合金钢，如 34CrAlNi7、31CrMo12 等，以及采取在螺杆表面喷涂 Xaloy 合金的方法。

由美国、比利时等国发展起来的 Xaloy 合金是一种新颖的耐磨损、耐腐蚀材料，这种材料熔点低、坚硬，与钢有很好的熔接性，机加工性能好，浇铸性能也好，且无浇铸应力。浇铸后即使受到弯曲，也不会呈鳞片状脱落。目前在国外得到广泛应用。

（3）常规全螺纹三段螺杆存在的问题　在常规全螺纹三段螺杆中，熔池不断增宽，固体床逐渐变窄，从而减少了料筒壁直接传给固体床的热量，降低了熔融效率，致使挤出量不高。另一方面，在常规全螺纹三段螺杆中，当固体床宽度减少至它的初始宽度的10%时，固体床便解体，形成固体碎片。这些固体碎片熔融将是很困难的。相反，已熔的物料由于与料筒壁相接触，使温度继续升高。这样一来，就形成一部分物料得不到彻底熔融，另一部分物料则过热，导致温度、塑化极不均匀。

常规全螺纹三段螺杆存在的另一个主要问题是压力波动、温度波动和产量波动大。这些波动有三种形式：第一种是较高频率的波动，与螺杆的回转频率一致；第二种是低频波动，它是由于熔融过程的不稳定性（可能是由于固体床周期性地解体）所引起的；第三种波动频率就更低了，它是由温控系统的稳定性差或环境因素的变化（如电网电压不稳定）所引起的。这些波动中以第一、第二种影响最大，而这又与螺杆结构、螺杆参数有关。常规全螺纹三段螺杆由于其固有的问题而不可能减少和消除这些波动，这就影响到产品的质量。常规全螺纹三段螺杆往往不能很好地适应一些特殊塑料的加工或进行混炼、着色等工艺过程。

为了克服常规全螺纹三段螺杆存在的熔融效率低、塑化混炼（染色、加填充物）不均匀等缺点，目前在常规全螺纹三段螺杆上常用的方法就是加大长径比、提高螺杆转速、加大均化段的螺槽深度等。

针对常规全螺纹三段螺杆存在的上述问题，各国对挤出过程进行了更深入的研究。在大量实验和生产实践的基础上，发展了各种新型螺杆。这些新型螺杆在不同方面、不同程度上克服了常规全螺纹三段螺杆存在的缺点，提高了挤出量，改善了塑化质量，减少了产量波动、压力波动和在MD方向的温度波动、TD方向的温差，提高了混合的均匀性和添加物的分散性。新型螺杆越来越引起人们的重视和得到广泛的应用，到目前为止，已应用于生产的新型螺杆的形式很多，下面就目前较为流行的分类方法，重点地介绍几种。

2. 新型螺杆

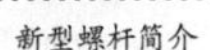
新型螺杆简介

所谓新型螺杆，是相对于常规全螺纹三段螺杆而言的。新型螺杆在原理、结构设计上有许多特点，它们是在常规全螺纹三段螺杆的基础上发展起来的，目前已得到广泛应用。

（1）分离型螺杆　设计这类螺杆的思路是：针对常规全螺纹三段螺杆因固、液相共存于同一螺槽中所产生的缺点，采取措施，将已熔融的物料和未熔融的物料尽早分离，而促进未熔融物料更快熔融，使已熔融物料不再承受导致过热的剪切，而获得低温挤出，在保证塑化质量的前提下提高挤出量。

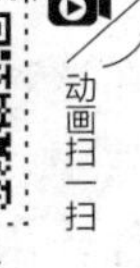

Maillefer螺杆

分离型螺杆的原理如下：根据熔融理论所揭示的物料在螺槽中的熔融规律，在螺杆的压缩段再附加一条螺纹，因而分离型螺杆有一固体螺槽和一熔体螺槽。一条螺槽与加料段螺槽相通，另一条螺槽与均化段相通。前者用来盛固相，后者用来盛液相。附加螺棱与料筒壁的间隙Δ要比原来的螺棱（主螺棱）与料筒壁的间隙δ大，见图2-16。在顺螺槽方向，固体螺槽的横截面积减小，而熔体槽的横截面积则相应增加。在附加螺棱段末端，固体螺槽减小至零，而熔体螺槽则又开始占满螺槽。

这种几何形状的螺杆可保证固体完全熔融。分离型螺杆设计的另一优点，是所有聚合物

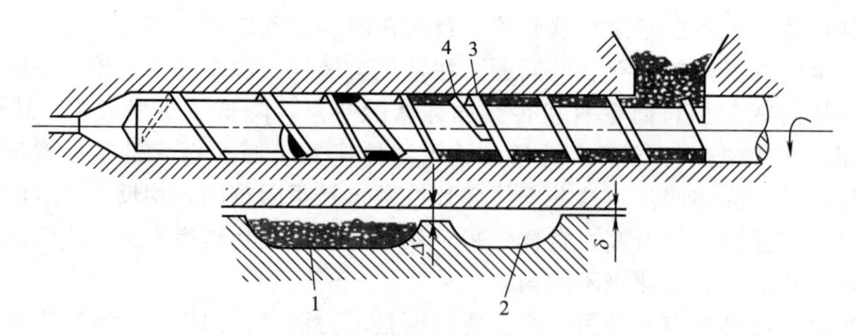

图 2-16 分离型螺杆结构
1—固相槽；2—液相槽；3—主螺纹；4—副螺纹

必须流过附加螺棱，在该处，物料直接受到较高程度的剪切力，这导致了一定程度的混合，类似于分散混合元件中的混合。

由于分离型螺杆几何形状的本质，固体床被限制在较全螺槽宽度窄的螺槽中，这有一个优点，即固体床不易破碎。另一方面，它限制了固体床享有的空间。因而，螺杆设计必须更加仔细地适合固体床的熔融分布。固体床很可能阻塞固体螺槽，熔融必须远在屏障起点段之前开始，以便允许屏障螺棱的导入，否则，将立即发生堵塞。

分离型螺杆具有熔体塑化质量好、混合均匀程度高、温度波动小、排气性能好、塑化效率高、生产能力强的特点。因此得到广泛应用。

（2）挤出过程中物料的混合 为降低某混合物的非一致性的过程叫作混合。混合的基本机理是引起各组分的物理运动。聚合物熔体因为黏度高，熔体中的运动经常表现为层流。

混合的过程中，流体单元所经受的实际应力和流体单元自身强度相比，可以分为表现出屈服点和不表现屈服点两大类别。如混合组分不表现屈服点，则混合是分布性的，也称为粗放混合。如混合物含有表现屈服点的组分，则混合是分散性的。分散性混合的例子有色母料制造，分布性混合的例子有聚合物掺混料制造。分布性混合和分散性混合完全是不可分的。分散性混合中经常存在分布性混合，但分布性混合中不一定存在分散性混合。混合段分为分布性混合段和分散性混合段，以表明其优先用途。

（3）分散混合元件 分散性混合过程需要比较大的应力作用，这种应力一般表现为剪切应力。它增加了熔体的内摩擦，使得发热增加。所以，分散性混合元件一般设置在压缩段的末端，起到强力混合和促进固体组分熔融的作用。

屏障型混合元件（剪切元件）：最普通分散型混合段是开凹槽或开键槽的屏障型混合段。在这种混合段中，沿螺杆设置一个或多个屏障螺棱，以致物料必须流过屏障螺棱。在屏障间隙中，物料经受高剪切速率，相应的剪切应力可以破碎聚合物熔体中的颗粒。屏障型混合元件，因为以剪切作用为主，所以又叫剪切元件。

① 直槽型屏障混合元件。这是一种较早出现的形式。图 2-17 为经典的直槽型 UC 混合段。

② 斜槽型屏障混合元件。另一种经典屏障型混合段为斜槽型（螺旋型）Engan 混合段，见图 2-18。在这个混合段中，按螺旋方向开凹槽，熔体在进口和出口螺槽中能实现向前拖曳输送，挤出量降低较小。另一特点是进口螺槽的深度逐渐减小，致使混合段末端的深度为零，出口螺槽深度分布则由零变到最大。这种螺槽深度的锥度变化，可减少挂料的机会，并因而减少物料降解的机会。

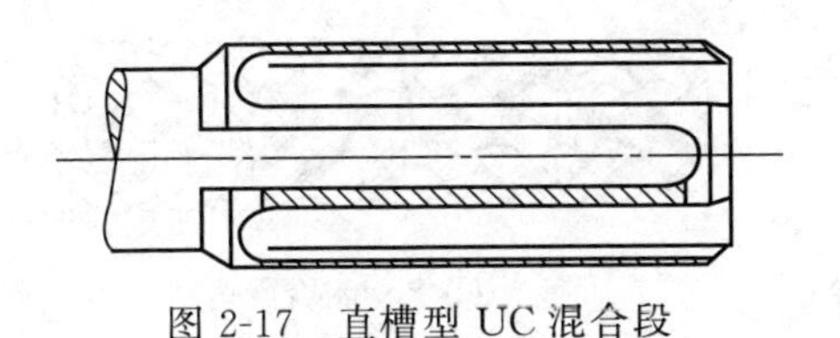

图 2-17　直槽型 UC 混合段

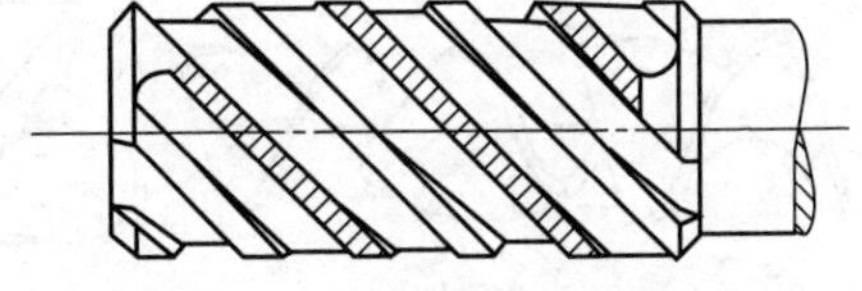

图 2-18　斜槽型 Engan 混合段

(4) 分布混合元件　分布混合型螺杆元件常用的技术手段是设置许多突起部分或沟槽或孔道，将流动通道中的料流反复分割-汇合，以改变物料的流动状况。所以又称为分流型螺杆元件。

分布混合元件由于所受的应力小，所以主要表现为熔体的混合；压力损失小，不会对挤出量有太大影响；发热小，有利于低温挤出。分布混合元件通常设置在均化段或螺杆头部以及挤出流道中。通用的分布混合元件为销钉型混合段、DIS 型混合段、静态混合器等。

① 销钉型混合段。销钉螺杆是典型的分流型螺杆，如图 2-19 所示。销钉螺杆可以获得混合均匀且温度较低的挤出物。此外，与其他新型螺杆相比，销钉螺杆的一个突出优点是加工制造容易。

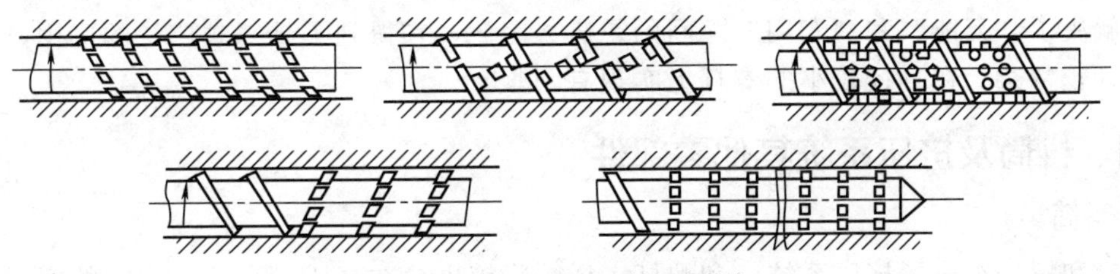

图 2-19　销钉的不同排列形式

② DIS 型混合段。DIS 是 distributive（分散、分配）的前三个字母，该混合段的结构如图 2-20 所示。在该段的圆周上设置若干个进料槽和出料槽，进、出料槽具有与螺杆的螺纹线相同的螺旋角。其进、出料槽按一定规律用小孔通道连接，物料到达该段时被进料槽分成若干股，各股料分别通过各自的小孔通道进入出料槽，由出料槽流出的各股料流在合并室（混合区）汇合。可以多个 DIS 型混合段连接使用，效果更好。

与销钉螺杆和其他分布混合螺杆相比，DIS 型螺杆还能使各股料流改变方向和实现换位流动，除了提高 TD 方向的均匀性之外，还提高了 MD 方向的均匀性。

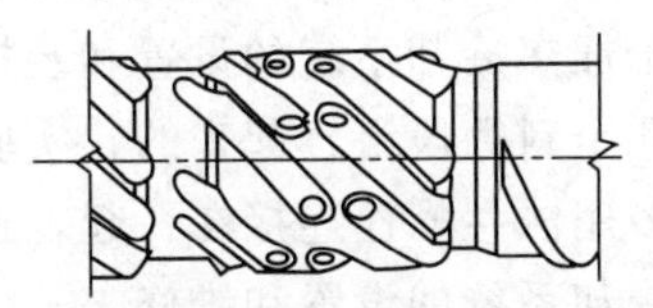

图 2-20　DIS 型混合段

③ 静态混合器。静态混合器装配在流道中，熔体通过不同形状的固体板加以混合。这些元件具有特殊的几何形状，当由螺杆来的熔体通过这些固定元件时，就被分割成若干股（层），每股（层）料流各自不断改变其流动方向，这些股（层）料流在进入口模之前又汇合成一体。正是在这一流动过程中，熔体得到了均化。其剪切作用相对来说是比较低的，故不会使熔体的温度有多大升高。静态混合器的种类很多，但不论哪一种，原理都一样。图 2-21 列出了静态混合段的三种类型。

(5) 组合螺杆　图 2-22 所示为一种组合螺杆，它由带加料段的螺杆本体和输送元件、压缩元件、剪切元件、均化元件、混合元件组成。这种螺杆不是一个整体，而是由各种不同职能的螺杆元件组成的。

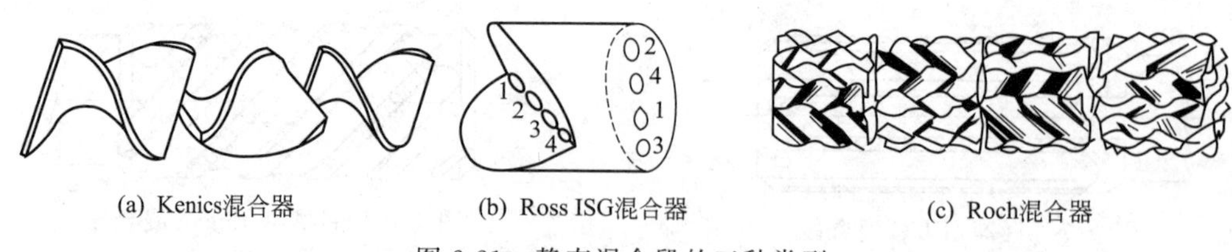

(a) Kenics混合器 (b) Ross ISG混合器 (c) Roch混合器

图 2-21 静态混合段的三种类型

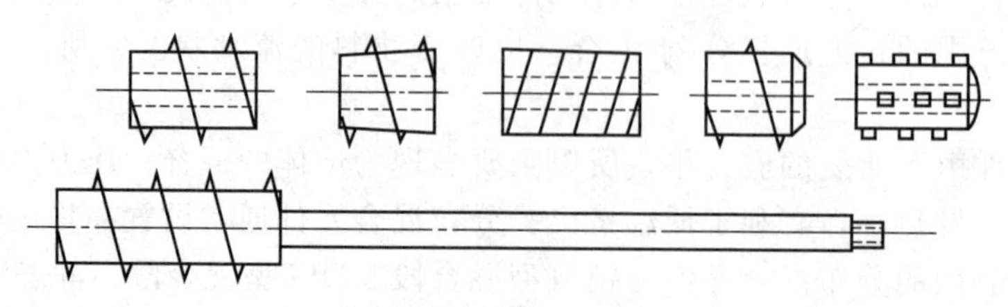

图 2-22 组合螺杆

根据特定的物料和特定制品要求，通过改变这些元件的种类进行组合，可以得到具有各种特性的螺杆。它的最大特点是适应性强，专用性也强，易于获得最佳的工作条件，在一定程度上解决了“万能”和“专用”之间的矛盾。因此，它得到了越来越广泛的应用，但这种螺杆设计较复杂，在直径较小的螺杆上实现有困难。

四、料筒及挤压系统其他零部件

1. 料筒

料筒和螺杆组成了挤压系统。和螺杆一样，料筒也是在高压、高温、严重的磨损、一定的腐蚀条件下工作的。在挤出过程中，料筒还有将热量传给物料或将热量从物料中传走的作用。料筒上还要设置加热冷却系统，安装机头。此外，料筒上要开加料口，而加料口的几何形状及其位置的选定对加料性能的影响很大，料筒内表面的粗糙度、加料段内壁开设沟槽等，对挤出过程有很大影响。设计或选择料筒时都要考虑到上述因素。

（1）料筒结构　就料筒的整体结构来分，有整体料筒和组合料筒。整体料筒是在整体坯料上加工出来的。这种结构容易保证较高的制造精度和装配精度，也可以简化装配工作，便于加热冷却系统的设置和装拆，而且热量沿轴向分布比较均匀。组合料筒是指一根料筒是由几个料筒段组合起来的，实验性挤出机和排气式挤出机多用组合料筒。组合料筒的各料筒段多用法兰螺栓连接在一起，这样就破坏了料筒加热的均匀性，增加了热损失，也不便于加热冷却系统的设置和维修。

为了既能满足料筒对材质的要求，又能节省贵重材料，不少料筒在一般碳素钢或铸钢的基体内部镶一合金钢衬套，衬套磨损后可以拆出加以更换。

为了提高固体输送率，由固体输送理论可知，有两种方法可实现。一种方法是增加料筒表面的摩擦系数，另一种方法就是增加加料口处的物料通过垂直于螺杆轴线的横截面的面积。在料筒加料段内壁开设纵向沟槽和将加料段靠近加料口处的一段料筒内壁做成锥形（IKV 加料系统），就是这两种方法的具体化。

（2）加料口　加料口的形状及其在料筒上的开设位置对加料性能有很大影响。加料口应能使物料自由高效率地加入料筒而不产生架桥，设计时还应当考虑到加料口是否适于设置加料装置，是否有利于清理，是否便于在此段设置冷却系统。

（3）料筒材料　为满足料筒的工作要求，必须由优质的耐高温、耐磨损、耐腐蚀、高强度的材料制成。这些材料还应当具有好的机加工性能和热处理性能。料筒除了可以用45号钢、40Cr、38CrMoAl制造外，还可以用铸钢和球墨铸铁制造，带衬套的加料段可以用优质铸铁制成。近年来，随着高速挤出和工程塑料的发展，特别是挤出玻璃纤维增强塑料和含有无机填料的塑料时，对料筒的耐磨耐腐蚀能力提出了更高的要求。使用Xaloy合金在大约1200℃时，采用离心浇铸在红热的料筒内壁上，其厚度约为2mm，冷却后用珩磨的方法磨去约0.20mm，即可满足一般料筒的要求。

2. 分流板和过滤网

（1）分流板　在螺杆头部和口模之间有一个过渡区，物料流过这一区域时，其流动形式要发生变化。为适应这一变化，该过渡区的形状取决于螺杆头形状和尺寸、口模形状和尺寸及物料黏度，该形状应当使熔体易于向口模流动。通常这一段是圆柱形或圆锥形，对于低黏度的材料，锥角一般大于45°；对于高黏度的材料，锥角一般小于30°。

在口模和螺杆头之间的过渡区经常设置分流板（多孔板）和过滤网。其作用是使料流由螺旋运动变为直线运动，阻止未熔融的粒子进入口模，滤去金属等杂质。此外，分流板和过滤网还可以提高熔体压力，使制品比较密实。当物料通过孔眼时，得以进一步均匀塑化，以控制塑化质量。但在挤出RPVC等黏度大而热稳定性差的塑料时，一般不用过滤网，甚至也不用分流板。

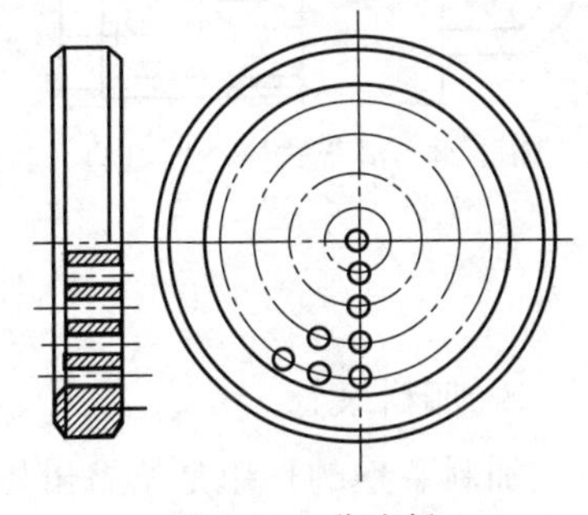

图2-23　分流板

分流板有各种形式，目前使用较多的是结构简单、制造方便的平板式分流板，见图2-23。其上孔眼的分布原则是使流过它的物料流速均匀，因料筒壁阻力大，故有的分流板中间的孔分布疏，边缘的孔分布密；也有的分流板边缘孔的直径大，中间的孔直径小，孔道进料端要倒角。分流板多用不锈钢制成。

分流板至螺杆头的距离不宜过大，否则易造成物料积存，使热敏性塑料分解；距离太小，则料流不稳定，对制品质量不利。一般为$0.1D$（D为螺杆直径）。

（2）过滤网　在制品质量要求高或需要较高的压力时，例如生产电缆、透明制品、薄膜、医用管、单丝等，一般放置过滤网，放置位置是：螺杆→过渡区→过滤网→分流板。如果用多层过滤网，可将细的放在中间，两边放粗的；若只有两层，则将细的放在靠螺杆一侧，粗的靠分流板放。这样可以支撑细的过滤网，防止细的过滤网被料流冲破。

对于分流板及过滤网，在使用一段时间后，为清除板及网上杂质，需要进行更换。挤出机上简单的分流板及过滤网需要停车后用手工更换，也可以使用自动换网和连续换网。过滤网两侧使用压力降连续监控装置，如压力超过某一定值，说明网上杂质比较多，需要换网。

为提高生产效率，人们设计了多种换网装置。过滤网的更换装置称为换网器。为保证换网过程的正常生产，设置换网器的关键环节是防止换网时漏料。

图2-24为滑板式换网器机构，其驱动装置为液压油缸。需要换网时，液压活塞将带有滤网组的分流板向一侧移开，移出的脏网更换后备用，同时将带有新网的分流板移入相应位置。

图2-25为一种连续换网装置，其主要组成为换网器驱动装置（液压驱动装置）及换网

器本体两部分。这种换网装置的设计特点是利用塑料固有的热力学特性，构成滤网与换网器本体之间的一种自密封装置。当从分流板周围渗出熔料时，熔料就接触到热交换器，而被冷却至塑料黏流温度以下并固化成 0.05～0.13mm 厚的箔片，换网器连续被推动，固化箔片连续被形成，不但实现连续自动密封，而且因箔片摩擦系数小，推力也很小。要保持良好的密封需要精确控制温度，因温度低会使滤网挂胶，温度过高又会造成大量漏料，而这种换网器能连续自动操作，不影响料流及滤网组的压力降，密封性好，所以得到了广泛的应用。

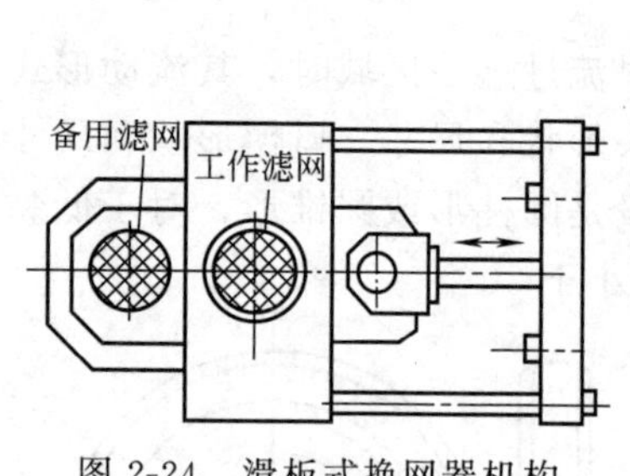

图 2-24 滑板式换网器机构

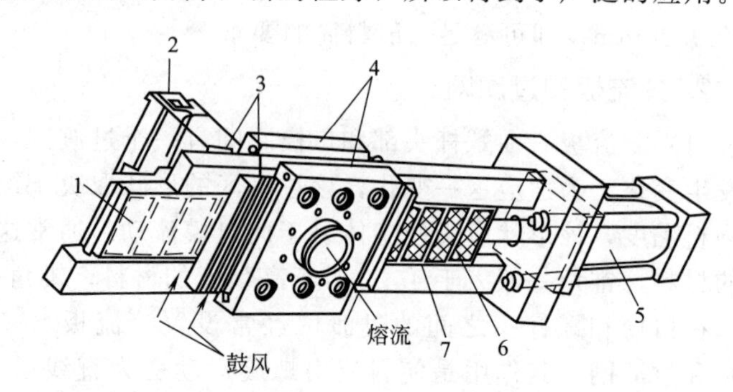

图 2-25 连续换网装置

1—固化塑料；2—风挡（温度控制）；3—热交换器；4—换网器本体；5—外部动力源；6—滤网；7—滤板

3. 加料装置

加料装置的作用是给挤出机供料。它一般由料斗部分和上料部分组成。

（1）料斗　料斗的形状一般做成对称形的，常见的有圆锥形、圆柱形、圆柱-圆锥形等。如图 2-26 所示为普通料斗，料斗的侧面开有视窗以观察料位；料斗的底部有开合门，以停止和调节加料量；料斗的上方可以加盖，以防止灰尘、湿气及其他杂物的进入。料斗最好用轻便、耐腐蚀、易加工的材料做成，一般多用铝板和不锈钢板。料斗的容积视挤出机规格的大小和上料方式而定，一般情况下，为挤出机 1～1.5h 的挤出量。

图 2-27 所示为常见的热风干燥料斗，用鼓风机将热风送入料斗的下部，温度控制仪控制热风加热温度。热风干燥料斗可以干燥物料，还可以提高料温，加快物料熔融速度，提高塑化质量。

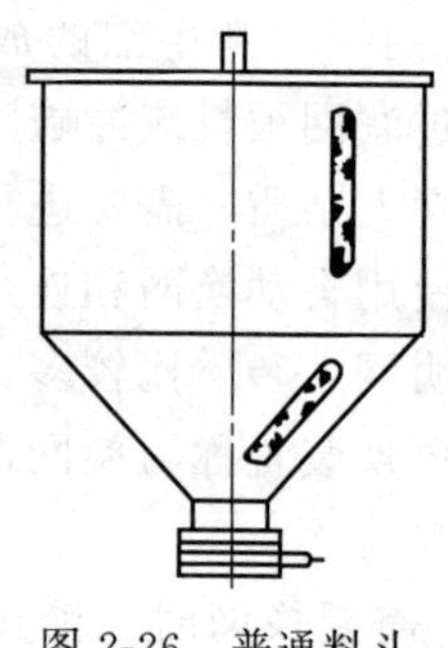

图 2-26 普通料斗

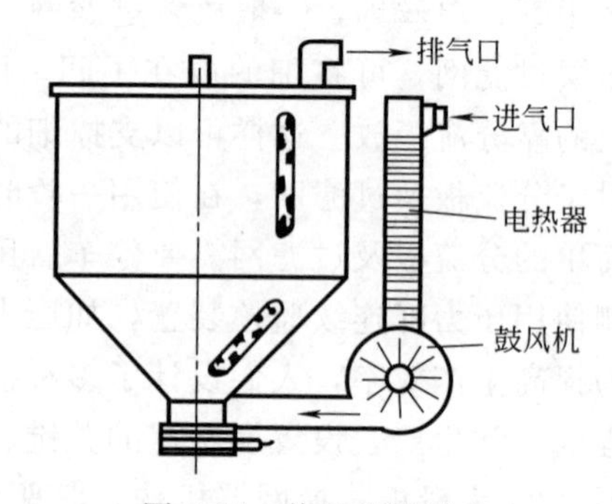

图 2-27 热风干燥料斗

（2）上料装置

① 加料。加料是指物料由料斗进入螺槽的方式。分为重力加料和强制加料。

重力加料的物料是依靠自身的重量进入螺槽的。重力加料有这样一些缺点：料斗中的物料高度是连续变化的，这就使螺杆加料端的压力产生轻微的变化，由固体输送理论可知，这会影响固体物料输送能力。有时产生“架桥”现象，造成进料不匀甚至中断，影响挤出过程的进行，最终影响产品质量。

强制加料是在料斗中设置搅拌器和螺旋桨叶，以克服“架桥”，并对物料有压填的作用，能保证加料均匀。

② 上料。上料是指物料加入料斗的方式。上料方式有鼓风上料、弹簧上料、真空上料、运输带传送及人工上料等。小型挤出机上有的还沿用人工上料；大型挤出机因机器高、产量大，多用自动上料，如鼓风上料和弹簧上料等。

鼓风上料（图 2-28）是利用风力将料吹入输料管，再经过旋风分离器进入料斗，这种上料方法适用于输送粒料。粉料经过旋风分离器很难彻底分离，需要将回风循环使用，因此，它适宜于大量粉料需要输送的场合，而不适用于挤出机的上料。

弹簧上料器由电动机、弹簧夹头、进料口、软管及料箱等组成，如图 2-29 所示。电动机带动弹簧高速旋转，物料被弹簧推动沿软管上移，到达进料口时，在离心力的作用下，被甩至出料口而进入料斗。它适用于输送粉料、粒料、块状料，其结构简单、轻巧、效率高、可靠，故在国内得到广泛应用；缺点是弹簧选用不当易坏，软管易磨损，弹簧露出部分安放不当易烧坏电动机。

随着粉料挤出和 PVC 干混技术的应用，提出了除去夹在料中的空气和湿气的问题，否则会影响制品质量。解决这一问题的方法，除了采用排气挤出机外，还有一种方法就是应用真空料斗。图 2-30 所示为真空料斗。

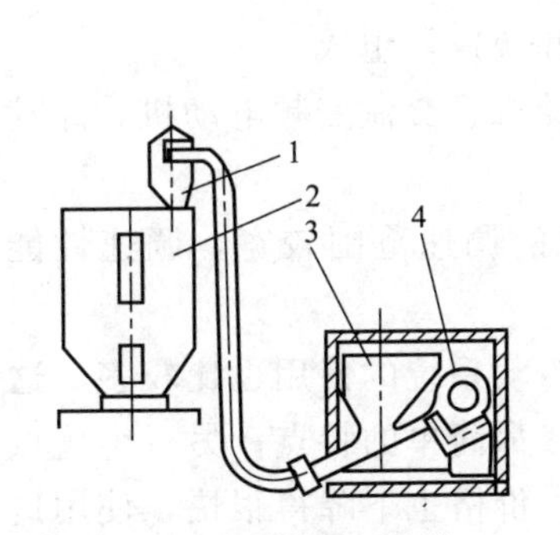

图 2-28　鼓风上料器

1—旋风分离器；2—料斗；3—加料器；4—鼓风机

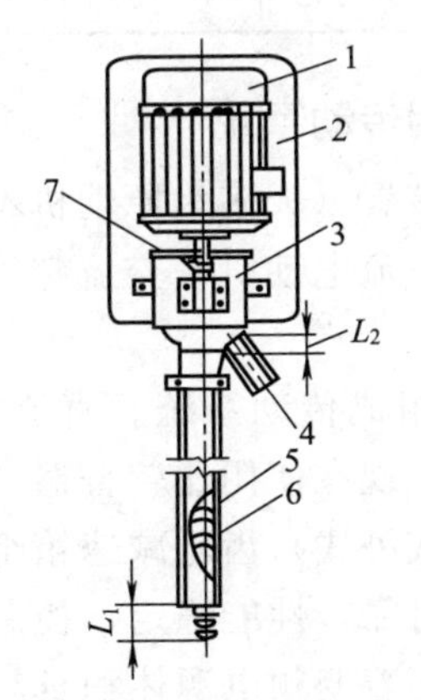

图 2-29　弹簧上料器

1—电动机；2—支撑板；3—铅皮筒；4—出料口；5—橡胶管；6—弹簧；7—联轴器

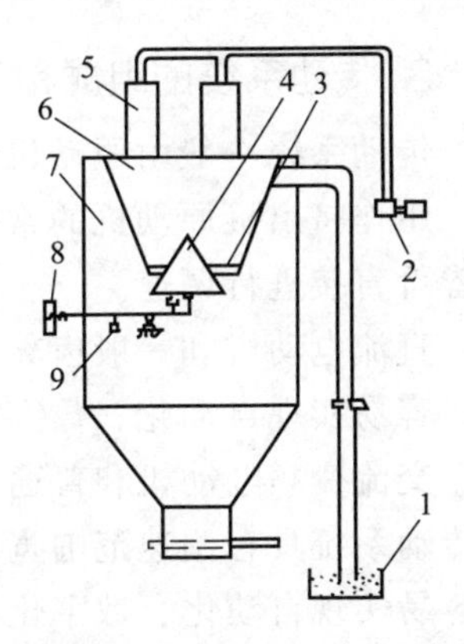

图 2-30　真空料斗

1—物料；2—通真空泵；3—小料斗底；4—密封锥体；5—吸尘器；6—小料斗；7—大料斗；8—重锤；9—微动开关

五、挤出机传动系统

传动系统是挤出机的重要组成部分之一。它的作用是在给定的工艺条件（机头压力、螺杆转速、挤出量、温度）下，使螺杆以必需的扭矩和转速均匀地回转，完成挤出过程。由于一定规格的挤出机有一定的适用范围，因此挤出机的传动系统在此适用范围内应能提供最大的扭矩和可调节的一定宽度的转速范围。传动系统应使用可靠，声响不能够超过规定的噪声标准，操作和维修也应方便。

1. 挤出机驱动功率和转速范围的确定

（1）挤出机驱动功率的确定　至今尚无精确有效的确定挤出机驱动功率的计算方法。更多地应用了统计类比的方法。所谓类比，就是对同类型相近规格的国内外机台的驱动功率进行实测或对近期国内外同类型相近规格挤出机的驱动功率进行统计，然后经过比较确定所要设计的挤出机的功率。

我国挤出机系列（草案）推荐的挤出机及辅机驱动功率见表 2-3，可供参考。

表 2-3　我国挤出机系列推荐的驱动功率

螺杆直径/mm	30	45	65	90	120	150	200
电动机功率/kW	3/1	5/1.67	15/5	22/7.3	55/18.3	75/25	100/33.3

国内外同类型同规格的挤出机的驱动功率都有显著增加的趋势，这反映了挤出机高速高效的发展规律。

（2）挤出机转速范围的确定　表 2-4 列出了我国挤出机系列推荐的转速范围。随着高速高效挤出机的发展，挤出机的转速都有所提高。

表 2-4　我国挤出机系列推荐的螺杆转速

螺杆直径/mm	30	45	65	90	120	150	200
调速范围	1∶6						
转速/(r/min)	20～120	17～102	15～90	12～72	8～48	7～42	5～30

2. 传动系统的组成和几种常用传动系统

传动系统一般由原动机、调速装置（大多为原动机本身）和减速器组成。

用作挤出机原动机的常用的有直流电动机、交流整流子电动机、交流变频电动机，原动机皆可直接进行调速。

直流电动机和一般齿轮减速箱组成传动系统。直流电动机的调速范围较宽，调速性能好，容易实现自动化、数字化控制，现在使用比较普遍。

交流变频电动机和普通（立式或卧式）齿轮减速箱组成的传动系统的使用也比较多。这种传动系统具有调速范围宽，运转可靠，性能稳定，控制、维修都简单的特点；另一个优点是容易实现自动化、数字化控制。随着变频电源体积日趋减小，价格也下降得很快，使用这种传动系统的日渐增多。

3. 止推轴承的布置

根据理论分析和实验测得，螺杆受到一个很大的轴向力，它是由螺杆在挤出物料时动载产生的附加压力和克服摩擦阻力引起的。

挤出机中承受轴向力的止推轴承多用轴向锥柱轴承，也有用球面滚子止推轴承的，后一种性能更好，而推力球轴承多用在小型挤出机上。无论哪种止推轴承都要求润滑性好，否则会影响其使用寿命。

止推轴承的布置位置很重要，它涉及止推轴承所承受的轴向载荷最终传给挤出机的哪一部分的问题。好的布置，应当使轴向力最终作用在料筒上，使之与机头作用在料筒上的力相平衡；不好的布置则使减速箱体承受轴向力。

六、挤出机加热与冷却系统

由挤出过程可知，温度是挤出过程得以进行的必要条件之一，挤出机的加热冷却系统就是为保证这一必要条件而设置的。

塑料在挤出过程中得到的热量来源有两个，一个是料筒外部加热器供给的热量，另一个是塑料与料筒内壁、塑料与螺杆以及塑料之间相对运动所产生的摩擦剪切热。前一部分热量由加热器的电能转化而来，后一部分热量由电动机输给螺杆的机械能转化而来。

在加料段，由于螺槽较深，物料尚未压实，摩擦热是很少的，热量多来自加热器。而在均化段，物料已熔融，温度较高，螺槽较浅，摩擦剪切产生的热量较多，有时非但不需要加热器供热，还需冷却器进行冷却。在压缩段，物料受热是上述两种情况的过渡状态。这就说明了为什么挤出机的加热冷却系统多是分段设置的。

1. 挤出机的加热方法

挤出机的加热方法通常有三种：液体加热、蒸汽加热和电加热。其中以电加热用得最多，蒸汽加热已很少应用。

（1）液体加热　液体加热的原理是先将液体（水、油等）加热，再由它们加热料筒，温度的控制可以用改变恒温液体的流率或改变定量供应的液体的温度来实现。这种加热方法的优点是加热均匀稳定，不会产生局部过热现象，温度波动较小。但加热系统比较复杂，而且有的液体（油）加热过高有燃烧的危险，同时这种系统有较大的热滞，故应用不大广泛。主要应用在一些有严格温度控制的场合，例如热固性塑料挤出机、双螺杆挤出机等。

目前挤出机上应用最多的是电加热，它又分为电阻加热和电感加热，其中电阻加热的使用最为普遍。

（2）电阻加热　电阻加热的原理是利用电流通过电阻较大的导线产生大量的热量来加热料筒和机头。这种加热方法包括带状加热器、铸铝加热器和陶瓷加热器等。

① 带状加热器。如图2-31所示，带状加热器的结构是将电阻丝包在云母片中，外面再覆以铁皮，然后再包围在料筒或机头上。这种加热器的体积小，尺寸紧凑，调整简单，装拆方便，韧性好，价格也便宜，使用最为普遍。但易受损害，且仅能承受2～5W/cm^{2}的负荷。其寿命和加热效率决定于加热器是否在所有点都能很好地与料筒相接触，如果安装不当，容易导致加热器本身过热甚至损坏。

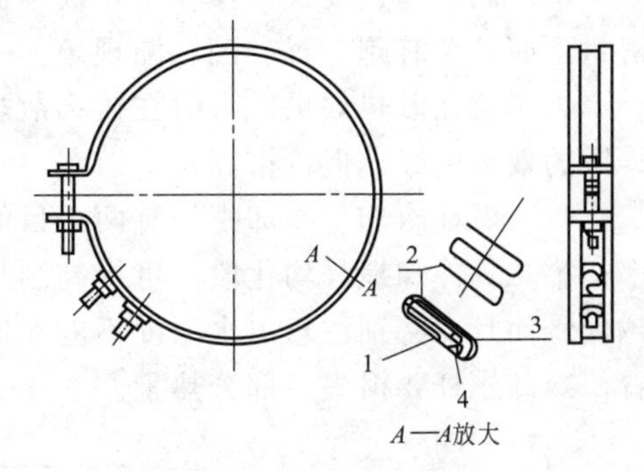

图2-31　带状加热器
1—云母片；2—电阻丝；3,4—金属包皮

② 铸铝加热器。其结构是将电阻丝装于铁管中，周围用氧化镁粉填实，弯成一定形状后再铸于铝合金中，将两半铸铝块包到料筒上通电即可加热。它除了具有体积小、装拆方便等优点外，因电阻丝为氧化镁套管所保护，故可防氧化、防潮、防震、防爆、寿命长，如果能够加工成与料筒外表面很好地接触，其传热效率也很高。它可以承受5W/cm^{2}的负荷。

③ 陶瓷加热器。电阻丝穿过陶瓷块，然后固定在铁皮外壳中。它比用云母片绝缘的带状加热器要牢固些，寿命也较长，可用4～5年，结构也较简单。

2. 加热功率的确定

挤出机的加热功率因理论计算方法不成熟，与实际相差较大，故目前多根据经验，参考同类型、同螺杆直径挤出机确定。

由于挤出机的料筒较长，根据螺杆直径和长径比的大小，对料筒分为若干区段进行加热，每段长度为 (4～7)D。加料口处 (2～3)D 不设置加热器，机头可视其类型和大小决定加热段数。

表 2-5 是我国挤出机系列标准推荐的加热功率和加热段数。

表 2-5 我国挤出机系列标准推荐的加热功率和加热段数

螺杆直径/mm	30	45	65	90	120	150	200
加热功率/kW	4	6	12	24	40	50	100
加热段数	3	3	3	4	4	5	6

随着挤出机向高速高效、温度控制要求提高的发展，挤出机的加热功率和加热段数都有增加的趋势。

3. 挤出机的冷却

挤出过程中经常会产生螺杆回转生成的摩擦剪切热比物料所需要的热量多的现象，这会导致料筒内物料温度过高，超过工艺允许条件；有时在加料段和料斗座等部位设置冷却系统是为了防止物料“架桥”。因此，挤出机会同时设置冷却系统和加热系统，保证塑料在工艺要求的温度条件下完成挤出成型过程。

(1) 料筒的冷却　现代挤出机的料筒都设有冷却系统，料筒的冷却方法有风冷和水冷。

图 2-32 所示为风冷系统，其每一冷却段配置一个单独的风机，与之相配的是铸铝加热器。风冷比较柔和、均匀、干净，在国内外生产的挤出机上都应用较多。但风机占的空间体积大，如果风机质量不好易有噪声。

水冷的冷却速度快，体积小，成本低。但易造成急冷，从而扰乱塑料的稳定流动，如果密封不好，会有跑、冒、滴、漏现象。一般认为水冷用于大型挤出机为好。

为了增强散热效果，有时在铸铝散热器上铸出鳍状散热片以加大散热面积，见图 2-33。铸铜的效果更好，但价格高。

(2) 螺杆冷却　冷却螺杆有两个目的：第一，冷却螺杆加料段，以获得最大的固体输送率；第二，冷却螺杆均化段，可提高制品的质量，但挤出量会降低，出水温度越低，挤出量越低。而且要特别注意出水温度不能太低，否则会产生螺杆扭断的事故。从能量利用的观点看，冷却螺杆要损失一部分热量。

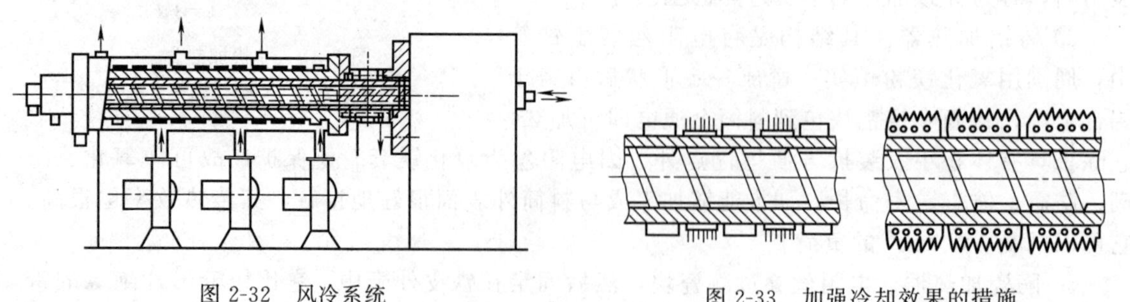

图 2-32 风冷系统　　图 2-33 加强冷却效果的措施

（3）加料斗座冷却　加料段的塑料温度不能太高，否则会在加料口形成“拱门”，即“架桥”现象，使料不易加入。此外，冷却加料斗座还能阻止挤压部分的热量传往止推轴承和减速箱，防止润滑介质因温度过高而破坏润滑条件。加料斗座的冷却介质多用水。

单元二　排气挤出机和双螺杆挤出机

一、单螺杆排气挤出机

研究挤出过程和挤出制品发现，在挤出过程和制品中有气体存在。这些气体有三个来源：加入原料的颗粒间夹带有空气、颗粒上吸附的水分、原料内部包含的气体或者液体，如剩余单体、低沸点增塑剂、低分子挥发物及水分等。这些东西如果不排出，最终会以气体的形式影响制品的质量。一般规定挤出制品中气体的含量不得超过0.2%～0.3%，如果有特殊要求，气体的含量还要减少。

控制空气含量的方法有几种，如预热干燥法、真空料斗法等。预热干燥法虽然可以将吸附的水分除去，但对原料中含有的单体和某些高沸点溶剂脱除的效果不佳，真空料斗也能够将绝大部分水分、挥发物排出。但比较行之有效的方法是用排气挤出机，排气效果优于预热干燥法。表2-6列出了排气挤出机和预热干燥效果的比较。

表2-6　排气挤出机和预热干燥效果的比较　　单位：%

原料	普通挤出机				排气挤出机			
	预热烘干料		制品		预热烘干料		制品	
	水分	单体	水分	单体	水分	单体	水分	单体
聚甲醛(POM)	0.09	0.48	0.09	0.42	0.10	0.51	0.06	0.14
ABS	0.11	0.35	0.10	0.20	0.44	0.35	0.09	0.18
PA	0.08	—	0.08	—	3.20	—	0.05	—
纤维素	0.10	—	0.10	—	1.40	—	0.04	—
PC	0.04	—	0.04	—	0.16	—	0.03	—

排气挤出机一般用于含水分、溶剂、单体的聚合物在不预干燥的情况下直接挤出；用于加有各种助剂的预混合物粉料挤出，除去低沸点组分并起到均匀混合的作用；用于夹带有大量空气的松散或絮状聚合物的挤出，以排出夹带的空气；用于连续聚合的后处理。可以进行排气的挤出机有单螺杆排气挤出机、双螺杆排气挤出机和双阶挤出机。本节只介绍单螺杆排气挤出机。

1. 排气挤出机的基本结构

对于单螺杆排气挤出机来说，它的螺杆无异于由两根常规三段螺杆串联而成（图2-34）。在两根螺杆连接处设置排气口，排气口前面的螺杆叫一阶螺杆，它由加料段、第一压缩段、第一均化段组成；排气口后面的螺杆叫二阶螺杆，它由排气段、第二压缩段、第二均化段组成。

排气挤出机工作时，塑料经一阶螺杆的加料段、压缩段混合后达到基本塑化状态。从第一计量段进入排气段起，因排气段的螺槽突然变深（几倍于第一均化段螺槽深），加之排气

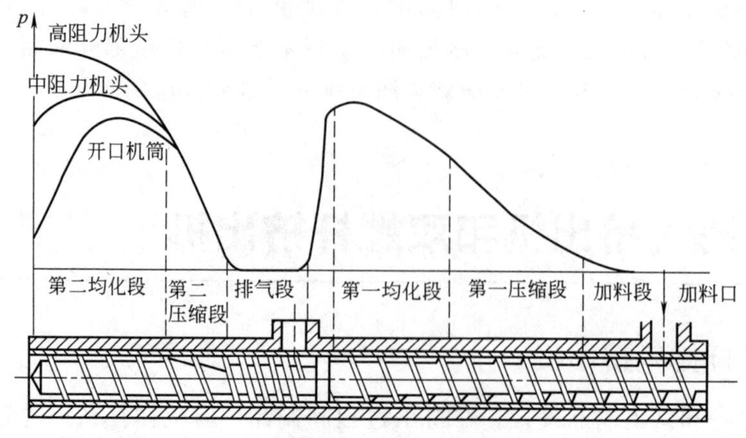

图 2-34 二阶单螺杆排气挤出机结构及压力分布

口通真空泵，使此段料筒内的物料压力骤降至零乃至负压（如图 2-34 所示的压力曲线图）。因而物料中一部分受压缩的气体和汽化的挥发物直接从物料中逸出，还有一部分包括在熔体中的气体和汽化挥发物使熔体发泡，在螺纹的搅动下气泡破裂，在螺杆的搅拌及剪切下，气泡破裂并从物料中脱出后在排气口被排走或泵走。

脱除了气体及挥发物的塑料继续通过第二压缩段和第二计量段，被重新压缩，最后被定量定压定温度地挤入机头而得到制品。这种由排气段连接的串联的螺杆可以是多级的，其排气也可以是多阶的。

在加工硬聚氯乙烯干混料、ABS 等极性大或含挥发物成分较多的塑料时，排气挤出机是合适的加工设备。

2. 排气挤出机的分类

排气挤出机的应用范围广，根据加工生产要求的不同，螺杆数量、结构及几何参数等设计有所不同，构成了多种类型的排气挤出机。

根据螺杆数目、排气阶段数目的不同，排气挤出机大致可归纳为：单螺杆排气挤出机、双螺杆排气挤出机、二阶式排气挤出机及多阶式排气挤出机。

只有一个排气段的称为二阶式排气挤出机，有两个或两个以上的称为多阶式排气挤出机。工艺上只需要排除物料中所含不凝性气体和挥发物时，用二阶式排气挤出机已足够有效，故其应用较广。多阶式排气挤出机主要用于满足某些特殊物料要求的加工。

根据排气形式及部位的不同，又可分为直接抽气式、旁路抽气式、中空排气式和尾部排气式挤出机。

3. 排气挤出机的生产能力

与非排气的单螺杆挤出机相比，排气挤出机的工作过程要复杂些，不但有排气问题，而且有两阶螺杆在输送物料中的流量平衡问题，以及压力对流量平衡的影响问题。

排气挤出机稳定生产能力是建立在合理的流量平衡基础上的。

（1）排气挤出机稳定挤出的基本要求　对于排气挤出机稳定的挤出有以下基本要求。

① 排气段螺槽不应完全充满螺槽，以保证物料有足够的发泡和脱气空间及自由表面。

② 排气挤出机稳定生产的充要条件是 $Q_1=Q_2$，即排气螺杆的第一、第二计量段流率（生产能力、流量）应相等（平衡）。

③ 如果 $Q_1>Q_2$，二者相差太大必然有多余的熔融物料由排气口溢出，产生“冒料”现象，使排气无法进行；但如果二者相差甚小，考虑到排出的气体，可以认为能正常工作。

④ 如果 $Q_1<Q_2$，第二均化段不能够为熔融材料充满。如果 Q_1、Q_2 相差太大，会产生缺料现象，严重时会引起流率和压力的波动，挤出也就不稳定，使制品密度不够，制品尺寸不均匀。

从排气要求和挤出稳定性出发，希望排气段的螺槽只能部分地充满熔体，否则就没有自由表面来排除气体。并有可能使排气孔堵塞，第二均化段从理论上讲应充满熔体。否则会引起出料速率的波动。最理想的状态为 $Q_1=Q_2$。但在实际中，为了保证连续稳定地挤出，考虑到排出的气体一般使 Q_1 稍大于 Q_2，而又不致引起排气口冒料。

(2) 没有安装压力调节阀的排气挤出机　排气螺杆的第一、第二均化段的挤出量（流率）都可用熔体输送理论中流率的公式进行计算。设 Q_1、Q_2 分别代表这两段的流率，略去漏流。

由于排气口处压力 $p=0$。故 $p_1=0$：

$$Q_1=Q_{d_1}-Q_{p_1}=Q_{d_1}=Q_{max} \tag{2-11}$$

$$Q_2=Q_{d_2}-Q_{p_2} \tag{2-12}$$

式中，Q_{d_1}、Q_{d_2}、Q_{p_1}、Q_{p_2} 分别代表一阶、二阶螺杆的正流和压力流。

我们引入挤出机的工作图（图 2-35），横坐标代表机头压力和第一均化段末的压力，纵坐标代表两个均化段的流率。一阶螺杆由于其均化段螺槽深度 $h_{Ⅰ}$ 较小，故其螺杆特性线较平；二阶螺杆因其均化段螺槽深度 $h_{Ⅱ}$ 较大，故其螺杆特性线较陡。

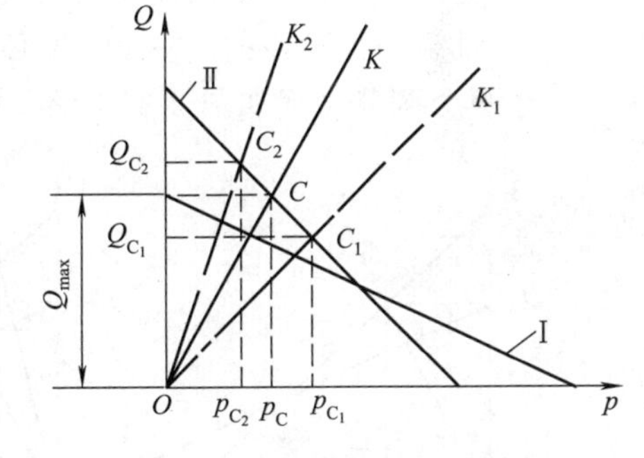

图 2-35　排气挤出机的工作图

Q_1、Q_2 是螺杆转速的函数，并且受口模阻力的影响。

若满足流率平衡，则：

$$Q_2=Q_1=Q_{max} \tag{2-13}$$

显然，挤出机的工作点应是口模特性线 K、二阶螺杆特性线的交点 C，C 点对应的挤出量应为 Q_{max}，机头压力为 p_C。

挤出机若能在 C 点工作，则能保证流率平衡，排气口处不冒料，第二均化段也不缺料，也不会产生流率波动。

若增大口模阻力，使口模特性线由 K 变为 K_1，得工作点 Q_{C_1}，由于 $Q_{C_1}<Q_{max}$，此时必然有多余的熔体由排气口溢出。

相反，若降低口模阻力，使口模特性线由 K 变为 K_2，得工作点 Q_{C_2}，由于 $Q_{C_2}>Q_{max}$，必然造成二阶螺杆缺料，导致流率波动。

由此可见，为保持流率平衡，若螺杆给定，则机头的阻力就随之而定，其口模特性线必须通过 C 点，否则就会破坏流率平衡，不带调压阀的排气挤出机的螺杆必须和机头严格匹配，这在实际生产中是不现实的。

4. 排气挤出机压力调节

(1) 排气挤出机压力调节装置　在生产中，塑料原料及制品种类繁多，机头口模类型也是多种多样。对于一根排气螺杆来说，不能在多种条件下都实现流量平衡。为了使排气挤出机能有较大的适应性，克服排气挤出机工作范围窄这个缺点，比较有效的方法是在排气挤出机的第一计量段末或同时在第一、第二计量段末设置调节阀。

调节阀的基本原理都是通过改变流道面积来实现压力调节的。流道面积增大，压力变小；流道面积减小，压力变大。

具体的技术方式有以下两种方法。

① 在一个锥形流道中，通过螺杆的轴向移动，改变流道面积，以实现压力、流量调节。

② 通过在流道中设置可调节阻力元件，改变流道面积。改变阀芯突入流道的多少，以实现压力、流量调节。

(2) 排气挤出机压力调节　克服排气挤出机工作范围窄这个缺点，解决冒料和波动两个问题，可以在第一计量段结束处加压力调节阀 V_1，在机头或第二计量段结束处或者口模处增设压力调节阀 V_2，见图 2-36。

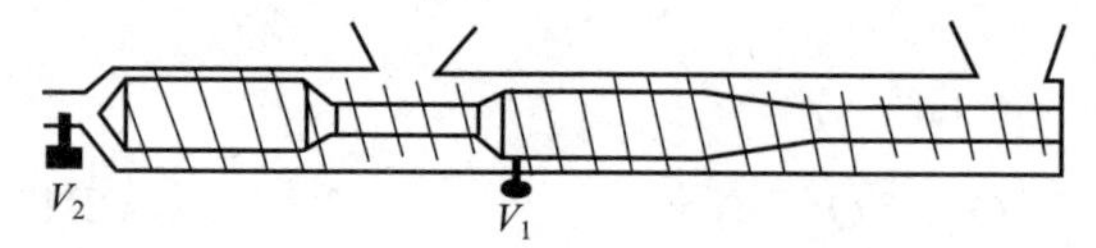

图 2-36　带有压力调节阀的排气挤出机

① 当 $Q_1<Q_2$ 时：通过调节调压阀 V_2 来使机头的压力从 p_2 增大至 p_{max}，此时产量 Q_2 必然降低，$Q=Q_1$，达到了前后两段的产量平衡，此时螺杆第Ⅱ段调整后的工作点亦为 C，从而减少了波动现象。

② 当 $Q_1>Q_2$ 时：根据操作的需要，通过调压阀 V_1 在第一计量段的末端建立一定的压力 p_1，这时第一计量段的产量 Q_1 势必下降，$Q=Q_2$，达到了前后两段的产量平衡。

上述两个调节过程如图 2-37 所示。

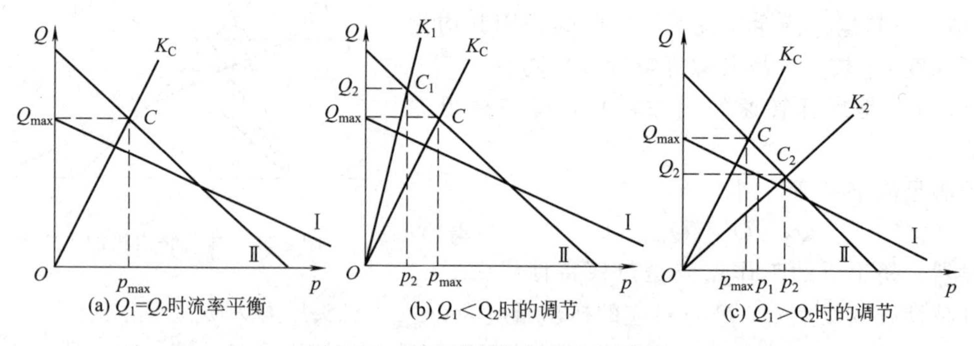

图 2-37　通过调压阀调节产量平衡

二、双螺杆挤出机

单螺杆挤出机由于其螺杆和整个挤出机设计简单、制造容易、价格便宜，因而在塑料加工工业中得到广泛应用。但是随着塑料工业的发展，在加工新型塑料（及其共混物）和 RPVC 粉料时，单螺杆挤出机暴露出较大的局限性。

为解决上述问题，出现了双螺杆挤出机。与单螺杆挤出机相比，双螺杆挤出机有以下几个特点。

① 加料容易。这是由于双螺杆挤出机是靠正位移原理输送物料，不可能有压力回流。在单螺杆挤出机上难以加入的具有很高或很低黏度，以及与金属表面之间有很宽范围摩擦系数的物料，如带状料、糊状料、粉料及玻璃纤维等皆可加入。玻璃纤维还可在不同部位加入。双螺杆挤出机特别适用于加工 PVC 粉料，可由粉状 PVC 直接挤出管材。

② 物料在双螺杆中停留时间短，而且分布窄。适用于一旦停留时间较长就会固化或凝聚的物料的着色和混料，例如热固性粉末涂层材料的挤出。

③ 优异的排气性能。这是由于双螺杆挤出机啮合部分的有效混合，排气部分的自洁功能使得物料在排气段能够获得完全的表面更新所致。

④ 优异的混合、塑化效果。这是由于两根螺杆互相啮合，物料在挤出过程中进行着较在单螺杆挤出机中更为复杂的运动，经受着纵、横方向的剪切混合所致。

⑤ 低的比功率消耗。据介绍，若用相同产量的单螺杆挤出机和双螺杆挤出机进行比较，双螺杆挤出机的能耗要少60%。这是因为双螺杆挤出机的螺杆长径比较单螺杆短，物料的能量多由外热输入，而单螺杆挤出机螺杆的长径比要大20%～30%，且机头和分流板、筛网增加了阻力。

⑥ 双螺杆挤出机的容积率非常高，其螺杆特性线比较硬，流率对口模压力的变化不敏感，用来挤出大截面的制品比较有效，特别是在挤出难以加工的材料时更是如此。

图2-38为双螺杆挤出机的结构。

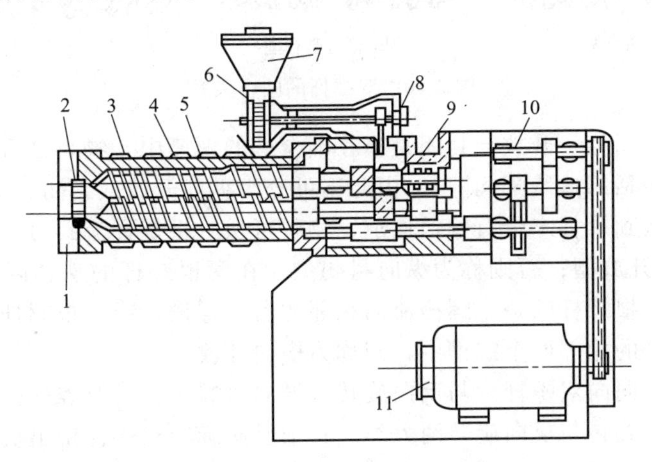

图2-38 双螺杆挤出机的结构

1—机头连接法兰；2—分流板；3—机筒；4—加热器；5—螺杆；6—加料斗；7—料斗；8—加料器传动机构；9—止推轴承；10—减速箱；11—电动机

随着塑料工业的不断发展，加工塑料的工艺条件随之增多，物料性能也有很大变化，制品质量随之提高。20世纪60年代后，由于混炼、排气、脱水、造粒、加工粉料直接成型或在塑料中填充玻璃纤维填料等加工工艺的需要，20世纪30年代开发的双螺杆挤出机得到广泛应用。在进行不断改进后，双螺杆以进料稳定、混合分散效果好、塑化好及消耗功率低等优点，扩大了其应用范围。如今，双螺杆挤出机以其优异的性能与单螺杆挤出机竞相发展，在塑料加工中占有越来越重要的地位。本节对双螺杆挤出机的结构类型、工作机理、特性及应用等进行了简要介绍。

(一) 双螺杆挤出机的结构及分类

1. 双螺杆挤出机的结构

双螺杆挤出机是在单螺杆挤出机的基础上发展起来的，它是由两根并排安放的螺杆置于一个“∞”形截面的料筒中组成的，其装配结构如图2-39所示。它由料筒、螺杆加热器、机头连接器、传动装置（电动机、减速箱及止推轴承）、加料装置（料斗、加料器及加料传动装置）及机座组成。各部件的作用与单螺杆挤出机基本相同。

2. 双螺杆挤出机的分类

双螺杆挤出机分类方法很多，归纳起来，通常有以下方法。

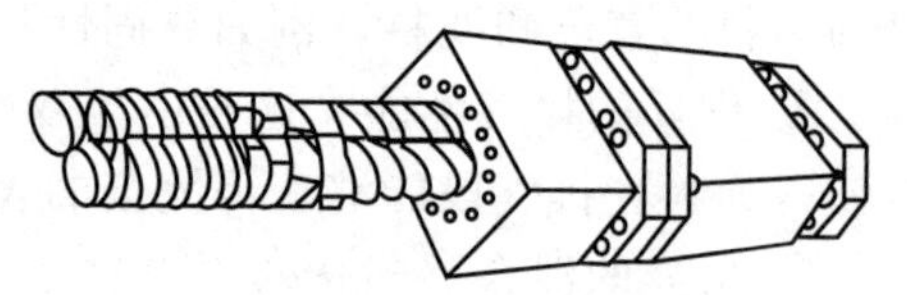

图 2-39 双螺杆与机筒的装配结构

（1）啮合型与非啮合型 根据两根螺杆的轴线距离相对位置，可分为啮合型与非啮合型。啮合型又按其啮合程度分为全啮合型［又称紧密啮合型，见图 2-40（a），两螺杆中心距 $a=r+R$（r 为螺杆根半径，R 为螺杆顶半径）］、部分啮合型［又称不完全啮合型，见图 2-40（b），两螺杆中心距 $a>r+R$］；非啮合型又称外径接触式或相切式，见图 2-40（c），两双螺杆的中心距 $a>2R$。

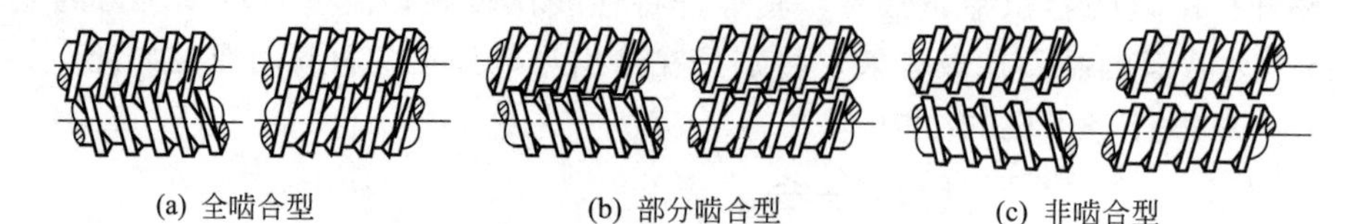

图 2-40 双螺杆的啮合关系

（2）开放型与封闭型 开放与封闭是指在啮合区的螺槽中，物料是否有沿螺槽或横过螺槽的可能通道（不包括制造装配间隙）。由此还可分为纵向开放或封闭、横向开放或封闭。

若物料从加料区到螺杆末端有输送通道，物料可从一根螺杆流到另一根螺杆（沿螺槽有流动），则称为纵向开放型；否则称为纵向封闭型。在两根螺杆的啮合区，若横过螺棱有通道，即物料可从同一根螺杆的一个螺槽流向相邻的另一螺槽，或一根螺杆的一个螺槽中的物料可以流到另一螺杆的相邻两个螺槽中，则称为横向开放。

（3）同向旋转（同向双螺杆）与反向旋转（异向双螺杆） 双螺杆挤出机按螺杆旋转方向不同，可分为同向旋转与反向旋转两大类。其中反向旋转双螺杆挤出机分为向内旋转和向外旋转两种，如图 2-41 所示。其中向内反向旋转［图 2-41（b）］，因为影响原料加入螺槽，压延效应明显，一般较少采用。

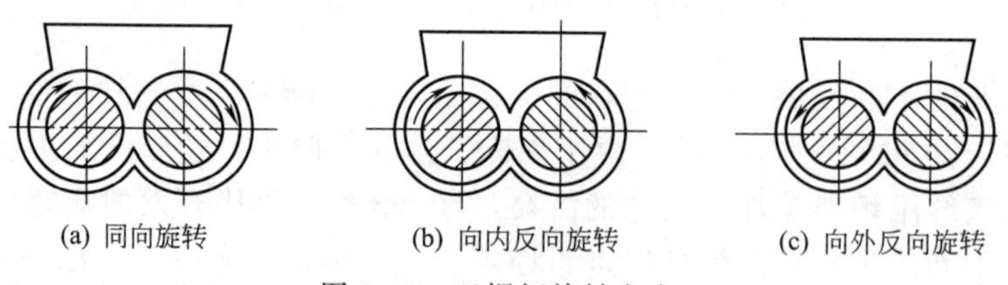

图 2-41 双螺杆旋转方向

（4）圆柱双螺杆与圆锥双螺杆 若两螺杆轴线平行，称为平行双螺杆，也称为圆柱形双螺杆（图 2-42）。若两螺杆轴线相交，称为圆锥形双螺杆（图 2-43）。

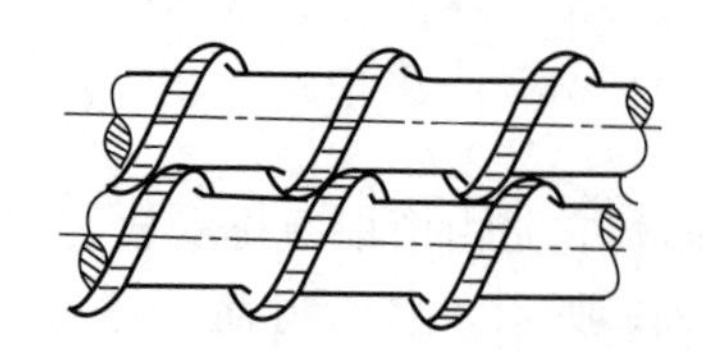

图 2-42 圆柱形双螺杆（平行双螺杆）

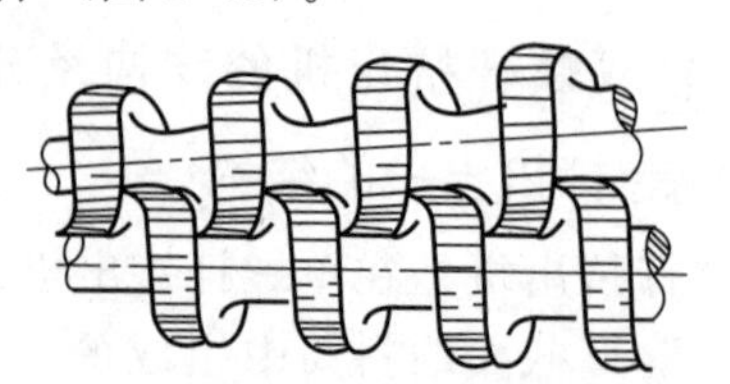

图 2-43 圆锥形双螺杆

对于啮合同向旋转式挤出机，可根据速度分为低速挤出机及高速挤出机。其设计、操作特性和应用领域均不同。低速同向旋转式双螺杆挤出机多用于型材挤出，而高速挤出机多用于特种聚合物加工操作。

对于啮合同向回转与异向回转双螺杆挤出机又有不同的特性。表 2-7 列出了几种双螺杆的工作特性及适用范围。

各种双螺杆挤出机性能比较见表 2-8。

表 2-7　几种双螺杆的工作特性及适用范围

啮合	类　型	图　示	说　明
同向	单头螺纹、深螺槽		主要加工 RPVC，不适合普通树脂
	双头螺纹、中深螺槽 三头螺纹、浅深螺槽		最适合混料，自洁性好；受热时间短而均匀，高速挤塑性好；三头螺纹剪切更强，分散混合更好 因螺杆可采用组合式，可根据材料确定沿料筒的压力和温度分布，加料稳定，排气段表面更新效果好
异向	啮合型		剪切作用强，分散混合好，塑化均匀，机头压力高，适合制品生产
	非啮合型		用于混料，自洁性差，功能和单螺杆类似，但是加料稳定和排气性能更好

表 2-8　各种双螺杆挤出机性能比较

成型品种	低速、同向	高速、同向	低速、异向	高速、异向	非啮合、异向
产量	+	++	+	+	++
分布混合	+	++	+	+	++
分散混合	O	+	O	++	—
排气	O	+	+	++	+
熔融	+	+	+	++	+
输送	+	O	++	+	—
自洁能力	+	++	+	O	—
螺杆高速	O	++	—	+	++
停留时间分布宽度	+	O	++	+	O
压力建立	—	O	++	+	—
螺杆分离	—	+	O	O	+
加料能力	+	O	++	++	+

注：++很好；+好；O一般；—差。

（二）双螺杆啮合机理及其特性

双螺杆挤出机与单螺杆挤出机虽然在结构上相似，但在工作机理上却不相同。各种双螺杆，其类型不同，啮合机理也各不相同。以下就双螺杆的啮合机理简要说明其特性。

1. 双螺杆的输送作用

在单螺杆挤出机中，物料的输送主要是靠物料与料筒及物料与螺杆的摩擦系数的差值作用。但对于反向旋转全啮合的双螺杆挤出机，其两根螺杆相互啮合时，一根螺杆的螺棱嵌入另一根螺杆的螺槽中，使一根螺杆中原本连续的螺槽，被另一根螺杆的螺棱隔离为一系列C形小室。螺杆旋转，两根螺杆之间形成的C形小室沿轴向前移，螺杆转一圈，C形小室就向前移动一个导程。理想的全啮合反向旋转双螺杆的C形小室是完全封闭的，小室中的物料就被向前推动一个导程的距离。这样，输送中不会产生滞留和漏流。所以说反向旋转全啮合的双螺杆具有正位移的强制输送作用。见图2-44。

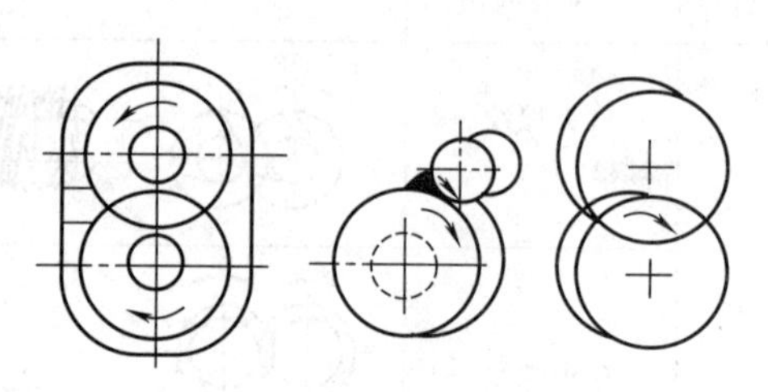

图2-44 异向回转双螺杆中物料的运动情况

反向旋转全啮合的双螺杆，物料在其中的输送情况与齿轮泵相似，因此可以产生很高的机头压力。

图2-45所示为物料在啮合同向回转的螺纹段中的运动情况。各螺纹与料筒壁组成了一些封闭的C形小室，物料在小室中按螺旋线运动，但是由于在啮合处两根螺杆圆周上各点的运动方向相反，而且啮合间隙非常小，使物料不能从上部到下部，这样就迫使物料一根螺杆与料筒壁形成的小室转移到另外一根螺杆与料筒壁形成的小室，从而形成“∞”形的运动。这种同向啮合的双螺杆，一根螺杆的外径与另外一根螺杆的根径的间隙一般很小，因此，有很强的自洁作用。

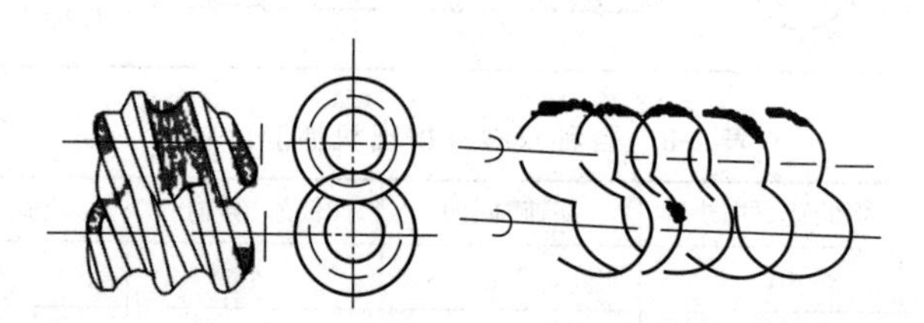

图2-45 物料在啮合同向回转的螺纹段中的运动情况

单螺杆靠摩擦机理输送，使加料性能受到限制，像带状料、糊状料、粉料、玻璃纤维、无机填料等都较难加入，螺槽不易填满，而双螺杆挤出机的正位移输送机理使上述物料均容易加入，且不论螺槽是否填满，其输送速度基本保持不变，不易产生局部积料。

2. 双螺杆的混合作用

双螺杆的混合作用是通过同时旋转的两根螺杆在啮合区内的物料存在速度差或改变料流方向而实现的。

(1) 速度差作用　若把双螺杆横断面简化为相交的两个带棱圆盘，相交处为两螺杆啮合区。

对于反向旋转的双螺杆，在啮合点，一根螺杆的螺棱与另一根螺杆的螺槽的速度方向相同，但存在速度差，所以啮合区内的物料受到螺棱与螺槽间的剪切，而使物料得到混合与混炼。

对于同向旋转的双螺杆，因一根螺杆的螺棱与另一根螺杆的螺槽在啮合点速度方向相反。其相对速度就比反向旋转的要大，物料在啮合区受到的剪切力也大，故其混炼效果比反向旋转双螺杆好。

（2）改变料流方向作用　双螺杆挤出机两根螺杆的旋转运动会使物料的流动方向改变。同向旋转的双螺杆因在啮合方向速度相反，一根螺杆的运动将物料拉入啮合间隙，而另一根螺杆却将物料带出，这使部分物料呈“∞”形运动，即改变了料流方向，促进了物料的混合与均化。对于反向旋转的双螺杆，其部分料流经过啮合区后，方向也有所改变。

对于封闭在C形小室中的物料得不到混合。欲使物料得到混合，在设计啮合螺纹时，必须使C形小室间存在通道，让物料流经通道时，相互混合。开放型与封闭型比较，开放型的混炼效果好，但是要损失一部分挤出流率和机头压力。

为强化混炼效果，可在双螺杆上采用多种混合剪切元件，使物料能够经受纵、横向的剪切混合。其塑化效果大大优于单螺杆挤出机。

3. 双螺杆的自洁作用

对塑料挤出机的性能要求指标之一，是要具有自洁性。若挤出机自洁性较差，物料在螺槽中就容易积料，以至因滞留时间过长而降解变质，影响产品质量。这一性能要求对热敏性塑料尤为重要。双螺杆挤出则具有较好的自洁性。

对于反向旋转的双螺杆，因在啮合处，一根螺杆的螺棱与另一根螺杆的螺槽之间有速度差，这一速度差就使两根螺杆相互剥离黏附在螺杆上的物料，使螺杆得到自洁。

对于同向旋转的双螺杆，因在啮合处，一根螺杆的螺棱与另一根螺杆的螺槽之间有更大的速度差，就使两根螺杆相互剥离黏附在螺杆上的物料的作用更强，所以同向旋转双螺杆自洁作用更有效。

因物料在双螺杆挤出机中停留时间短，一般为单螺杆挤出机的1/2左右，其滞留时间分布范围约为单螺杆挤出机的1/5。故适用于物料停留时间长就会受热分解、固化或凝聚的物料的着色、混合、制品生产，例如PVC的成型、热固性材料的挤出。

4. 双螺杆的压延作用

对于向内反向旋转的双螺杆挤出机加料时，在重力、摩擦力及螺棱与螺槽啮合作用下，物料较容易被带入啮合间隙。在啮合区中，物料受到螺棱与螺槽间的研磨及滚压作用，该作用类似于压延机上的滚压，所以称双螺杆具有“压延效应”。当较厚的物料挤满啮合间隙时，就形成使两螺杆轴线分离的反压。以致使螺杆产生轴向弯曲变形。变形的增加，将减小螺杆与料筒的间隙而加速螺杆与料筒的磨损，其磨损程度对螺杆转速变化及超载程度变化极为敏感。过大的变形还将使螺杆刮研料筒，使螺杆与料筒表面在短期内受到严重损伤。所以向内反向旋转的双螺杆，仅能在低速下工作。其转速一般为8～50r/min。向外反向旋转的双螺杆，因物料被旋转的螺杆带到啮合螺纹下面，其压延效应比反向旋转双螺杆小，进料能力较强。为了减少压延效应，在异向双螺杆设计时，一根螺杆的螺棱与另一根螺杆的螺槽之间留有间隙，让料流通过。

对于同向旋转的挤出机，因两螺杆在啮合点速度方向相反，只有一侧能进料，进入啮合间隙的料流较薄，其进料能力不如向外反向旋转双螺杆，但不会产生明显的压延效应，对螺杆转速及超载的变化敏感性较小，所以可在高速下工作，其转速可达300r/min。

由于双螺杆挤出机具有输送能力强、塑化混合作用好、自洁性好、物料在机器中停留时间短等特点，在塑料挤出机中已占有相当高的比例。表 2-9 列出了欧洲一些发达国家单、双螺杆挤出机使用情况比较。

表 2-9 欧洲一些发达国家单、双螺杆挤出机使用情况比较

成型品种	单螺杆挤出机	双螺杆挤出机	成型品种	单螺杆挤出机	双螺杆挤出机
管	0	100%	型材	20%	80%
造粒	0	100%	薄膜	100%	0
薄板	10%	90%			

5. 双螺杆的节能特性

表 2-10 列出了相同产量条件下单、双螺杆挤出机的各项特性比较。从表中可以看出，双螺杆挤出机的螺杆转速较低、螺杆的传动功率及料筒的加热功率均较低，这说明双螺杆挤出机的功率利用效率高，具有节能特性。

表 2-10 相同产量单、双螺杆挤出机的各项特性比较

项目	单螺杆∶双螺杆	项目	单螺杆∶双螺杆
相同螺杆直径下转速	3∶1	螺杆传动功率	3∶1
相同转速下螺杆直径	3∶2	料筒加热功率	4∶1

双螺杆挤出机的结构较复杂，成本较高。对单螺杆或双螺杆的选用，应根据加工需要而定。

（三）双螺杆挤出机的选用

1. 双螺杆挤出机的应用

传统的双螺杆挤出机主要用于配料、混合及管材挤出。近年来，随着合成材料、精细化工等新领域、新产品、新技术的发展，所要处理的特种或特别状态的聚合物日益增多，使双螺杆挤出机的应用也越来越广。

（1）成型加工的应用　双螺杆挤出机的成型加工主要用于生产管材、板材及异形材。其成型加工的产量是单螺杆挤出机的两倍以上，而单位产量制品的能耗比单螺杆挤出机低30%左右。因双螺杆输送能力强，可直接加入粉料而省去造粒工序，使制件成本降低 20%左右。双螺杆挤出机的剪切发热量小，对物料的热稳定性要求不高，可以减少 70%稳定剂的用量，稳定剂的毒性作用相对减少，成本也降低。

（2）配料、混料的应用

① 用于配料、混料工序（以下简称配混）。因双螺杆挤出机可一次完成着色、排气、均化、干燥、填充等工艺过程，所以常用其给压延机、造粒机等设备供料。目前，有用配混双螺杆挤出机替代捏合机-塑炼机系统的趋势。

② 用于对塑料填充、改性。在单螺杆挤出机中难以在塑料中混入高填充量的玻璃纤维、石墨粉、碳酸钙等无机填料的加工，用双螺杆挤出机更容易实现。

③ 用于橡塑共混及制备塑料合金。加工橡胶共混改性热塑性塑料，制备 ABS 和聚碳酸酯、聚苯醚和聚砜等多种聚合物合金时，双螺杆挤出机是理想的设备。

④ 用于生产聚合物色母料。用双螺杆挤出机可生产含量高达 70%的色母料和炭黑母料。

（3）反应加工的应用　双螺杆挤出机与一般间歇式或连续式反应器相比，其熔融物料的分散层更薄，熔体表面积也更大。极薄的、不断更新的表面层有利于化学反应的物质传递及热交换。双螺杆挤出可使物料在输送中迅速而准确地完成预定的化学变化。在大搅拌反应器中不易制备的改性聚合物也能在双螺杆反应挤出机中完成。利用双螺杆挤出机进行反应加工，还具有容积小、可连续加工、设备费用低、不用溶剂、节能、低公害、对原料及制品都有较大的选择余地、操作简便等特点。

2. 各种双螺杆挤出机的适用范围

（1）同向旋转双螺杆挤出机的适用范围　啮合同向旋转双螺杆挤出机是双螺杆挤出机的一大类。根据其结构特性及输送机理的研究及使用，证明它具有分布混合及分散混合良好、自洁作用较强、可实现高速运转、产量高等特点；但输送效率较低，压力建立较低。

根据同向旋转的双螺杆挤出机的特点，其主要用于聚合物的改性，如共混、填料、增强及反应挤出等操作，而较少用于挤出制品。

（2）异向旋转双螺杆挤出机的适用范围　啮合异向双螺杆挤出机是双螺杆挤出机的另一大类，它包括平行的和锥形的两种。平行的又有低速运转型和高速运转型。

平行异向双螺杆挤出机的特点是：正位移输送能力比同向双螺杆强许多，压力建立能力较强，因而多用来直接挤出制品，主要用来加工 RPVC、造粒或挤出型材。但因有压延效应，在啮合区物料对螺杆有分离作用，使螺杆产生变形，导致料筒内壁磨损，而且随螺杆转速升高而增强，所以此种挤出机只能在低速下（10～50r/min）工作。

若将两螺杆设计为非共轭的，其压延间隙及侧隙都比较大。则当其高速运转时，有相当大一部分输送到啮合区的物料会受到较高的剪切速率和拉伸速率，并能产生有效的表面更新，物料若有足够的通过啮合区的次数，会加强分散混合及分布混合的效果，且熔融效率也比同向旋转双螺杆高。这种双螺杆挤出机主要用于混合、制备高填充物料、高分子合金、反应挤出等，其工作转速可达 200～300r/min。如果设计得当，使之正位移输送能力不丧失过多，又具有一定的混合能力，还可实现一步混合在线挤出而不需再加排料螺杆。这种挤出机可以用来生产色母粒料。

锥形双螺杆挤出机与平行异向双螺杆挤出机工作机理基本相同。若将其设计成啮合区螺槽纵、横方向皆封闭，则正位移输送能力及压力建立能力皆很强。主要用于加工 RPVC 制品，如管、板以及异型材的加工；如将径向间隙及侧向间隙都取得较大，正位移输送能力会降低，但会加大混合作用，用以混合造粒。

（3）非啮合双螺杆挤出机的适用范围　非啮合双螺杆挤出机属另一大类，一般向内异向旋转。此类双螺杆挤出机输送机理类似于单螺杆挤出机，物料对金属的摩擦系数和黏性力是控制输送量的主要因素。其混合效率对螺杆转速呈指数性增加，远强于线性混合效率的单螺杆挤出机，其分布混合能力、加料能力、脱挥发分能力都较好，但分散混合能力有限，建立压力能力较低。所以，这类挤出机主要用于混合作业，可进行共混、填充和玻璃纤维增强（玻璃纤维不会破碎得太厉害）。因其分布性较好，进行反应的自由体积较大，也多用于反应挤出。

（四）双螺杆挤出机的温度控制系统

因双螺杆加工物料的范围较广，其所需热量主要由外部加热供给，但物料温度也随螺杆的转速增加而增加，为得到加工所需热量并避免过热，对各种物料的温度控制十分重要。对物料的温度控制除通过改变螺杆转速之外，主要还是通过料筒与螺杆的温度控制系统来调节。

对于挤出量较小的双螺杆挤出机，螺杆的温度控制可采用密闭循环系统，其温度控制系统是在螺杆内孔中密封冷却介质，利用介质的蒸发与冷凝进行温度控制。

对于大多数双螺杆挤出机，螺杆与料筒的温度控制还多采用强制循环温控系统，如图2-46所示，它由一系列管道、阀、泵组成，其结构复杂，温控效果好，温度稳定。

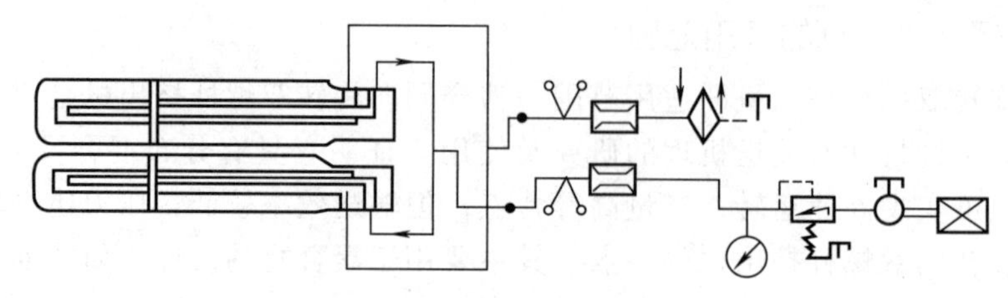

图 2-46 双螺杆温度控制系统

(1) 双螺杆料筒的加热方法 料筒的加热方法主要靠电加热，多为电阻加热。

电阻加热结构紧凑，成本较低，其效率及寿命在很大程度上取决于整个接触面上电热器与料筒间的接触是否良好，接触不好会引起局部过热，并导致电热器寿命过短。

(2) 双螺杆料筒的冷却方法 料筒的冷却方法有强制空气冷却、水冷却。

空气冷却是在挤出机料筒下安装鼓风机形成强制空气冷却。空气冷却热传递速率较小，容易控制。要求强力冷却时，空气冷却则不适宜。

水冷却是在料筒壁上开设水道，使水流通过水道进行冷却。与空气冷却相比，水冷却对温度控制系统要求更高。

单元三 新型挤出机

挤出成型的一个发展方向是高效率和高质量，为了达到这一目的，各种新型挤出机层出不穷，比较有特色、有影响的有华南理工大学瞿金平院士发明的电磁动态塑化挤出机、叶片挤出机，广东轻工职业技术学院徐百平教授发明的自洁型同向差动旋转双螺杆挤出机等。

新型挤出机主要在换能技术、高效塑化、高效混合方面，相对传统挤出机做出了较大的改进。

一、电磁动态塑化挤出机

电磁动态塑化挤出机（华南理工大学：中国工程院院士瞿金平发明）：将振动力场引入聚合物塑化、挤出成型，其轴向振动采用电磁铁驱动，当供给正弦波交流电源时，在定转子之间的气隙中产生轴向的振动磁场，驱动转子（螺杆）产生同频轴向振动。电磁动态塑化挤出机提出了直接电磁换能、机电磁一体化、电磁动态塑化等新概念，具有塑化效率高、体积小、重量轻、能耗低、噪声小、塑化混炼效果好、挤出温度低、物料适用性广等特点。图2-47所示为电磁动态塑化挤出机。

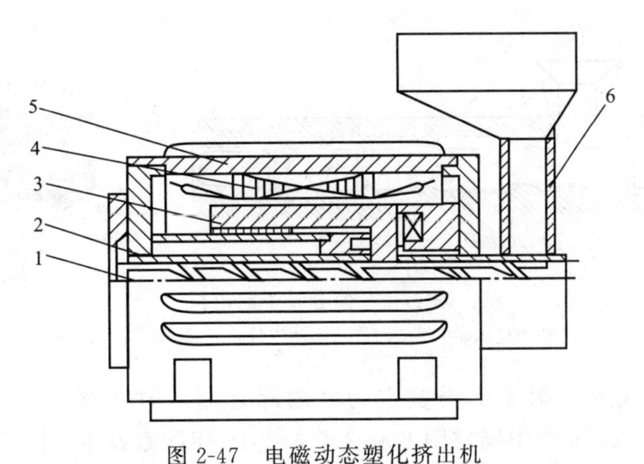

图 2-47 电磁动态塑化挤出机

1—螺杆；2—料筒；3—转子；4—定子及绕组；5—机座；6—料斗

二、叶片挤出机

叶片挤出机（华南理工大学：中国工程院院士瞿金平发明）是一种基于拉伸流变的高分子材料塑化输运方法挤出机，工作原理与叶片泵类似，偏心装置的定子-转子，转子上设置活动的叶片。转子转动时，叶片-定子之间的密闭空间发生大→小→大→小的周期改变，对物料产生拉伸-压缩作用，物料被研磨、压实、排气、塑化；同时吸料区和压料区的压差保证物料的向前输送。其主要塑化热源是耗散能，辅助以外加热。叶片挤出机具有物料热机械历程短、能耗低、适应性广以及体积小等特点。图 2-48 所示为叶片挤出机。

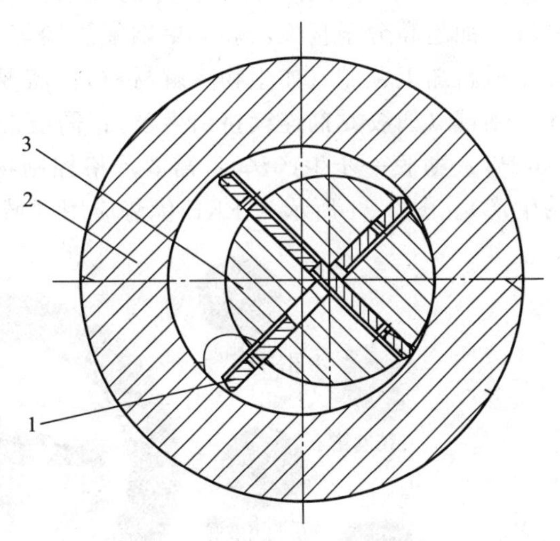

图 2-48 叶片挤出机

1—叶片；2—定子；3—转子

三、偏心转子挤出机

拉伸流变塑化挤出设备（简称 ERE 挤出设备）（华南理工大学：中国工程院院士瞿金平发明）：运用偏心转子泵原理，其技术原理在于转子和定子的内腔分别交替设置转子偏心螺旋段和转子偏心直线段，使物料的输运体积沿转子进行轴向和径向交替的周期性变化，实现基于拉伸流变的熔融塑化输运。具有高效率、短流程、低能耗的特点，为高分子材料加工提供了一种绿色成型加工技术。图 2-49 所示为偏心转子挤出机。

偏心转子挤出机挤出过程中，容积腔截面积周期性扩张-收缩，产生体积脉动，物料在其中不断压缩-拉伸，产生体积拉伸形变。具有：①推挤物料前进，具有强制输送的作用，属于正位移输送；②有利于机械能耗散，促进固体物料熔融；③产生体积拉伸流变混合作用，起到高效率混合效果，加强了聚合物塑化输运过程中的传质传热效果，有利于缩短热机械历程、降低能耗。体积拉伸流场中共混体系的分散混合过程示意图见图 2-50。

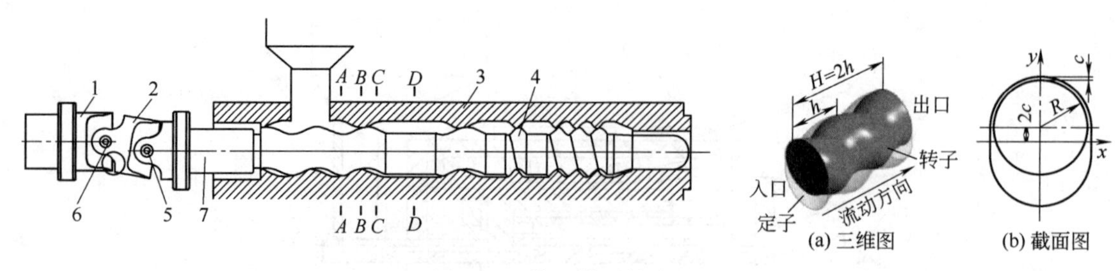

图 2-49 偏心转子挤出机

1—动力输入轴；2,5,6,7—摆动组件；3—定子；4—转子

ERE 技术相关成果经国家部委鉴定为“国际首创、国际领先”水平，先后获得 2014 年中国发明专利金奖，2015 年国家技术发明二等奖，2020 年中国国际工业博览会 CIIF 大奖，2022 年中国轻工业联合会科学技术发明奖一等奖。核心技术已获得中国、美国、日本、欧洲等 13 个国家和地区的国际专利授权。

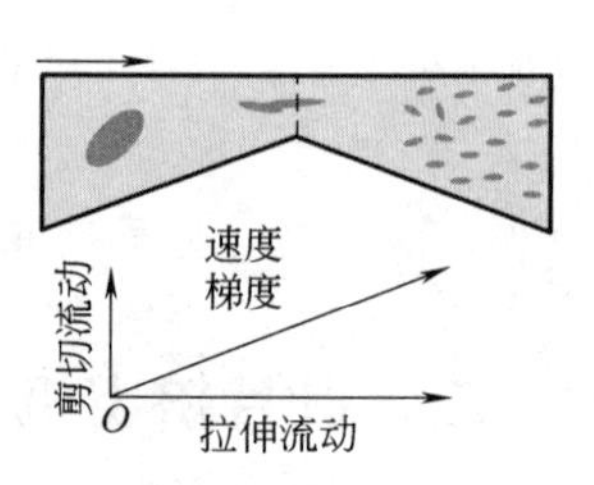

图 2-50 体积拉伸流场中共混体系的分散混合过程示意图

偏心转子挤出机在广东星联科技有限公司有大规模应用。在 ERE 的一些优势领域取得了良好的成果：端流变高分子材料加工领域（如超高分子量聚乙烯、聚四氟乙烯等挤出加工）；热敏感高分子材料加工领域（如生物降解材料）；需要强制增容的复合材料加工领域（如胶黏剂连续挤出生产）；需要混合分散且同时成型挤出的高分子材料加工领域（如 PVA 薄膜一步生产法）；需要严格控制物料停留时间的高分子材料加工领域（如增容剂的生产）。图 2-51 所示为 ERE 优势应用领域。

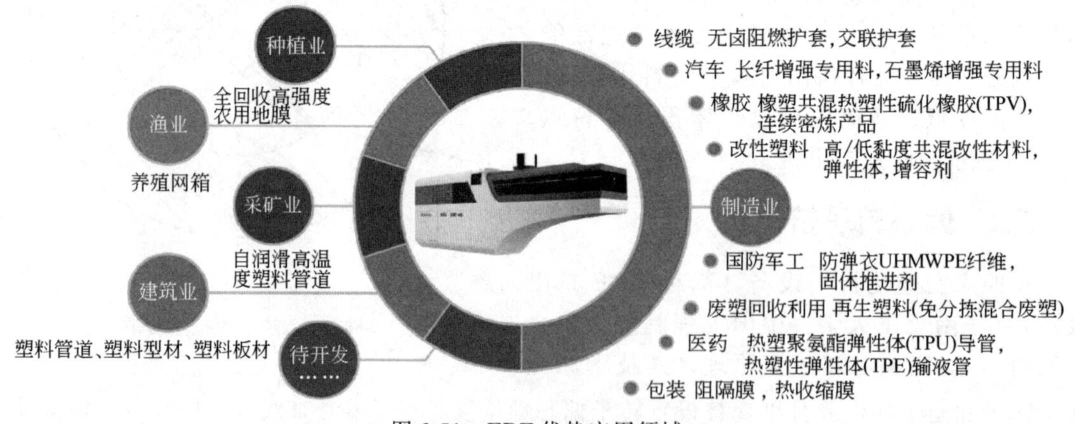

图 2-51 ERE 优势应用领域

四、自洁型同向差动旋转双螺杆挤出机

自洁型同向差动旋转双螺杆挤出机（广东轻工职业技术学院/五邑大学：徐百平教授发明）类似传统双螺杆挤出机，但是 AB 螺杆采用不同旋转速度（1∶2 或者 2∶3 或者其他速度比）、非对称的流道几何形状的异形螺杆结构，使得物料流动空间具有非对称性，全面强化了混合混炼强度和效果，具有极其优异的分散分布混合效果，且具有自清洁作用，尤其适用于高产量、纳米材料的加工。图 2-52 所示为自洁型同向差动旋转双螺杆挤出机。

自洁型同向差动旋转双螺杆挤出机，因为它的两条螺杆采用非对称结构，又称为非对称双螺杆挤出机，因其流场复杂多变，又称混沌挤出机。它可以采用传统双螺杆挤出机的各种技术，还有独特的混沌混合流场技术，对熔体的混合效果更好，目前居于双螺杆挤出机领域的领先地位。在高分子合金材料成型加工、纳米材料成型加工等应用领域具有广泛的应用前景。

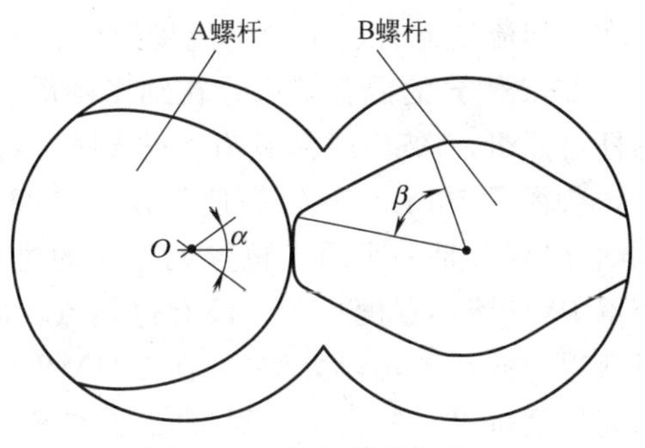

图 2-52 自洁型同向差动旋转双螺杆挤出机

五、先进结构挤出机（ASE）

先进结构挤出机（ASE）（广东轻工职业技术学院：李建钢发明）是一种涡轮结构的挤出机。

先进结构挤出机（ASE）螺杆加料段采用螺槽-螺棱结构，料筒上还开设了反向旋转螺槽-螺棱；压缩段料筒螺棱高低起伏，和螺杆螺棱的起伏相互配合呈轴向啮合状态，形成涡轮结构，由压缩段开始时的全螺纹结构逐渐过渡到压缩段结束时的全部涡轮结构；均化段采用全部涡轮结构对熔体进行混合和熔体输送。螺杆上面的涡轮叶片叫动叶，料筒上面的涡轮叶片叫静叶。图 2-53 所示为先进结构挤出机（ASE）。

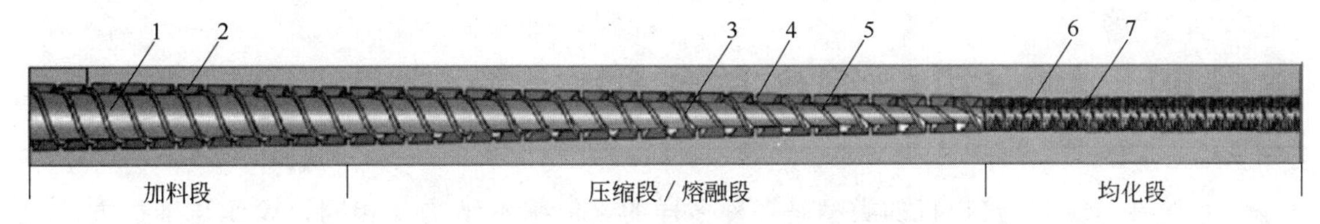

图 2-53 先进结构挤出机

1—螺杆螺槽；2—料筒螺槽；3—部分动叶；4—部分静叶；5—螺杆残留螺棱；6—全涡轮动叶；7—全涡轮静叶

先进结构挤出机（ASE）加料段的固体输送依靠摩擦输送，但是它增加了一个料筒螺槽，提升了固体输送量（提高挤出产量）。相比螺杆而言，料筒强度、刚性更好，可以开设截面积更大的螺槽，挤出量对于螺杆螺槽的依赖性减少，较浅的螺杆螺槽深度提高了螺杆的根部强度，为大扭矩、高转速挤出提供了物质基础。

先进结构挤出机（ASE）熔融能量有两个来源：外部加热器的传热和螺杆转动的机械能耗散。传统单螺杆挤出机外部传热和摩擦热集中在最外部靠近料筒的熔膜部位，因此在高速挤出机、大型挤出机的应用都受到很大的限制。ASE 依靠涡轮结构将机械能作用于更多的物料，因此换能功率大，熔融快、温度均匀，能够将加料段输送的高产量的固体物料很好地熔融。加料段螺杆的根部直径大，也保证了机械能的传递。

先进结构挤出机（ASE）的混合原理也有别于其他的挤出机。传统挤出机主要依靠剪切流场混合，ERE 挤出机主要依靠前进过程容积变化脉动的体积拉伸流场混合，非对称双螺杆挤出机主要依靠混沌流场混合，ASE 主要依靠同一空间内前后位置流速变化产生的动态拉伸流场混合。流体在涡轮叶片（包括动叶和静叶）中输送速度为挤出机挤出速度，速度缓慢，一般速度为 cm/s 数量级；流体出叶片后涡轮动叶旋转带动流体高速运动，一般速度为 m/s 数量级，由此产生一个 10～100 倍拉伸倍率的动态拉伸。ASE 有很多级涡轮叶片，熔体得到多次拉伸流场混合的叠加，因此带来很好的混合效果。除了拉伸流场混合，ASE 也存在剪切流场混合、不稳定流场混合、卡门涡街效应等混合效应。

ASE优异的混合效果，在纳米碳酸钙增强聚丙烯配方中得到验证，相比传统的同向双螺杆对照组，ASE产品具有纳米碳酸钙团聚少、分散均匀的特点；在PVC高速挤出实验中，获得了750r/min的高速挤出（该机器最高转速750r/min），验证了ASE的混合效果（混合过程，是一个质点位置无序化的过程，也是一个对流传热的过程，ASE的高效混合，使得PVC熔体温度均匀，没有过热点，同时也验证了ASE的高产量，单位质量PVC的能量获得较低，不足以分解）。在UHMWPE/PP 70∶30挤出实验中，得到和普通PP差不多的高速度挤出，验证了ASE动态拉伸流场对UHMWPE解缠效果良好，可以有效降低熔体黏度。

ASE具有双螺杆挤出机塑化效率高、混合效果好、高产量低能耗的优点，又有单螺杆结构简单、挤出稳定、螺杆径向受力平衡、寿命长、驱动方便的优点，比双螺杆挤出机更容易实现高速化和大型化，适用于高分子合金、纳米材料改性及制品挤出成型，也可以发展出排气-脱挥挤出、发泡挤出、反应挤出、高填料挤出、橡胶混炼-挤出、大型石化级造粒机、高分子合成反应器等，是一种很好的挤出机基本机型。

ASE不足之处：料筒开螺槽，结构较单螺杆挤出机复杂；料筒上需要加工涡轮静叶，不能够做成整体，需要做剖分结构；涡轮动叶-静叶轴向配合，限制了螺杆的轴向移动，不能够直接做成往复一线式注射机，需要在ASE挤出后再加一级柱塞注射机。

单元四 挤出机的操作与维护

挤塑机安装与调试

挤出机的类型是多种多样的，但基本结构却相同，操作与维护方法也大同小异。

一、挤出机的操作

塑料螺杆挤出机工作时，机身、机头与螺杆及物料间产生强烈的摩擦，使各机件容易磨损，若操作不当很容易使机器过早损坏，所以在使用挤出机时一定要注意挤出机的操作要求。

1. 开车前的准备

开车前应做好以下几方面的工作。

① 对挤出生产的物料要进行预干燥，必要时还要进一步干燥。

② 仔细检查设备、水、电系统是否处于正常、安全可靠状态。

③ 将机头、机身和螺杆预热到工艺要求的温度，同时开通料斗底部的冷却套，通入冷水。

④ 开车前需对机器恒温一段时间。因挤出机温控仪表指示的温度提前于物料的实际温度，若不恒温一定时间，就会造成仪表温度已达到要求温度，而实际料温却偏低。此时若加入物料，因实际温度较低，使物料的熔融黏度过高而产生轴向过载，这会导致设备损坏甚至造成人身伤害事故。

⑤ 各部分达到规定温度时，对机头部分连接螺栓趁热拧紧，检查连接状况，以保证运

转时不发生漏料。

⑥ 检查加料斗和剩余料，不得有异物存在，尤其是金属和其他坚硬杂物，以免损坏螺杆或料筒。

⑦ 开车前应换上干净的过滤网，检查机头是否符合产品品种、尺寸要求，机头各部件是否清洁。

⑧ 需润滑的部位应有充足的润滑油。

⑨ 清理操作现场，保持主机和辅机设备及操作台的整洁，将原料、制品、工具摆放得井然有序。

⑩ 启动各运转设备，检查运转是否正常。

2. 生产操作中的维护与保养

为保证挤出机的正常运转及延长使用寿命，在生产操作中应该做好以下工作。

① 开车后不允许长时间空车运转，以免刮伤螺杆或料筒。

② 保证原料的清洁，严防金属杂物或其他硬质零件（如螺钉等）落入加料门，损坏螺杆或料筒。

③ 喂料时要保证连续均匀供料，为此加料斗内要有充足的物料。在不能保证连续供料时，要立即停车，严禁在无物料情况下空车运行。

④ 新挤出机开始运转数小时后，应重新张紧三角带，以免打滑。

⑤ 在机器连续长期运转中，要按时检查各部位的润滑及温升情况，时刻注意设备运转情况，若有异常现象也要立即停车检查。

⑥ 若遇生产中供电中断，主传动及加热停止，当恢复供电时，必须将料筒各段重新加热到设定温度，保温一段时间后，才可以再启动。若温度不够就启动，料筒内的硬料会损坏挤出机。

⑦ 挤出机购入后，要详细阅读说明书，使操作者了解并按规定的要求操作，还要了解机器有哪些安全保护装置，一旦有过载等情况发生，能及时采取措施。

⑧ 挤出烯烃类物料停车后，可不必每次清理螺杆、料筒及机头，但挤出 PVC 等易分解的物料时，每次生产后必须立即清理螺杆、料筒及机头中的余料，也可加入不易分解的物料，顶出易分解的余料。若挤出机长时间不工作，一定要将物料清理干净，并在螺杆、料筒及机头等与物料接触的部位表面涂上防锈油，将螺杆垂直吊挂放置。

⑨ 若加工 PE、乙酸纤维素等易黏物料，加工后顶出螺杆（或顶出大型螺杆）较困难时，可使用螺旋式螺杆顶出器，切不可用铁锤击出螺杆，以免损伤螺杆。

⑩ 挤出机使用 500h 后，减速箱油中会有齿轮磨下的铁屑或其他杂质，所以应清洗齿轮同时更换减速箱润滑油，以后按说明书规定时间定期更换润滑油。一般每年检查一次减速箱的齿轮、轴承、密封件的磨损情况，磨损严重的零件要及时更换。挤出机的润滑部位及要求见表 2-11。

表 2-11 挤出机的润滑部位及要求

润滑部位	润滑装置	润滑材料		润滑周期
		名称	牌号	
减速器	油池	机械油	HJ-50	每年清洗换油一次
止推轴承	油杯	工业用油脂	ZG-2	每月检查加油 1～2 次

3. 生产操作中的常见故障

塑料挤出机生产中常见故障如下。

① 金属异物或小的金属零部件如螺钉或小扳手等工具掉入加料口，导致停机或使螺杆及料筒损坏。

② 润滑系统发生故障，如缺油或严重漏油等，会导致轴承因过热卡死或齿轮因过热而严重磨损等。

③ 加工 PVC 类物料特别容易产生过热分解，分解时产生的氯化氢气体会严重腐蚀料筒、螺杆及机头流道表面。

④ 断电后需重新启动，但料温未达到所需温度时就启动挤出机，轻者会使电机过载保护而停车，重者使安全销、键破坏，更严重时还会损坏螺杆或料筒。

4. 塑料挤出机的易损件及常用备件

为保证生产效率，挤出机要备有易损件及常用备件，以便零部件损坏时及时更换。易损件及备件有以下几种。

① 螺杆。螺杆是挤出机的核心部件，也是易损件，工作一段时间后，螺杆将磨损而使挤出产量及质量下降，所以要定期更换或修复。一般应提前订购螺杆。若准备生产多种物料制品，应备有适应各种物料的不同螺杆。

② 料筒。若加工含硬质填料（如碳酸钙、玻璃纤维、二氧化硅等）比例较大的物料，螺杆、料筒都会有较严重磨损，料筒也要有备件，一旦磨损可及时更换。

③ 加热圈。加热圈是挤出机各段必需的加热件。挤出机所有加热圈的规格、数量要记入设备档案，并购入备件，以便损坏时及时更换。

④ 轴承。推力轴承及减速器主要轴承要有备件。

⑤ 密封件。各部分密封件容易损坏，要有备件，做定期更换或临时损坏时的备用。

⑥ 传动皮带。传动皮带容易松弛、断裂、磨损。一旦失效要有备用件更换。

⑦ 连接螺栓。挤出机各连接螺栓容易损坏，要按其规格购入备用件。

二、挤出机的检修与维护

要延长挤出机的使用寿命，就必须对挤出机进行定期保养检修与维护。

1. 挤出机保养检修项目

（1）小修　周期为 6 个月。

① 检查、校验各测量仪表。

② 检查、修理加热及冷却装置。

③ 检查、紧固各部位连接螺栓。

④ 检查减速箱的齿轮、轴、轴承，每两周清洗更换一次润滑油。

⑤ 检查、更换弹性联轴器的弹性圈和柱销。

（2）中修　周期两年。

① 进行小修所有项目。

② 检查螺杆及料筒衬套的磨损情况，测量其间隙。

③ 修理或更换减速箱的齿轮、轴、轴承。

④ 检查螺杆尾部轴承，并清洗换油。

⑤ 检查、修理挤出机机头。

（3）大修　周期5～6年。

① 进行中修所有项目。

② 检查、修理或更换螺杆、机身的衬套。

③ 检查、修理电动机及电气控制柜。

④ 进行机座的水平校正。

⑤ 机体重新喷漆。

2. 挤出机主要零部件的修复

（1）螺杆的修复　螺杆在使用一段时间后的正常失效，主要是由于物料与螺棱的摩擦而造成的磨损，因加料口处粒料较硬，其磨损程度最严重。

对螺杆的修复可采用硬质合金焊条对磨损的螺棱进行补焊，螺杆轴颈部分若有磨损也要补焊。补焊后要进行机加工，要保证机加工后螺杆的粗糙度不高于1.6μm。

（2）机身衬套的修复　机身衬套的主要失效形式不仅是由于与物料之间的摩擦磨损，还有由于因轴承间隙过大而使螺杆纵向不稳定而引起对料筒衬套的刮研。若保养得好，大修时料筒衬套磨损或刮研可能不大，这时可以将料筒衬套内径镗大，再按配合要求将螺杆修复到所需的配合尺寸。若衬套壁厚较薄，磨损或刮研也过大，应将其更换，因衬套与料筒是过盈装配，且料筒一般都较长，压入时容易损坏机身或内衬，所以，压入时最好将机身外筒体加热至140～150℃，拆卸时也须加热机身至此温度。

（3）机头的修复　挤出机使用一段时间以后，机头也会在较大的压力及与物料的摩擦作用下发生磨损，机头尺寸的变化将严重影响制品的端面尺寸，所以机头也要定期检查修复。

机头的修复可以在其工作表面进行喷镀或补焊，然后按原样板加工修复。

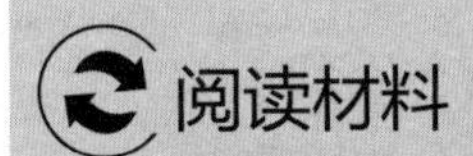

塑料加工领域的颠覆者——瞿金平

瞿金平，1957年6月4日出生于湖北黄梅县，轻工机械工程专家，中国工程院院士，华南理工大学教授、博士生导师，华南理工大学材料加工工程国家重点学科带头人，聚合物新型成型装备国家工程研究中心主任，广东省科协第九届委员会副主席。主要从事高分子材料成型加工技术与装备及其理论的研究与教学，在国际上率先提出塑料振动剪切形变和体积拉伸形变动态成型方法及原理，系统发展了高分子材料加工成型理论，发明并研制成功一系列塑料成型加工新技术及装备。

瞿金平院士在主持国家“九五”重点科技攻关项目“聚合物动态反应加工技术及设备开发”中，开创性地将电磁场产生的振动力场引入聚合物反应挤出全过程，提出用振动力场控制聚合物反应过程及反应生成物的凝聚态结构与性能的创新方法，通过技术攻关，取得突破性的技术成果，使我国在该领域处于技术领先地位。该成果取得八个国家和地区发明专利权，获国家技术发明二等奖和中国发明专利金奖；ERE技术相关成果经国家部委鉴定为“国际首创、国际领先”水平，先后获得2014年中国发明专利金奖，2015年国家技术发明二等奖，核心技术已获得中国、美国、日本、欧洲等13个国家和地区的国际专利授权。

突破了高分子材料加工百年来以螺杆为核心元件的发展模式，将原本螺杆剪切流变加工的原理变成了偏心转子拉伸流变加工原理，这项名叫“基于拉伸流变的高分子材料绿色加工成型技术”的创新成果彻底颠覆传统加工原理，使物料热机械历程缩短50%以上、能耗降低30%左右，节约资源保护环境。该项技术再次处于国际领先水平，也获得2014年中国专利金奖、2015年国家技术发明奖二等奖。

结合拉伸流变技术研制了动态分配多层薄膜吹塑技术开发高性能薄膜系列产品，我国新疆等地的种植业大面积地使用农用地膜，现在已运用了新技术，实现地膜不易破、可全回收，对防止土地污染和塑料回收利用有重要作用。

知识能力检测

1. 塑料在挤出过程中温度、压力以及物态有什么变化？
2. 在螺杆加料段，固体物料是怎样输送的？
3. 影响固体输送率的因素有哪些？
4. 可以采取哪些措施来提高固体输送率？
5. 塑料的熔融过程是怎样的？
6. 影响熔融长度的因素有哪些？
7. 在均化段，物料的流动形式有哪几种？
8. 影响正流的因素有哪些？
9. 影响压力流的因素有哪些？
10. 影响漏正流的因素有哪些？
11. 分离螺杆元件工作在螺杆的哪个位置？性能有什么特点？
12. 分散性混合元件工作在螺杆的哪个位置？有哪些典型种类？性能有什么特点？
13. 分布性混合元件工作在螺杆的哪个位置？有哪些典型种类？性能有什么特点？
14. 螺杆的类型有哪些？如何确定螺杆的类型？
15. 螺杆长径比对挤出机性能有什么影响？
16. 为什么排气挤出机的工作范围窄？如何调节排气挤出机的 V_1、V_2？
17. 对比单螺杆挤出机，双螺杆挤出机有什么特点？
18. 双螺杆转向不同对机器性能有什么影响？
19. 双螺杆的开放性和封闭性对机器性能有什么影响？
20. 简述完成PE或者PVC挤出造粒的开机和停机程序。
21. 当前PVC产品挤出成型的主流设备为异向锥形双螺杆挤出机，试分析原因。
22. 当前高分子材料共混改性的主流加工设备为同向双螺杆挤出机，试分析原因。
23. 使用同向双螺杆挤出机作为产品挤出成型设备时，模具前一般增加一个计量泵，为什么？
24. 阅读10～20篇相关论文，说一说“聚合物动态反应加工技术”的应用范围，和普通挤出加工比较，有什么特点？
25. 阅读10～20篇相关论文，说一说“拉伸流变塑化挤出”的应用范围，和普通挤出加工比较，其有什么特点？
26. 阅读10～20篇相关论文，说一说“非对称双螺杆挤出”的应用范围，和普通挤出加工比较，其有什么特点？

模块三

挤 出 造 粒

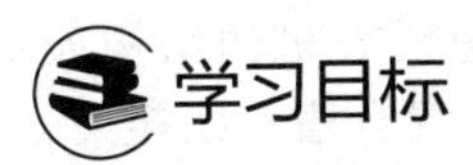

学习目标

知识目标：通过本模块的学习，了解挤出造粒的目的及作用，掌握挤出造粒生产线组成及工作原理。

能力目标：能根据不同制品要求选择合适的成型设备，能根据物料制订加工工艺及设定加工参数，能够分析挤出造粒过程中缺陷产生的原因，并提出有效的解决措施。

素质目标：培养挤出造粒的安全生产意识、质量控制意识、成本意识、环境保护意识和规范的操作习惯。

典型案例

聚对苯二甲酸-己二酸丁二醇酯（PBAT）/$CaCO_3$ 可生物降解料挤出造粒案例

设备：双螺杆 ϕ20mm 挤出机，直通式挤棒机头，浸没式水槽，切粒机。

挤出工艺：料筒-机头温度为 170～185℃，螺杆转速 200r/min。

单元一　挤出造粒成型基础

挤出造粒是将高聚物与各种添加剂、助剂，经计量、混合后加入带有多孔模具的挤出机中，在料筒的加热和螺杆的挤压作用下熔融塑化，最终以与模孔相同的截面形状挤出，再经过适当的切粒从而获得颗粒状塑料的生产过程。挤出造粒颗粒既是塑料成型加工业的半成品，也是挤出、注射、中空吹塑、发泡等成型加工生产的原材料。

高聚物通常为粉末状和粒状两种，根据原料种类或成型工艺要求，需要提前进行挤出造粒。对于粉末状塑料，如聚氯乙烯等，需要预先与稳定剂、填充剂、着色剂及液态的增塑剂等进行混合均匀造粒，然后根据制品要求选择相应的成型工艺进行加工；而对于粒状塑料，如聚乙烯、聚苯乙烯等，在进行改性、填充、着色时，也需要先与填料、改性助剂、其他高聚物等混合均匀造粒后，再根据制品要求选择相应的成型工艺进行加工。挤出造粒是塑料成型加工中必不可少的工序，也是最基本、最简单的造粒方法。

单元二 挤出造粒设备

一、高速混合机

高速混合机是将各组分助剂、填料与树脂进行初混合，利用机械搅拌与加热作用使原料各组分分散均匀。高速混合机的结构如图 3-1 所示，由锅盖、混合槽、搅拌桨、导流板、出料装置、加热装置和传动装置组成。混合槽呈圆筒形，由内层、加热冷却夹套、绝热层和外套组成，混合槽内壁表面光滑，具有很高的耐磨性，顶盖上设有物料的入料口，下部有出料口。搅拌桨安装在主轴上，在工作过程中可变换搅拌速度。导流板断面呈流线型，悬挂在锅盖上，可根据物料多少调节悬挂高度，导流板内部为空腔，装有热电偶，可测试物料温度。

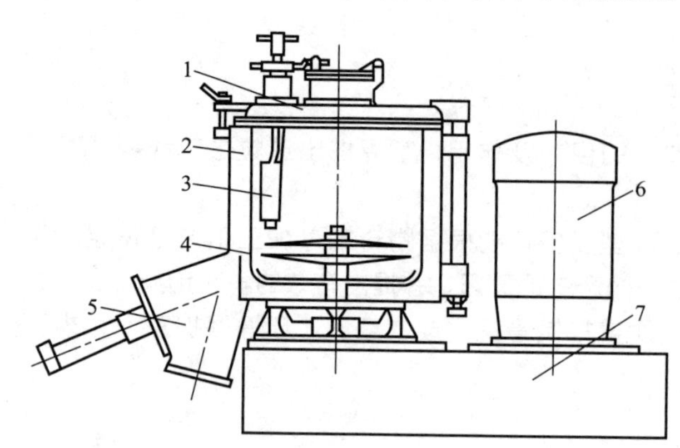

图 3-1 高速混合机的结构示意图

1—锅盖；2—夹套；3—导流板；4—搅拌桨；5—出料斗；6—电机；7—机座

高速混合机在工作时，由电动机通过胶带轮、减速箱直接带动主轴进行旋转，安装在主轴上的搅拌桨随之转动，在离心力的作用下，物料沿固定混合槽的锥形壁上升，处于返转运动状态，形成一种旋流运动，且导流板进一步扰乱了物料流动轨迹，在导流板附近形成较强的旋涡流动，增强了混合效果，对于不同密度的物料易于在短时间内混合均匀。参与混合的各种助剂、填料与树脂，由上部入料口投入，混合后的物料由混合槽的侧面出料斗排出。为适应某些物料的混合要求，该设备设有保温套，可以对物料进行冷却、加热和保温。

二、密炼机

密炼机是设有一对特定形状并相对回转的转子，在可调温度和压力的密闭状态下间隙性地对树脂、助剂及填料进行塑炼和混炼的机械，主要由密炼室、转子、转子密封装置、加料压料装置、卸料装置、传动装置及机座等部分组成，结构如图 3-2 所示。

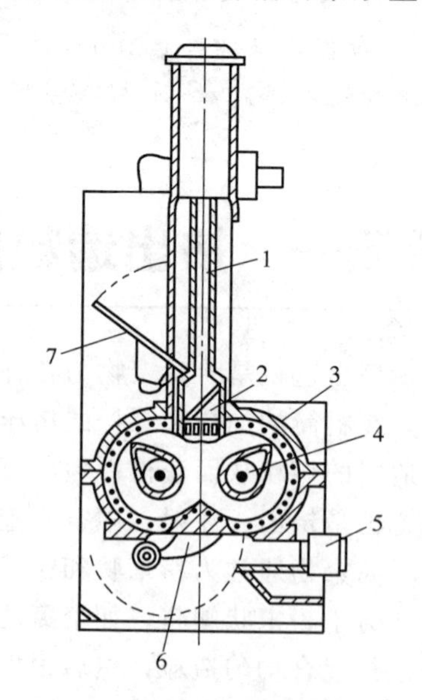

图 3-2 密炼机的结构示意图

1—上顶栓拉杆；2—上顶栓；3—密炼室；4—转子；5—下顶栓传动装置；6—下顶栓；7—加料口

密炼机工作时，两转子相对回转，将来自加料口的物料夹住带入辊缝受到转子的挤压和剪切，穿过辊缝后碰到下顶拴尖棱被分成两部分，分别沿前后密炼室壁与转子之间缝隙再回到辊隙上方。在绕转子流动的一周中，物料处处受到剪切和摩擦作用，使物料的温度急剧上升，黏度降低，使树脂与助剂、填料表面充分接触，如此反复不断搅拌，使助剂及填料在树脂中分散均匀，并达到一定的分散度。

由于密炼机的混炼室是密闭的，在混合过程中减少了粉尘飞扬，工作环境清洁卫生，不易混入杂质，提高了产品质量，同时也避免了物料中的助剂在混合过程中的氧化与挥发，其缺点是调换颜色时清洗较困难。

从高速混合机出来的初混料，进入密炼机进一步混合、塑炼，最后呈团状料排出，团状料可强制加入挤出机造粒，但因物料呈团块状，不易向挤出机料斗加料，所以此工序一般不设。

三、挤出机

对于不同品种及配方的塑料进行挤出造粒，应选用不同结构的挤出机。表 3-1 为几种塑料的挤出机选型。

表 3-1 几种塑料的挤出机选型

项目	PE	PP	软质 PVC	硬质 PVC
挤出机种类	平行同向旋转双螺杆挤出机或计量型单螺杆挤出机	平行同向旋转双螺杆挤出机或计量型单螺杆挤出机	锥形或渐变型双螺杆挤出机	锥形或渐变型双螺杆挤出机
螺杆直径/mm	45～150	45～150	45～200	45～120
长径比	20～25	20～28	20～25	20～25
压缩比	3.0～3.5	3.5～4.0	2.5～3.0	2.0～2.5

四、切粒装置

挤出切粒方法中最简单、最常用的一种造粒方法是拉条切粒，是将挤出的圆条塑料，经冷却后切断而造粒。拉条切粒设备由造粒机头、冷却水槽、吹风干燥机、冷切粒机等部分组成。

单元三 挤出造粒生产工艺

一、成型工艺流程

塑料挤出造粒的工艺流程为：

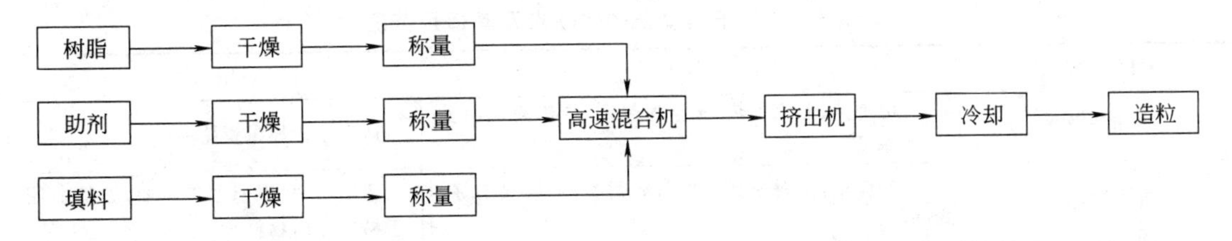

二、成型工艺控制

(1) 物料的预处理 配料前的准备工作包括原料过筛、增塑剂过滤、原辅材料的干燥、块状添加剂的加热熔化等工序。

① 树脂过筛。树脂在生产、包装和运输过程中，可能混入机械杂质或其他杂质，为防止损坏设备和降低产品质量，树脂需要过筛后使用。对于粉状树脂，如 PVC 树脂，常用振动筛过筛，筛网一般为 40 目，当流水线生产量较大时，可用滚筒筛过筛，过筛产量可达 500～600kg/h；对于颗粒状树脂，如 PE、PP、ABS 等树脂可用比树脂粒径稍大的细丝网过筛。

② 助剂、填料过筛。对于粉状助剂或填料，则选用适当目数的振动筛，将助剂、填料倒入振动筛内过筛。

③ 增塑剂过滤。为防止增塑剂内的杂质混入制品，影响制品质量，可将增塑剂用较细的过滤网过滤，过滤网一般为 60～120 目，黏度大的用 60 目，黏度小的用 120 目。在混合前通常还要对增塑剂预热，以降低其黏度并加快其向树脂中扩散的速度，同时强化传热过程，使受热的树脂加速溶胀以提高混合效率。

④ 原辅材料的干燥。对于易吸湿的树脂、助剂及填料，在物料的配制前需进行干燥，除去原辅材料中水分以及一些其他易挥发物。像 PE 等不吸水，或乙烯-乙酸乙烯酯共聚物 (EVA)、氯化聚氯乙烯 (CPVC) 等吸湿性极小的树脂可不经过干燥直接成型，但如果树脂暴露于湿空气中，则应预先干燥。PC、PA、聚甲基丙烯酸甲酯 (PMMA)、ABS 等树脂，具有一定的吸水性，通常在使用前需进行干燥处理。常用塑料的干燥工艺参数见表 3-2。碳酸钙、陶土、纤维素、木粉等填充料吸湿性较大，在配混前应进行充分干燥，它们配制成干混料或粒料时，放置一段时间后仍然会吸收环境中的水分，因而使用前仍然要干燥。

表 3-2 常用塑料的干燥工艺参数

品种	干燥温度/℃	干燥时间/h	要求含水量/%
ABS	80～95	2～4	<0.1
PA	90～110	8～12	<0.1
PC	110～120	6～8	<0.015
PMMA	80～90	4～6	<0.1
聚对苯二甲酸乙二酯(PET)	120～160	4～6	<0.02
聚苯硫醚(PSF)	110～150	4～6	<0.05
聚苯醚(PPO)	120～140	2～4	<0.01

常用的干燥方法有烘箱干燥、沸腾床干燥、真空干燥、红外线干燥等，其优缺点及适用范围如表 3-3 所示。

表 3-3 常见干燥设备的优缺点及其适用范围

干燥设备	优缺点	适用范围
烘箱干燥器	有电加热、蒸汽加热、真空加热等，结构简单但干燥效率低	适用于干燥少量物质
真空干燥器	结构简单，物料在真空状态下翻动，干燥效果好，效率高	适用于中、小型加工企业，尤其适用于易氧化的物料

续表

干燥设备	优缺点	适用范围
沸腾床干燥器	热风与物料混合充分，有效接触面积大，传热系数大，单位容积的干燥量大；干燥时间短，允许干燥温度高；与静止干燥法相比，极限含水量低，可达0.01%	适用于小至80～250μm、大至15～25mm的物料，故障少、效率高
远红外干燥器	干燥速度快、效率高、节电、投资少、干燥质量好，是理想的加热干燥方法。大多数工程塑料在整个远红外波段都有很宽的吸收带，宜用此法	可用于预热、干燥或者二者兼顾

⑤ 块状助剂的加热熔化。块状的硬脂酸和石蜡均是塑料加工中应用较多的润滑剂，若直接加入高速混合机，会在高速混合机内高速旋转撞在折流板上，损坏折流板，所以必须先加热熔化后再加入高速混合机。硬脂酸的熔点为69.6℃，石蜡熔点为60℃。

（2）配方称量　投入高速混合机或密炼机进行物料初混合、塑炼的原料，首先应按设备容积和投料系数估算出投料量，然后根据配方计算出每种原料的投料量，根据投料量精确称重，称量必须准确无误，否则会影响制品的质量。

（3）物料的初混合　对非润性物料（干性物料）的初混合，一般按树脂、稳定剂、助剂、改性剂、色母粒、填料、润滑剂等的顺序将称量好的原料加入高速混合机中进行初混合，通过加热及物料的摩擦、剪切等产生的机械功，使物料升温，从而使润滑剂等熔化及某些组分间相互渗透而得到均匀混合。达到质量要求时即停止加热及混合过程，进行出料。为防止加料或出料时的粉尘飞扬，应用密闭装置及适当的抽风系统。

对于润性物料的初混合，通常先将树脂加入高速混合机中，开始加热混合，物料的温度应不超过100℃，从而将树脂中的水分排除便于更快地吸收增塑剂，如所用增塑剂数量较多时，可将填料随树脂一起加入设备中。然后用喷射器将预先混合并加热至预定温度的混合增塑剂喷到翻转的树脂中，混合均匀后再加入由稳定剂、染料、增塑剂调制的浆料，填料及其他助剂，混合达到要求后即可出料。

（4）密炼　密炼能在短时间内给予物料大量的剪切作用，而且是在隔绝空气的情况下进行工作的，塑炼效果和防止物料氧化等方面比较好，但因物料呈团块状，不易向挤出机料斗加料，所以此工序一般不设。

（5）挤出造粒　挤出造粒可用单螺杆挤出机或双螺杆挤出机，当初混料投入料斗后，物料被转动的螺杆卷入料筒，在料筒的加热下逐渐升温并熔融，同时在螺杆的旋转挤压作用下不断向前移动。由于物料各点的速度不等，产生较大的剪切作用，挤出机物料的塑炼就是在受热与剪切作用下完成的，塑炼完成后由机头口模挤出，冷却后经切刀切粒成为长度3～4mm的颗粒状。由于挤出机是连续作业，在动力消耗、占地面积、劳动强度上都比较小。

三、成型中不正常现象、原因及解决方法

挤出造粒生产中易出现的不正常现象、产生原因及解决办法见表3-4。

表 3-4 挤出造粒生产中易出现的不正常现象、产生原因及解决方法

不正常现象	原因分析	解决方法
黑点偏多	原料本身质量差,黑点偏多 螺杆局部过热或局部剪切太强 机头压力过大,回流料过多 自然排气口和真空排气口长期未清理 口模清理不干净	原料进行检查和过滤 降低料筒温度或降低螺杆转速 降低机头压力 定期清理自然排气口和真空排气口 定期清理口模
断条	料条碳化 物料塑化不良 加工温度太高,造成助剂分解,产生气体 物料受潮未干燥,受热产生水汽 自然排气口和真空排气不畅 物料刚性太大,冷却水温太低,牵引力不匹配 牵引速度过快 滤网目数过低或张数不够	降低料筒温度或降低螺杆转速 升高料筒温度或提高螺杆转速 降低料筒温度 原辅材料进行干燥 疏通自然排气口和真空排气口 适当升高水温,调整牵引速度 降低牵引速度 调整滤网目数,增加滤网张数
粒料太短	料筒温度偏高 螺杆转速太慢 切刀数量太多 切刀转速太快	降低料筒温度 加快螺杆转速 减少切刀数量 降低切刀转速
粒料太长	料筒温度偏低 螺杆转速太快 切刀数量太少 切刀转速太慢	升高料筒温度 降低螺杆转速 增加切刀数量 提高切刀转速
粒料空心	自然排气口和真空排气不畅 物料塑化不良	疏通自然排气口和真空排气口 升高料筒温度或提高螺杆转速
粒料直径相差太大	多孔板料孔排列不恰当 多孔板孔径尺寸不当 机头温度不均匀	调换多孔板,重新修改孔径排列 调换多孔板,修改孔径尺寸 调整机头温度,使其均匀
粒料直径偏大	多孔板孔径太大 多孔板孔径压缩比太大 螺杆转速太快	调换孔径小的多孔板 调换多孔板 降低螺杆转速
粒料表面不光滑或疏松	料筒温度偏低 机头温度偏低 过滤网孔太粗 过滤网破裂 多孔板设计不合理 螺杆压缩比偏小 螺杆转速太快	升高料筒温度 升高机头温度 提高过滤网目数 更换过滤网 提高孔径压缩比或平直部分长度 提高螺杆压缩比 降低螺杆转速
粒料粘连	机头温度偏高 螺杆转速太快 粒子冷却太慢 切刀刀口太钝	降低塑料造粒机的机头温度 降低螺杆转速 提高冷却速度 调换切刀刀片

阅读材料

塑料废弃物的再生利用

随着工业的发展，各类塑料制品已进入千家万户，随之而来的是塑料废弃物日益增多。各种塑料包装物、塑料容器、塑料玩具和文具、塑料鞋、塑料家电外壳、车辆保险杠、塑料管材等随处可见，造成了极大的环境污染，成为全球关注的热点环境问题。国家有关部门连续印发了《关于进一步加强塑料污染治理的意见》《“十四五”塑料污染治理行动方案》等一系列政策文件，要求到2025年，塑料污染治理机制运行更加有效，地方、部门和企业责任有效落实，塑料制品生产、流通、消费、回收利用、末端处置全链条治理成效更加显著，白色污染得到有效遏制。

近几年来我国工业的迅速发展以及人们绿色环保观念的日益增强，塑料再生造粒受到了热捧，市场一直供不应求，将成为未来发展的一个重要热点。废弃塑料的再生造粒包含预处理和挤出造粒两个步骤。

预处理的过程主要包括分类、清洗、破碎和干燥等。分类的工作是将种类繁杂的废塑料制品按原材料种类和制品形状分类。按原材料种类分拣需要操作人员有熟练鉴别塑料品种方面的知识，分拣的目的是避免由于不同种类聚合物混杂造成再生材料不相容而性能较差；按制品形状分类是为了便于废旧塑料的破碎工艺能够顺利进行，因为薄膜、扁丝及其织物所用破碎设备与一些厚壁、硬制品的破碎设备之间往往不能互相代替。清洗时对于污染不严重且结构不复杂的大型废旧塑料制品，宜采用先清洗后破碎工艺，如汽车保险杠、仪表板、周转箱、板材等；对于有污染的异型材、废旧农膜、包装袋，应首先进行粗洗，除去砂土、石块和金属等异物，然后经离心脱水后送入破碎机破碎，破碎后再进一步清洗，以除去包藏在其中的杂物，如果废弃塑料含有油污，可在适量浓度的碱水或温热的洗涤液中浸泡，然后通过搅拌，使废塑料块（片）间产生摩擦和碰撞除去污物，漂洗后脱水、干燥，即可进行挤出造粒。

废弃塑料挤出造粒时，由于原料经受过成型加工过程的热历程和剪切历程，并且在使用过程中经历了热、氧、光、气候和各种介质的作用，因此，再生材料的力学性能，包括拉伸强度和冲击性能均低于原树脂，龟裂引起表面结构变化，外观质量也大不如前，颜色发黄、透明度下降。可以通过掺混新料或添加特定的稳定剂和添加剂加以改善，如加入抗氧剂、热稳定剂，使废塑料造粒过程中减少热、氧作用产生的不良影响；在一些混杂的废塑料当中加入增容剂，如在聚乙烯和聚丙烯混杂的废塑料当中加入三元乙丙橡胶（EPDM）或EVA；在废塑料回收造粒中还可以进行填充改性，如在PP废膜中同时加入10%～35%的填充料，3%～6%的润滑剂，2%～4%的色母粒，填充剂为$CaCO_3$制得的再生料用于注射制品，可有效地缩短成型周期，改善制品的刚性，提高热变形温度，减小收缩率；加入润滑剂则改善了熔体的流动性。一些工程塑料的回收利用中，也可以进行填充、增强和合金化，对于一些易吸湿性材料，如PA、PET等，在加工中，水分会造成降解，使分子量减小，熔体黏度降低，物理性能下降，挤出造粒前应除去废塑料中的水分，充分干燥，以确保再生料的质量。

知识能力检测

1. 挤出造粒生产线需要哪些基本设备？
2. 挤出造粒的目的是什么？
3. 挤出造粒生产前，需对物料进行哪些预处理？为什么？
4. 简述挤出造粒生产的工艺流程。
5. 切粒机转速过低可能会造成什么后果？
6. 如果切粒机切出的颗粒形状不规则，试分析可能存在的原因。

模块四
棒材挤出成型

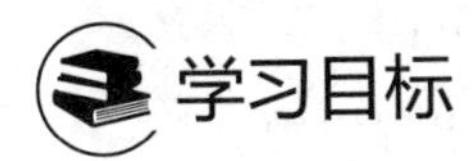

知识目标：通过本模块的学习，了解塑料棒材的具体用途，掌握棒材挤出成型的基础知识，棒材挤出成型的主机、辅机及机头的结构、工作原理、性能特点，掌握棒材挤出成型工艺及参数设计，掌握棒材挤出成型中的缺陷类型、成因及解决措施。

能力目标：能够根据棒材的使用要求正确选择原材料、设备，能够制订棒材挤出成型工艺及设定工艺参数，能够规范操作棒材挤出生产线，能够分析棒材生产过程中缺陷产生的原因，并提出有效的解决措施。

素质目标：培养工程思维和创新思维，培养棒材挤出成型制品的安全生产意识、质量控制意识、成本意识、环境保护意识和规范的操作习惯。

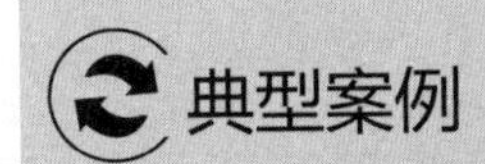

尼龙棒材挤出案例

60mm PA66 棒材挤出成型，双螺杆挤出机，直通式挤棒机头，冷却定型模，滚轮式牵引，气动切刀切断。

挤出工艺：PA66 在 80℃干燥 24h，料筒-机头温度为 280～310℃，螺杆转速 6.5～8r/min，挤出速度 25～30mm/min。

单元一　棒材挤出成型基础

塑料棒材一般是指实心的圆棒，不包括截面为正方形、矩形、三角形、菱形、T 形等异型棒材。塑料棒材主要用于制造机器零件，如齿轮、螺栓、螺母、轴承等。这些产品可以用注射等成型方法得来，但需要量很少时，从经济上考虑还是用棒材加工为好。棒材也可用作建筑材料、家具材料。棒材生产的工艺流程如图 4-1 所示。

生产棒材的原料主要是工程塑料，如 PA、POM、PC、ABS、聚砜、聚苯醚等。用玻璃纤维增强的塑料棒材的强度较高。RPVC、PE、PP、PS 也可用来成型棒材。RPVC、ABS 等非结晶性塑料挤出成型棒材较容易；但 PA、POM 等结晶性塑料挤出成型棒材则较

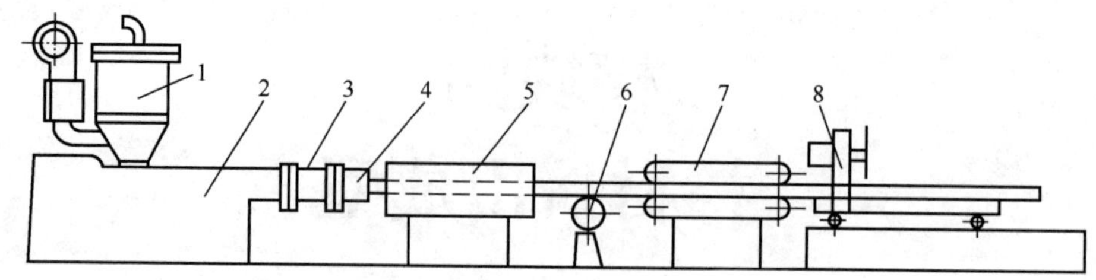

图 4-1 塑料棒材挤出成型工艺流程

1—料斗干燥机；2—挤出机；3—机头；4—定型装置；5—冷却装置；6—导轮；7—牵引装置；8—切断装置

为困难，原因是这类聚合物在冷却和固化时体积突然缩小，棒材中心容易出现空隙。

挤出棒材生产是将粒料加入料斗，经加热和螺杆的剪切作用将塑料熔融塑化，经棒状机头挤出，进入冷却定型模，由表及里固化冷却而成型。由于塑料是热的不良导体，棒材又属于厚制品，因此，棒材中心的冷却问题必须重视。为使棒材中心无空隙，一般有两种方法：一是让棒材非常缓慢地冷却；二是让棒材在冷却定型模内较快地冷却，在棒材固化体积缩小时连续不断地补充熔融塑料到定型模内。第一种方法的缺点是冷却定型模必须很长，设备笨重，操作不方便，需要一套调节冷却介质温度的设备；第二种方法目前用得较多，冷却定型模可以缩短。

单元二 棒材的挤出成型设备

一、挤出机

生产棒材挤出机的螺杆直径一般为 ϕ45mm、ϕ65mm，很少用 ϕ90mm 以上的挤出机。ϕ45mm 的挤出机可以挤出直径为 30～120mm 的棒材。螺杆的长径比为（20～25）：1，压缩比为 2.5～3.5。螺杆头部呈半圆形。为了提高塑化效果，可在机头与螺杆之间放置过滤板并放置 80～150 目的过滤网；生产玻璃纤维增强塑料棒材时不要设置过滤板与过滤网。挤出机的加热系统应能加热到 350～400℃；料筒的冷却系统应能迅速冷却，防止物料过热。

二、机头

棒材的挤出机头有直通式、分流梭式、叠板式、补偿式等。

1. 直通式挤棒机头

图 4-2 是直通式挤棒机头的结构。由于这种挤棒机头没有芯棒、没有分流器，所以机头阻力较小。为了获得密实的实心棒材，必须增加机头压力，使物料进入冷却定型模处的压力在 12MPa 左右。

由图 4-2 可知，这种挤棒机头设计时的要点如下：机头平直部分直径较小，使这部分具有阻流阀的作用，增加机头压力，以获得坚实的实心棒材。一般平直部分的直径为 16～25mm，并随棒材直径的增大而增大。平直部分的长度一般为直径的 4～10 倍，直径大的棒材取小值；机头进口处的收缩角为 30°～60°；收缩部分的长度为 50～100mm；机头出口处的扩张角为 45°，便于塑料棒中心区快速补料。扩张角不能过大，否则会产生死角。出口处的直径约等于定型模的内径，尺寸公差为±0.1mm。当用同一台机器挤出不同直径的棒材时，只需更换喇叭扩大部分和平直部分。

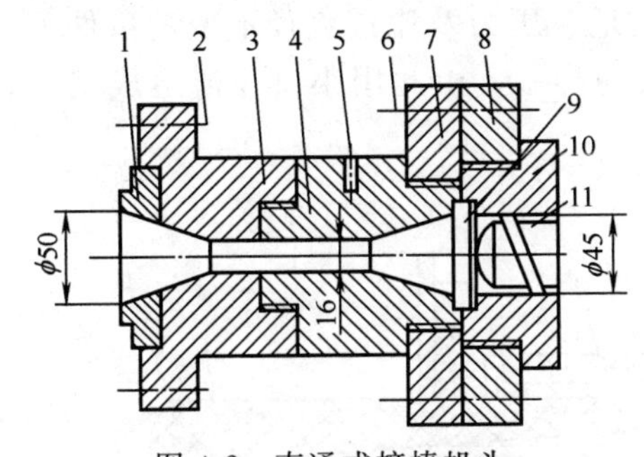

图 4-2　直通式挤棒机头

1—口模；2—冷却模连接螺钉；3—机头扩大部分；4—机头收缩部分；5—温度计插孔；6—机头连接螺钉；7—机头法兰；8—机筒法兰；9—过滤板；10—机筒；11—螺杆

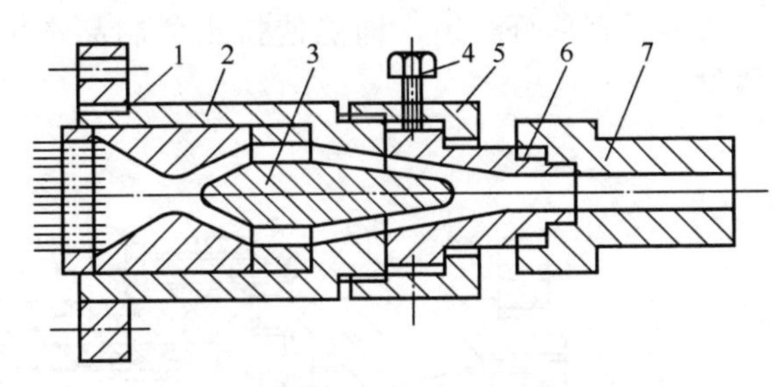

图 4-3　分流梭式挤棒机头

1—喉接；2—机头体；3—分流梭；4—调节螺钉；5—并紧螺母；6—口模；7—加长流道套

2. 分流梭式挤棒机头

当挤出热敏性塑料，如聚氯乙烯棒材时，可选用分流梭式挤棒机头。分流梭式挤棒机头的结构如图 4-3 所示。这种机头的特点是：在流道中心设有一个分流梭，其作用在于减少流道内部容积，并增大塑料熔体的受热面积，有利于停车后重新开车时缩短加热时间，可防止熔料降解。平直部分的口模应光滑，并有一定的长度，有利于棒材外观质量的提高。

3. 叠板式挤棒机头

在挤出非圆形如菱形、矩形、三角形等塑料棒材时，需选用叠板式挤棒机头，如图 4-4 所示。因在挤出这类棒材时，流道中心部与周边特别是棱角处物料流速相差较大，所以挤出后制品的周边及棱角处将产生与中心部位不同程度的胀大。为获得所需的断面制品，一般有棱角的非圆棒材的机头都应根据制品断面形状、流道长度、塑料品种、挤出温度、挤出压力进行口模流道设计。这种设计要经过多次试产，对流道反复进行修整。所以机头制成一块块模板，叠在一起构成流道，便于试产中的多次修整，或对某一块模板进行修整，这种机头称为叠板式机头。

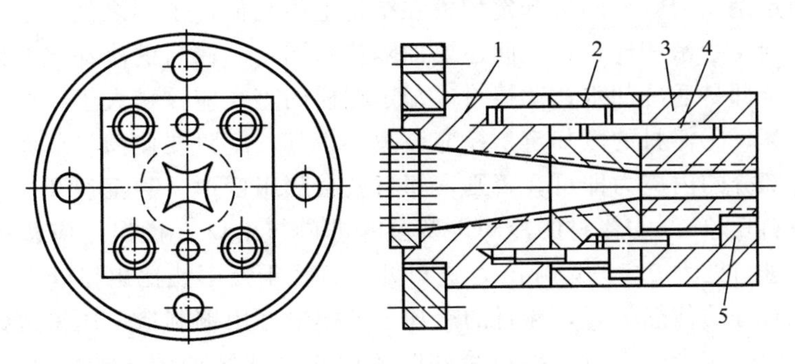

图 4-4　叠板式挤棒机头

1—机头体；2—收敛板；3—口模板；4—圆柱销；5—螺钉

4. 补偿式挤棒机头

当用小型挤出机生产大直径棒材时，可选用补偿式挤棒机头，其结构如图 4-5 所示。这种机头是利用巴勒斯（Barus）效应原理，在给定流量、压力及流道直径不变的条件下，将流道的平直部分缩短，即能使挤出的制品产生较大的膨胀，由此用小口径流道成型大直径棒材。

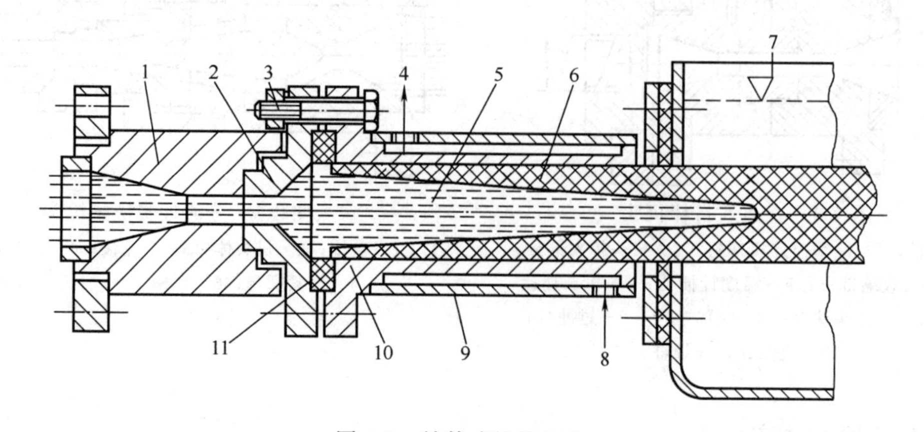

图 4-5 补偿式挤棒机头

1—机头体；2—口模；3—螺栓；4—出水口；5—熔体区；6—固化区；7—冷却水槽水位；8—进水口；9—外套；10—定型套；11—隔热垫板

由图 4-5 可知，当熔料从小口径的口模中流入定型套后，与冷却定型套的内壁接触的外层立即形成固化表层，而中心部形成锥形熔体区。在挤出压力作用下，物料向前推进，前端物料从外向内逐渐固化，熔体区内又不断被补充因固化区冷却而产生的收缩，最终在冷却槽中形成完全固化的棒材。

这种机头定型套长度的选择要适当，其值过小定型不好，过大会使内部熔体压力过大，使冷却了的棒材外壁与定型套内壁产生较大的摩擦力，卡住棒料的前进。考虑到大型棒材的冷却速率慢，挤出速率也要放慢。例如在 SJ-45 型挤出机成型 ϕ60mm 的圆棒，挤出线速度为 2.5m/h，若成型 ϕ120mm 的圆棒，挤出线速度为 0.62m/h。

三、冷却定型模

棒材的冷却定型模与管材的冷却定型模在结构上很相似，不同之处在于：①棒材的冷却定型模与机头之间要紧密相连，这之间还要加隔热垫圈；②棒材的冷却定型模夹层不要设置抽真空的结构，全部是通冷却水；③棒材冷却定型模的直径应该稍大于棒材直径，大多少要根据收缩率来计算；④棒材的冷却定型模应该短些，其长度只要使棒材截面中固化部分能承受中心熔融塑料部分的内应力即可，否则，棒材就会膨胀变形，甚至裂开产生熔融塑料溢出的现象（称为溢料现象）；⑤棒材的冷却定型模的进口与出口直径误差应严格控制，出口处的直径只允许比进口处大 0.5～1.0mm，进口处的直径千万不能比出口处大，否则棒材就挤不出来；⑥为了有好的传热效果，棒材的冷却定型模最好用铜制造，用钢镀铬抛光也行，棒材冷却定型模的内壁应十分光滑。棒材冷却时的中心熔体区如图 4-5 所示。从图 4-5 看到，棒材中心在定型模内不完全固化，有中心熔体区存在。此熔融料在冷却过程中会产生收缩，故需要不断地补充熔融物料，才能防止棒材中心产生空隙。棒材出了冷却定型模后再经过冷却水箱进一步冷却，完全固化成型。这样，就要求在定型模进口处熔融料的压力要尽可能高些，中心熔体区的角度不能太小。所以，要想挤出中心无空隙的棒材，机头与冷却定型模的正确设计和熟练的操作技术是基本保证。

冷却定型模内径尺寸主要根据不同塑料收缩率大小而定，如直径为 40～120mm 的 PA 棒材，其收缩率为 2.5%～5%。

冷却定型模的长度根据挤出棒材的线速度、塑料品种等因素确定。一般说来，直径为 150mm 的棒材，定型模的长度为 150～180mm，随棒材直径增大，其长度也可增大至 230～260mm。

为了提高塑料棒材单机的挤出产量，有效措施是选用一模多根塑料棒材机头。其要点是必须保持多根棒材挤出（线速度基本一致，相差 20mm/min），随时调节螺杆速度及阻尼电机的夹紧力。保证机头主流道不能有冷料引起挤出受阻现象。

四、隔热垫圈

在机头与冷却定型模之间要放置隔热垫圈，也称为绝热隔板，主要使机头与冷却定型模之间形成明显的冷、热界面。如果冷却定型模与机头直接相连，一方面会降低机头温度，使塑料堵塞在机头出口处，棒材挤不出来；另一方面会升高冷却定型模的温度，使棒材冷却不足，产生溢料现象，使棒材无法生产。因此，隔热垫圈一定要设置。

隔热垫圈最好选用氟塑料，如聚四氟乙烯（PTFE）等。PTFE 能耐高温，热导率小，并有非黏性，有自润滑性和弹性，不会影响棒材的表面质量；其缺点是硬度不高，有蠕变现象，但可用调整夹持螺钉压力的办法来补救。温度高于 250℃时易变形而损坏。

在装配安装时，要求 PTFE 圈内、外径公差配合尺寸为±0.1mm，一般要求 PTFE 隔热垫圈内孔直径控制在−0.1mm 较好。PTFE 隔热垫圈与冷却定型套配合公差如图 4-6 所示。

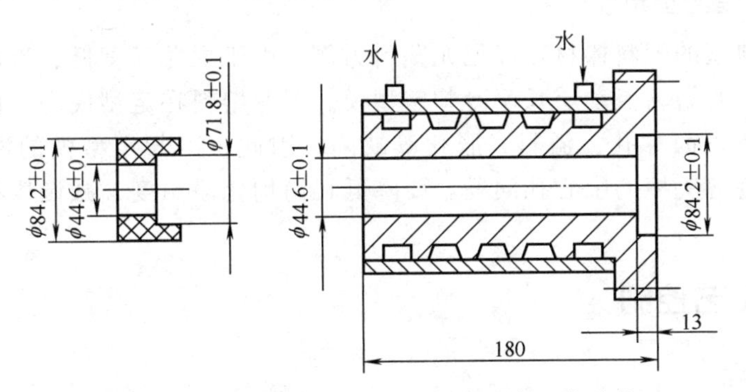

图 4-6 PTFE 隔热垫圈与冷却定型套配合公差

五、制动装置

棒材生产的制动装置就是管材生产的牵引设备。由于牵引设备的牵引速率小于挤出速率，不起牵引作用，而是起阻力作用，所以牵引设备在棒材的生产中称为制动装置（亦称为阻尼装置）。

挤棒生产要求制动装置能在 0.01～0.5m/min 的低速下准确、稳定地操作。制动装置选用履带式牵引机，履带厚需 20～30mm，履带张开度和夹紧力应满足棒材直径和质量要求。阻尼机本身有一定负重，不能发生相对移动。一模多根棒材的阻尼电机可选用橡胶辊上、下夹紧，并用弹簧螺纹夹紧装置夹紧棒材，以防棒材打滑。制动装置要求有无级变速的传动系统。

六、切割机

挤棒的切割机与挤管的切割机结构完全相同。切割棒材圆锯的转速应比切割管材的转速要慢。否则，尼龙一类的塑料棒会因摩擦热而熔融粘在锯片上，而且锯片也易磨损。若切割直径为 120mm 棒材时，圆锯片直径为 450mm，圆周速度为 420m/min。

单元三 棒材的成型工艺

一、塑料棒材挤出工艺特点

挤出塑料棒材时，除合理控制料筒温度外，适当控制机头和冷、热模部分的温度及补料速度的快慢是挤出优质棒材的关键。

1. 高黏度非结晶塑料

当挤出聚碳酸酯、聚砜、改性聚苯醚等非结晶塑料棒材时，因高黏度塑料流动性差，塑料熔体对模壁的压力大。因此，塑料在定型模内的收缩小，一般采用提高料筒温度和机头温度来增加流动性。如聚砜料升温 20℃，其黏度下降 1/2；冷却定型模温度为 70～90℃，中心熔料流程较短，此时，塑料棒材挤出的线速度应较低，以便于快速补料，可避免棒材中心产生真空泡。同时要求阻尼电机的夹紧力比结晶塑料棒材要小些。

2. 低黏度结晶型塑料

尼龙棒材是典型的塑料棒材，以尼龙塑料为例。由于尼龙黏度低、流动性好，挤出棒材的线速度较快，中心熔料流动层长于冷却定型模。尼龙熔料在定型模内表面凝固层薄，故常发生棒材不圆或棒表面穿孔、溢料、胀死等缺陷。因此，冷却定型模的温度应该低些，取 40～60℃为宜。为解决棒的中心孔问题，要降低料筒均化段温度、减慢棒材线速度、提高机头温度以快速补料。

二、成型工艺控制

1. 原料的干燥

原料中含有微量的水分，就会导致棒材内部产生大量的蜂巢状空隙，对易吸水的聚酰胺、聚碳酸酯等工程塑料必须进行干燥，使水分含量在 0.03%～0.1%或更小，几种工程塑料吸湿率与干燥工艺见表 4-1。

表 4-1 几种工程塑料吸湿率与干燥工艺

项目	聚酰胺		ABS	POM	PC	聚砜	聚苯醚
	PA1010	PA66					
吸水率(室温 24h)/%	0.085～0.39	0.9～1.6	0.2～0.3	0.2～0.3	0.15	0.22	0.06
干燥方法	沸腾烘箱	常压烘箱	常压烘箱	常压烘箱	常压烘箱	常压烘箱	真空

续表

项目	聚酰胺		ABS	POM	PC	聚砜	聚苯醚
	PA1010	PA66					
干燥温度/℃	110	110	75～80	100	120～130	130～140	130
干燥时间/h	1	10	4	4	6	4 以上	4 以上
含水量/%	<0.3	<0.3	—	—	<0.3	<0.05	<0.1

注：料层厚 50mm。

塑料干燥的方法较多，如红外线干燥法、真空干燥法、循环空气干燥法等。具体选用哪种方法要根据原料的性能来决定。

经干燥的塑料应立即使用或放于 80～90℃的保温烘箱中备用，否则塑料会重新吸收水分而失去干燥作用。

2. 温度

（1）挤出温度　控制在比树脂熔融温度高 20～30℃。挤出温度过高，会使棒材含有气泡，过低则塑化不良，棒材的强度较差。对于流动性较差的塑料，温度过低会使棒材发生断裂现象，甚至可能损坏挤出设备。

机头温度比料筒温度低 10～20℃。温度太低会影响棒材的表面质量，如表面毛糙或表面产生裂纹，适当提高机头温度可使棒材表面光滑。几种工程塑料棒材的工艺条件见表 4-2。

表 4-2　几种工程塑料棒材的工艺条件

项目		聚酰胺		ABS	PC	POM	聚苯醚	聚砜
		PA1010	PA66					
棒材直径/mm		60	60	90	60	60	30	30
螺杆直径/mm		60	65	65	65	60	30	30
机身温度/℃	加料段	265～275	295～300	160～170	250～260	150～160	245～255	270～275
	压缩段	275～285	300～315	170～175	260～275	160～170	265～275	280～295
	均化段	270～280	295～305	175～180	260～270	165～175	270～280	295～300
机头温度/℃	机颈处	260～270	290～300	175～180	260～270	165～175	270～275	290～295
	机头 1	250～255	290～295	150～160	230～240	160～170	250～255	270～275
	机头 2	210～220	280～290	150～160	220～230	160～170	220～240	250～260
	口模	200～210	280～290	170～180	215～220	175～180	210～220	225～235
定型模温/℃		70～80	85～95	55～60	90～100	100～115	75～85	80～90
螺杆转速/(r/min)		10.5～11.0	6.5～8.0	11～14	8.0～8.5	9.5～10	4.0～4.5	3.5～4.0
牵引速率/(mm/min)		44～50	25～30	22～25	30～35	25～30	15～20	18～20
定型模内径/mm		67	69.5	95.5	65	65	34.9	34.9
棒材直径/mm		63	65	94.5	64.2	62	33.4	34.5
制品收缩率/%		5.0	6.4	1.5	1.7	3.8	4.3	1.2
生产率/(kg/h)		9～9.5	5.0～5.5	5.5～6.0	5.5～6.0	9.5～10.0	1.0	1.2

（2）冷却定型模的温度 定型模的温度低一些较好。冷却定型模处的冷却强烈些，可提高棒材表观质量和提高牵引速率。

定型模内棒材的截面熔融部分与固化部分的界面是圆锥形的，熔融塑料若能连续地向圆锥尖端输送，棒材固化后就无空隙。因此，必须考虑熔融塑料的压力和圆锥角的大小。如果锥角太小，熔融塑料难以输送到尖端部位，输送过程中会受到很大的阻力，棒材就会产生孔洞。圆锥角的大小主要取决于牵引速率和固化速度，当固化速度恒定时，牵引速率越慢，圆锥角就越大；当牵引速率恒定时，固化速度越快，圆锥角越大。一般圆锥角为12°～16°时较好，聚酰胺取8°较好。

圆锥角的大小测定方法是用电加热探针刺到棒的中心处，抽去探针，看是否有熔料流出。若熔料过多，则探针往前移；若熔料过少，则探针往后移，直至刚好有熔料流出时为止。通过数学计算得出圆锥角的大小。

3. 装置的调节

制动装置给予棒材一定的阻力，使熔融塑料紧贴于冷却定型模的内表面，使冷却更有效，迅速固化成型棒材，并使棒材在冷却收缩过程中能从中心熔体区获得熔融塑料的补充，这是冷却成型的基本原理。因此，制动装置阻力的大小是生产操作中重要的工艺参数之一。若制动装置将棒材夹得太紧，阻力太大，就会使棒材堵塞在定型模内，棒材挤不出来，此现象称为“胀死”；若制动装置将棒材夹得太松，阻力太小，会使棒材内部产生空隙。所以，制动装置夹住棒材的松紧程度需要很好地调节。

4. 热处理

棒材在冷却过程中，内、外收缩冷却不一致。因此，棒材的内应力一般较大。这种内应力随着棒材直径的增大而增大。当棒材直径超过60mm时，一定要进行热处理，消除内应力，否则棒材放置数天或进行机械加工时会产生开裂现象。

热处理的方法有水浴、油浴或空气加热。对于聚酰胺棒材可采用水浴进行热处理，即将棒材放入100℃的水中煮2～4h；也可在140～160℃的油浴中退火1h，这样可以消除几乎所有的内应力；还可以在80～120℃的烘箱中进行热处理。

热处理的时间由棒材直径的大小而定。直径大的棒材，热处理时间较长。有些直径大的棒材是采用逐渐升温至预定温度后，再保温一段时间，然后逐渐降温到室温。几种工程塑料棒材热处理工艺条件见表4-3。

表4-3 几种工程塑料棒材热处理工艺条件

塑料	棒材直径/mm	热处理		
		方法	温度/℃	时间/h
PA1010	60～100	水浴	100	2.5～4.0
PA66				
PC	60	烘箱	130～140	1.5～3.0
聚砜	50	烘箱	150～160	1.5～3.0

三、挤出操作过程

① 预热挤出机，当温度达到预定温度时，仍需保温30～45min才能开机。

② 开机后，初始加料要少，当棒材被挤出后方可将料倒入料斗加满。

③ 棒材被挤出，开始从冷却定型模引出时，与制动装置还有一段距离无法对棒材施加阻力。为使刚挤出的棒材中心无空隙，可采用引出装置来对棒材施加阻力。引出装置实际上是一根直径与棒材大致相同的 RPVC 管材，在刚开机时将管材的一端插入定型模内，另一端夹在牵引机的履带上。

④ 当棒材到达规定长度以后，启动切断机将棒材切断。

四、成型中不正常现象、原因及解决方法

棒材生产中不正常现象、产生原因及解决方法见表 4-4。

表 4-4 棒材生产中不正常现象、产生原因及解决方法

不正常现象	产生原因	解决方法
中心有空隙或泡孔	挤出温度偏低或定型模温偏高 原料含水量过多 螺杆转速过快 制动装置未夹紧	提高挤出温度或降低定型模温 原料重新干燥 降低螺杆转速 夹紧制动装置
截面不圆	挤出温度或定型模温过低 螺杆转速慢 制动装置未夹紧	调小冷却水量或提高机头温度 提高螺杆转速 夹紧制动装置
胀死或表面出现一节节的凹痕	机头或定型模温偏高 隔热片尺寸不当或变形损坏 制动夹得太紧 螺杆转速过快	适当降低机头或定型模温度 更换隔热片 适当放松制动 适当降低螺杆转速
表面不光、有斑纹熔接痕或裂纹	原料水分含量高 机身或机头温度偏低 定型模温偏低 制动太松	物料进一步干燥 适当提高机身或机头温度 提高定型模的温度 夹紧制动
螺杆转不动	机身温度过低 过滤板处或机头温度过低	适当提高机身温度 提高过滤板处或机头温度
表面脱皮或有黑色杂质	原料有杂质或分解	清理机头、料筒，适当调节温度

阅读材料

中国塑料之父——徐僖

中国科学院院士徐僖（1921～2013）是我国高分子材料学科的开拓者和奠基人，一生致力于高分子材料教学、科研及人才培养工作，被称为“中国塑料之父”“杏坛万世师表”。

徐僖出生于江苏南京，青少年时正是国家贫弱、饱受战火侵袭的年月。他求学艰难，小学、中学、大学辗转于上海、南京、重庆、贵州等地。1937 年 12 月南京沦陷前 3 天，他随父母逃难到四川，就读于内迁到万县的金陵大学附属中学，1938 年夏考入重庆南开中学，1940 年考入当时内迁贵州的浙江大学化工系，1944 年获工学学士学位。南开中学

"允公允能"和浙江大学"求是"的校训，使他在青年时代就具有无私无我、苦干实干、追求真理、实事求是的鲜明个性。

徐僖1945年任唐山交通大学矿冶系助教，1946～1947年任上海光华大学化学系讲师。1947～1948年，留学美国理海大学化学化工系，获科学硕士学位。他为丰富实践经验，放弃了继续攻读博士学位的机会，到美国柯达公司精细药品车间实习。

1949年冬，徐僖受聘为重庆大学化工系副教授，后受命筹建重庆棓酸塑料厂（现重庆合成化工厂），任副厂长兼总工程师。1953年受命筹建中国高校第一个塑料专业。

1954年起，徐僖历任：四川化工学院、成都工学院教授；成都科技大学（现四川大学）教授、副校长、高分子材料系主任、四川大学高分子材料工程国家重点实验室负责人；上海交通大学教授、高分子材料研究所所长；国家教委科技委员会委员，国务院学位委员会非金属材料学科评议组召集人，国家自然科学基金委员会有机高分子材料学科评议组召集人，中国化学会理事，中国化工学会副理事长；《高分子材料科学与工程》及《油田化学》等期刊主编。

1960年，徐僖编著出版了中国高校第一本高分子教科书《高分子化学原理》，成为我国这一学科的奠基人。徐僖还为军工单位和地方企业解决了许多重要技术难题，后获得全国科学大会奖、国家发明奖和多项科技进步奖。

1985年国防科工委等授予徐僖"国防军工协作先进个人"称号。徐僖在高分子降解、共聚、氢键复合、高分子共混材料等方面取得了突出的研究成果，特别是成功地研究开发了五棓子塑料，为国争了光。1991年当选为中国科学院院士。

徐僖院士的一生，从1945年24岁开始，从教近70年。他从1959年开始招收研究生，1981年被评为中国首批博士生导师，1989年建立高分子材料博士后流动站。他的教学特点是要求学生掌握基本概念，注意观察学科发展的最新动向，随时用国内外本学科的新成就和自己的研究成果充实、更新教学内容。他拟定的研究生学位论文题目大多数是当代高分子材料学科中的热点，完成的论文一般都参加了国际学术交流，刊登在国内外有关学科的重要期刊上。

徐僖院士一生秉持"人生的乐趣在于无私奉献、饮水思源、助人为乐"的信条，过着简朴的生活。在担任大学教授期间，徐僖院士坚持不领取一分钱兼职工资，退还了学校分配的住房，将积蓄用来资助贫困学生。1993年，徐僖院士用自己的奖金设立了"攀登"奖学金及助学金；2003年，他又将自己获得的"四川省科技杰出贡献奖"50万元奖金全部捐出，资助大中小学生完成学业。

知识能力检测

1. 塑料棒材挤出的工艺流程及所需的成型设备是什么？
2. 尼龙棒材的工艺条件控制及机头的结构特点如何？分析其正圆度差的原因。
3. 简述棒材生产的操作过程。
4. 螺杆转速、牵引速率、冷却速率对生产过程有何影响？怎样克服？

模块五

管材挤出成型

知识目标：通过本模块的学习，了解常用塑料管材的具体用途，掌握管材挤出成型的基础知识，管材挤出成型的主机、辅机及机头的结构、工作原理、性能特点，掌握管材挤出成型工艺及参数设计，掌握管材生产过程中的缺陷类型、成因及解决措施。

能力目标：能够根据管材的使用要求正确选用原料、设备，能够制订管材挤出成型工艺及设定工艺参数，能够规范操作管材挤出生产线，能够分析管材生产过程中缺陷产生的原因，并提出有效的解决措施。

素质目标：树立爱岗敬业、诚实守信的价值观，培养管材挤出成型制品的安全生产意识、质量控制意识、成本意识、环境保护意识和规范的操作习惯，通过我国管材工业巨大发展事例树立民族自信和艰苦奋斗精神。

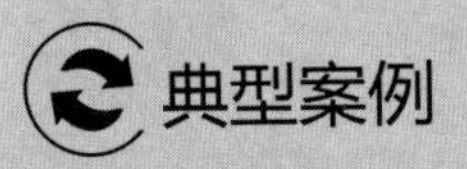

签字笔芯管材挤出案例

签字笔芯，使用低密度聚乙烯（LDPE）材料挤出成型，单螺杆 ϕ20mm 挤出机，一模多腔直通式机头，管式真空定型装置定径，浸没式水槽冷却，滚轮式牵引，气动切刀切断。

挤出工艺：料筒-机头温度为 100～160℃，螺杆转速 150r/min，挤出速度 6m/s。

单元一　管材挤出基础

一、塑料管材的性能及用途

塑料管材是挤出成型加工的主要产品之一。塑料管材的突出优点是：相对密度小，相当于金属的 1/7～1/4；电绝缘性能、化学稳定性优良；安装、施工方便，维修容易；单位能耗低廉。但与金属管材相比，它的力学性能较低，使用温度范围较窄，膨胀收缩变形较大。科研人员正不断通过化学或物理改性的方法弥补以上材料性能的不足，通过聚合物与其他材料间的复合方式，扩大塑料管材的应用领域。

塑料管材的用途是输送液体、固体、气体，并可以作为电线、电缆护套和结构材料。国内外塑料管材的主要应用范围是：饮用水管、建筑给水管、建筑排水管、埋地排水管、燃气管、护套管、农业用管、工业用管。住宅建设、环境保护与治理、农业节水灌溉、交通、通信、水利、能源等基础建设工程，也使塑料管材有着非常广阔的市场。

二、挤出管材的原材料

1. PVC

RPVC 管材以 SG-5 型树脂为主要原料，并加入适量稳定剂、润滑剂、着色剂等助剂。SG-5 型 PVC 树脂的比黏度为 0.318～0.345，平均聚合度为 850～950，表观密度为 0.50～0.60g/cm^3。

SPVC 管材以 SG-2 型、SG-3 型树脂为主要原料，加入增塑剂、稳定剂、润滑剂、填充剂、着色剂等助剂。SG-2 型树脂的比黏度为 0.411～0.433，平均聚合度为 1250～1350，表观密度为 0.42～0.52g/cm^3；SG-3 型树脂的比黏度为 0.389～0.412，平均聚合度为 1150～1250，表观密度为 0.44～0.54g/cm^3。

2. PE

用作生产电缆护套和管道的 LDPE，熔体流动速率为 0.3～0.7g/10min，密度为 0.921～0.922g/cm^3。用作生产给水管道的线型低密度聚乙烯（LLDPE），熔体流动速率为 0.6～0.8g/10min，密度为 0.920g/cm^3。HDPE 挤出管材专用树脂一般为丁烯或己烯的共聚物，共聚单体的加入使材料的耐环境应力开裂性能得到改进。作为供水灌溉、输送化学液体的管材原料，HDPE 树脂熔体流动速率为 0.11～0.14g/10min，密度为 0.952～0.955g/cm^3；土建工程大型管道和下水道管材用 HDPE 树脂，熔体流动速率为 0.03～0.04g/10min，密度为 0.961g/cm^3；水管、煤气管、波纹管、淤泥输送管用 HDPE 树脂，熔体流动速率为 11～14g/10min（标准负荷 21.6kg），密度为 0.939～0.945g/cm^3。

为了提高使用寿命，PE 中加入抗氧剂、紫外线吸收剂、光屏蔽剂，十分有效。加入填料可以降低管材成本，并相应改善加工性能。

3. PP

PP 管材用树脂一般熔体流动速率≤1.5g/10min，过高则影响其力学性能和耐环境应力开裂性能。在 PP 管材树脂中加入适量填充剂可以降低尺寸收缩率；添加阻燃剂可降低可燃性；与橡胶相聚合物共混可以改进管材冲击及低温性能。无规共聚 PP 有良好的冲击韧性、低温性能，并且在热介质和高压力条件下管材强度下降缓慢，可作为热水管道。

4. 工程塑料

（1）ABS　ABS 管材的成型可选择密度为 1.02～1.06g/cm^3 的树脂。根据管材使用条件要求，选择不同力学性能类型的 ABS 树脂，如高抗冲型、高刚性型等；根据使用温度要求，可选择不同的耐热等级，通用级 ABS 热变形温度为 91～93℃，不同耐热等级的 ABS 热变形温度为 96～122℃，当有阻燃要求时，应选择阻燃级 ABS。

（2）PA　用于挤出成型管材的聚酰胺应选择黏度较高的，易于成型。PA11 可以用来生产硬管和软管，适合输送汽油；PA12 可用来生产各种油管、软管；PA1010 可用来生产耐压管。

（3）PC　PC有较好的成型性，挤出管材应选用熔体流动速率3.5～7g/10min。根据管材使用场合要求，可以选择透明或不透明树脂、共混合金料、玻璃纤维增强料或阻燃料。

（4）POM　挤管用的POM有均聚POM和共聚POM，一般不需加入其他助剂。适宜挤管用的均聚POM熔体流动速率为1.0～9.0g/10min，分为三个黏度等级；共聚POM一般有较高的熔体黏度，熔体流动速率为2.5g/10min左右。

（5）氯化聚醚　挤管用的氯化聚醚应选用特性黏度为1.8～2.0的树脂，其熔点为176℃左右，树脂中的灰分应小于0.2%。

（6）聚砜　聚砜管主要用作电绝缘管和耐高温管，树脂一般要求黏度为（0.5～0.6）×10^3Pa·s，含水量要求在0.05%以下。

三、挤管工艺流程

管材的挤出成型工艺

塑料管材的种类很多，按照所用原料的不同、管材性能与结构的差异，可分为许多种工艺。原料为管材专用牌号的树脂，成型后能够满足管材性能指标要求的，可采用直接挤出工艺。若现有牌号树脂不能满足产品性能或加工过程要求的，在成型管材之前应先按照特定配方中物料的组成，进行配混合预先处理。这些工艺可以是初混合工艺，或者是经混合、造粒，然后再挤出成型管材。PVC粉料以及一些共混改性料成型管材需要增加成型管材之前的工艺过程。

有的管材结构或性能比较特殊，如挤出缠绕方法成型的管材，从机头挤出的物料为熔融态的片状，经缠绕后形成管材；多层复合管可以是多台挤出机共挤复合，也可以采取逐层包覆的方式；化学交联管材先挤出成型成管，再进行交联处理工艺，达到性能要求。管材挤出工艺流程如图5-1所示。

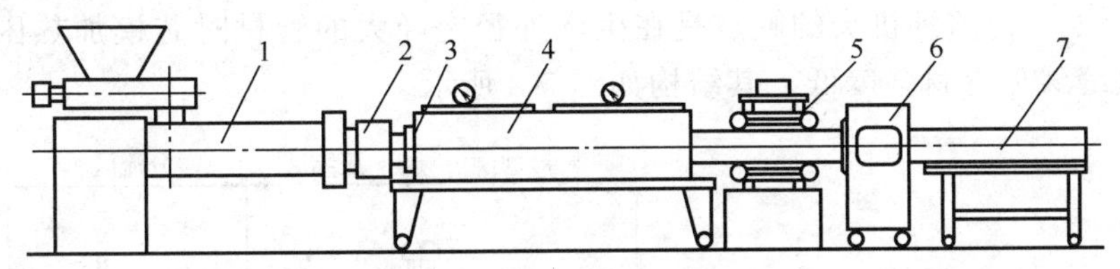

图5-1　管材挤出工艺流程

1—挤出机；2—机头；3—定型装置；4—冷却装置；5—牵引装置；6—切割装置；7—集料架

单元二　管材的挤出成型设备

塑料管的生产是通过挤出机、挤管机头、定型装置、冷却水槽、牵引装置、印商标装置、切割装置和堆放及转贮装置等实现的。

一、挤出机

单螺杆挤出机规格的选择：选用PVC粒料用单螺杆挤出机挤管材时，管材的横截面积与所选挤出机螺杆截面积之比为0.30～0.35。如果选用的是PE、PP等流动性好的塑料，管材的横截面积与所选挤出机螺杆截面积之比可以大些，可取0.4。对于单螺杆挤出机，管材直径与螺杆直径的关系选择范围见表5-1。

表 5-1 管材直径与螺杆直径的关系 单位：mm

螺杆直径	45	65	90	120	150	200
管材直径	10～63	40～90	60～125	100～150	125～250	150～400

对于用粉料选用双螺杆挤出机时，要根据管材最大直径与双螺杆挤出机的型号关系进行选择，见表 5-2。

表 5-2 管材最大直径与双螺杆挤出机的型号关系

双螺杆挤出机型号	SJZ-45	SJZ-55	SJZ-65	SJZ-80	SJZT-80
管最大直径/mm	80	120	250	400	600

二、挤管机头

挤出成型机头是挤出成型生产线中不可缺少的、重要的部件。其作用是对塑化的物料保持塑性状态，并产生一定的压力，使塑化的物料经过一定的流道后成型为具有环形截面形状的管坯。在塑料管材中，PVC 管材是塑料管材中产量最大、应用最广的品种，其中，RPVC 管占 75%，SPVC 管只占 25%。因此，下面对 RPVC 管机头作重点介绍。

直通式管材挤出成型机头

1. 机头结构类型

按物料在挤出机和机头流动方向的相互关系划分，可分为直通式机头、直角式机头和侧向机头三种。

（1）直通式机头 物料在机头和挤出机流动方向一致，是一种普遍使用的机头，具有结构简单、制造容易、成本低、料流阻力小等优点；但这种机头的缺点是在生产外径定径大的管材时芯模加热困难、分流器支架造成的接缝线处管材强度低。其结构如图 5-2 所示。

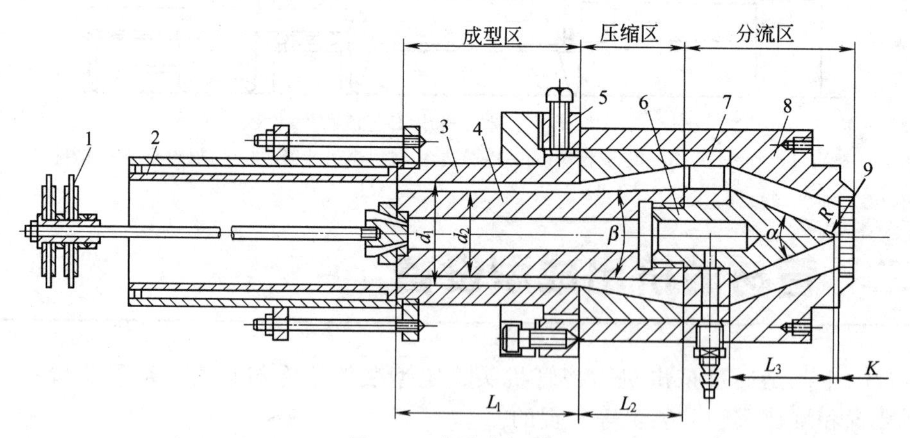

图 5-2 直通式机头

1—橡皮塞；2—定型套；3—口模；4—芯模；5—调节螺栓；6—分流器；7—芯模支架；8—模体；9—栅板

（2）直角式机头 机头料流与挤出机料流方向呈直角。这种结构芯棒一端为支撑端，由于不存在分流器支架，熔料从机头一端进入芯棒对面汇集，只可能产生一条接缝线。这种结构也能生产电线电缆类制品，具有芯模加热容易及为内径定型法挤管提供方便等优点；但也有结构复杂、芯棒设计难度较大、制造成本高、料流阻力大等缺点。其结构如图 5-3 所示。

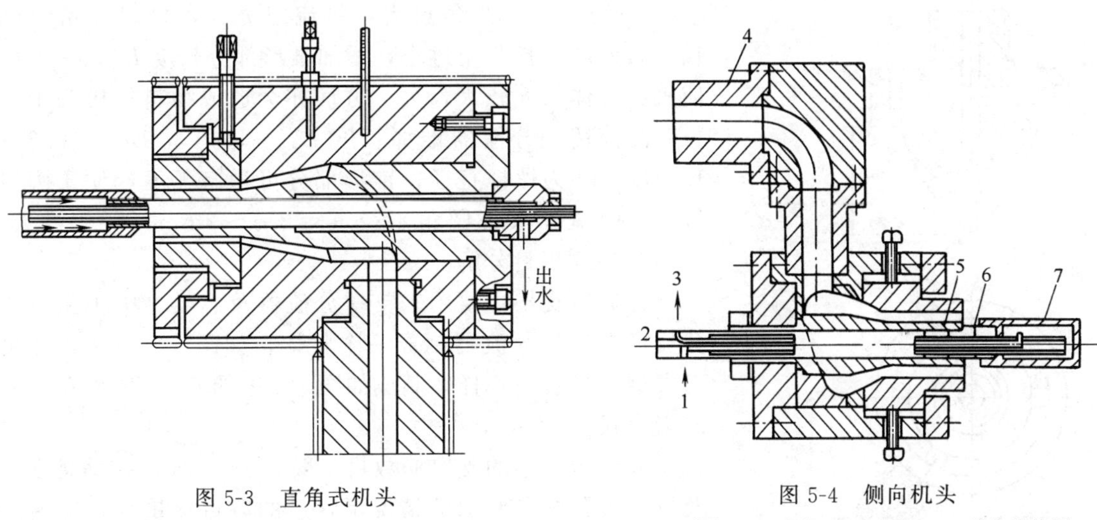

图 5-3 直角式机头

图 5-4 侧向机头

1—进水；2—空气；3—出水；4—机头连接圈；
5—绝缘材料；6—空气通道；7—水冷却套

(3) 侧向机头　来自挤出机的料流先流过一个弯形流道再进入机头一侧，经包芯棒后沿机头轴向方向流出。这种设计可使管材的挤出方向与挤出机呈任意角度，亦可与挤出机螺杆轴线相平行。适合大口径管的高速挤出，但机头结构比较复杂，造价较高。其结构如图 5-4 所示。

2. 机头工艺参数

(1) 机头的工艺要求　合理的机头工艺设计应掌握以下几个原则，这些原则同样适用于其他形式的机头。

① 熔融塑料的通道应光滑，呈流线型，不能存在死角。塑料的黏度越大，流道变化的角度就应该越小。通常，机头的扩张角与收缩角均不能大于 90°，而收缩角一般又比扩张角小。

② 机头定型部分截面积的大小，必须保证塑料有足够的压力，使制品密实。成型 RPVC 时，机头压缩比一般取 5～10。机头压缩比过小，不仅制品不密实，且熔融塑料通过分流器支架时的接缝痕迹不易消除，使制品的内表面出现纵向条纹；如果机头压缩比过大，则料流阻力增加，产量降低，机头尺寸也势必增大，加热也不均匀。

③ 在满足强度的条件下，结构应紧凑，与料筒的衔接应严密，易于装卸，连接部分尽量设计成规则的对称形状。机头与料筒的连接应多用急启式，以便定时清理滤网、螺杆和料筒。

④ 机头中的通道与塑料接触部分的磨损较大，因此，这些部位通常都由硬度较高的钢材或合金钢制成。

⑤ 熔料通过机头得到进一步的塑化。

⑥ 机头的外部一般附有电热装置、校正制品外形装置、冷却装置等。

(2) 机头工艺参数设计

① 分流器及其支架。其结构如图 5-2 中 6、7。分流器顶部至分流板之间的距离 K，根据生产实践经验，一般取 10～20mm。距离过大，会使此间积料停留时间过长而发生分解；距离过小，物料流速不稳定、不均匀。分流器扩张角 α 根据熔料熔融黏度大小来选择，一般

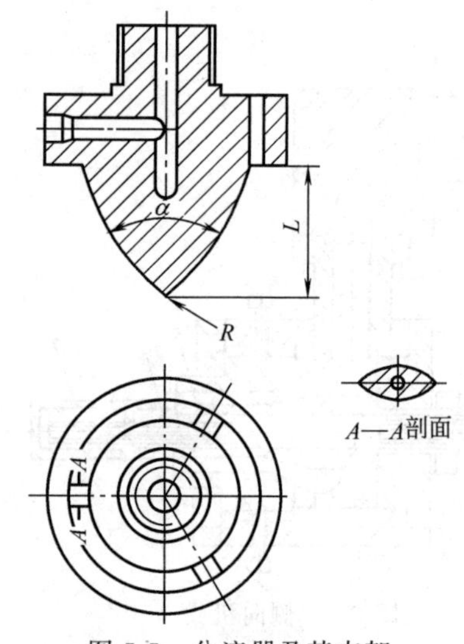

图 5-5 分流器及其支架

$\alpha=60^\circ\sim90^\circ$。扩张角过大，料流阻力大，物料停留时间长，易分解；扩张角过小，增加锥形部分长度 L_3，一方面使机头总体尺寸较大，另一方面亦会造成物料在机头中的长时间停留。分流器锥部长度 L_3 一般可取 $L_3=(0.6\sim1.5)D$，D 为螺杆直径，锥形部分可稍有弧度，便于圆滑过渡。分流器头部圆角半径 $R=0.5\sim2\text{mm}$，不能过大，否则会导致积料分解。

分流器支架主要用来支撑分流器及芯模。中小型机头分流器支架与分流器制成一个整体，如图 5-5 所示，亦可与大型管材机头一样，制成如图 5-2 中的 6、7 装配在一起的组合式。

分流器支架的支撑筋数目一般为 3～8 根，在满足强度及打通气孔壁厚要求的情况下，筋的数目尽量少，宽度尽量小。因为筋的数量越多，料流分束越多，接缝线的数目相应增加；筋越宽，接缝线越不易消失，影响管材强度。筋的截面形状最好设计为流线型，如图 5-5 中的 A—A 剖面。

② 口模。口模与芯模的平直段是管材的定型部分。口模是成型管材外表面的部件，其结构如图 5-2 中 3 所示。

口模平直部分长度 L_1，应能保证将分束的料流完全汇合。L_1 值的确定，可用以下两种方法计算：

$$L_1=K_2D \tag{5-1}$$

$$L_1=K_3t \tag{5-2}$$

式中 L_1——口模平直部分长度，mm；

K_2——根据管材直径计算的经验系数；

K_3——根据管材壁厚计算的经验系数；

D——管材直径，mm；

t——管材壁厚，mm。

$K_2=1.5\sim3.5$，$K_3=20\sim40$。K_2、K_3 随管径增大而取小值。对大口径管，考虑机头尺寸不宜过大，K_2 可取更小值，但一般不小于 0.5。

适当的 L_1 会有利于料流均匀稳定、制品密实，并防止管旋转。过长的 L_1 会造成料流阻力太大，管材产量降低；过短的 L_1 分流器支架形成的接缝线处强度不高，使管材抗冲击强度和抗圆周应力能力降低。

口模内径 d_1 的设计，应考虑高聚物的弹性效应和熔体成型为管后冷却产生的收缩。不同的聚合物和操作条件弹性膨胀率和冷却收缩率不同，可通过实验的方法来确定。

一般可按式 (5-3) 计算：

$$d_1=\frac{D_1}{a} \tag{5-3}$$

式中 d_1——口模内径，mm；

D_1——管材外径，mm；

a——经验系数，RPVC 的 a 取 1.01～1.06。

③ 芯模。芯模成型管材内表面，其结构如图 5-2 中 4。芯模要与分流器同心，保证料流均匀分布，可采用螺纹结构与分流器对中、连接。

芯模收缩角 β 比分流器扩张角 α 小，β 角随熔融黏度增大而减小。RPVC 管一般取 10°～30°。

芯模外径 d_2 是在芯模与口模之间的间隙值 δ 的基础上确定的，因此，应先计算 δ。由于熔体弹性的作用，物料从口模流出后产生膨胀，δ 不等于壁厚 t。RPVC 的膨胀率 b 根据配方的不同和挤出操作条件的不同，一般取 $b=1.16\sim1.20$。因此，δ 可用式（5-4）计算：

$$\delta=\frac{t}{b} \tag{5-4}$$

式中 δ——口模与芯模的间隙值，mm；

t——管材壁厚，mm；

b——物料在口模出口处的膨胀率。

δ 值确定后，可进一步计算芯模外径 d_2：

$$d_2=d_1-2\delta \tag{5-5}$$

④ 管材的拉伸比。管材拉伸比是指口模与芯模之间的环形间隙截面积与管材截面积之比。其计算公式如下：

$$I=\frac{d_1^2-d_2^2}{D_1^2-D_2^2} \tag{5-6}$$

式中 I——拉伸比；

d_1，d_2——分别为口模内径和芯模外径，mm；

D_1，D_2——分别为管材外径和内径，mm。

PE 管材的拉伸比为 1.1～1.5，即芯模与口模间环型截面积比管材截面积大 10%～50%。几种热塑性塑料管材的拉伸比见表 5-3。

表 5-3 几种热塑性塑料管材的拉伸比

塑料名称	硬 PVC	软 PVC	LDPE	HDPE	PP	ABS	PA
拉伸比 I	1.0～1.1	1.1～1.3	1.1～1.5	1.0～1.2	1.0～1.2	1.0～1.1	1.5～2.0

⑤ 机头压缩比。从图 5-2 可知，熔融物料在口模与芯模平直部分受压缩成管状。机头的压缩比是指分流器支架出口处截面积与口模、芯模间环形截面积之比。对于各种塑料来说，不同的管机头的压缩比是不同的，硬聚氯乙烯管压缩比为 3～10，它随管径的增加而取小值。大口径压缩比为 3～5。压缩比太大，机头尺寸大，料流阻力大，易过热分解；压缩比太小，接缝线不易消失，管壁不密实，强度低。

⑥ 机头的调节。为了使管材壁厚均匀，在装机头时就要调节芯模与口模同心，操作过程中，重力作用、温度的均匀程度以及流道中压力分布的情况，都会对流速和制品壁厚造成影响，因此，机头中要设置对机头壁厚的均匀程度进行调节的结构。一般管材机头可用调节螺栓进行调节，如图 5-2 中 5。这种方式的调节是旋动调节螺栓，令螺栓端头顶动口模，实现调节。调节时要略微放松对口模固定的压紧力，并将相对方向上的调节螺栓稍放松，否则无法顶动口模。调节完成后要注意将口模重新压紧，谨防密封端面处漏料。调节螺栓的数目一般为 4～8 个。

三、定型装置

从机头挤出的物料处于熔体状态，形状不能固定，因此需要经过定型装置对物料加以冷却，达到精整尺寸的同时将其形状固定。作为管材的定型大体有两种方式：定外径的方式和定内径的方式。中国塑料管材尺寸规定为外径公差，故多采用定外径的方式定型，但有些管在用途上对管内径尺寸要求严格或对其内表面光洁整齐程度要求较高，就应采用定内径的方式。

1. 内径定型法

内径定型法是一种在具有很小锥度的芯模延长轴内通冷却水，靠芯模延长轴的外径确定管材内径的方法。这种方法多用于直角式机头和侧向机头，如图 5-3 和图 5-4 所示。定型套的长度取决于管材壁厚和牵引速率，通常可取 80～300mm。对于壁厚较厚的管材或在牵引速率比较大的情况下可取大值，反之则取小值。

由于管材内、外壁同时冷却，内径定型法具有如下特点：机头阻力较小；管材内孔的圆度好；无分流器及其支架产生的熔合纹，管材径向强度较好；机头流道较长，料流稳定，管材质量较好；产量较高，操作方便，不需压缩空气装置或真空泵等。但定型装置结构复杂，塑料在机头内流程长，流道有弯折，容易有死角，发生过热降解，不适用于 PVC 和 POM 热敏性塑料管的挤出。目前多用于成型 PE、PP 和 PA 塑料管材，尤其适用于要求内径尺寸稳定的包装筒的成型。定型套外径应比管材内径放大 2%～4%。冷却芯模锥形部分的锥度一般为（0.6～1）：100。

2. 外径定型法

（1）内压法　内压法是指管内加压缩空气，管外加冷却定型套，使管材外表面贴附在定型套内表面而冷却定型的方法，其结构如图 5-6 所示。

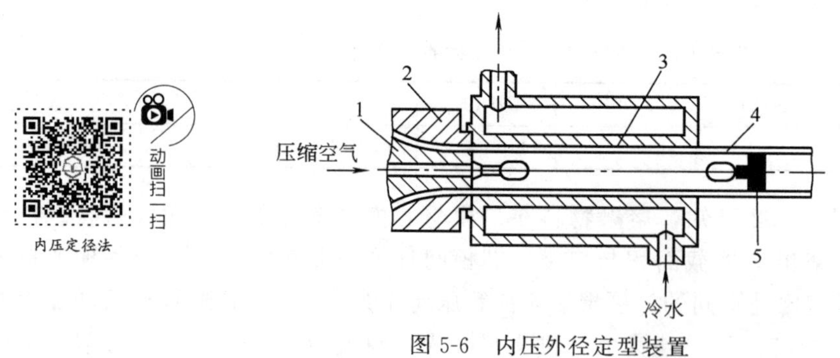

图 5-6　内压外径定型装置

1—芯棒；2—口模；3—定型套；4—管；5—气塞

定型套固定在机头上，为减少加热的机头和用水冷却的定型套之间的热量传递，用绝热的聚四氟乙烯垫圈将口模与定型套端面隔开。

压缩空气由芯模中的孔道进入管内，其压力为 0.02～0.05MPa。为保持管内压力不变，在离定型套一定位置（牵引装置与切割装置之间）的管内，用气塞阻住压缩空气，使之不产生泄漏。气塞用相应长度的细钢筋钩挂在机头的芯模上。应注意：初开机时，压缩空气先要经过预热，否则会使模温降低，造成管材内壁粗糙。

定型套的内径一般比管材外径大，放大的尺寸等于管材收缩率。RPVC 管材收缩率为

0.7%～1%。

定型套的长度应保证一定厚度范围内冷却到玻璃化温度以下，保证管材一定的圆度。挤出速率越快，定型套应越长。定型套太短，管材在出定型套后会变形或被拉断；定型套太长，阻力增大，牵引功率消耗大。一般管径在300mm以下，定型套长度为定型套内径的3～6倍，其值随管径增大而减小。为使管材外表面光滑，定型套内表面应镀铬、抛光。

（2）真空法　如图5-7所示，真空定径法是指管外抽真空，使管材外表面吸附在定型套内壁冷却定型外径尺寸的方法。RPVC管可用这种类型的定型方法。由于定型装置中不用阻住管内的压缩空气，无需气塞，使操作相对容易。尤其是对于管径较小、放置气塞比较困难的，以及管径过大、气塞及固定使用的钢丝绳索较重的装置，宜使用真空定径方式。对于熔体状态时黏度较低，冷却后比较坚硬的结晶型材料，如PE、PP、PA等，这种方式更加适合。

真空法的定型装置与机头相距一段距离，这段距离视聚合物材料的不同、管材壁厚的不同以及挤出操作条件的不同可以调节。管材在这段距离被挤出，实际是在空气中的冷却，并被拉伸，然后进入定型装置。常见的管材真空定型装置如图5-7、图5-8所示。

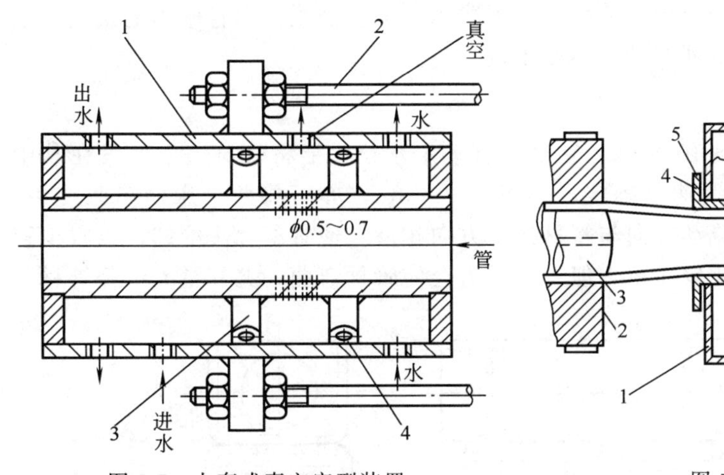

图5-7　夹套式真空定型装置

1—定型套；2—拉杆；3—隔板；4—密封圈

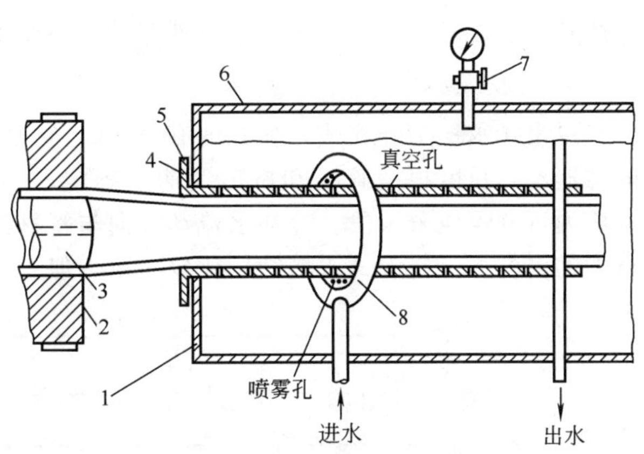

图5-8　管式真空定型装置

1—水槽；2—口模；3—芯模；4—密封圈；5—定型管；6—密封盖；7—测压阀；8—喷雾环

① 夹套式真空定型装置。真空定型装置与机头距离为20～50mm，夹套内分隔成三个密封室：中部真空室，比较靠近进料端；两端是冷却室，供冷却水循环。真空度通常为0.035～0.070MPa。真空段在定型套内壁上有真空孔与真空室相通，为保证管壁充分吸附，孔的分布比较密集且均匀。孔径大小与塑料品种及管壁厚有关，对于黏度大的塑料与壁厚的管材，孔径可取得较大些，反之则取小值。例如，挤出RPVC管，壁厚在2mm以下，孔径可取0.5～0.7mm；当壁厚大于3mm时，可取0.9～1.2mm。真空定型装置的长度通常比其他类型的定型套要长。例如，对直径大于100mm的管材，其长度可取管材外径的4～6倍。

② 管式真空定型装置。定型套为单壁金属管，管壁打通孔或开槽，将其固定于整体抽真空的水槽进料端内。水槽内的真空度通过开通的孔或槽作用于管材，使其充分吸附在定型装置的内壁上。定型套的长度大于管材直径的6倍。

（3）挤模定型法　挤模定型法（也称定型板定型法）是指用一块带有圆孔的薄板代替定

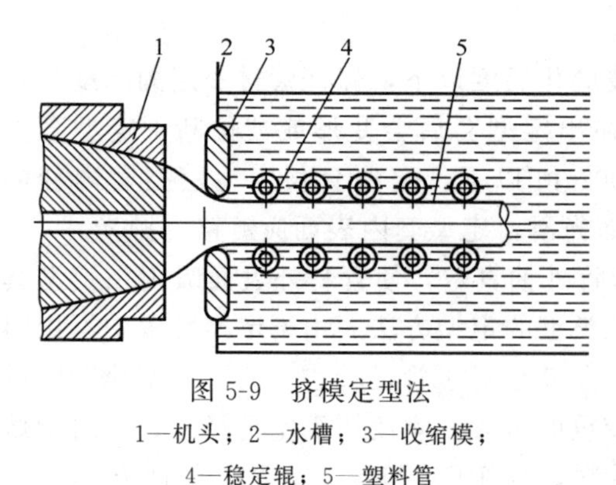

图 5-9 挤模定型法
1—机头；2—水槽；3—收缩模；
4—稳定辊；5—塑料管

型套，如图 5-9 所示。这种方法适用于小口径厚壁管材的口模内径比管材的外径大 1～2mm 的情况。

（4）顶出法 这种方式的管材成型，辅机中不设牵引装置，直接将管材顶出成型。顶出法机头结构的特点是芯模平直部分比口模长 10～50mm，螺杆推力将管材顶出机头，直接进入冷却水槽，管外表面冷却固化，内表面套在芯模上不能向里收缩而定型。也可用内压法的冷却定型安装在机头上。顶出法一般用于生产小口径厚壁 RPVC 管，其突出优点是设备简单、操作容易，但管材与芯模和定型套内壁运动阻力大，且挤出速率不能太快。

四、冷却水槽

从冷却定型套出来的管材，未得到充分冷却，为防止变形，必须排出管壁中的余热，使之达到或接近室温。冷却水槽有下列四种类型使用较广泛。

1. 浸没式水槽

浸没式水槽为开放式，如图 5-10 所示，它是具有一定水位，能将管材完全浸没在其中的容器。其长度根据管径和挤出线速度确定，一般为 2～3m，亦可将两个水槽串联使用。水槽内可分隔成若干段。冷却水流动方向与管材挤出方向相反，使管材逐步冷却，以减少管材中的内应力。浸没式水槽结构比较简单，但水的浮力会使管材弯曲，尤其是大口径管材。

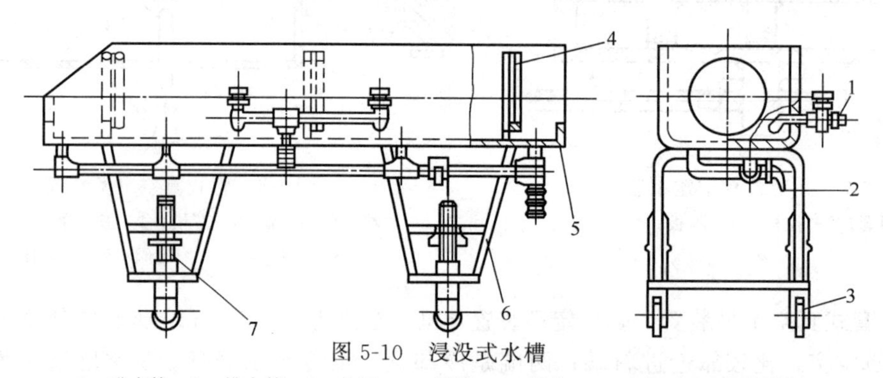

图 5-10 浸没式水槽
1—进水管；2—排水管；3—轮子；4—隔板；5—槽体；6—支架；7—螺栓撑杆

2. 喷淋式水槽

喷淋式水槽是全封闭的箱体，管材从中通过，管材四周有均匀排布的喷淋水管 3～6 根，喷孔中射出的水流直接向管材喷洒，靠近定型套一端喷水较密。箱体的上盖可以打开，便于引管操作和对喷水管进行维修，并开有视窗，可随时观察槽中的情况。如图 5-11 所示。

3. 喷雾式水槽

为了进一步提高冷却效率，科研人员设计了喷雾式水槽。其结构是在喷淋式水槽基础上，用喷雾头来代替喷水头。通过压缩空气把水从喷雾头喷出，形成飘浮于空气中的水微粒，接触管材表面而受热蒸发，带走大量的热量，因此冷却效率大为提高。同样道理，还可

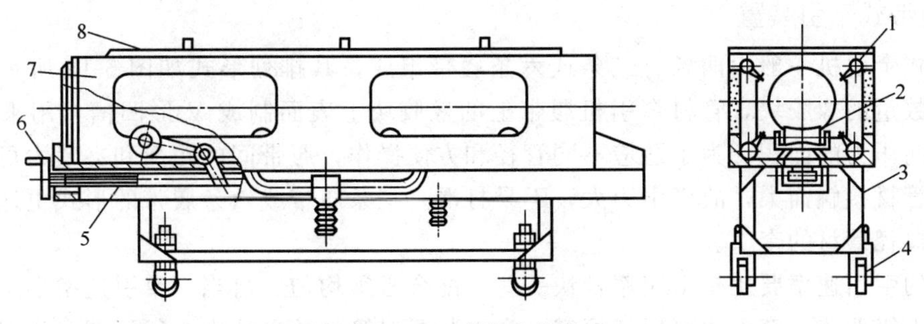

图 5-11 喷淋式水槽

1—喷水头；2—导轮；3—支架；4—轮子；5—导轮调整机构；6—手轮；7—箱体；8—箱盖

采用密闭的水槽中抽真空的方法，产生喷雾，低压下汽化，使冷却效率更高。

4. 真空定径用真空水槽

这种水槽是与管式真空定型装置一起使用的。为了保持对管材良好的吸附，定型管全部浸在水中。整个真空定型水槽分为几个真空室，用带有密封垫片的隔板隔开，各个室分别抽真空达到管材所需的冷却程度。真空定型管的真空度和水流速度，主要根据定型的吸附情况和冷却状态控制。其他部分用环形喷雾器。水槽为全封闭式，上盖采用铰链连接，盖上或两侧开有视窗。抽真空可使用水环真空泵，各个室可分别抽真空或使用通用真空气源单独控制的方式。

五、牵引装置

硬管牵引设备一般有滚轮式和履带式，如图 5-12、图 5-13 所示。其作用是均匀将管材引出，并调节管壁厚度。牵引速率为无级调速，线速度为 2～6m/min，最高可达 10m/min。

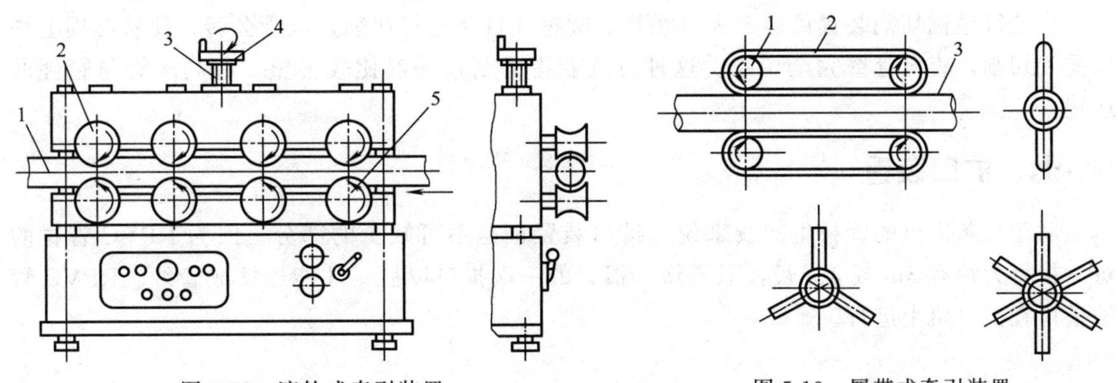

图 5-12 滚轮式牵引装置

1—管材；2—主动轮；3—调节杆；4—手轮；5—从动轮

图 5-13 履带式牵引装置

1—皮带轮；2—履带；3—塑料管

1. 滚轮式牵引装置

滚轮式牵引装置一般由 2～5 对牵引滚轮组成，下轮为主动轮，上轮为从动轮，可上下调节，以适应不同直径的管子的牵引。这种牵引装置结构比较简单，调节也方便，但轮与管之间是点或线接触，接触面积小，摩擦力小，形成的牵引力小，不适用于大型管材，一般可牵引直径为 100mm 以下的管材。

2. 履带式牵引装置

履带式牵引机一般由两条、三条或六条履带组成，其排列形式如图 5-13 所示。履带上嵌有一定数量的橡胶块，管材牵引机履带上的橡胶块上表面制成 V 形凹槽，用来增加对管材施加径向压力的面积。为了适应不同管径和方便操作，履带间的距离和夹紧力可调节。由于履带与管材接触面大，故牵引力大，不易打滑。三条履带或六条履带的形式更适合对薄壁管材和大口径管材的牵引。

管材的牵引速率要比挤出速率稍快一些，配合必须均匀、恰当。牵引速率必须能在较大的范围内无级调速，牵引力要保持恒定，牵引装置对管材的夹持力必须可调。牵引装置的作用是给由机头刚被挤出的管坯提供一定的牵引力和牵引速率，均匀地引出管坯，并通过牵引速率调节管材的壁厚。这种作用只有在牵引速率与挤出速率配合很好的情况下才能达到，任何不规则的波动，都有可能使制品表面出现皱纹或其他缺陷。一般情况下，要使牵引速率和挤出速率配合好很困难，控制均匀的牵引速率也并不容易，要保持挤出速率均匀不变则更困难，而且两者速率差要恰到好处。若是牵引速率太大，管壁就太薄，由于分子的纵向定向作用，使管材的爆破强度大幅度地下降；如果牵引速率太小，管壁就太厚，熔料会在口模处壅积。

六、切割装置

切割装置是将连续挤出的管材，根据需要长度自动或半自动切断的设备。对于硬质管材，较多使用的是圆盘锯切割和自动行星锯切割。

圆盘锯切割的方式是锯片从管材一侧切入，沿径向向前推进，直至完成锯切。由于受锯片直径的限制（管子直径应小于锯片半径），这种方式只能对直径为 250mm 以下的管材切割。

自动行星锯切割装置可切割大口径管。圆锯片自转进行切削，绕管公转，使管圆周上均匀受到切割，直至管壁完全切断。这种方式获得的断口一般比较平整，有利于管与管件的连接。

七、扩口装置

对于一条完整的管材生产线来说，扩口装置也是不可缺少的部分。因为 RPVC 管材的每一根管大约有 6m 或 4m 长，只有将一根管的一端扩口以后，才能连接成管线。RPVC 管的扩口在扩口机上进行。

单元三 几种管材的成型工艺

一、PVC 硬管

1. 原料选择及配方

硬管生产中树脂应选用聚合度较低的 SG-5 型树脂。聚合度越高，其力学性能及耐热性越好，但树脂流动性差，给加工带来一定困难，所以一般选用黏度为（1.7～1.8）×

10^{-3} Pa·s的SG-5型树脂为宜。硬管一般采用铅系稳定剂，其热稳定性好，常用三碱式硫酸铅，但它本身润滑性较差，通常和润滑性好的铅、钡皂类并用。加工硬管，润滑剂的选择和使用很重要，既要考虑内润滑降低分子间作用力，使熔体黏度下降以利于成型，又要考虑外润滑，防止熔体与炽热的金属粘连，使制品表面光亮。内润滑一般用金属皂类，外润滑用低熔点蜡。填充剂主要用碳酸钙和硫酸钡（重晶石粉），碳酸钙使管材表面性能好，硫酸钡可改善成型性，使管材易定型，两者可降低成本，但用量过多会影响管材性能，压力管和耐腐蚀管最好不加或少加填充剂。典型配方见表5-4。

表5-4 RPVC管材配方 单位：质量份

原辅材料	普通管(粒料)	普通管(粉料)	高冲击管	农用管	高填管
RPVC树脂	100	100	100	100	100
三碱式硫酸铅	4	3	4.5	4.5	5
硬脂酸铅	0.5	1	0.7	0.7	0.8
硬脂酸钡	1.2	0.3	0.7	0.7	0.2
硬脂酸钙	0.8	—	—	—	—
硫酸钡	10	—	—	—	5～8
石蜡	0.8	0.7	0.7	1.0	0.8
炭黑	0.02	0.02	0.01	0.01	0.07
氯化聚乙烯	—	—	5～7	—	—
轻质碳酸钙	—	5	—	7	30(重质)

2. 工艺流程

RPVC管的成型使用SG-5型PVC树脂，并加入稳定剂、润滑剂、填充剂、颜料等，这些原料经适当处理后按配方进行捏合，若挤管采用单螺杆挤出机，还应将捏合后的粉料造成粒，再挤出成型；若采用双螺杆挤出机，可直接用粉料成型，RPVC管材挤出工艺流程如图5-1所示。

另外，在生产中可与上述所示流程不同，即采取粉料直接挤出管材而不进行造粒，但应注意两点：其一，粉料直接挤出成型最好采用双螺杆挤出机，因粉料与粒料相比，少了一次混合剪切塑化工序，故采用双螺杆挤出机可加强剪切塑化，达到预期效果；其二，因粒料比粉料密实，受热及热的传导不良，故粉料的加工温度可以相较粒料的加工温度低10℃左右为宜。

3. 工艺条件及控制

在生产过程中，由于PVC是热敏性材料，即使加入热稳定剂也只能是提高分解温度、延长稳定时间而不可能不出现分解，这就要求PVC的成型加工温度应严格控制。特别是RPVC，因其加工温度与分解温度很接近，往往因为温度控制不当造成分解现象。因此，挤出温度应根据配方、挤出机特性、机头结构、螺杆转速、测温点位置、测温仪器的误差及测温点深度等因素确定。

（1）温度控制 温度是影响塑化质量和产品质量的重要因素。温度过低，塑化不良，管材外观和力学性能较差，经分流器支架后，熔接痕明显或熔接处强度低。由于PVC热稳定性较差，温度过高会发生分解，产生变色、焦烧，使操作无法进行。挤出机及机头温度举例如表 5-5 所示。

表 5-5 RPVC 管加工温度范围 单位：℃

主机类型	加料口	机身					机头			
单螺杆挤出机	水冷却	后部		中部		前部	分流器支架处			口模
		140～160		160～170		170～180	170～180			180～190
双螺杆挤出机	水冷却	1	2	3	4	5	6	7	8	口模
		130	160	150	155	170	170	180	185	180

具体温度应根据原料配方、挤出机及机头结构、螺杆转速的操作等综合条件加以确定。

（2）螺杆冷却　由于 RPVC 熔体黏度大，流动性差，为防止螺杆因摩擦热过大而升温，引起螺杆黏料分解或使管材内壁毛糙，必须降低螺杆温度，这样可使物料塑化好，管内表面光亮，提高管材内外质量。螺杆温度一般控制在 80～100℃，若温度过低机头压力增加，产量下降，甚至会发生物料挤不出来而损坏螺杆轴承的事故。因此，螺杆冷却应控制出水温度不低于 70～80℃。冷却方法是在螺杆内部用通铜管的方法进行水冷却。

（3）螺杆转速　螺杆转速的快慢关系到管材的质量和产量。螺杆转速的调节根据挤出机规格和管材规格决定。原则上，大机器挤小管，转速较低；小机器挤大管，转速较高。一般 ϕ45mm 单螺杆挤出机，螺杆转速为 20～40r/min；ϕ90mm 单螺杆挤出机，螺杆转速为 10～20r/min；双螺杆挤出机，螺杆转速为 15～30r/min。提高螺杆转速虽可在一定程度上提高产量，但若过高地追求产量，不改变物料和螺杆结构的情况，则会引起物料塑化不良、管壁粗糙，使管材强度下降。

（4）定径的压力和真空度　管坯被挤出口模时，温度还很高。为了使管材获得较低的粗糙度、正确的尺寸和几何形状，管坯离开口模时必须立即定径和冷却。RPVC 管材一般均采用内压外径定型的方法，管内通压缩空气使管材外表面紧贴定型套内壁定型并保持一定圆度，一般压缩空气压力范围在 0.02～0.05MPa，压力要求稳定，可设置一贮气缸使压缩空气压力稳定。压力过小，管材不圆；压力过大，一是气塞易损坏造成漏气，二是易冷却芯模，影响管材质量；压力忽大忽小，管材形成竹节状。若采用真空法定径，其真空度为 0.035～0.070MPa。

（5）牵引速率　牵引速率直接影响管材生产的产量，同时影响管材壁厚，牵引速率不稳定会使管径出现忽大忽小的现象。牵引速率应与管材的挤出速率密切配合。正常生产时，牵引速率应比挤出线速率稍快 1%～10%。牵引速率越慢，管壁越厚；牵引速率越快，管壁越薄，还会使管材纵向收缩率增加，内应力增大，从而影响管材尺寸、合格率及使用效果。生产中调节牵引速率可用以下简单方法：将挤出的管材放于牵引履带内，但履带不夹紧管材，观察履带与管材线速率差，若牵引速率比挤出速率慢，应调节加快到符合要求为止。

4. 生产操作

（1）开机前的准备

① 机头和定型套的安装。根据产品规格尺寸选择机头组件和定型装置组件，按装配顺序安装。在安装机头时，注意分流器支架和模体上气孔的位置和连通情况，口模、芯模要同心，密封端面要压紧，防止漏料；在挤出机的出料端与机头之间放置分流板；机头法兰与挤

出机法兰间的连接要均匀压紧，若为螺栓连接，应在机器预热后，再度拧紧。

机头外的加热圈安装时应包紧机头，不得与机头外壁间留有空隙，再安装好热电偶，接通电源。

定型装置安装在固定位置处后，连通冷却水进出水管和真空管路（若采用真空定型工艺）。

② 温度的设定。设置挤出机各段和机头加热温度，开启电热器，升温至设定温度后，保持一定时间，使机器和机头内外温度一致。

③ 挤管生产线的检查。检查和调整挤管生产线各个机台，应保证各装置中心位置对中，启动运转正常，水、气管路通畅。

（2）开机

① 螺杆的转速。料斗中保持一定的料位，开车时螺杆先慢速运转，引管达到稳定状态后，再提高螺杆转速。

② 调整参数。当物料从机头挤出时，应首先观察物料的塑化状态和管坯壁厚的均匀度，根据塑化情况调整加热温度；按照挤出管坯的弯曲情况调整调节螺栓，达到管壁均匀。

③ 正常生产。将管材引入牵引装置后，再检查和调整压缩空气压力、流量或真空度，调整螺杆转速、牵引速率，使之达到正常生产状态。

④ 制品质量控制。观察管材外观，测量管材外径和壁厚是否达到标准，如不合适应重新调整各工艺参数，使之达到质量要求。

（3）停机

① 停机操作。停止加料或卸出料斗中存料，将机筒中物料尽量挤净，停止加热。先降低螺杆转速，渐降至零后，停机。

② 关闭水、电。关闭冷却水进水阀、压缩空气机或真空泵、牵引机等。

③ 拆机头，并清理干净。应注意所用工具应不至于划伤机头表面。若暂不使用，机头应涂抹油脂加以保护。

5. RPVC 管材生产中易产生的不正常现象、原因分析及对策

RPVC 管材的挤出成型过程中，可能会因原、辅料选择与配方设计不当，主、辅机的故障，生产工艺控制不当，机头结构设计不合理等因素使产品出现许多不正常现象。现将 RPVC 管材挤出过程中常见的不正常现象及解决方法列于表 5-6。

表 5-6　RPVC 管材挤出过程中常见的不正常现象及解决方法

现象	原因	解决方法
管坯被拉断	物料或配方不适当，造成熔体黏度低 挤出速率慢或牵引速率快	调整配方或检查物料 提高挤出速率或降低牵引速率
管材不直度大	圆周方向管壁不均 定型套、水槽、牵引不在同一水平线上 冷水浮力大或冷速不均	调节口模间隙 校正中心位置 改进冷却
管壁厚度不均匀	芯模、口模不同心 出料速度不均匀	调整芯模、口模，保证同心 调整螺杆转速、各段温度
管材表面无光泽	定径压缩空气压力或真空度不足 口模温度过低或过高 定型套水温不适当	调节压缩空气压力或真空度 调整口模温度 调整定型套水流量

续表

现象	原因	解决方法
管内壁不光滑、不平整	螺杆温度过高 螺杆转速过快 芯模温度过低	加强螺杆中心的冷却 降低螺杆转速 提高芯模温度
管内壁有裂纹	塑化温度过低 机头压力太小 芯模温度过低 牵引速率太快	提高料筒、机头温度 提高螺杆转速 提高芯模温度 降低牵引速率
管壁有气泡或凹坑	物料中含水分或低分子挥发物	换料或干燥物料
管表面有焦粒	料筒或机头温度过高 机头和过滤器未清理干净 配方中稳定剂不当 机头设计不合理 控温仪表失灵	调整料筒或机头温度 清理机头、过滤器 检查配方是否合理 改进机头结构 检查仪表
管材扁平度试验不合格	树脂分子量低 塑化温度不当 配方中填料含量太高	改变树脂型号 调整塑化温度 减少填料用量

二、PVC 软管

1. 原料选择及配方

软管生产中，树脂应选用聚合度较高的 SG-2 型或 SG-3 型树脂，聚合度高、熔体黏度大，可使制品保持良好的力学性能，又因配方中加入大量增塑剂，成型加工时物料仍具有较好的流动性。其配方见表 5-7。

表 5-7 SPVC 管材配方 单位：质量份

原辅料	耐热管	耐油管	耐酸碱管	电器套管	透明管
聚氯乙烯树脂	100	100	100	100	100
邻苯二甲酸二丁酯	—	24	—	—	24
邻苯二甲酸二辛酯	10	24	48	42	30
磷酸三苯酯	40	—	—	—	—
硬脂酸铅	2	—	2	—	1
硬脂酸钡	—	1	1	1.5	0.6
三碱式硫酸铅	—	—	—	3.5	—
硬脂酸钙	—	0.8	—	—	1.5(硬脂酸镉)
硬脂酸	0.3	—	—	—	0.3(有机锡)
石蜡	—	0.8	—	0.5	—
丁腈橡胶	40	—	—	—	—
陶土	—	—	1.0	—	—

2. 工艺流程

生产 PVC 软管的主要设备、机头结构与 RPVC 管相同，但管机头工艺参数不完全一样。如机头压缩比较大，可为10～20；分流器扩张角较大，一般>60°；口模平直部分长度较小，为10～20倍的管壁厚度；芯模尺寸比管材内径、外径尺寸放大10%～30%，靠牵引装置拉伸至所需管径；牵引比不能过大，否则管材收缩率太大。由于软质制品中增塑剂的作用，使熔体的流动性比硬质制品好，因此，软管成型较容易。生产软管不需定型装置和切割装置，其工艺流程如下：

配料→混合→粉料（或粒料）→挤出机塑化→机头成型管状→喷淋水冷却→牵引→卷绕

3. 工艺条件及控制

SPVC管生产操作与RPVC管基本相同。其工艺条件及控制的不同点如下。

（1）温度控制　SPVC管配方中的增塑剂较多，熔体黏度小，流动性较好，成型温度较低。因原料形状不同，加工温度也不同，粒料比粉料加工温度高10℃左右。其加工温度范围见表5-8。

表5-8　SPVC管加工温度范围　　单位：℃

原料	机身			机头	
	后部	中部	前部	分流器支架	口模
粉料	80～100	110～130	140～160	150～160	160～170
粒料	90～110	120～140	140～160	160～170	170～180

（2）螺杆冷却　生产PVC软管的螺杆一般不需冷却。

（3）螺杆转速　生产SPVC管的螺杆转速可比生产RPVC管高，一般ϕ45mm挤出机转速30～50r/min；ϕ65mm挤出机转速20～40r/min。

（4）牵引速率　生产SPVC管的牵引速率较快，如薄壁小口径的管，其牵引速率可比挤出速率快两倍以上，由于SPVC管不使用定型套，也不需加压缩空气，但机头上的进气孔仍要接通大气，否则管子不圆，会吸扁粘在一起。

4. SPVC管生产中不正常现象分析及对策

SPVC管生产中的不正常现象及解决方法，许多是与RPVC管生产相同的，但有些现象与RPVC管生产不同。SPVC管生产中的不正常现象及解决方法，见表5-9。

表5-9　SPVC管生产中的不正常现象及解决方法

现象	原因	解决方法
管壁有晶点	树脂“鱼眼”	增加滤网或换滤网
管外表面有划痕	口模处有料挂断 口模碰毛	清理口模 打磨口模
管壁毛糙	料筒、机头温度过高	适当降低料筒、机头温度
管径不圆	料筒、机头温度过高 口模面和冷却水距离太近 冷却流速太快或水温过高	适当降低料筒、机头温度 调节冷却水距离 适当降低水流速或水温

三、聚烯烃管

PE与PP统称为聚烯烃，它们之间有很多共性，LDPE、HDPE、LLDPE、中密度聚乙烯（MDPE）和PP都可以制成管材。PE和PP均为结晶型材料，与RPVC相比，具有熔体黏度低、熔体弹性大等特点，这决定了它们在挤管工艺上的差别。

（一）PE 管

PE 管材成型加工较容易，用挤出成型的方法可方便地加工成各种规格的管材。而且它具有良好的柔韧、无毒、耐腐蚀、电绝缘性、耐寒性、冲击性能，所以 LDPE 管材可作盘绕式水管、农用排灌管、电器绝缘管等；HDPE 的力学性能、相对硬度、拉伸强度优于 LDPE，可承受一定的压力，优良的电气性能、耐化学腐蚀性，使其在输送水、油、燃气、化学液体的管路、电缆护套管中得到广泛应用；LLDPE 可以直接挤出成型各种液体输送管和电缆护套，也可根据其优良的耐环境应力开裂性、较高的刚度和热变形温度，以一定配比混入 LDPE 或 HDPE 中挤出成型管材；MDPE 有良好的力学性能和长期使用寿命，适合生产用于压力≤0.1MPa 的燃气管。

1. 原料选择

生产 PE 管材一般采用 PE 树脂作为原料直接进行生产，不需加入其他助剂。PE 树脂有高压 PE 与低压 PE 两种。作为原料的选择，主要依据所加工产品的使用要求，其次是加工设备的特性、原料的来源及价格等。

由于在原料生产过程中条件的差异，一种原料有多种牌号，而且分门别类（适应不同成型方法及不同制品），选择时首先考虑挤出管材类，而后按使用要求选择，主要看熔体流动速率，使用要求高选择熔体流动速率小一些，因熔体流动速率小其分子量大，力学性能好，反之则选用熔体流动速率大一些。挤出管材选择通用型的 PE，其熔体流动速率范围为 0.2～7g/10min。

2. 工艺流程

HDPE 管与 LDPE 管工艺流程基本相同，只是由于 HDPE 管为硬管是定长锯切，而 LDPE 为半硬管可进行盘绕，盘绕成 200～300m 长为一卷。现以 LDPE 为例介绍其工艺流程。

选择一定牌号的 LDPE 粒料从料斗加入挤出机内，经挤出机加热成熔融状态，螺杆的旋转推力使熔融料通过机头环形通道形成管状，但由于温度较高必须采取定径措施，才能使塑料管固定形状。一般多采用真空定径法或内压定径法。通过定型套后的塑料管虽已定形，但由于冷却程度不够，塑料管还可能变形，因此必须通过冷却装置继续冷却。冷却装置由一个或几个冷却水箱组成，每个冷却水箱长为 2～4m，通过冷却水箱冷却后的管材由牵引装置夹持前进，在卷取装置上进行盘卷，达到一定长度进行切割，对成品管进行检验、称重、包装等后续工作。在完成上述的挤出管材工艺流程过程中，每个环节设备及装置都必须严格保持同步，每个环节的工艺条件都必须严格控制，才能生产出满足质量要求的合格管材。LDPE 管材生产工艺流程如图 1-1 所示。

3. 生产工艺条件

在原料和设备已确定的前提下，实施生产过程中工艺条件的选择及控制显得尤为重要。所以必须制订出既有理论依据又符合生产实际的生产工艺条件。

（1）温度控制　PE 原料熔体流动速率不同，生产过程温度控制也不同，应根据原料的熔体流动速率确定控制温度。一般 HDPE 结晶度高，结晶熔融潜热大，成型温度比 LDPE 高一些。PE 管加工温度范围如表 5-10 所示。

表 5-10 PE 管加工温度范围 单位：℃

原料	机身			机头	
	后部	中部	前部	机颈	口模
LDPE	90～100	100～140	140～160	140～160	130～150
HDPE	100～120	120～140	160～180	160～180	150～170

一般 PE 管温度控制采取口模温度低于机身最高温度，目的如下：①PE 材料熔体黏度低，成型温度范围宽，降低温度有利于提高成型性，使制品更密实；②机头温度低有利于定型，可提高生产效率；③可节约能源，减少浪费。

（2）冷却控制 整个生产过程冷却的部位有料斗、定型套、冷却水箱等处。①料斗：因 PE 软化温度较低，一般在料斗处设有夹套，内通冷却水防止 PE 颗粒因受热过早粘连，从而影响物料向前输送。②定型套：不论是内压法还是真空法定径，其定型套内均需通水冷却，以保证管材尽快固定形状，由于管材刚离开口模温度较高，为使其缓慢冷却，一般用温水控制在 30～50℃较好，或者空气中冷却后再进行定径。③冷却水箱：为排出管壁中余热，使管材进一步冷却，将已成型的管材通入冷却水箱，水箱中进出水方向与管材挤出方向相反，使管材逐渐冷却，以减少内应力，水位应以浸没管材为准，为防止管材在水箱中因浮力作用而弯曲，在水箱中设 2～4 个定位环。

（3）冷却速率 PE 管材应缓慢冷却，否则管材表面无光泽，且易产生内应力。综上所述，冷却过程对生产过程、产品质量均有重要的影响。

（4）定径方法 一般大口径管多采用内压法定径，其定型套紧接在机头前端，中间夹有绝热圈，管内压缩空气压力为 0.02～0.04MPa，在满足圆度要求前提下，尽量控制压力偏小一些。大口径管采用内压法定径的原因：口径大的管材用管外抽真空的方法不易保证圆度，而用管内通压缩空气的方法，使管外壁紧贴于定型套内壁而定径，能达到定径效果。小口径管材采用真空定径法，真空定型套与机头相距为 20～50mm 的间隙，一般口模直径大于定型套内径，两者相距一定间隔，一方面管径上有一个过渡，另一方面防止空气夹带入管外壁与定型套内壁之间而影响定径效果。定型套内分三段：第一段冷却，第二段抽真空［真空度为（3～6）$\times 10^4$Pa］，第三段继续冷却。

4. PE 管生产中不正常现象、原因分析及解决办法

PE 管生产中易产生的不正常现象、原因分析及解决办法见表 5-11。

表 5-11 PE 管生产中的不正常现象、原因分析及解决办法

不正常现象	原因	解决办法
管径大小不一	牵引打滑 压缩空气不稳定 压缩空气孔阻塞	检查牵引 调节压缩空气 疏通压缩空气孔
管圆正度不好、弯曲	口模与芯模的间隙未调好 机头四周温度不均 冷却水离口模太近 冷却水量太大	调整间隙 检查调整温度 调整冷却水位置 调节冷却水
管有孔洞或拉断	冷却水量太大 压缩空气太大 牵引太快	调小冷却水 调节压缩空气流量 调节牵引速率

续表

不正常现象	原因	解决办法
外表面有凹坑	原料有杂质	调换原料
管表面有“鱼眼”	原料塑化不良 机头压力小	调整温度 增加机头压力
管表面毛糙、有斑点	口模温度太低 冷却水量太大	调高口模温度 调节冷却水量
管内壁有陷坑	原料受潮	原料要干燥
管内壁呈螺纹状	机头局部温度过高 压缩空气压力太小	调整机头温度 调节压缩空气压力

（二）PP 管

PP 是无色蜡状材料，外观似 PE，但比 PE 更透明、更硬、更轻。PP 管材是以 PP 为原料经挤出成型制成，其特点是无毒、耐酸、耐化学腐蚀、相对密度小，比 PE 管坚韧，耐热性好。在低负荷下于 110℃可以连续使用，间歇使用温度可达 120℃，耐环境应力开裂性优于 PE。所以，PP 管主要用于腐蚀性化工液体和气体输送管、农田排灌管、城市排水管、热交换管、太阳能加热器管、井水管、自来水管。RPP 管可作热水管，在 70℃，压力为 1MPa 条件下可长期使用等。

通常选用共聚 PP 树脂作为生产管材的原料，其加工性好，制品冲击强度高，耐低温性能较好，一般选择其熔体流动速率为 0.5～3.0g/10min。

PP 管材生产工艺流程与 HDPE 管材生产工艺流程基本相同。

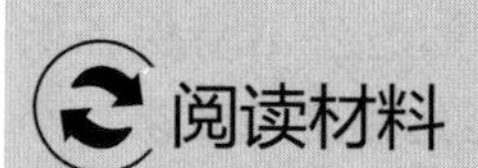

我国塑料管道行业的发展机遇与挑战

塑料管道的发明与应用是全球管道业的一次革命，用于替代铸铁管、镀锌钢管、水泥管等传统的管道，很好地解决了饮用水二次污染、化学防腐蚀问题，并有效保护地下水资源免受污染。塑料管道与传统的铸铁管、镀锌钢管、水泥管等管道相比，具有节能节材、环保、轻质高强、耐腐蚀、内壁光滑不结垢、施工和维修简便、使用寿命长等优点，可广泛应用于建筑给排水、城乡给排水、城市燃气、电力和光缆护套、工业流体输送、农业灌溉等建筑业、市政、工业和农业领域。

随着国内房屋建筑与市政工程稳定内需，水利建设政策大力支持，农村饮水安全系统建设与建材下乡拉动塑料管材需求升级，燃气供应体系与采暖消费趋势需求增量等，塑料管道行业仍表现出良好的发展势头。

波纹管挤出成型工艺

近年来交联聚乙烯（PE-X）、超高分子量聚乙烯（UHMWPE）、耐热聚乙烯（PE-RT）、改性聚氯乙烯（PVC-M）等材料的用量迅速增加，不同原料的实壁管、波纹管、肋筋管、缠绕管、芯层发泡管、螺旋管等结构的管材不断开发生产应用。国内塑料管道方面的实用新型、发明专利超过 1500 项；在超高分子量聚乙烯（UHMWPE）管材、大口径排水用钢塑复合缠绕管材、塑料与金属复合管材等方面已具有一定的国际先进水平。

但行业在高速发展过程中也存在着行业产能过剩、产品同质化、通用和中低档产品比重过大，产品标准体系不健全和国产专用树脂、助剂等原料不能满足生产需求，一些功能性管道产品如可熔接（FPVC）、取向（PVC-O）聚氯乙烯管，高压增强热塑性塑料管（RPT），缠绕熔接增强PE压力管、自增强PE管等生产技术与国外差距明显等诸多问题。

1. 行业发展趋势

① 市场竞争日益激烈，塑料管道行业要长足发展，必须要求行业企业自身尽快走上以技术创新、质量为先的实质性改进之路。同时，全行业应当加强配套管件生产技术，专用树脂生产技术，在助剂、原材料上下功夫，在检测控制技术上做文章，努力研发高端产品，通过自主技术创新，工艺革新，设备改进和自主设计，推出一批具有自主知识产权的新产品、新技术、新装备，能媲美韩国、欧洲先进技术，这样我国的快速发展才有根本保障，才能使我国的塑料管材行业步入了健康发展的快车道。

② 积极调整市场，夺回品牌选择权。从世界塑料市场走势看，原料高价位将持续一段时间。但塑料管材基于其消费特点，涨价空间相对较小，寄希望于原料价格的回落，对解决经营压力是杯水车薪，而无法从根本上摆脱被动经营局面，必须调整营销策略。种种迹象表明，国内塑料管材生产企业已进入微利时代，为赢得持续稳定的发展空间，企业应尽快树立品牌形象。从产品价格竞争力转向品牌竞争力，加强应对突发事件的能力，构筑自己的竞争堡垒才是长久的经营策略。

③ 加强国际贸易，拓展世界市场。相对于国内PVC管材市场状况，国内塑料管材产品在国际市场上具有价格优势，越来越受到重视，并有相对较高的利润。以PVC为原料的塑料管道在总产量中所占比例超过50%。其次是PE，尤其是HDPE，在剩余50%中占30%。

总体看，塑料管道行业受原材料价格波动影响较大，市场竞争激烈。未来随着中国城镇化发展战略、节能减排政策的实施以及大型建设项目的推动，塑料管道行业将具有良好的发展前景。

2. 行业发展前景

(1) 国内需求不断攀升　近年来，随着我国改革开放的不断深入和国家对基础设施建设的加大投入，国内对塑料管道的需求一直保持着年均15%以上的增长速度，尤其是在城市供排水管网建设方面，塑料管道发挥着越来越重要的作用。与传统的铸铁管道相比，塑料管道容重轻，使用寿命长，使用寿命一般在50年以上，基本达到了与建筑同等的使用寿命。“一带一路”工程、新农村建设及城市化进程等国家长期建设为各类塑料管道行业带来了巨大的市场需求，以此为契机，塑料管材生产行业前景广阔。

(2) 塑料管道应用领域进一步拓宽　除市政及建筑给、排水管道，农用（给水、灌排）管道继续增长外，农村饮水改造，太阳能输水管道、市政排污、地源热泵输送管道、通信、电力、燃气、供暖、医疗等行业的应用比例大量增加。现在塑料管道已普及应用到建筑给、排水，建筑供暖，城市燃气输送，城市自来水、市政排水、排污，农村饮水改造，农业灌、排，电力，通信，工业等许多领域。塑料管道应用领域的拓展将进一步增强其市场竞争力，扩大塑料管道的需求和产量。

（3）产品开发能力不断加强 近年来行业的科技进步速度明显加快，尤其是国际交流的增加带动了科技水平的提高，许多企业重视国外先进技术，而在引进先进加工设备的同时，更注重新产品的研发和新技术的引进，目前国内塑料管道的技术水平与国外发达国家的差距正逐步缩小。塑料管道的新品种、新结构、新材料、新技术、新工艺及专利项目越来越多，除PE、PE-X、PB、复合管、波纹管等品种有长足的进步外，耐高温聚乙烯管道（PE-RT）、塑料复合管道（如HDPE、静音排水管等）、塑料金属复合管道及各种材料和复合材料的波纹管、环形肋管、缠绕管等新型管道也快速发展。

随着国内管材企业自主创新意识不断增强，新型PVC管道开发十分活跃，技术进步为PVC管道带来了创新价值。目前国内突出的技术创新成果是压力管道用改性PVC（PVC-M）管和取向PVC（PVC-O）管。这两个品种通过物理化学改性，在保持管材原有强度优势的同时，很好地提高了管材的抗冲性能，集PE管的韧性和PVC-U的强度于一身，既可改善性能，又可节约材料，从而扩展了应用领域。在其他塑料管道产品的研发和创新方面，也都成绩斐然，比如PE-RT管材现在已经衍生出了塑铝、阻氧、毛细等多个品种，而PP-R管材也有稳态、玻纤、塑铝等近10个种类。这些新产品的不断出现，既完善了该类管材的使用性能，又扩大了产品的应用范围。

（4）新领域拓宽了管道行业的市场前景 我国塑料管的应用与先进国家相比，还有很多空白领域，这就是新的市场容量空间，如塑料布软管产品的研发。目前国内塑料管材企业生产主要集中在塑料硬管上，而涉及塑料软管生产的企业相对较少，因此市场较为广阔，特别是技术含量高的软管，其竞争者少，产品的利润率高。

随着国家对环境保护的日益重视，未来几年内国家在许多城市污水处理场的建设、排水管网建设方面将投入巨资，污水再生利用的中水量要达到污水总量的30%，需要专门铺设输送管道。所有这些，都为我国塑料管道产业发展带来了广阔的前景，但同时也要看到，我国的塑料管道行业还存在着一些制约发展的不利因素，比如市场竞争恶性化导致产品价格偏低、原料进口依赖性大、新产品和新技术推广应用缓慢等，尤其是当前的全球经济危机对塑料管道业发展冲击很大。我国需加快原材料开发速度，规范行业自律，建立严格的质量约束机制，让质量过硬、产品科技含量高的企业成为市场的主流，还要让施工企业掌握更多的先进技术，从而提升产品的整体使用效果。

知识能力检测

1. 根据管材使用要求，如何选择塑料原料？
2. 挤出聚氯乙烯硬管与软管的配方、工艺条件控制、管机头工艺参数有何不同？
3. 挤管的定径方法有哪几种？挤出聚烯烃管的圆正度不好的原因有哪些？如何解决？
4. 各种挤出管材的生产线由各自的主、辅机组成，请归纳它们的工艺过程，用框图表示。
5. 各种挤出成型产品最容易出现的质量问题有哪些？如何解决？
6. 动手操作完成PE或PVC软管的挤出生产。

模块六
异型材挤出成型

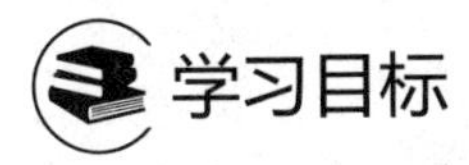

学习目标

知识目标：通过本模块的学习，了解异型材的具体用途，掌握异型材挤出成型的基础知识，异型材挤出成型的主机、辅机及机头的结构、工作原理、性能特点，掌握异型材挤出成型工艺及参数设计，熟悉异型材生产过程中的缺陷类型、成因及解决措施。

能力目标：能够根据异型材的使用要求正确选用原料、设备，能够制订异型材挤出成型工艺及设定工艺参数，能够规范操作异型材挤出生产线，能够分析异型材生产过程中缺陷产生的原因，并提出有效的解决措施。

素质目标：培养工程思维、创新思维和工匠精神，培养异型材挤出成型制品的安全生产意识、质量控制意识、成本意识、环境保护意识和规范的操作习惯。

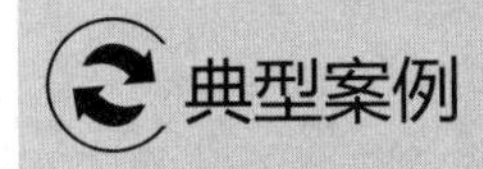

典型案例

塑钢门窗挤出案例

塑钢门窗的塑料材料，使用SG-5型PVC粉料，不添加或者少添加增塑剂，又称RPVC。RPVC的熔体黏度高，流动性差，且容易热分解。配方一般通过添加热稳定剂增加耐热性；添加加工改性剂增加流动性；添加内外润滑剂减少摩擦；添加碳酸钙降低成本。使用ϕ51～105mm异向锥形双螺杆挤出机，整体式流线型机头，真空定型套定型，喷淋冷却，履带式牵引，自动喷码机打标，圆盘锯切割。

挤出工艺：配方计量→高速混合机混合（多次投料）→低速混合机→挤出成型。料筒-机头温度160～190℃，螺杆转速<40r/min（防止热降解）。

单元一　异型材挤出成型基础

一、塑料异型材及其用途

异型材是指除管材、板材、棒材、薄膜等挤出制品外，由挤出法连续挤出成型的、其截面形状相同的塑料制品。塑料异型材具有质轻、耐腐蚀、承载性能好、装饰性强、安装方便等优良的使用性能，广泛应用于建筑、电器、家具、交通运输、土木、水利、日用品等领域。按异型材的组成分类，可分为全塑料异型材和复合异型材，复合异型材是指由塑料材料和非塑料材料复合而得的异型材。按异型材的软硬程度分类，可分为软质异型材和硬质异型材。软质异型材主要用作衬垫和密封，硬质异型材主要用作结构材料。按异型材的截面形状不同，可分为异型管材、中空异型材、隔空式异型材、开放式异型材和实心异型材五类，如图 6-1 所示。可用于异型材挤出成型的塑料材料主要有 PVC、PE、PP、ABS 塑料、PMMA 等。

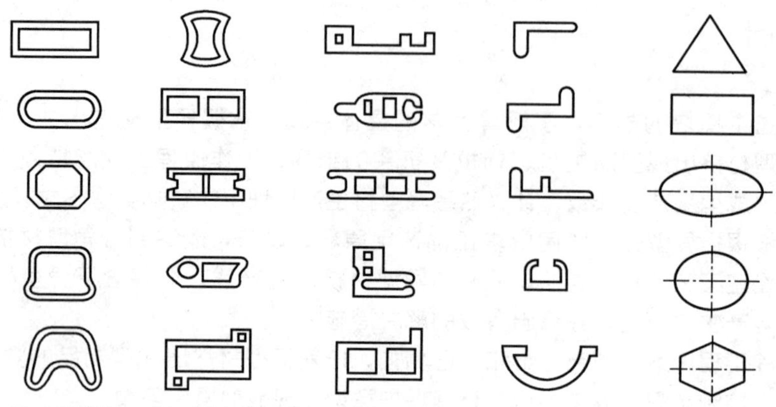

(a) 异型管材 (b) 中空异型材 (c) 隔空式异型材 (d) 开放式异型材 (e) 实心异型材

图 6-1 常见的异型材结构

① 异型管材。特点是壁厚均匀，无尖角，用直支管机头或管机头成型。

② 中空异型材。截面形状为由筋连接而成的中空状，壁厚不均匀。

③ 隔空式异型材。截面为封闭的中空断面，结构不对称，且带锐角。

④ 开放式异型材。截面形状不带中空室，具有各种形式。

⑤ 实心异型材。具有矩形、正方形、三角形、椭圆形等各种截面形状的型材，可采用普通的棒材机头来定型。

二、异型材截面形状

1. 异型材截面设计原则

由于塑料异型材类型较多，截面几何形状几乎不能按一定规律计算，因此异型材制品的设计较复杂。一般遵循以下设计原则：

① 根据异型材制品的用途和使用要求，进行截面形状的设计，使异型材制品满足其使用要求；

② 充分发挥塑料材料的特性，使塑料材料的性能（主要指强度、刚度、韧性、弹性等）得到充分利用；

③ 尽量使模具（异型材机头和定型模）的结构简单，加工方便，制造容易；

④ 成型工艺过程和成型工艺条件能顺利、方便地实现异型材制品的生产。

2. 异型材截面形状设计要点

(1) 尺寸和精度　异型材的精度很难达到较高值，因为影响异型材精度的因素很复杂，首先是机头和定型模的制造精度，其次是塑料收缩率与成型工艺条件的波动，同时由于定型模的磨损等原因造成精度的不断变化，会使型材尺寸不稳定。因此在型材设计之前就应充分注意尺寸精度，在能够使用的前提下尽量降低尺寸精度等级。表6-1为热塑性塑料挤出异型材截面尺寸偏差值。

表6-1 热塑性塑料挤出异型材截面尺寸偏差值

材料	硬PVC	PS	ABS、PPO、PC	PP	EVA、软PVC	LDPE
壁厚/%	±8	±8	±8	±8	±10	±10
角度/(°)	±2	±2	±3	±3	±5	±5
截面尺寸/mm	尺寸偏差值/±mm					
<3	0.18	0.189	0.25	0.25	0.25	0.30
3～13	0.25	0.30	0.50	0.40	0.40	0.65
13～25	0.40	0.45	0.64	0.50	0.50	0.80
25～38	0.50	0.65	0.70	0.70	0.79	0.90
38～50	0.65	0.76	0.90	0.90	0.90	1.0
50～76	0.76	0.90	0.94	0.95	1.0	1.15
76～100	1.15	1.30	1.30	1.30	1.65	1.65
100～127	1.50	1.65	1.65	1.65	2.36	2.35
127～178	1.90	2.40	2.40	2.40	3.20	3.20
178～255	2.35	3.20	3.20	3.20	3.80	3.80

(2) 表面粗糙度　塑料异型材的粗糙度主要取决于机头流道和定型模的粗糙度。此外，制品的光亮程度还与塑料品种有关。外观质量要求严格的制品，一般 $R_a<0.8\mu m$。定型模腔表面粗糙度比型材要低一级，在使用过程中应随时给予抛光复原。透明型材要求粗糙度值更低。

(3) 形状和结构　型材截面几何形状的设计要尽量简单、对称。在满足使用要求的前提下，尽量易于机头挤出成型和定型模定型，使机头流道中的料流趋于平衡，减少应力集中；如异型材的截面形状是不对称的，可采用组合成对称的形状来成型。如图6-2所示。

(4) 截面壁厚　异型材的壁厚应尽量趋于一致，壁厚不均匀，导致模具狭缝通道中熔体流速不同；同时在冷却定型时，因壁厚不一致，冷却快慢不一，使型材发生翘曲变形。对于中空异型，要求中空隔腔截面不能太小，否则芯模易变形，壁厚不均匀的异型材截面尺寸精度和外观质量均不能保证，且成型困难。如需要壁厚不一致时，同一截面的壁厚变化最大相差不应超过50%。图6-3为厚度均匀的制品设计。

(5) 筋和空腔　中空异型材截面壁厚不均匀会引起制品截面形状改变，内腔应尽可能地避免或减少设筋。若需要设置筋时，应尽可能选用较小的筋肋厚度（通常筋的厚度应较外壁厚薄20%或更多）。

(6) 拐角　为避免在拐角处出现应力集中和改善成型时的物料流动状态，应在拐角处尽量设计成圆角。

3. PVC门、窗异型材截面形状实例

(1) 塑料门　塑料门质轻、美观、密封隔音、力学性能良好、耐潮湿及化学腐蚀。不用油漆、维护方便，在建筑领域得到广泛的应用。

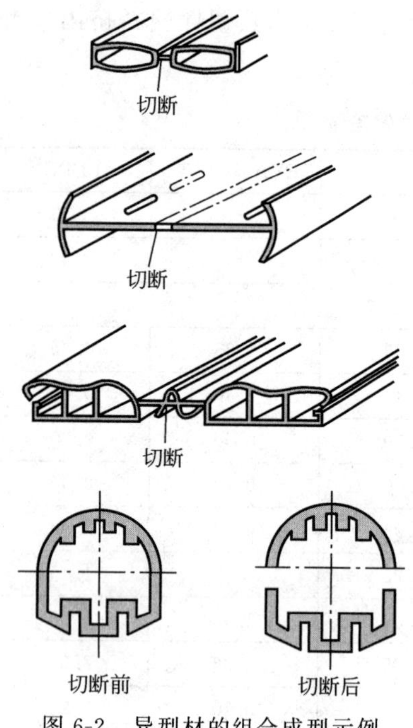

图 6-2　异型材的组合成型示例

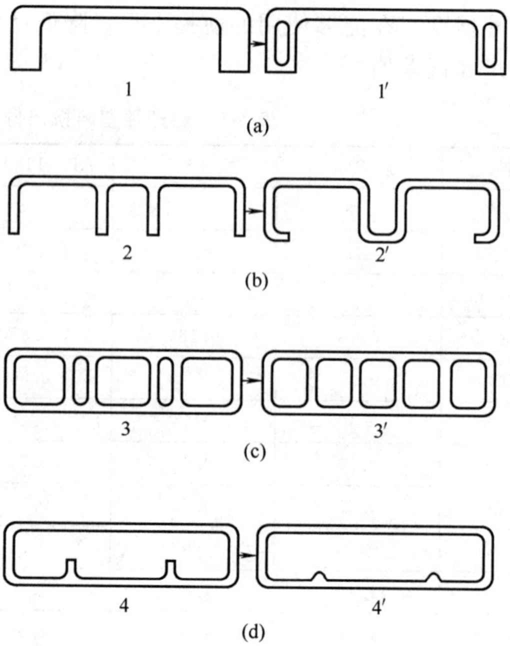

图 6-3　厚度均匀的制品设计

1—薄厚不均；1′—薄厚均匀；2—中间有筋成型难；2′—易成型；3—塑料流动不平衡，成型难；3′—塑料流动平衡，易成型；4—中空部有高筋，成型难；4′—筋的高度是厚度的一半，较易成型

塑料门按其结构特征可分为四种。

① 镶板门。镶板门芯部由蜂窝状填充材料组成，两面覆盖 PVC 硬板，四周由 PVC 异型材框架支撑。

② 整体门。整体门是整块 PVC 塑料中空板材，四周装上 PVC 异型材包边（起装饰作用），与异型材门框铰接在一起，表面通过贴膜或印刷各种图案来装饰。

③ 框板门。框板门由塑料异型材组成坚固外框，内装 PVC 的发热板材或中空板材。

④ 折叠门。由 PVC 异型材与铰链结构共同组成。

（2）塑料窗　塑料窗耐潮湿、耐腐蚀、抗冲击性能及耐候性能优良，隔热及密闭性能极好，生产工艺简单，装饰性好，是极具推广应用价值的新一代窗型。按照窗的开启方式来分，常见的窗型有平开窗、推拉窗、固定窗、旋转窗等。

① 平开窗。铰链装于窗侧面，向内或向外开启的窗。

② 推拉窗。窗扇可沿水平方向左、右推拉或沿垂直方向上、下推拉开启的窗。

③ 固定窗。固定不能开启窗扇的窗。

④ 旋转窗。窗扇可绕轴旋转开启的窗。图 6-4 为常用窗开启方式。

PVC 门、窗规格多，样式又在不断变化，造成了门窗异型材截面形状的多种多样。图 6-5 为 PVC 门窗异型材截面形状的应用实例。

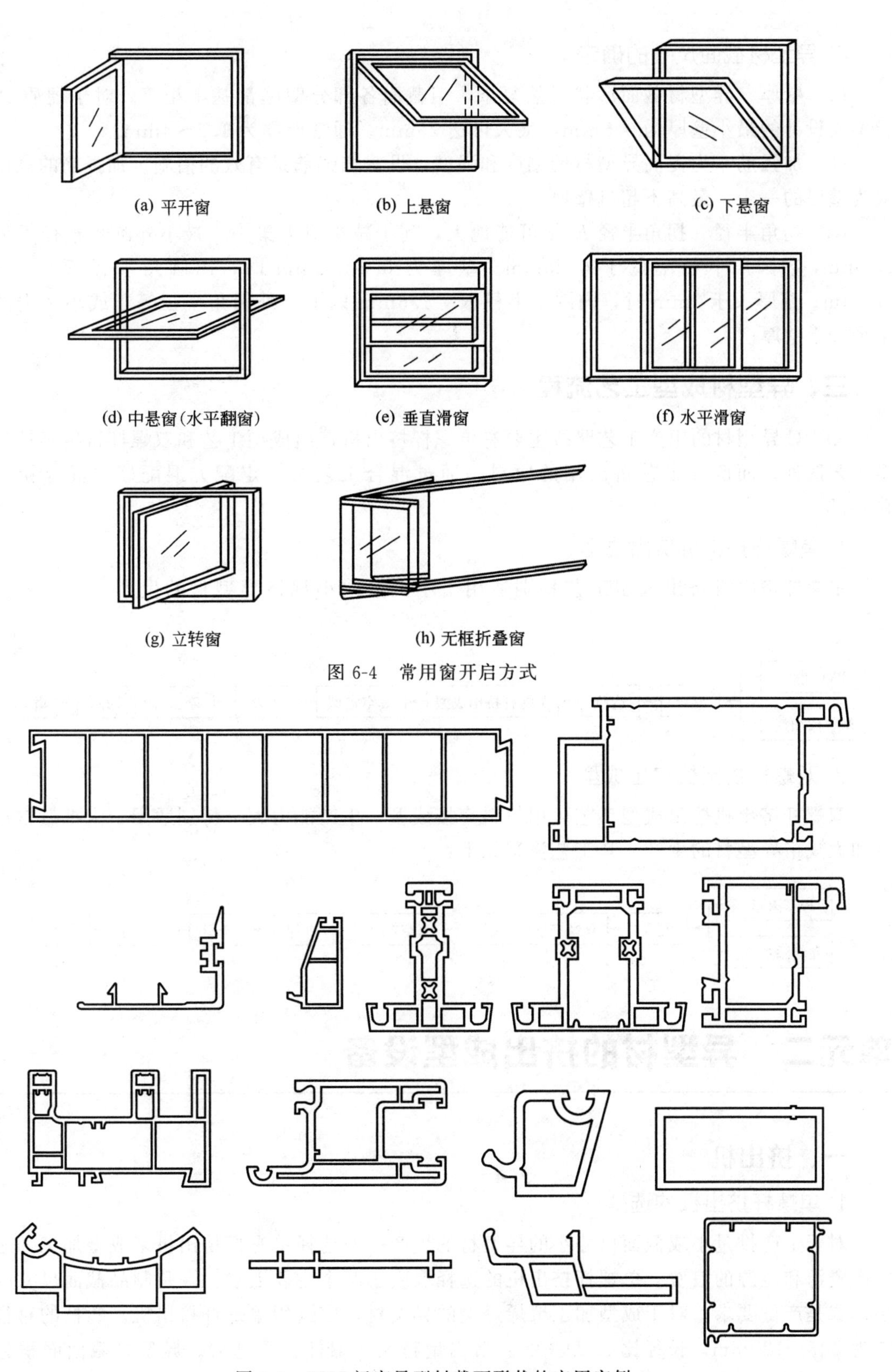

图 6-4 常用窗开启方式

图 6-5 PVC 门窗异型材截面形状的应用实例

4. 异型材截面尺寸的确定

（1）壁厚　异型材截面形状虽然复杂，但截面各部分壁厚都基本相等。对于硬质 PVC 异型材设计的最小壁厚为 0.5mm，最大可达 20mm。通常壁厚为 1.2～4mm。

（2）加强筋　为提高异型材的刚度和强度，设置加强筋是有效的措施。加强筋的高度一般为壁厚的一半，最高不超过壁厚。

（3）拐角半径　拐角半径 R 尽可能地大，利于减小应力集中。最小外圆角半径不低于 0.4mm，内圆角半径不低于 0.25mm。壁厚为 0.5～2mm 时，内圆角半径 $R=0.4\sim0.8$mm；壁厚大于 2mm 时，内圆角半径 $R=1.6$mm 以上。外圆角半径等于或小于内圆角半径加上壁厚。

三、异型材成型工艺流程

RPVC 异型材的生产工艺路线主要有单螺杆挤出机挤出成型工艺和双螺杆挤出机挤出成型工艺两种，而两种工艺挤出用的原料是通过混合工艺按一定配方混配好的混合粉料或粒料。

1. 单螺杆挤出机挤出成型

单螺杆挤出机挤出成型工艺特别适用于小批量或小规格异型材的生产。其工艺流程如下：

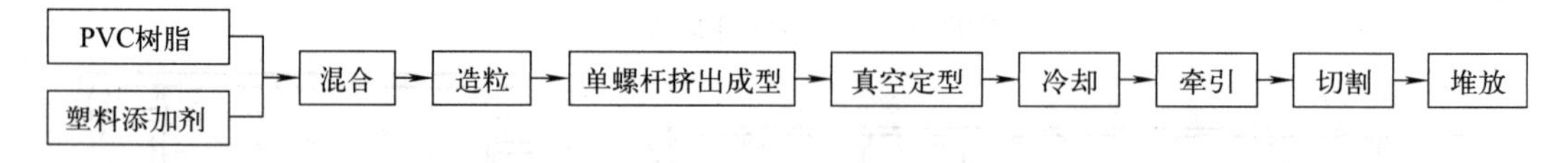

2. 双螺杆挤出机挤出成型

双螺杆挤出机挤出成型工艺可用粉料直接成型，生产能力大，特别适用于大批量常规型材和大规格异型材的生产。其工艺流程如下：

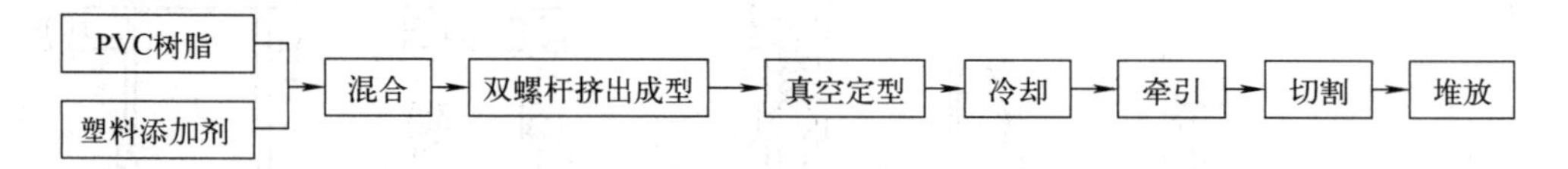

单元二　异型材的挤出成型设备

一、挤出机

1. 单螺杆挤出机的选型

对于生产批量小或截面尺寸小的异型材的生产一般选择单螺杆挤出机来成型加工，避免生产资源和能源的浪费。单螺杆挤出机的选择取决于两个主要因素：一是制品截面尺寸的大小；二是产量要求。对于成型加工聚烯烃类的异型材，应选用单螺杆挤出机。螺杆的直径通常为 ϕ45～120mm，长径比 $L/D\geqslant20$。挤出量越大，螺杆直径越大。异型材截面面积越大（截面尺寸大），螺杆直径也越大。截面尺寸小的 PVC 异型材，也适合用单螺杆挤出机来生产。一般螺杆直径 D 为 ϕ45～65mm，长径比 L/D 为 20 左右。

2. 双螺杆挤出机的选型

成型用的双螺杆挤出机一般适合于加工 PVC，特别是 RPVC。由制品的截面尺寸来选择挤出机的规格。表 6-2 为国家机械行业标准 JB/T 6492—2014 规定的锥形异向双螺杆塑料挤出机的基本参数。

表 6-2　锥形异向双螺杆塑料挤出机的基本参数

螺杆小端公称直径 d/mm	螺杆最大转速与最小转速的调速比 i	挤出产量(PVC-U) Q/(kg/h)	实际比功率 N'/(kW·h/kg)	比流量 q /[(kg/h)/(r/min)]	中心高 H/mm
25	≥6	≥30	≤0.14	≥0.50	1000
35		≥70		≥1.75	
45		≥88		≥2.59	
(50)		≥148		≥4.35	
51		≥152		≥4.61	
55		≥165		≥5.00	
(60)		≥210		≥6.36	
65		≥270	≤0.13	≥8.18	
80		≥410		≥12.81	
92		≥770		≥24.0	1100

注：括号内的螺杆小端公称直径是辅助规格。

二、异型材机头

机头是制品成型的主要部件，其作用是将挤出机提供的圆柱形熔体连续、均匀地转化为塑化良好的、与通道截面及几何尺寸相似的型坯。再经过冷却定型等其他工艺过程，得到性能良好的异型材制品。

1. 机头结构

异型材机头可分为板式机头和流线型机头两大类。流线型机头包括多级式流线型机头和整体式流线型机头。现分别介绍如下。

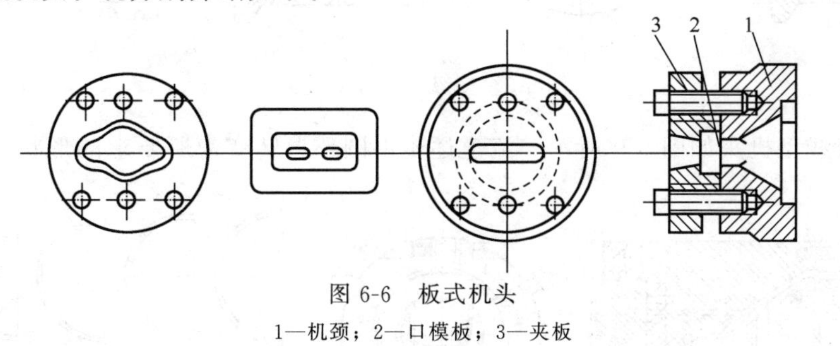

图 6-6　板式机头

1—机颈；2—口模板；3—夹板

(1) 板式机头　板式机头的特点是结构简单、成本低、制造快、调整及安装容易。缺点是由于流道有急剧变化，物料在机头内的流动状态不好，容易形成局部物料滞流和流动不完全的死角。如操作时间长，易引起该处物料分解，分解产物会严重影响产品质量，故连续操作时间短，特别是热敏性塑料，如 RPVC 等。因此，板式机头多适用于聚烯烃、SPVC 制品的生产。图 6-6 为典型的板式机头，图中口模板是成型带状产品的，当更换夹持在机颈和夹板间的口模板时便可得到不同形状的制品，机颈是过渡部分，它的内孔尺寸由挤出机的内孔逐渐过渡到与口模板成型孔接近的尺寸，并比该孔稍大，由于在口模板入口侧形成若干平面死点，设计时应尽量减少死点，减少物料分解。

（2）流线型机头　在流线型机头中，当制品尺寸比挤出机出口尺寸小时，机头流道比较简单，它由流道逐渐变化的过渡段和直接成型制品的口模（流道尺寸不变的平直部分）所组成。当制品尺寸比挤出机出口处尺寸大时，流道由发散段、分流段、压缩段和定型段组成。流入段的流道尺寸逐渐扩大，物料进入流入段再到过渡段经压缩段进行压缩，将机头的圆形截面逐步转变成口模的断面形状。这种转变应均匀而缓慢地进行，熔融物料逐渐被加速，在整个断面上各部位的平均流速应基本相等，防止流道内有任何死角和流速缓滞部分，避免造成物料过热分解。如图 6-7 所示。

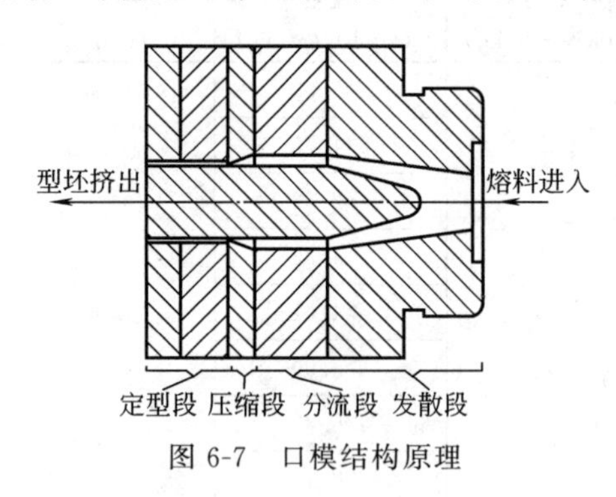

图 6-7　口模结构原理

口模成型段的作用除赋予制品规定的形状外，还提供适当的机头压力，流道中的流动阻力主要在口模处产生，使制品具有足够的密度。另外熔体在分流段和压缩段因受压变形而产生的内应力可在平直的口模内得到一定程度的消除，以减少挤出物的变形，要使挤出物的内应力在口模内完全消除是不可能的。

多级式流线型机头如图 6-8 所示。这种流线型机头可使加工和组装简化，成本降低，为了便于机械加工，每块板的流道侧面都做成与机头轴线平行，将各板流道进口端倒角做成斜角，与上一块板相衔接。

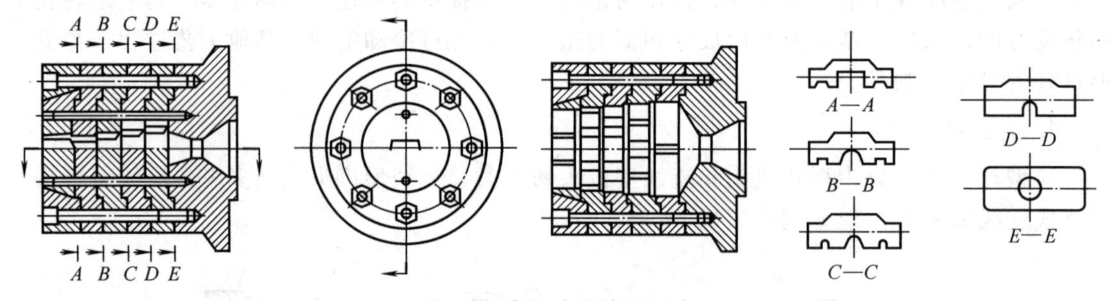

图 6-8　多级式流线型机头

整体式流线型机头如图 6-9 所示。流道逐步由圆环形转变为所要求的形状。这种机头结

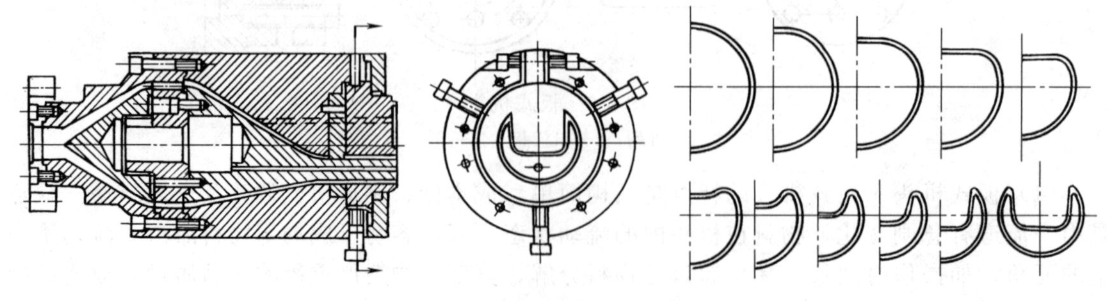
图 6-9　整体式流线型机头

构复杂，制造麻烦，成本较高，一般用于 RPVC 制品的成型。

2. 机头设计

机头是根据异型材的截面形状和尺寸要求而设计的，其设计原则如下。

① 根据异型材所用树脂类型、截面形状，正确合理地确定机头的结构形式。

② 口模设计应有正确合理的截面形状和尺寸精度，并且有足够的定型段长度。

③ 机头的熔体流道应呈流线型，尽量减少突变，避免死角。

④ 在满足成型要求的前提下，制品形状应尽量简单、对称。

⑤ 在满足强度要求的前提下，机头结构应紧凑，易于加工制造和装卸维修。

⑥ 选用机头材质应满足强度、刚度、耐磨度、导热性、耐腐蚀性及加工性的要求。

⑦ 经济合理、制造成本低、使用寿命长。

有关尺寸的经验推荐：口模间隙 $\delta=(1.03\sim1.07)A$（A 为制品尺寸）；机头压缩比 ε 取 3～6；定型段长度 $L=(30\sim40)\delta$。

三、定型装置

1. 定型装置的形式和结构

冷却定型装置的作用是将从口模中挤出塑料的既定形状稳定下来，并对其进行精整，得到截面尺寸更为精确、表面更为光亮的制品。冷却定型装置不仅决定制品的尺寸精度，同时也是影响挤出速率的关键因素。异型材的定型形式主要有三种：密闭式外侧定型（内压定型或真空定型）、开放式滑动定型和内定型。现介绍开放式滑动定型装置和真空定型装置。

（1）开放式滑动定型装置　开放式滑动定型装置主要用于开放式型材，如线槽、踢脚板、楼梯扶手的生产等。图 6-10 为滑动定型的制品图，该制品的冷却定型装置结构如图 6-11 所示，它是一个在中心部件开设有和制品形状一致的通槽，边缘开设有冷却水通道，通入冷却水进行冷却的装置，为提高冷却效果，冷却水的流道可为螺旋式结构。为保证制品的定型准确程度，往往在制品的重要一面设置真空吸附装置。

图 6-10　滑动定型制品图

（2）真空定型装置　真空定型装置是用间接水冷的定型模。使机头口模挤出的高温熔融异型材冷却定型，其基本结构如图 6-12 所示。

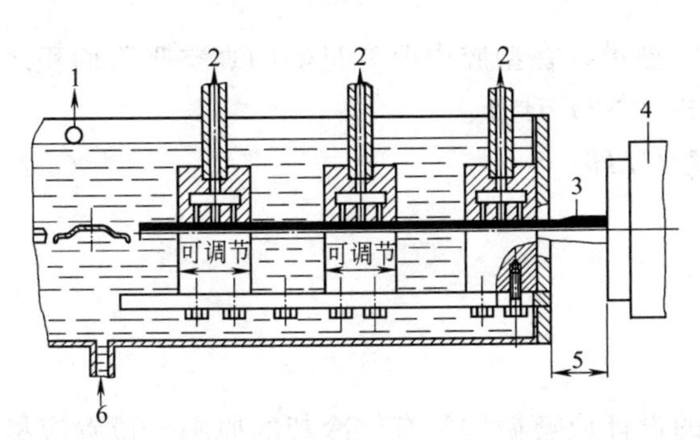

图 6-11　敞口异型材的冷却真空滑动定型装置的结构

1—冷却水出口；2—真空吸附；3—熔融物料；4—口模；5—滑动调节；6—冷却水入口

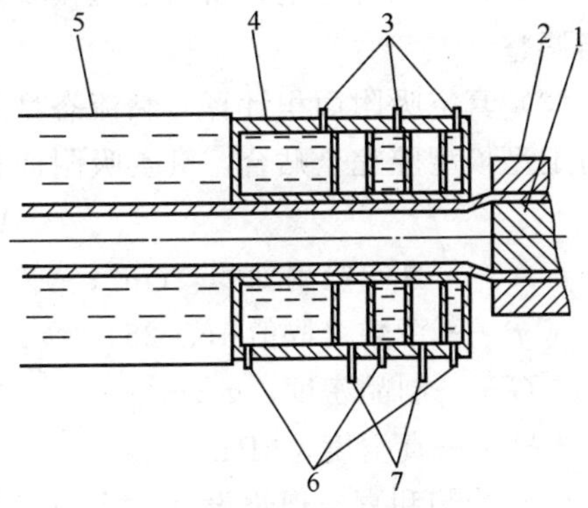

图 6-12　真空定型装置

1—芯棒；2—口模；3—排水孔；4—真空定型套；5—水槽；6—进水孔；7—抽真空孔

真空定型模由内壁有吸附缝的真空定型区和冷却区两部分组成，两区域是交替的。真空区周围产生负压，使型材外壁与真空定型模内壁紧密接触，确保型材冷却定型。

2. 冷却定型模的尺寸确定

（1）型腔截面尺寸　在异型材成型过程中，熔融型坯受离模膨胀、冷却收缩和牵引收缩等因素的共同影响，使得在设计定型模型腔尺寸时不能等同于制品设计尺寸。定型模型腔的尺寸一般要小于机头口模尺寸而大于制品设计尺寸。计算公式如下：

$$D=(d+\Delta/2)(1+S)+\delta \tag{6-1}$$

式中　D——型腔截面尺寸，cm；

d——型材公称尺寸，cm；

Δ——型材尺寸公差；

S——成型收缩率（一般取 1%）；

δ——摩擦不摆动间隙（取值 0.05～0.15cm）。

定型模一般定为 3～4 段，每后一段的型腔尺寸要比前一段小 0.05mm，最后一段为型腔设计尺寸或稍大。

（2）定型模长度尺寸　定型模的总长度取决于挤出制品的原料性能、形状、模具结构和成型工艺，可采用如下经验公式计算：

$$L=(30\sim40)h$$

式中　L——定型模总长度，cm；

h——制品厚度，cm。

不同材料的挤出成型性能不同，定型模的长度也会有所不同。例如，一些材料具有较高的流动性和可塑性，需要的定型模长度可能会较短。

产品形状复杂程度会影响定型模的长度。形状越复杂，定型模的长度可能会越长，以便更好地控制产品形状和尺寸。

定型模的结构对长度也有影响。例如，模具的冷却系统、加热系统、顶出系统等都会影响定型模的长度。

成型工艺条件如温度、压力、速度等也会影响定型模的长度。温度过高可能导致材料变形，压力过大可能导致模具损坏，速度过快可能导致产品尺寸不稳定等。

因此，在确定异型材挤出定型模长度时，需要综合考虑以上因素，并根据实际情况进行适当调整。

（3）真空吸附面积计算　黏流态型坯进入定型模，在型腔内要有足够的真空吸附面积才能与定型模型腔完全贴合，真空吸附面积可用式（6-2）计算：

$$A=0.67fG/H \tag{6-2}$$

式中　A——真空吸附面积，cm^2；

f——系数（取值 15～25）；

G——制品密度，g/cm^3；

H——真空度，kPa。

（4）冷却和真空通道设计　冷却定型通道的设计应遵循均匀有效冷却的原则，位置应尽量靠近型腔，便于提高冷却效率。真空槽在定型模的纵向不宜均匀分布，其排布间距应由密到疏。这是因为刚进入定型模的型坯为黏流态，需要有较大的吸附力才能使其与定型模型腔贴合冷却。图 6-13 为异型材干式定型模实例。

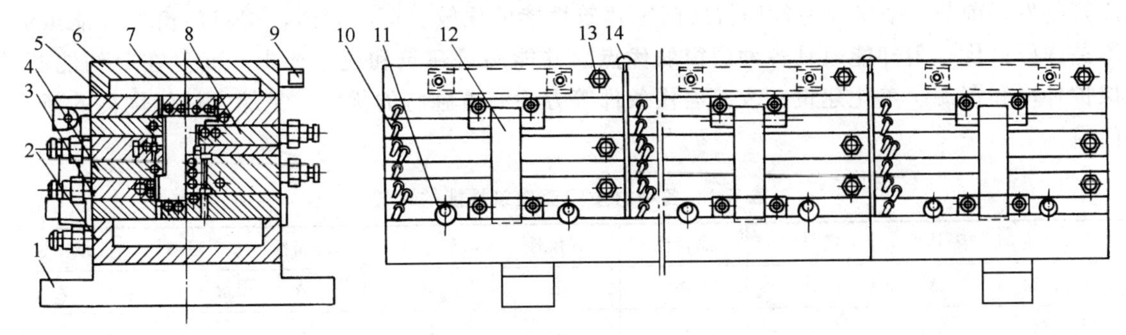

图 6-13 异型材干式定型模实例

1—脚板；2—底板；3—下模板；4—左下侧模；5—上模板；6—上盖板；7—标牌；8—右上侧模；9—把手；10—排水管；11—定位片；12—铰链；13—进水管接头；14—密封条

四、牵引装置

牵引装置的作用是克服型材在定型模内的摩擦阻力而均匀地牵引型材，使挤出过程稳定进行。由于异型材形状复杂，有效面积上摩擦阻力大，要求牵引力也较大，同时为保证型材壁厚、尺寸公差、性能及外观要求，必须使型材挤出速率和牵引速率匹配。一般异型材挤出用的牵引机有滚轮式、履带式和橡胶带式三种。

1. 滚轮式牵引机

由 2～5 对上下牵引滚轮组成。滚轮和型材之间为面或线接触，牵引力小，只适用于小型异型材制品的生产。要注意滚轮的形状尺寸应与异型材的形状和尺寸相适应，如图 5-12 所示。

2. 履带式牵引机

由两条或两条以上的履带组成。由于牵引履带与型材的接触面积大，牵引力也较大，且不易打滑，特别适用于薄壁或型材尺寸较大的制品，注意履带的形状应与异型材的轮廓相适应，如图 5-13 所示。

3. 橡胶带式牵引机

由橡胶带和压紧辊组成。压紧力可调，靠压紧力所产生的摩擦力牵引型材。适用于薄壁异型材。

五、切割装置

为使挤出异型材满足运输、贮存和装配的要求，需将连续挤出的制品切成一定的长度。一般用行走式圆锯。由行程开关控制型材夹持器和电动圆锯片，夹持器夹住型材，锯座在型材挤出推力或牵引力的推动下与型材同步运动，锯片开始切割，切断后，夹持器松开，锯片复回原位，完成型材切割的工作循环。

单元三 PVC 异型材的成型工艺

RPVC 异型材是目前应用最广泛的门窗用异型材。性能优良，外形挺拔，光洁美观，且不用油漆，不生锈，耐潮湿，生产工艺简单，价格适中，越来越受到人们的关注，有着十分广阔的发展前景。表6-3为各种材质门窗建筑性能的比较。可以看出，塑料门窗的性能虽然不是样样最优，但却能兼具各种门窗的优点，并能满足建筑和使用要求，而且在节约能源、保护环境和资源、美化建筑、改善居住条件等方面有着独特的优势，是综合性能优良的新型门窗。

表6-3 各种材质门窗建筑性能的比较

门窗材质	隔热性	密封性	隔音性	耐候性	耐水性	防腐性	阻燃性	结露性
塑料门窗	A	A	A	B	A	A	B	A
木门窗	A	D	D	B	D	B	D	B
铝门窗	D	B	C	A	B	C	A	D
钢门窗	C	C	C	B	C	D	A	D

注：性能比较A>B>C>D。

一、 RPVC窗型材配方

1. 对门窗型材的材料性能要求

作为制作门窗型材的材料，必须满足门窗基本功能的要求。制作门窗对材料性能的要求主要有：①力学性能。材料应具备足够的拉伸强度、弯曲强度、冲击强度和刚性。②耐候性能。具备抵御光、氧和紫外线破坏作用的能力，延长其使用寿命。③尺寸稳定性。在使用过程中不发生翘曲变形和尺寸变化。④耐腐蚀性能。具备良好的化学稳定性和耐腐蚀能力。⑤保温、隔热、隔音性能良好。⑥装饰性强。⑦较好的成型加工性及较低的成本。

2. PVC窗型材的配方设计

原料和各种辅助材料的选择可参考模块五的内容。

3. RPVC窗型材的典型配方

表6-4为RPVC窗型材典型配方，可供参考。

表6-4 RPVC窗型材的配方实例 单位：质量份

组分	配方					
	1	2	3	4	5	6
PVC(SG-5)	100	100	100	100	100	100
三碱式硫酸酯	3	2.5	3.5	—	2.5	1
二碱式亚磷酸铅	1.5	1.5	2.5	—	1	1
钡-镉稳定剂	—			2.5	—	2
硬脂酸铅	1	0.5	0.8	—	2	1
硬脂酸钡	—		1.5	—	—	—
硬脂酸钙	1	1	0.8	—	0.5	1
氯化聚乙烯(CPE)	8	8	6	3	8	8
加工助剂丙烯酸酯(ACR)	0.5	2	—	2	2	1
钛白粉	4	4	2	4	3	1

续表

组分	配方					
	1	2	3	4	5	6
硬脂酸	0.5	0.4	—	—	0.3	0.3
石蜡	0.3	—	1.2	—	—	—
聚乙烯蜡	—	0.3	—	—	—	—
轻质碳酸钙	4	5	5	4	3	4
亚磷酸酯	—	—	—	0.5	—	—
环氧大豆油	—	—	—	1	—	—
EVA	—	—	—	2.0	—	—

二、异型材成型工艺

1. 混合工艺

PVC混合料的制备质量的好坏，对异型材制品的质量有着重要的影响，混合过程一般是在高速混合机内完成的。混合工艺条件如下。

（1）加料顺序　先将PVC树脂加入后高速混合，再依次加入称量的稳定剂、加工改性剂、抗冲改性剂、色料、填料、润滑剂等。外润滑剂一般在热混放料前2～3min投入。

（2）混合转速　高速混合时，转速850r/min左右。低速排料，转速150r/min左右。

（3）混合温度　排料温度120～130℃。

（4）混合时间　一般为5～15min，将料温升至排料温度作为混合过程的终点。

2. 造粒

造粒工序对于单螺杆挤出机生产异型材是必需的，而双螺杆挤出机可直接使用混合好的粉料生产异型材。造粒可使用单螺杆挤出机、双螺杆挤出机和双辊炼塑机。单螺杆造粒机身温度150～170℃，双螺杆造粒机可比单螺杆造粒机低10～15℃，双辊炼塑机辊温在160～180℃。

3. 成型工艺

RPVC门窗异型材的挤出过程为：PVC混合料在机筒内经过螺杆混炼，在内摩擦热和外加热的共同作用下，物料逐渐变成熔融黏流态，在旋转螺杆的推动下向机头方向运动。进入机头后，在高温、高压下经过机头型腔进行分流压缩成型，挤出近似制品截面的型坯，再经过定型模具对型坯真空冷却定型，达到制品设计要求。成型温度、螺杆转速、加料速度、定型冷却、牵引速率等对异型材制品质量有着重要影响。

（1）成型温度　RPVC塑料的热稳定性和熔体流动性较差，在挤出过程中，温度控制十分重要。温度过高，会引起物料分解；温度过低，物料塑化不好。为使物料的挤出成型在熔融温度和分解温度之间进行，应正确设定和调节温度。对于双螺杆挤出机而言，温度控制的要点如下。

① 挤出机加料段温度要高。目的是使物料经过料筒的排气段能顺利包覆螺杆，不至于被真空泵吸走。

② 机头连接套温度要适中。温度过高，虽然物料能顺利进入模具，但会使产品形状稳

定性差，收缩增加，无法保证产品的尺寸，物料甚至会分解；温度过低，熔体黏度大，机头压力高，虽可使产品密实，形状稳定性好，但加工困难，口模膨胀严重，制品表面粗糙，设备负荷大。

③ 机头和口模温度应较高。增加熔体黏度，减少熔体出模膨胀，使制品有良好的力学性能和外观。一般机头和口模的温度较高，而机身温度较低。

④ 单螺杆挤出机的成型温度。机身温度160～190℃，机头温度180～190℃。

锥形双螺杆挤出机成型异型材的成型温度见表6-5。

表6-5 锥形双螺杆挤出机成型异型材的各段温度控制 单位：℃

原料	机身温度		连接器	机头温度		口模
	1	2		1	2	
PVC(SG-5)	170～180	165～170	170～175	170～175	180～185	185～188

(2) 定量加料 由于双螺杆挤出机具有强制性正位移输送作用，必须设置定量加料装置。通过调节加料螺杆的转速来控制双螺杆挤出机的加料量以达到控制挤出量的目的。

一般采用"饥饿加料法"，通过逐步增加加料螺杆转速，增加主机螺杆转速反复调节至正常挤出速率。加料螺杆转速约为挤出机螺杆转速的1.5～2.5倍。

(3) 螺杆转速 螺杆转速是控制挤出速率、产量和制品质量的重要工艺参数，一般根据模头的形状和大小、冷却装置的能力等综合考虑。转速太低，挤出速率太慢，挤出效率不高，会延长物料在料筒内受热时间；转速太高，会导致剪切速率增加，摩擦生热增大，物料温度提高，熔体离模膨胀加大，表面质量变坏，产品得不到及时冷却还会引起弯曲变形等。对于双螺杆挤出机，螺杆转速一般以15～25r/min为宜。

(4) 机头压力 提高机头压力，可使制品密实，有利于制品质量的提高，但过大，口模离膜膨胀现象严重，表面质量较差，严重时会造成事故（如法兰螺栓被拉断），因此机头压力要适当。

(5) 真空冷却定型 当物料刚出口模时，完全处于软化状态，进入真空定型模后，借助真空负压的作用，使处于软化状态并具有一定形状的异型材，紧紧吸附在定型模模腔上，经过冷却就能获得理想的形状和尺寸。通常真空度取值0.04～0.08MPa。真空度过大，会增加牵引机负荷，降低产量，同时还将延缓甚至阻碍熔体顺利进入真空定型模，导致口模和真空定型模之间积料堵塞。真空度过小，吸力不足，导致严重变形或不成形，无法保证产品的外观质量和尺寸精度。

定型模的冷却水通常由定型模后部流入，前端流出，水流方向与型材前进方向相反，使型材缓慢冷却，内应力较小，同时定型模前端温度较高，型材便于进入。冷却水温要求在20℃以下。根据异型材大小和牵引速率高低，定型模设置一段或多段，保证获得理想的制品形状和尺寸。

(6) 冷却与校直 由于定型模不能充分冷却异型材，需冷却装置将型材进一步冷却。在冷却水箱内设置喷淋水头对型材冷却并设置校直装置，通过调节各部位的冷却水的流量，或若干个校直块来防止型材的弯曲变形。

(7) 牵引速率 牵引速率应和挤出速率相匹配。牵引速率若比挤出速率快，易拉断制品，若慢则会引起口模与定型模之间积料现象。因此挤出速率（螺杆转速）提高或降低应及时调整牵引速率的快或慢，保证牵引速率与挤出速率相适应。

4. 切割

一般选用行走式圆锯。在与型材同步平行运动过程中，圆锯垂直运动将型材截断。保证型材以一定的长度来满足运输、贮存和装配的要求。

5. 焊接

窗型材的焊接一般在自动焊接机上进行。在两根型材需要焊接的端头剖面上用电加热板同时加热，直至型材剖面熔融后迅速移开加热板，将两根型材被加热的剖面贴合在一起并施加一定的压力，两剖面即可熔合在一起，待冷却硬化后，焊接完成。

6. 修整

焊接完成后，焊缝两面边上都有焊后被挤出的飞边、焊渣，必须将其清理。清理的工具有焊缝清角机或用手工清理。

三、成型中不正常现象、原因及解决方法

异型材在挤出生产过程中会产生很多不正常的现象，产生原因往往不是单一的。表 6-6 列出了异型材生产中常见的不正常现象、原因分析及解决方法。

表 6-6 异型材生产中的不正常现象、原因分析及解决方法

不正常现象	原因分析	解决方法
原料进料波动	原料的流动性不好 原料容易在料斗中心形成空洞或附壁悬挂、架桥、滞料 料斗底部温度过高	使用具有适当流动性的 PVC 干混粉料 安装机械搅拌送料器，防止架桥，经常检查，及时处理 进料段通冷却水冷却
型材弯曲	整条生产线不直 冷却方法不当 真空冷却水道不通 机头流道及间隙不合理 挤出速率过快	高速生产线呈一条直线 加强壁厚部位冷却，降低冷却水温度 检查真空冷却系统并将其调至正常 修正机头流道及间隙至均匀出料 降低挤出速率
筋处收缩大	口模筋处树脂流动慢，筋槽受拉伸 真空操作不当或真空度控制不宜 冷却水温度过高	不增加筋的间隙，提高筋槽处树脂流速 调节真空度，或用尖头工具在型坯进定型器前在异型材上戳小孔，使型材呈开放式，加强真空吸附 降低冷却水温，提高冷却效率
型材后收缩率大	牵引速率偏高 定型器冷却不够 机头温度过高	调节牵引速率 提高定型器冷却效率 降低机头温度
制品尺寸和厚度波动	进料波动 电热圈加热不正常 牵引机不稳定 混合物料不均匀	使用具有适当流动性的 PVC 干混粉料 检查、修复或更换电热圈 检查牵引机皮带或变速器是否滑动，牵引机的夹紧压力是否合适 检查混合物料的混合均匀性
制品端部开裂或呈现锯齿状	配方组分不当，塑化不良 口模温度低	检查配方、调整组分 提高口模温度

续表

不正常现象	原因分析	解决方法
出现熔接痕	口模内料流不均 机头压力不足 口模定型段长度不足 物料未充分汇流 入机头料流偏低 配方中外润滑性过强 物料流动性太差 分料筋处熔体温度偏低 挤出速率太快	使口模内的物料流量均匀 增加机头压力 增加机头定型段长度 在模芯支架后设置物料池 增大机头入口处的树脂流道 降低混合料外润滑性 采用流动性好的物料 提高机身温度，降低口模温度 降低挤出速率
型材表面或内壁出现斑点、鱼眼或似气泡状凸起	原料混有杂质 物料水分或挥发物含量高 粉料堆放时间过长 机身温度低，机头温度高	检查杂质来源，以便清除 将原料烘干，使水分和挥发物含量小于0.05%～0.1% 重新配制混合料 适当调节温度
口模内发生分解，制品表面有分解黄线	原料热稳定性差 挤出温度高 机头表面有凹陷积料 口模结构不合理 机头内有死角 物料在机头内停留时间偏长	检查原料配方，提高热稳定性 调整挤出温度 检查清理机头 增大机头的物料导入部位和进入口模前端的压力 消除机头内的死角 缩短物料在机头内的停留时间
制品表面出现条纹或银纹	原料选择不当，配方中润滑过量 原料中混有不同颜色、牌号的树脂 物料混合不均匀	调整PVC配方，降低外润滑剂用量 挤出带色制品要先做母料，不混用不同牌号或型号的树脂 选用能高效混合的设备，使物料混合均匀
制品中夹有气泡	物料中卷有空气 物料中水分和挥发物过高 机筒内温度过高、产生分解气体 螺杆摩擦热高	增加螺杆压缩比，使排气完全 对原料干燥，达到规定指标 降低机筒内物料温度，机筒内用真空排气排除 冷却螺杆，调整螺杆芯温度
制品强度降低	原料制备工序不完善，物料不均匀 配方中外润滑性过强 树脂未能充分吸收助剂 挤出温度过高 机头压力过低 型材拉伸比过大 口模内熔体压力偏低 型材冷却速率太快 定型器内阻力过大	物料混合均匀，加料顺序、混合温度要适宜 减少配方中的外润滑剂用量 混配的物料进行熟化（在室温下放置10～20h） 适当降低挤出温度 采用口模压力大的挤出机 调整牵引速率与挤出速率相匹配 采用前端有压力的口模 定型时避免急冷，要缓冷 定型器内不要有大的摩擦

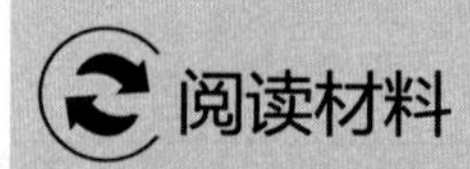

高分子化学家——黄葆同

黄葆同（1921年5月1日—2005年9月6日），我国著名高分子化学家，生于上海市，1940年入沪江大学化学系学习，1942年秋至重庆转入中央大学化学系，1944年毕业获理学学士学位。后赴美留学，先后取得硕士、博士学位，1955年4月回国后在中国科学院长春应用化学研究所工作。1991年当选为中国科学院院士。

黄葆同先生回国后就开展了异丙苯自动氧化和生漆的研究，对各地生漆成分进行了鉴定，提出具有优异性能的国漆——生漆干燥机理为漆酶下的漆酚氧化和侧链双键自动氧化的结合。其任研究室主任时，组织开展了室里两大项目——顺丁橡胶和F46，还组织领导了耐高温高分子、氟乙烯单体合成、自由基低温聚合、耐高温航空有机玻璃等研究。后在乙丙聚合组开展了新催化剂/活化剂的研究，这一成果曾获中国科学院发明一等奖。

党的十一届三中全会后，他先后开展了烯烃聚合和多相聚合物增容方面的研究工作。20世纪80年代中期，开发了极低密度聚乙烯、一个含SiO_2的载体催化剂、一个无规聚丙烯催化剂（获国家专利）。就烯烃序贯聚合中是否得到工业上据称的“嵌段共聚物”，进行了深入的研究。提出了非均相催化剂下烯烃聚合中的单体非稳态扩散动力学，可预测共聚行为，解释共聚“异常现象”，得到了实验的验证。80年代末，首次发现在茂钛/甲基铝氧烷（MAO）下丙烯可视温度而聚合为全同、无规或间同构型；在桥联双核茂钛下催化乙烯聚合可直接得到工业上希望得到的宽或双峰分子量分布聚乙烯。组里开展了以聚合物为大配体的高分子载体催化剂的研究，活性优异；高聚物配体钛催化剂同样适用于间同聚苯乙烯的聚合（获国家专利）。1988年开始有机-无机核壳复合型茂金属催化剂的研究，以及茂稀土作催化剂的极性单体聚合。他的小组与冯之榴教授领导的小组同时首先在国内系统地开展了多相聚合物的基础研究工作。对产量最大的聚烯烃和多种常用极性聚合物共混的增容问题进行了集中的研究；在国内首次应用大分子单体概念和聚合机理转换的新合成方法；提出了“一线穿”共聚物概念。首次合成含有聚二甲基硅氧烷段的嵌段和接枝共聚物；接枝共聚物与乙烯的共混物有良好耐磨性能（获国家专利）。上述共混研究成果获2000年中国科学院自然科学二等奖，并在第二届东亚高分子大会的报告中作了初步总结。发表学术论文170篇，申请或获得专利7项。

黄葆同组织主编了《络合催化合成橡胶》《烯烃、双烯烃配位聚合进展》《英汉·汉英高分子词汇》《茂金属催化剂及其烯烃聚合物》，还应邀为美国《聚合物大百科全书》撰写了茂金属催化剂和聚合的两个专题，组织翻译了《聚合物合成和表征技术》《聚异戊二烯橡胶》两本专著。黄葆同为我国高分子科学培养了19名硕士生，20名博士生（含博士后3名）。黄葆同历任吉林省政协委员，第六、七、八届全国人大代表，中国化学会理事、常务理事，高分子专业委员会委员，应用化学专业委员会主委，省、市化学会副理事长，市科协副主席，《高分子学报》、*Chinese Journal of Polymer Science* 等5个学术期刊的编委或顾问，《应用化学》主编，*Journal of Polymer Science: Polymer Chemistry Edition* 顾问委员会成员；全国科学名词审定委员会化学组成员。

知识能力检测

1. 塑料异型材按截面形状分为哪几类？
2. 塑料异型材的截面、形状设计原则有哪些？
3. 异型材机头可分为哪几类？
4. PVC异型材的配方由哪些主要原料组成？各起什么作用？
5. PVC窗型材为什么要加入抗冲改性剂？
6. PVC异型材为什么要严格控制成型温度？
7. 完成PE或者PP或者ABS异型材生产。

模块七

板材与片材的挤出成型

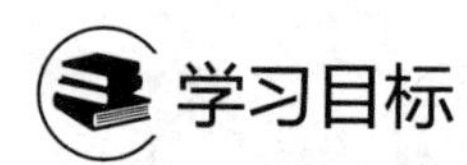

知识目标：通过本模块的学习，了解板材与片材的具体用途，掌握板材与片材挤出成型的基础知识，掌握板材与片材挤出成型的主机、辅机及机头的结构、工作原理、性能特点，掌握板材与片材挤出成型工艺及参数设计，掌握板材与片材生产过程中的缺陷类型、成因及解决措施。

能力目标：能够根据板材与片材的使用要求正确选用原料、设备，能够制订板材与片材挤出成型工艺及设定工艺参数，能够规范操作板材与片材挤出生产线，能够分析板材与片材生产过程中缺陷产生的原因，并提出有效的解决措施。

素质目标：培养板材与片材挤出成型制品的安全生产意识、质量控制意识、成本意识、环境保护意识和规范的操作习惯，培养爱国主义情怀、民族自豪感和社会责任感。

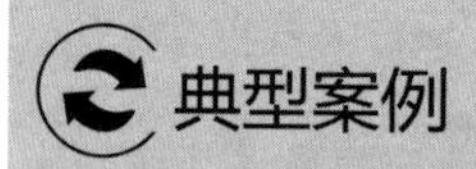

广告标牌挤出案例

广告标牌，使用 PVC 材料挤出成型，双螺杆挤出机，直管式机头，三辊压光机，二辊牵引机，剪切。

挤出工艺：料筒-机头温度 120～180℃，三辊压光机温度 60～90℃，螺杆转速 30～50r/min。

单元一　板材与片材的挤出成型基础

生产板材与片材的方法有挤出法、压延法、层压法等，挤出法是最简单的成型加工方法。用挤出成型方法可以生产厚度为 0.25～20mm 的片材和板材。按产品厚度分，0.25mm 以下称薄膜，0.25～1mm 称片材，1mm 以上称板材，但没有明显界限。

用于挤出成型片材或板材的主要塑料原料有 PVC、PE、PP、ABS、高抗冲聚苯乙烯(HIPS)、PC 等。板与片的品种有单层与多层、平板与波纹板、发泡与不发泡、单一材料与异种材料复合之分，宽度一般在 1～1.5m，也可生产 1.5～4m 的板材与片材。

塑料板与片的用途很广，可制作容器、贮罐、垫板、电绝缘材料。在汽车等交通工具上大量使用的装饰板、防滑垫等，在食品工业、医药工业中用无毒的塑料片材作包装材料。在工业、农业、商业、建筑业等塑料板与片也得到了广泛的应用。

单元二 板材与片材的成型设备

挤出板与片的设备主要由挤出机、挤板机头、三辊压光机、牵引装置、切割或卷取装置等组成。其工艺流程如图 7-1 所示。

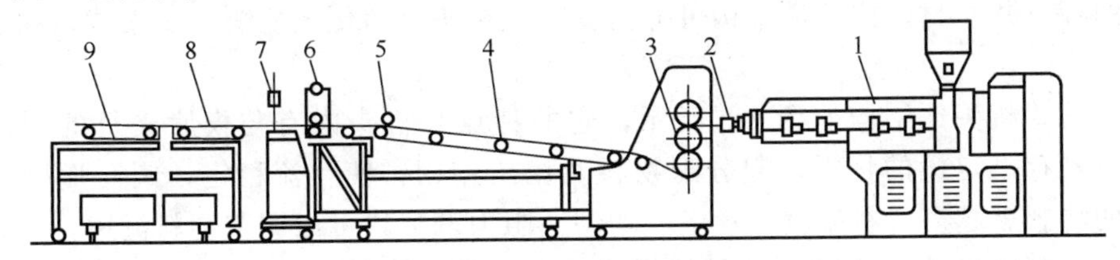

图 7-1 挤出板材生产工艺流程

1—挤出机；2—机头；3—三辊压光机；4—冷却输送器；5—切边装置；6—二辊牵引机；7—切割装置；8—板材；9—堆放

一、挤出机

1. 单螺杆挤出机

用于挤板或片的单螺杆挤出机的螺杆直径一般为 65～200mm，长径比 $L/D \geqslant 20$，需要在挤出机螺杆头部位置设置过滤板或过滤网，过滤板的孔径和孔数、过滤网的目数和层数应根据原料的品种及制品厚度来决定。非排气式单螺杆挤出机适用于高压 PE、LDPE、PP、PVC 等热塑性塑料的挤出成型。排气式单螺杆挤出机则适用于 PS、PMMA、PC 等热塑性塑料的挤出成型。

2. 双螺杆挤出机

用于挤出板（片）材的双螺杆挤出机分为平行双螺杆挤出机和锥形双螺杆挤出机两种。平行双螺杆挤出机的螺杆直径为 80～140mm，长径比 $L/D \leqslant 21$，锥形双螺杆挤出机的小端直径为 35～80mm。双螺杆挤出机适用于 PVC 板与片的挤出成型。

3. 机头连接器

在挤出机和机头之间一般用连接器连接。连接器外形以圆柱形较多，内部流道由圆锥形逐渐过渡为矩形，结构如图 7-2 所示。连接器的作用是将物料均匀地压缩输送到机头中。

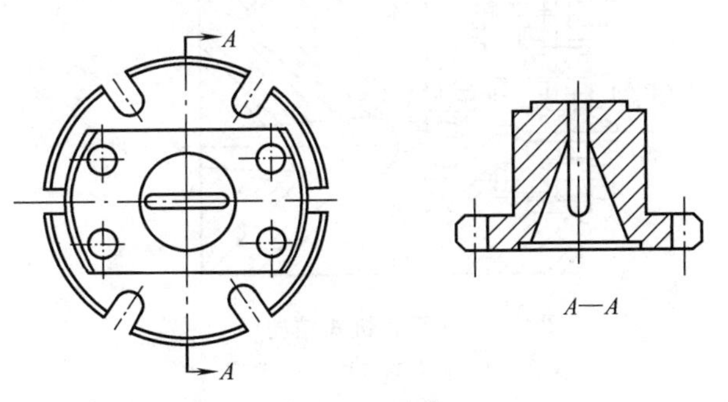

图 7-2 机头连接器结构

二、板与片挤出机头

挤板（片）机头可分为管膜机头和

扁平机头两类。

1. 管膜机头

管膜机头就是薄壁管材机头（参见模块五挤管机头），将挤出管膜用刀平行剖开，压平即得板或片材。这种机头适用于薄板生产，优点是板材厚度均匀，机头结构简单，便于加工；缺点是板材中存在难以消除的口模分流器支架带来的熔接痕，剖开管膜需要增加一套辅助装置，增加了设备投资。

2. 扁平机头

目前生产板或片材的机头主要是扁平机头，这种机头可制造各种厚度及幅宽的板（片）材。扁平机头设计的关键是使机头在整个宽度上的物料流速相等，这样才能获得厚度均匀、表面平整的板（片）材。按流道结构可分为支管式机头、鱼尾式机头、衣架式机头、分配螺杆式机头。

（1）支管式机头　结构如图 7-3 所示，它的特点是机头内有与模唇平行的圆筒形（管状）槽，可贮存一定量的物料，起分配物料及稳压作用，使料流稳定，圆筒形槽的直径越大，贮存的物料就越多，料流就越稳定、均匀。阻力调节块可以调节物料流速，使物料出口均匀一致。支管式机头是结构最简单的扁平机头，优点是结构简单、机头体积小、操作方便；缺点是物料在机头内停留时间较长，易引起物料的变色、分解，不能成型热敏性塑料板材，如硬质 PVC 板（片）材，尤其是透明的 RPVC 片材。

为获得表面光滑平整的板材，模唇表面粗糙度 R_a 不低于 0.8μm 并镀铬。支管式机头适用于 SPVC、PE、PP、ABS 塑料、PS 等板与片的挤出成型。

支管式机头有单支管机头、双支管机头等形式。

（2）鱼尾式机头　它是因机头内部流道形状像鱼尾而得名，结构如图 7-4 所示。塑料熔体从机头中间进料，沿鱼尾形流道向两侧分流，在口模处达到所要求的宽度。该机头的优点是流道平滑无死角，无支管式机头的停料部分，结构简单，制造容易，适用于加工熔体黏度较高、热稳定性较差的塑料，如 RPVC、POM 等热敏性塑料。缺点是不适合生产宽幅较大、厚度较厚的板材和片材。通常鱼尾式机头生产的板、片材宽幅在 500mm 以下，厚度一般不超过 3mm。

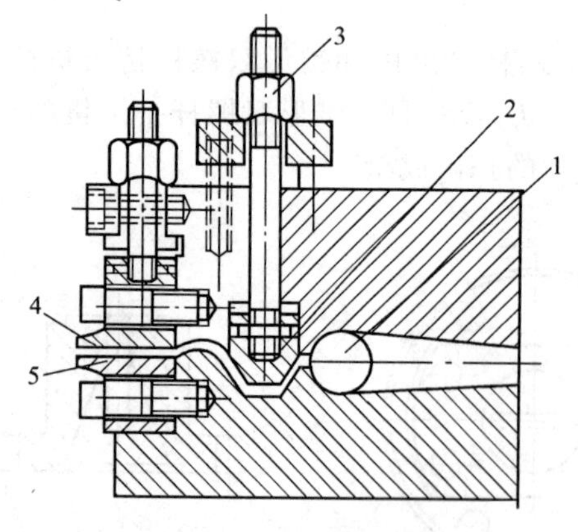

图 7-3　支管式机头结构

1—支管；2—阻力调节块；3—调节螺栓；4—上模唇；5—下模唇

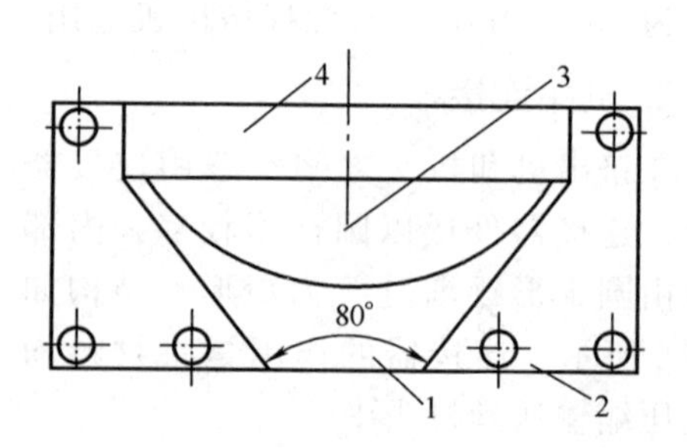

图 7-4　鱼尾式机头结构

1—进料口；2—模体；3—阻流器；4—模唇

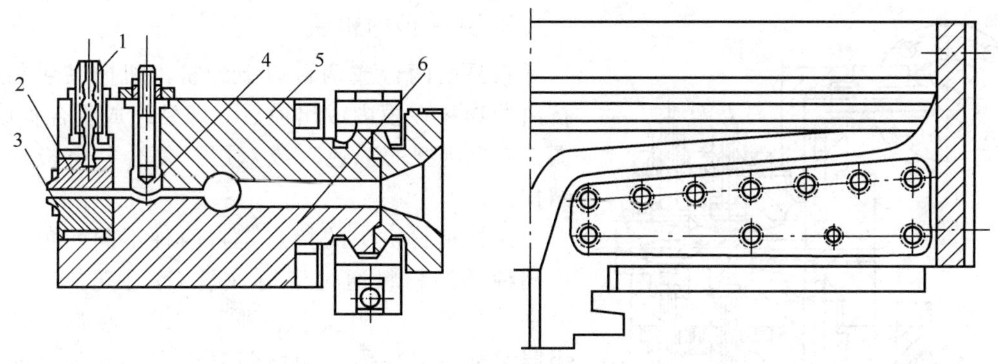

图 7-5 衣架式机头结构

1—调节螺栓；2—上模唇；3—下模唇；4—阻力调节块；5—上模体；6—下模体

（3）衣架式机头　因机头内部流道形状像衣架而得名，结构如图 7-5 所示。衣架式机头综合了支管式和鱼尾式机头的优点，它采用了支管式的圆筒形槽，对物料可起稳定作用，但缩小了圆筒形槽的截面积，减少了物料的停留时间，采用了鱼尾式机头的扇形流道来弥补板材厚度不均匀的缺点，流道扩张角比鱼尾式机头要大，减小了机头尺寸，并能生产 2m 以上的宽幅板材，能较好地成型多种热塑性塑料板与片，是目前应用最多的挤板机头，不足是结构复杂，价格较高。

（4）分配螺杆式机头　分配螺杆式机头相当于在支管式机头的支管内安装一根螺杆的扁平机头，螺杆靠单独的电动机驱动，使物料不停滞在支管内，并均匀地将物料分配在机头整个宽度上，改变螺杆转速，可以调整板材的厚度，板材挤出不均匀也可以通过模唇来调整。

分配螺杆与挤出机连接方式有一端供料式和中心供料式。中心供料式分配螺杆机头结构如图 7-6 所示。

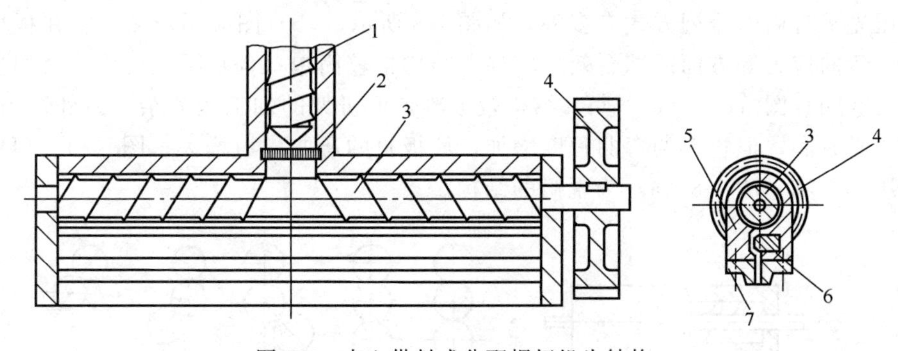

图 7-6 中心供料式分配螺杆机头结构

1—主螺杆；2—多孔板；3—分配螺杆；4—传动齿轮；5—模体；6—阻力调节块；7—模唇

为了保证板材连续挤出不断料，主螺杆的挤出量应大于分配螺杆的挤出量，分配螺杆的直径应比主螺杆直径小。分配螺杆一般为多头螺纹，螺纹头数为 4～6，原因是多头螺纹挤出量大，可减少物料在机头内的停留时间。

分配螺杆机头的优点是减少了物料在机头内的停留时间，使流动性差、热稳定性不好的 PVC 板材的挤出变得容易了，同时生产的宽幅板材沿横向的物理性能没有明显的差异，连续生产时间长，调换品种和颜色较容易。主要缺点是物料随螺杆做圆周运动突然变为直线运动，制品上易出现波浪形痕迹；机头结构较复杂，制造较困难，价格较高。

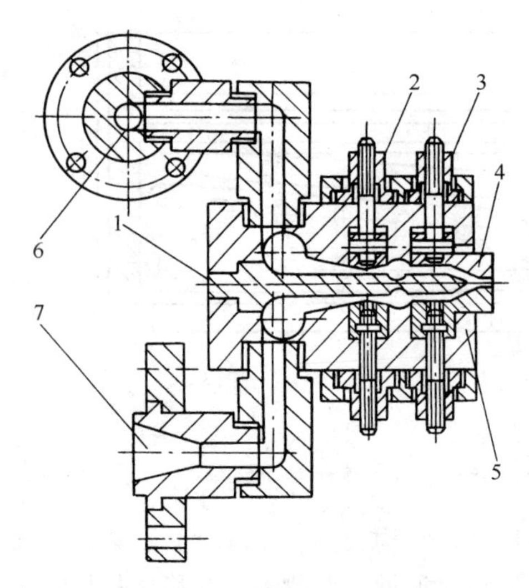

图 7-7 双色（或双层）复合共挤板材机头结构

1—中隔板；2—阻流装置；3—模唇调节装置；4—模唇；5—机头体；6，7—流道

3. 共挤板材机头

它是由两台或两台以上的挤出机向其供料，使挤出的物料在模内或出模后立即黏结成复合板或片。图 7-7 为典型的双色（或双层）复合共挤板材机头结构。

共挤板材机头的特点是将两种不同颜色或两种不同种类的物料通过流道（图 7-7 中 6、7）流入，分别经分流区、阻流区、滞留区进入模唇，在挤出模唇之前靠挤压力将两股料黏合在一起复合成双色（或双层）复合板材，通过不同物料（或颜色）的组合，发挥各物料特性，达到充分利用各物料的综合效果。

三、三辊压光机

熔融物料由机头挤出后立即进入三辊压光机，由三辊压光机压光并逐渐冷却。三辊压光机还能起一定的牵引作用，调整板与片各点速度一致，保证板片平直。三辊压光机一般由直径为 200～400mm 的上、中、下三辊组成。中间辊的轴是固定的，上、下辊的轴承借助于辊距调整装置上下移动，精细调节上、中、下三辊筒之间的辊隙，以适应不同厚度的板与片。三个辊都制成中空且带有夹套，便于通入介质进行温控。辊筒长度应比机头宽度稍宽，以便让机头模唇靠近辊隙。辊筒表面应镀铬，表面粗糙度 R_a 为 0.20μm。

三辊压光机辊筒的排列方式有多种，如图 7-8 所示，(b) 图应用较多，它在板材的压光和避免产生弯曲应力等方面的综合效果较好，结构也较简单；(c) 图主要用于大型挤板机以增加下面的空间；图 (d)、(e)、(f) 结构较紧凑，但机架的加工较复杂。另外，图 (d) 包角大，对压光有利，但物料的弯曲程度增加，使板材的弯曲应力增大；图 (e)、(f) 两种包角小，对压光不利。图 7-8 (a) 为辊筒的结构。

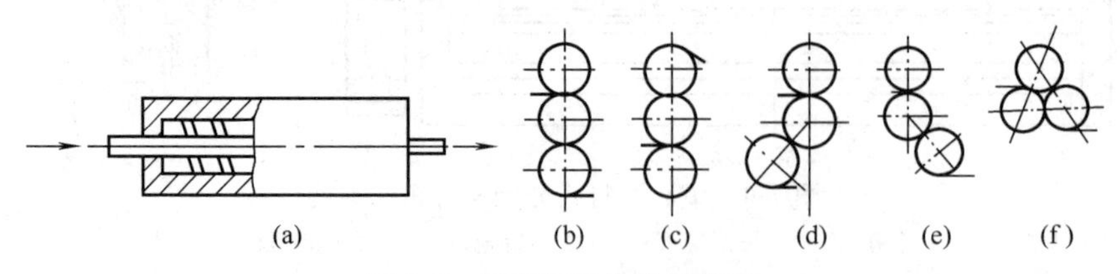

图 7-8 三辊压光机辊筒排列

三辊压光机的传动系统一般有三种传动形式，如图 7-9 所示，而以图 (a) 和图 (c) 两种形式应用较多。为了适应挤出机挤出量的变化和机头的不同缝隙，压光机的圆周速度一般应有较大的调节范围，多为 1∶2 左右，最大圆周速度为 2～8m/min。

四、冷却输送装置

冷却输送装置设在三辊压光机和牵引装置之间，它由十几个直径约 50mm 的圆辊组成，

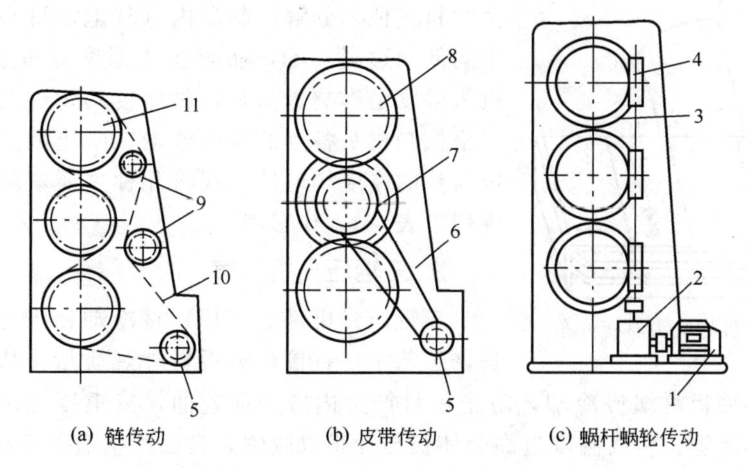

图 7-9 三辊压光机的传动形式

1—电动机；2—减速箱；3—压光辊筒；4—蜗杆蜗轮；5—减速箱输出轴；6—皮带；7—皮带轮；8—齿轮；9—张紧链轮；10—链条；11—链轮

其作用是支撑尚未完全冷却的板材，防止板材弯曲变形，并把从压光机出来的板材充分冷却，使其完全固化，输送到牵引装置。整个输送冷却装置的总长度取决于板材的厚度和塑料比热容。一般 PVC 和 ABS 塑料板材冷却输送装置总长度为 3～6m，聚烯烃为 4～8m。

五、牵引装置

牵引装置一般由一对或两对牵引辊组成，每对牵引辊由一个主动钢辊和外包橡胶的被动钢辊组成。两辊靠弹簧压紧，其作用是将板片均匀牵引至切割装置，防止在压光辊处积料，并将板与片材压平。牵引速率应与压光辊速率同步或稍小，这是考虑到板与片的收缩的缘故。牵引辊的速率应能实现无级调速，上下辊间隙也能调节。

六、切割与卷取装置

板与片的切割包括切边与截断。切边多用圆盘切刀，截断则多用电热切、锯切和剪切。用得较多的是后两种，锯切结构简单，动力消耗小，但噪声大，且锯屑飞扬，切断处有毛边，效率低；剪切的方法不易产生飞边，切裁速率快，效率高，无噪声和锯屑，工人劳动条件好，但设备庞大而笨重。锯切、剪切对于软板和硬板均可使用。

软（板）片经冷却输送辊后，可立即卷成圆筒状，再截断包装。

单元三　板材与片材的成型工艺

一、成型温度

1. 料筒和机头温度

挤出机的料筒温度应根据所加工的塑料原料、挤出机的特性、机头形式而定。机头温度一般比料筒温度稍高 5～10℃，机头温度过低，板材表面无光泽、易裂；机头温度过高，会

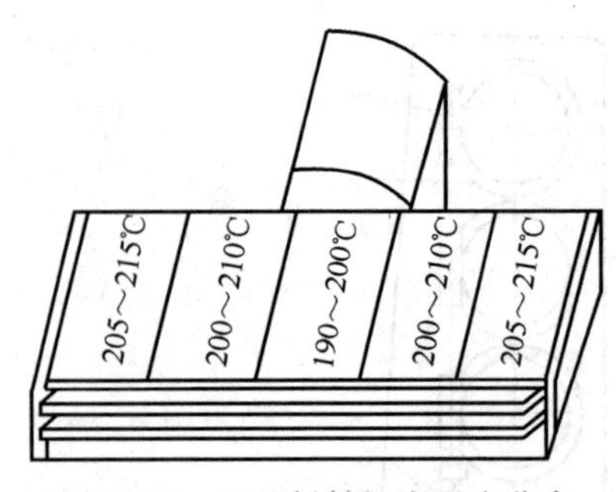

图 7-10 ABS 板材机头温度分布

使物料变色、分解，制品内有气泡。机头温度一般控制中间低两边高，ABS 板材机头温度分布如图 7-10 所示。机头温度是影响板（片）材厚度均匀性的重要因素，应严格控制机头各点的温度波动，防止因温度误差而影响板与片的厚度均匀性。现将几种主要塑料板材的成型温度列于表 7-1，供参考。

2. 三辊压光机温度

三辊压光机是板（片）材冷却、压光、定厚度的设备，工艺条件直接影响板材外观质量。从机头挤出的板材温度较高，为使板材缓慢冷却，防止板材产生内应力而翘曲，三辊压光机的三个辊要加热，并设置调温装置。辊筒温度过高会使板与片难以脱辊，表面产生横向条纹；辊筒温度过低，板不易紧贴辊筒表面，板表面易产生斑点，无光泽。辊筒温度应高到足以使熔融料和辊筒表面完全紧贴。一般控制中辊温度最高，上辊温度稍低，下辊温度最低。成型几种常用塑料板与片的三辊温度列于表 7-1，供参考。

表 7-1 几种塑料板与片的成型温度 单位：℃

塑料类型		RPVC（板）	RPVC（片）	SPVC	HDPE（板）	LDPE	PP（板）	ABS（板）	PC（板）	改性PS(板)
机身温度	1	120～130	120～130	120～130	150～160	140～150	150～160	170～180	220～230	170～180
	2	130～140	130～140	130～140	160～170	150～160	170～180	180～190	230～240	180～190
	3	150～160	150～160	140～150	170～180	160～170	190～200	190～200	240～250	190～200
	4	170～180	160～170	150～160	180～190	170～180	210～220	200～215	250～260	200～210
	5							215～225	250～270	
连接器		150～160	150～160	140～150	170～180	170～180	190～210	215～225	250～260	200～210
机头温度	1	175～180	175～180	165～170	190～200	175～185	200～210	230～240	250～260	220～230
	2	170～175	170～175	160～165	180～190	170～180	190～200	220～230	240～250	210～220
	3	160～165	165～170	150～155	170～180	160～170	180～190	210～220	230～240	200～210
	4	170～175	170～175	160～165	180～190	170～180	190～200	220～230	240～250	210～220
	5	175～180	175～180	165～170	190～200	175～185	200～210	230～240	250～260	220～230
压光机温度	上辊	70～80		75～80	90～100	75～85	70～80	90～100	120～135	80～90
	中辊	80～90		75～85	80～90	60～80	70～90	80～90	130～140	90～100
	下辊	60～70		60～65	70～80	50～65	55～60	70～80	140～150	70～80

二、螺杆冷却

螺杆冷却的目的主要有两个：一是有利于加料段物料的输送，物料中所含气体（包括挥发物）能从加料斗溢出；二是可以控制制品的质量，防止物料因局部过热而分解。当螺杆的均化段也受到冷却时，在此段的螺槽底部就可能形成一层温度较低的熔料，此料较黏而不易流动，在一定程度上会使得均化段的螺槽变“浅”，从而使塑化效果提高，挤出量下降。

螺杆的冷却系统如图 7-11 所示，通入螺杆中的冷却介质一般是水或空气。在冷却螺杆的同时一般要冷却加料座，防止进料口的温度过高而影响进料。

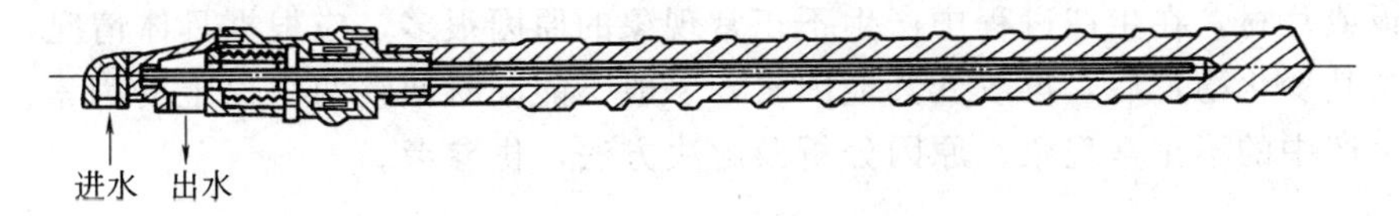

图 7-11 螺杆冷却系统结构

三、板材厚度与模唇厚度及三辊间距的关系

1. 板材厚度与模唇间隙

成型板材与片材，模唇间隙一般等于或稍小于板材或片材的厚度，物料挤出后膨胀，通过牵引达到板材或片材所要求的厚度。板材厚度及均匀度除可调整口模温度外，还可通过调整口模阻力块、改变口模宽度方向各处阻力的大小，从而改变流量及板材厚度。板材厚度微调可调节模唇间隙，厚度调节幅度较大时，应当调节阻力调节块。为了获得厚度均匀的板材，可将模唇间隙调节成中间较小、两边较大的形式。

机头模唇流道长度与板材厚度有关，一般取板材厚度的 20～30 倍。参考值见表 7-2。

表 7-2 板材厚度与模唇流道长度的关系 单位：mm

板材或片材厚度	模唇流道长度
0.25～0.5	6～10
0.5～1.5	12～26
1.5～4.8	50～70

2. 板材厚度与三辊间距

三辊间距一般调节到等于或稍大于板材厚度，主要考虑物料的热收缩。三辊间距沿板材幅宽方向应调节一致。在三辊间距之间尚需有一定量的存料，否则当机头出料不均时，就会出现缺料、大块斑等现象，存料也不宜过多，存料过多会将冷料带入板材而形成“排骨”状的条纹。

板材厚度还可以由三辊压光机转速来调节，板材拉伸比不宜过大，否则会造成板材单向取向，使纵向拉伸性能提高，横向降低，形成板材的各向异性，影响板材的质量，三辊速率一般控制到与挤出速率相适应，略快 10%～25%。

四、牵引速率

牵引的目的是使板材从冷却辊出来后连续冷却，直到切割时，一直保持“紧张”状态。如果冷却时无张力，板材会变形；切割时无张力则切割不整齐，牵引张力与板材性能有密切关系。如果张力过大，板材形成冷拉伸，板材产生内应力，影响使用性能；如果张力过小，由于板材还未充分冷却，板材会变形，不平整。牵引速率与挤出速率基本相等，比压光机的线速度快 5%～10%。

五、成型中不正常现象、原因及解决方法

挤出板或片材，在生产过程中产生不正常现象的原因很多，应根据具体情况，先调整一个因素，视其变化稳定后，再改变其他因素，一般不能同时调整两个以上的因素。表 7-3 为挤出板材生产中的不正常现象、原因分析及解决方法，供参考。

表 7-3 板、片材生产中的不正常现象、原因分析及解决方法

不正常现象	原因分析	解决方法
厚度不均	物料塑化不均匀 口模温度不均匀 口模内部阻力调节块调节不均匀 三辊轴向间距不均匀 模唇开度不均匀 牵引速率不均匀(纵向)	提高温度,使塑化良好 检修加热装置,调节口模温度 调节口模阻力调节块 调节三辊轴向间距 调节模唇开度 检修牵引设备
表面光泽不好	机头温度偏低 压光辊表面不光亮 压光辊温度偏低 机头模唇流道太短 模唇表面不光滑 原料中含有水分	提高机头温度 调换辊筒或重新抛光 提高压光辊温度 增加模唇流道长度 重新研磨模唇 干燥原料
板(片)材表面有破洞或断裂	机头温度过低 阻力块调节不当,使料流不当 挤出速率太快,塑化不良 牵引速率太快 模唇间隙太小	适当提高温度 调节阻力块 降低挤出速率 放慢牵引速率 调整模唇,增加开度
挤出方向出现线纹或变色条纹	模唇受伤 模唇内有杂质堵塞 压光辊表面刮伤 口模温度过高,料过热分解 过滤网破裂	研磨模唇表面 清理模唇 调换辊筒 降低口模温度 更换过滤网
表面粗糙产生横向隆起	物料塑化不好 三辊间余料太多 螺杆转速太快 厚薄相差太大 压光辊压力太大	提高温度,改进配方 降低挤出速率或提高牵引速率 调整螺杆转速 调节模唇开度 加大压光辊间距
表面有黑色或变色线条、斑纹或斑点	机头温度太高,物料分解 机头有死角,料停滞分解 三辊表面有析出物黏结 过滤板、网杂质阻塞,引起物料分解变色 原料中混有杂质	降低机头温度 清理机头并维修 清理三辊表面 清洗更换过滤板与网 更换原料
表面有凹坑、丝纹,内部有气泡	机头温度太高 原料中有水分或易挥发物质	降低机头温度 干燥原料或调整配方
表面翘曲不平	挤出速率太快,冷却不足 牵引速率慢 三辊温度过低 三辊之间温度不均衡 模唇开度太大,定向产生翘曲	降低挤出速率,提高冷却效果 提高牵引速率 提高三辊温度 调整三辊温度使均衡 适当减少模唇开度

续表

不正常现象	原因分析	解决方法
板材表面粗糙,有橘皮纹	机头温度偏低 原料潮湿,含低挥发物 模唇平直部分太短 螺杆转速太快,塑化差 压光辊温度偏低 压光辊压力不足	提高机头温度 干燥原料或调整配方 更换合适模唇 适当降低螺杆转速 适当升高压光辊温度 适当提高三辊压力
表面有凹陷小坑、痘斑	原料潮湿或干燥不足 挤出机排气孔堵塞 原料污染,含低挥发物 原料中混入不相容材料	原料干燥时间延长 疏通挤出机排气孔 更换原料 更换原料或调整配方
表面有疙瘩或料块	原料混合塑化不均匀 过滤网太粗 原料混入不相容杂质 螺杆转速太快、塑化不好 挤出温度太低、塑化不好	延长原料混合时间 更换较细过滤网 清除杂质或更换原料 适当降低螺杆转速 适当提高挤出温度

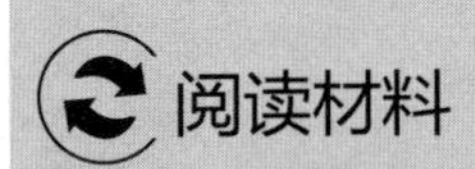

中国高分子材料的创新突破者——蹇锡高

蹇锡高，1946年1月6日出生于重庆江津，高分子材料专家，中国工程院院士，亚太材料科学院院士，大连理工大学教授，高分子材料研究所所长，辽宁省高性能树脂工程技术研究中心主任。1969年，蹇锡高毕业于大连工学院（现大连理工大学）；1969～1981年，在大连工学院化工系工作；1981年，获大连理工大学硕士学位；1981～1986年，在大连理工大学高分子材料系工作；1986～1988年，担任大连理工大学高分子材料系副系主任；1988～1990年，留学加拿大麦吉尔大学（McGill University）；1991～2006年，担任大连理工大学高分子材料系系主任；2007年，担任大连理工大学高分子材料研究所所长；2013年，当选为中国工程院院士；2019年，当选为亚太材料科学院院士。

蹇锡高长期从事有机高分子材料创新与产业化研究，是一位极具代表性的科研工作者。他从高分子材料设计、合成及其加工应用新技术研究的创新突破，始终以“料要成材，材要好用，用为大用”为目标和方向，带领团队，披荆斩棘，奋斗在新材料探索的前沿，不断用科研成果，践行着为国奉献的初心和诺言。

- 开拓创新——既耐高温又可溶解的新型高性能聚芳醚工程塑料

高性能工程塑料是航空航天、电子电器、核能等高技术和国防军工不可或缺的重要材料，它的每一次突破，都将提升国防科技创新能力和水平。但遗憾的是，传统工程塑料不能兼具耐高温、可溶解的技术难题，极大限制了该类材料的应用领域。鉴于此，蹇锡高院士团队，迎难而上，砥砺前行，他们从聚合物分子结构设计出发，针对聚合工艺开展了技术攻关，攻克了多项核心关键技术，创制了既耐高温又可溶解的新型高性能聚芳醚系列树脂，成功实现了可溶性耐高温高性能树脂零的突破。该成果将扭曲非共平面的二氮杂萘酮联苯结构成功引入聚芳醚分子主链，研制出结构全新、综合性能优异、既耐高温又可溶解的杂萘联苯聚芳醚系列树脂。最受关注的是，该材料既可在300℃长期使用，还可溶解于氯仿和N-甲基吡咯烷酮、N,N'-二甲基乙酰胺等常用的非质子型极性溶剂，因此可采用多种方式进行加工应用，且成本较低，其应用领域大大扩展。

蹇锡高院士团队十分注重科研成果的产业化及实际应用。该团队已拥有一套年产500t的工业示范装置、一套年产100t的工程化中试装置以及一套年产10t的树脂合成扩试装置。此外，依据需求，还建成了材料成型加工基地和模具设计加工中心，这不仅有效缩短了成果产业化及市场开拓的周期，还为进一步研发提供了“反馈基地”。

新型高性能聚芳醚树脂的深加工应用是蹇锡高团队的另一战场。他们研发出航空航天用杂萘联苯聚醚腈砜酮（PPENSK）特种功能膜、电化学能源器件用隔膜，电极材料及聚合物电解质。前者可用于替代传统的机舱用隔音、隔湿、隔热多功能膜，以及电线电缆绝缘用氟塑料包覆聚酰亚胺（PVF/PI/PVF）三层复合膜；后者则用于制造全钒液流电池、超级电容器、锂硫电池的核心关键部件。

该系列新型杂萘联苯聚芳醚高性能树脂及其加工应用新技术是国家十五“863”计划、辽宁省“十五”重点攻关等重大项目的创新成果，并已实现产业化；经专家鉴定，确认为国际首创、处于国际领先水平。其深加工产品已广泛应用于航空航天、电子电气、核能、石油化工等领域。先后获得2003年度和2011年度两项国家技术发明二等奖在内的十四项省部级以上科技奖；还获得了2016年日内瓦国际发明展的五项特别金奖之一，已经在该领域处于领跑的位置。蹇院士因此先后获得“国防军工协作配套先进工作者”“全国有突出贡献中青年专家”“辽宁省优秀专家”等荣誉称号；被评为“2020年度中国石油和化工行业影响力人物”，在2022年纪念中国化工学会成立一百周年期间被选入“中国化工百年百人”领军人物之一。蹇院士团队先后被评为“科技部重点领域创新团队”“首批全国高校黄大年式教师团队”“国家自然科学基金委的创新研究群体”。

蹇锡高院士从重大技术突破到产业化发展，再到市场化运作，实现了“产-学-研-用”四位一体；他希望国内材料工业能在这样的良性循环中不断发展壮大。所以，他带领团队，让新型高性能树脂从实验室走向工厂、从工厂走向市场，一方面强化了团队科研发展的目标；另一方面，为振兴民族工业，添砖加瓦，贡献力量。

• 深耕探索——高性能生物基高分子材料的新突破

探索真理是科研人的天职，亦是其终身的使命。他们在责任中，负重前行，用创新开拓，引领时代和科技的发展，作为高分子材料领域极具盛名的探索者，蹇锡高院士，就是这样一位科研人。

随着“双碳”目标的提出，中国的科研工作者都以绿色探索为方向。生物基高分子材料具有绿色、环境友好和可再生等特点，能够有效缓解化石能源危机和环境污染等问题。这些特性引发了蹇锡高团队的关注，他们以生物基高分子材料的设计及合成能够满足其高性能化和功能化要求的生物基单体为攻关方向，拓展了生物基高分子材料应用范围，提升其对石油基高分子材料竞争优势的切入点。

他们在前期含哒嗪酮芳香杂环结构的生物基化合物合成的工作基础上，进一步以香草醛为原料合成出了全生物质碳的含三嗪环结构的三酚化合物，并以此构筑具有热致液晶特性的生物基环氧树脂。在相同的固化条件下，其玻璃化转变温度达到了目前所知的生物基环氧树脂的最高值300℃，这比商品化的石油基的双酚A型环氧树脂高了120℃；同时由于其热致液晶的特点，使生物基环氧树脂的弯曲模量和强度相较于双酚A型分别提高了53.9%和14.3%，表现出了更好的韧性。由此解决了环氧树脂应用发展中其阻燃性能、力学性能和热稳定性相互制约难以协调的尖锐矛盾。

正是一项又一项的科研成果，使新型高性能高分子材料不断获得了创新突破，为进一步应用打下了坚实的科学基础。从这一点来看，高分子材料的探索，永无止境，它的应用，也将随着探索的深入，获得更广阔的拓展空间。或许，正是这样的特性，才让蹇锡高院士为之持续奋斗，且斗志不减，昂首阔步，创新前行。

对高分子材料的创新探索，蹇锡高院士的原则是不抛弃，不放弃；对所取得的成就，他的原则是不居功，不自傲。作为有着40多年党龄的老党员，蹇锡高院士始终以身作则，牢记使命，将科研成果书写在祖国大地上。在这一过程中，他一直都在用这样的方式，书写着对祖国的热爱，抒发着埋在心底的爱国情怀！

知识能力检测

1. 挤板（片）材需要哪些主要设备？如何选择？
2. 挤板机头有哪几种结构形式？各有何特点？
3. 简述三辊压光机的工作原理。
4. 扁平机头的成型温度对板（片）材的成型有何影响？为什么？
5. 模唇间隙、三辊间距对板材厚度有何影响？
6. 了解成型中不正常现象、产生原因及解决方法。

模块八
挤出吹塑薄膜

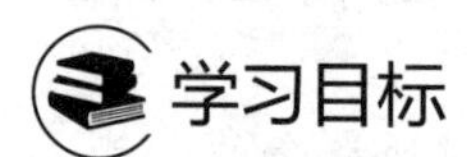

学习目标

知识目标：通过本模块的学习，了解挤出吹塑薄膜常用原材料及薄膜产品的应用，掌握挤出吹塑薄膜的生产基础知识，掌握吹塑薄膜挤出成型的主机、辅机及机头的结构、工作原理、性能特点，掌握挤出吹塑成型工艺及参数设计，掌握吹塑薄膜生产过程中的缺陷类型、成因及解决措施。

能力目标：能够根据薄膜的使用要求正确选择原材料、设备，能够制订吹塑工艺及设定工艺参数，能够规范操作挤出吹塑生产线，能够分析吹塑薄膜生产过程中缺陷产生的原因，并提出有效的解决措施。

素质目标：培养自主学习、分析问题、团队合作与沟通能力，培养吹塑薄膜制品的安全生产意识、质量控制意识、成本意识、环境保护意识和规范的操作习惯。

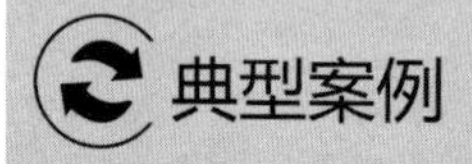

典型案例

一次性购物袋挤出吹塑成型案例

一次性购物袋，使用 HDPE 材料挤出吹塑（上吹法）成型，单螺杆 ϕ35mm 挤出机，螺旋式机头，双风口风环冷却，电晕处理（方便印刷），中心卷取。

挤出工艺：料筒-机头温度为 140～220℃，拉伸比 4～6，吹胀比 3～5，螺杆转速 100～200r/min（几个参数视产品折径、厚薄规格而定）。

单元一　挤出吹塑薄膜基础

塑料薄膜一般是指厚度在 0.25mm 以下的平整而柔软的塑料制品。厚度在 2.0mm 以上的软质平面材料和厚度在 0.5mm 以上的硬质平面材料称为塑料板材，而厚度在 0.25～2.0mm 之间的软质平面材料及 0.5mm 以下的硬质平面材料则称为片材。由此可见，塑料薄膜与塑料片材之间没有本质的区别，仅仅是厚度上有差别。

塑料薄膜的生产方式大体上可分为挤出法（可分为挤出吹塑法、挤出拉伸法和挤出流延法)、压延法和流延法三类。本模块讨论挤出吹塑法生产薄膜。

一、吹塑薄膜的特点和原材料

吹塑薄膜是塑料薄膜生产中采用最广泛的方法。用挤出机将塑料原料熔融塑化后，通过机头环形口模间隙形成薄膜管坯，趁热从机头中心吹入一定量的压缩空气（压缩空气压力为0.02～0.03MPa)，使之横向吹胀到一定尺寸，同时借助于牵引辊连续地进行纵向牵伸，经冷却定型、充分冷却后的膜管，被人字板压叠成双折薄膜，通过牵引辊以恒定的线速度进入卷取装置。牵引辊也是压辊，完全压紧已叠成双层的薄膜，使膜管内的空气不能越过牵引辊缝隙处，使膜管内部保持恒定的空气量，保证薄膜的宽度不变。进入卷取装置的薄膜，当卷到一定量时，进行切割成为膜卷。

用吹塑法生产塑料薄膜具有以下优点：①设备简单、投资少、收效快；②薄膜经牵引和吹胀，力学强度有所提高，薄膜的纵向和横向强度较均衡；③机台的利用率高，即同一台设备可生产多种规格的产品，有些薄膜的幅度可达10m以上；④所得的薄膜呈圆筒形，用于制成包装袋时可省去一道焊接线；⑤操作简单，工艺控制容易；⑥生产过程中无废边，废料少，成本低。

因此，在塑料薄膜中，约80%是吹塑法生产的。

吹塑薄膜的主要缺点是薄膜厚度均匀性较差；产量不够高（因受冷却的限制，卷取线速度不快）。

吹塑薄膜的一般规格为：厚0.01～0.25mm，折径100～6000mm。用吹塑法生产薄膜的塑料原料主要有PE、PP、PVC、PS、PA、EVA、聚偏氯乙烯（PDVC）等。大量应用的是PE和PVC。此外，还有多种塑料复合的多层复合薄膜。

二、吹塑薄膜的用途

塑料薄膜的用途十分广泛，用在工业、农业、日常生活的各个方面。例如，包装薄膜用于食品、轻工、纺织、化工等物品的防湿、防尘、防腐等；农用薄膜用于育苗、制造温室，在防风、保温、保湿、防病虫害等方面也起了很大的作用。因此，薄膜是塑料制品中产量较大的品种之一，品种也较多，是挤出成型的大类产品。

三、吹塑薄膜的成型方法

根据薄膜牵引方向的不同，可将吹塑薄膜的生产形式分为平挤平吹、平挤上吹和平挤下吹三种，其中平挤上吹最为常见。

1. 平挤平吹法

平挤平吹法的工艺流程如图8-1所示。使用直通式机头，机头和辅机的结构都比较简

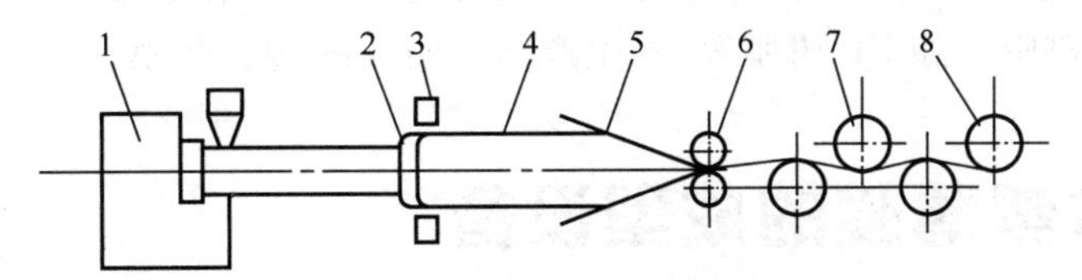

图8-1 平挤平吹法工艺流程简图

1—挤出机；2—机头；3—风环；4—膜管；5—人字板；6—牵引辊；7—导向辊；8—收卷装置

单，设备的安装和操作都很方便，但挤出机的占地面积大。由于热气流向上，冷气流向下，管泡上半部的冷却要比下半部困难。当塑料的密度较大或管泡的直径较大时，管泡易下垂，薄膜厚度均匀性差，不易调节。通常，幅度在 600mm 以下的 PE 等吹塑薄膜才可以用此方法成型。

挤出吹塑薄膜生产工艺

2. 平挤上吹法

平挤上吹法的工艺流程如图 8-2 所示。

平挤上吹使用直角机头，机头的出料方向与挤出成型机料筒中物料流动垂直；挤出的管坯垂直向上引出、经吹胀压紧后导入牵引辊。用这种方法生产的主要优点是：整个管泡都挂在管泡上部已冷却的坚韧段上，所以，薄膜牵引稳定，能制得厚度范围较大和幅宽范围较大（如直径为 10m 以上）的薄膜，而且挤出机安装在地面上，不需要操作台，操作方便，占地面积小；厚度范围宽，厚薄相对均匀。平挤上吹法的主要缺点是管泡周围的热空气向上，而冷空气向下，对管泡的冷却不利；物料在机头拐 90°的弯，增加了料流阻力，塑料有可能在拐角处发生分解；厂房的高度较高。此外，机头和辅机的结构也复杂。

3. 平挤下吹法

平挤下吹也是使用直角机头，但管坯是垂直向下牵引，管泡的牵引方向与机头产生的热气流方向相反，有利于管泡的冷却；同时，此法还可以用水套直接冷却管泡，使生产效率和制品的透明度得到明显的提高。如图 8-3 所示，平挤下吹法冷却效果好，引膜靠重力下垂进入牵引辊，比平挤上吹法引膜方便。生产线速度较快，产量较高。

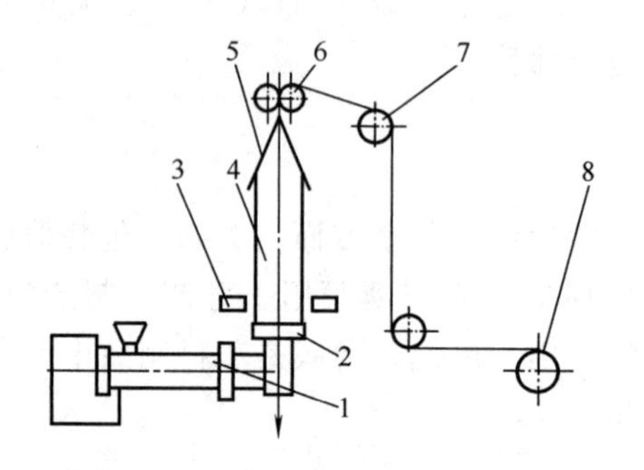

图 8-2 平挤上吹法工艺流程简图

1—挤出机；2—机头；3—风环；4—膜管；5—人字板；6—牵引辊；7—导向辊；8—收卷装置

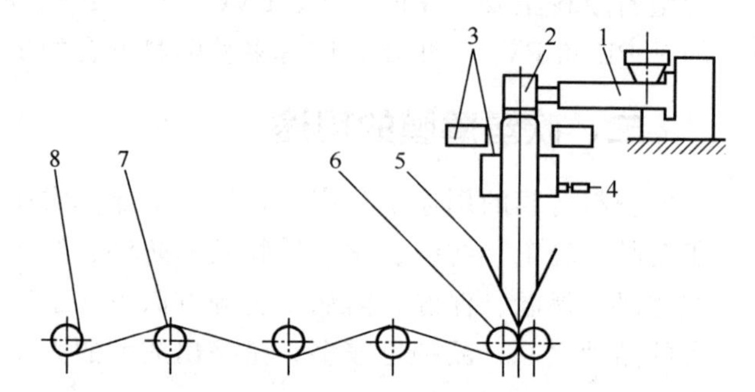

图 8-3 平挤下吹法工艺流程简图

1—挤出机；2—机头；3—冷却装置；4—膜管；5—人字板；6—牵引辊；7—导向辊；8—收卷装置

但是，整个管泡挂在尚未定型的塑性段上，在生产较厚的薄膜或牵引速率较快时易拉断管泡，对于密度较大的塑料，用此法生产则更困难；挤出成型机必须安装在较高的操作台上，安装费用增加，操作也不方便。因有水套对管泡进行急剧冷却，此法适用于熔体黏度小、结晶度较高的树脂（如 PP 树脂等），生产高透明度的包装薄膜。

单元二 吹塑薄膜的成型设备

吹塑薄膜的成型设备有挤出机、机头和辅助装置等。辅助装置主要由冷却装置、人字板、牵引辊、导向辊、收卷装置等组成。

一、挤出机

吹塑薄膜一般采用单螺杆挤出机，长径比通常为20～30，但挤出PVC薄膜的挤出机长径比不宜过大，通常为20。为了提高混炼效率，有时在螺杆头部增加混炼装置，螺杆的长径比应取25以上。

生产吹塑薄膜，一般应根据所需薄膜折径来选用适合规格的挤出机，以便取得好的经济效益。例如，用大型挤出机生产薄而窄的塑料薄膜，就不易实现在快速牵引下的冷却；反之，厚而宽的薄膜使用小型挤出机，会使塑料处于高温的时间太长，对薄膜的质量损害大，同时生产率也达不到要求，所以，一种挤出机只适合挤出少数几种规格的产品。表8-1列出了挤出机规格与薄膜尺寸之间的关系。

表8-1 挤出机规格与薄膜尺寸之间的关系 单位：mm

螺杆直径	薄膜折径	螺杆直径	薄膜折径
30	50～300	120	<2000
45	100～500	150	<3000
65	450～900	200	<4000
90	700～1200		

生产薄膜的挤出机螺杆直径与吹膜机头直径的关系见表8-2。

表8-2 螺杆直径与吹膜机头直径的关系 单位：mm

螺杆直径	45	50	65	90	120	150
机头直径	<100	75～120	100～150	150～200	200～300	300～500

挤出机的选择还要考虑被加工物料的物理性能，主要是考虑挤出机螺杆构型的选择。例如，加工热敏性PVC塑料时，要避免物料在机筒内停留时间过长，为避免螺杆头与多孔板之间的积料，螺杆头应设计为尖头的；而螺杆不能选择屏障型的，以免因剪切力过大，而导致物料分解。对于聚烯烃类物料，则可采用高效螺杆提高质量及产量，不会产生分解问题。

二、吹膜机头

1. 机头结构

吹塑薄膜用的机头有多种结构形式，较常用的有侧进料芯棒式机头、中心进料的十字架式机头、旋转机头、螺旋式机头、多分支流道机头（莲花瓣式）以及共挤出复合机头等。

（1）芯棒式机头（侧进料） 芯棒式吹膜机头结构如图8-4所示。塑料熔体经机颈压缩后，流至芯棒处被分成两股料流，沿芯棒向两侧各自流动180°后，在A处重新汇合。汇合后的料流将芯棒包住，并顺着机头环形通道流到模口呈薄管坯状被挤出，经压缩空气吹胀成膜。

芯棒式机头的优点是：机头内存料少，只有一条料流拼合线，不易造成塑料过热分解，结构简单，易拆装，较适用于吹塑PVC薄膜。缺点是：①料流在机头内流速不等，可使薄膜厚度呈不均匀现象。②料流拼合处易造成薄膜厚薄不均匀。③芯棒易产生偏中现象（芯棒与口模不同心）。④芯棒机头模口间隙不好控制，若间隙太大，要想达到设定的薄膜厚度和

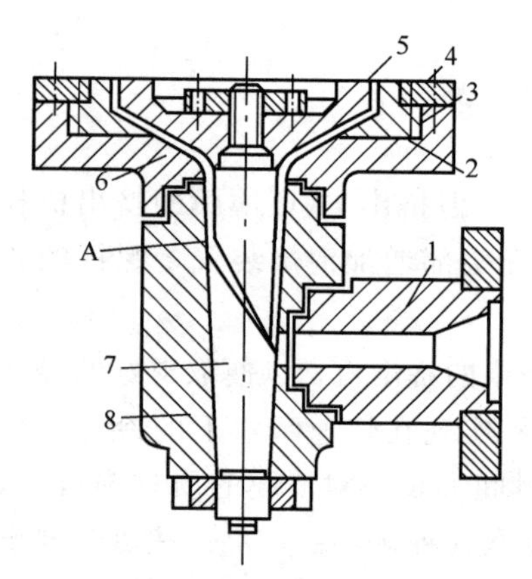

图 8-4 芯棒式吹膜机头

1—机颈；2—口模；3—调节螺钉；4—压紧圈；5—模芯；6—机头座；7—芯棒；8—机头体

折径，必然要增大牵伸比和吹胀比，会造成操作困难；若间隙太小，机头内反压力大，使产量降低。一般间隙取 0.1～1.2mm。

芯棒分流线的设计非常重要。一般说来，分流线汇合处（A 点）太尖锐，易使薄膜在此处出现一条厚条纹，而两侧特别薄；若分流线的弯曲程度太大，料流汇合处拼缝线偏薄，可能出现一个滞流点，促使物料过热分解。分流线凭经验设计时要考虑各种因素，只有通过实践，经反复试车后再进行修改，才能得到较满意的结果。

（2）十字架式机头（中心进料式） 十字架式机头结构有水平式和直角式两种，如图 8-5 和图 8-6 所示。两种结构成型部件基本相同，但进料方式不同。水平式用于平挤平吹法，直角式用于平挤上吹法或下吹法。十字架式机头的优点是：芯模周围所受的料流压力较均匀，因而薄膜厚度均匀，不会产生“偏中”现象。但机头内间隙较大，塑料在机头中的停留时间较长，所以该机头不适宜加工热敏性塑料。由于芯模支架的存在，使熔料在机头内产生较多的熔接缝，在一定程度上影响吹塑薄膜的质量。

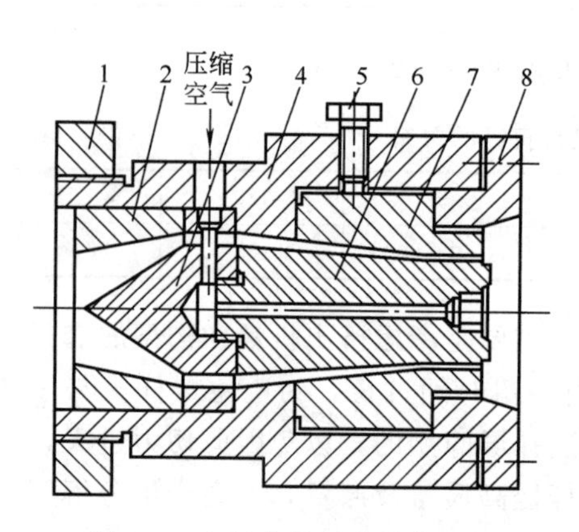

图 8-5 水平式中心进料式机头

1—法兰；2—机颈；3—分流器；4—模体；5—调节螺钉；6—芯模；7—口模；8—口模压板

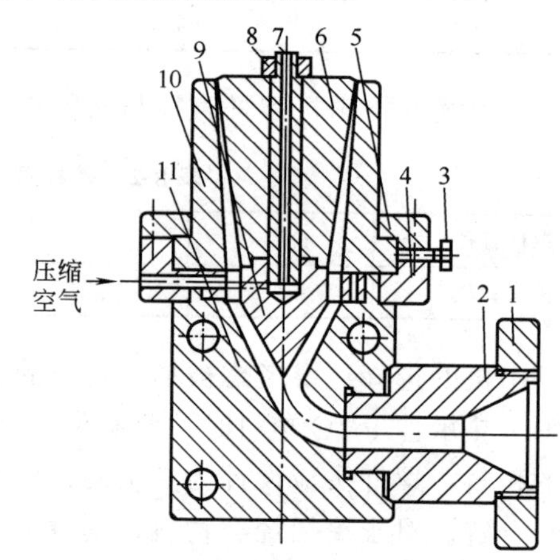

图 8-6 直角式中心进料式机头

1—法兰；2—机头连接器；3—调节螺钉；4—口模套；5—口模压板；6—芯模；7—连接杆；8—螺母；9—分流器；10—口模；11—下模体

（3）螺旋式机头 螺旋式机头如图 8-7 所示，其特点是芯棒轴上开设一条 3～8 个螺纹形流道。在典型螺旋芯模中熔料流动状态如图 8-8 所示。

如图 8-7 和图 8-8 所示，熔料从底部中心进入，分两股流向边缘。这两股料流分别注入螺纹的螺槽中，并沿螺槽旋转上升，在定型段之前料流汇合。在料流旋转上升的过程中，熔料沿螺纹的间隙漫流，逐渐形成一层薄薄的膜。

这种机头的主要优点是：①料流在机头内没有拼缝线；②由于机头压力较大，薄膜性能好；③薄膜的厚度较均匀；④机头的安装和操作方便；⑤机头坚固、耐用。但由于料在机头中的停留时间较长，不能加工热敏性塑料。

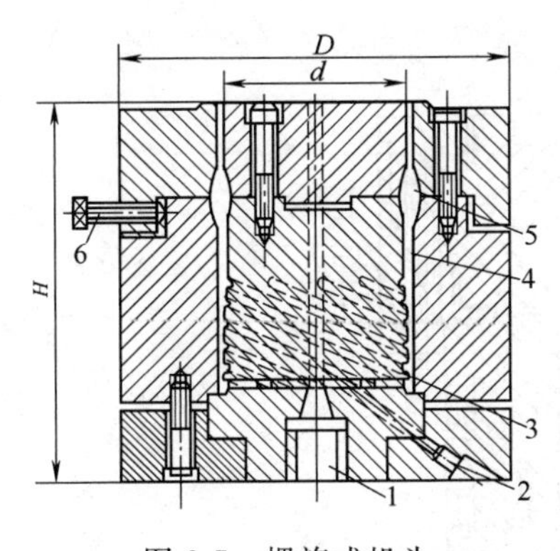

图 8-7 螺旋式机头

1—熔料入口；2—进气孔；3—芯轴；
4—流道；5—缓冲槽；6—调节螺钉

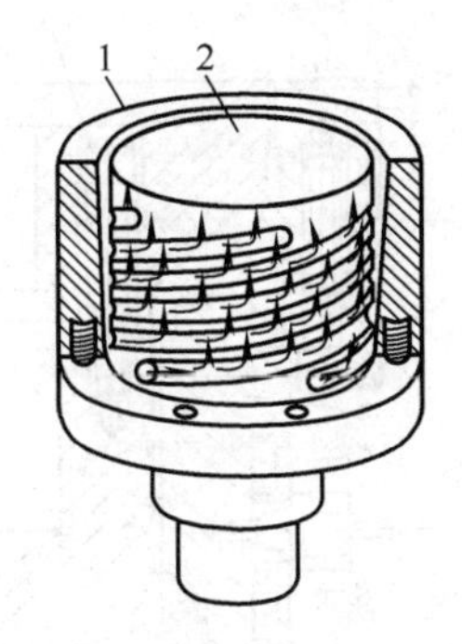

图 8-8 典型螺旋芯模中熔料流动状态

1—模头体；2—螺旋芯模

由图 8-8 可知，当熔融塑料从进入孔流入时，熔料在芯模周围旋转；当塑料流过模头较深时，螺旋段和壁之间的定型段深度增加。被控制的泡管型坯厚度在芯模周围是均匀分布的。这样，才能保证吹塑薄膜厚度的均匀性。

(4) 旋转机头　旋转机头是为提高薄膜的卷绕质量而发展的一种机头。机头旋转方式有口模旋转，芯棒不转；芯棒转动，口模不转；口模和芯棒一起同向或逆向旋转。其机理是通过口模或芯棒的转动，使模口唇隙中压力和流速不等的料层产生一个“抹平”的机械作用，使薄膜的厚度公差（偏厚点）均匀地分布在薄膜四周，从而实现了薄膜卷取平整；同时，可以改善薄膜厚度的不均匀性和消除接合线，对宽幅薄膜的生产十分有利。但不能从根本上解决薄膜厚度不均的问题。常用的旋转式机头有芯棒式、螺旋式及十字形旋转机头。

图 8-9 是一种内旋转（芯轴转动）的芯棒式旋转机头，在芯轴 11 上设置有搅动器 2 和 10。搅动器可以是搅动翼或搅动棒，它可加工成平的或螺旋桨式。搅动器由直流电动机 14 通过联轴器 13 带动而转动。

螺旋式旋转机头的典型结构如图 8-10 所示，它主要由机头壳体 6、螺旋体 8、芯模 3 以及连接螺栓 2 组成。机头壳体 6 的对中，由插入耐磨材料制成的耐磨垫套 14 的压紧套 13 来保证。大螺母 11 通过轴承使压紧套 13 向垫套 14 内表面施压，以防止熔料从流道溢出。电动机 12 的转矩经齿轮 9 传递给壳体，机头壳体 6 可作 270°～360°的摆动旋转。来自挤出机的塑料熔体进入机头中心后，经径向流道流入螺旋体 8 的分配流道，在此均匀混合后，沿成型缝隙周向进行分配。该种机头结构广泛应用生产幅宽 200～6000mm 的管状膜。

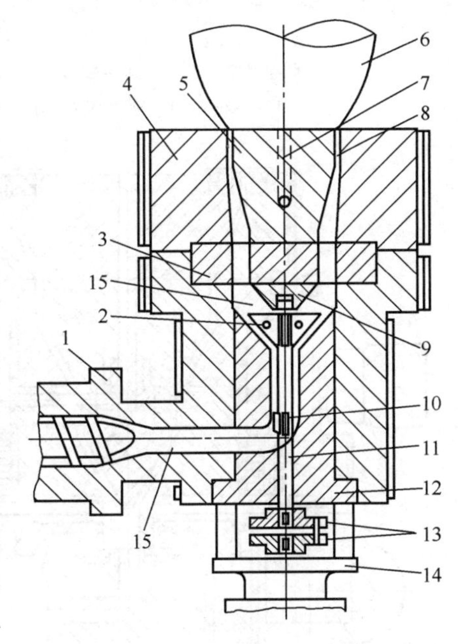

图 8-9 芯棒式旋转机头

1—挤出机；2,10—搅动器；3—支撑环；
4—口模；5—芯棒；6—薄膜；7—进风道；
8—熔体环隙；9—锥体；11—芯轴；12—衬套；
13—联轴器；14—直流电动机；15—流道

十字形旋转机头亦称回转型角式机头，其典型结构如图 8-11 所示，主要由调节螺钉 3、口模 4、芯模 5、

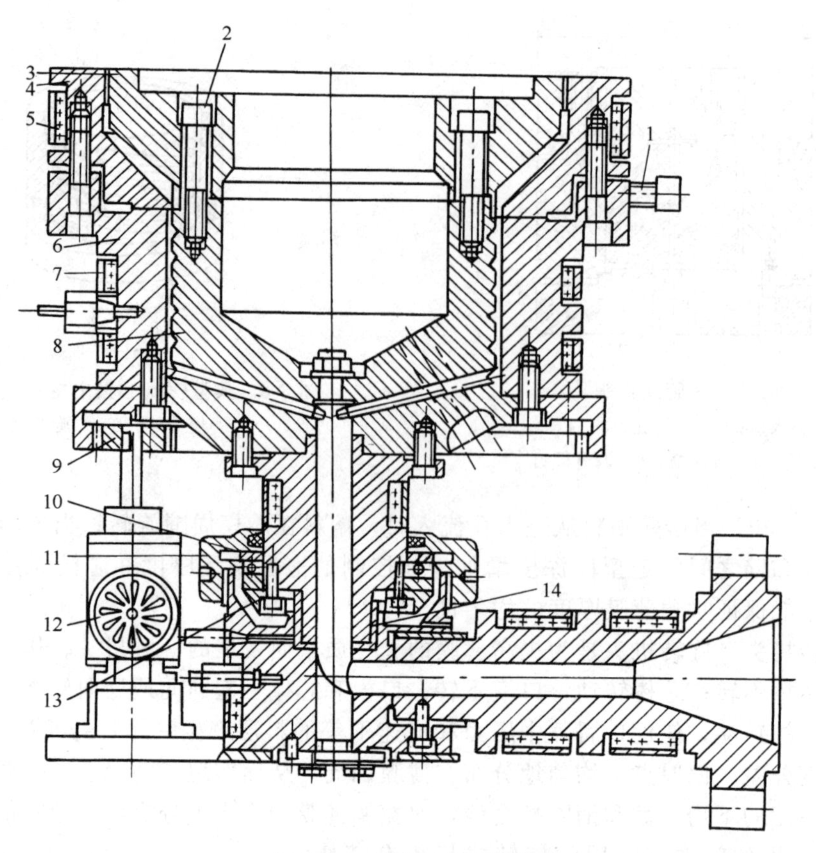

图 8-10　螺旋式旋转机头

1—调节螺钉；2,5—连接螺栓；3—芯模；4—口模；6—机头壳体；7—电热圈；8—螺旋体；9—齿轮；10—轴承部件；11—大螺母；12—电动机；13—压紧套；14—耐磨垫套

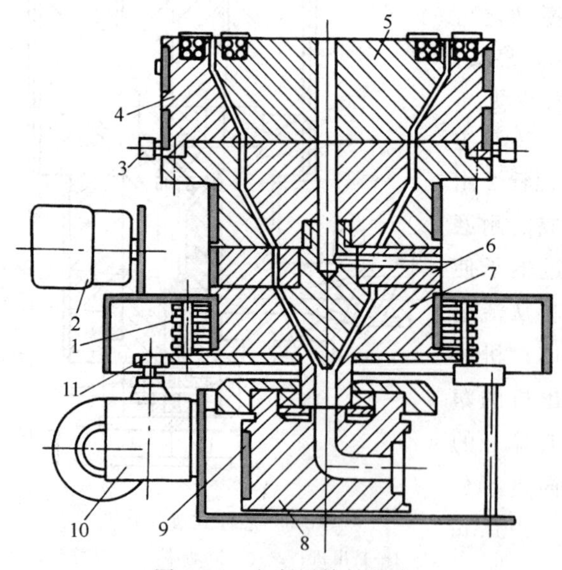

图 8-11　十字形旋转机头

1—换向接触环；2—热电表；3—调节螺钉；4—口模；5—芯模；6—芯模支架；7—机头壳体；8—连接体；9—轴承部件；10—传动装置；11—齿轮

机头壳体 7 和芯模支架 6 组成。由传动装置 10 经齿轮 11 驱动机头壳体 7 旋转。此种机头多用于折径在 1000mm 以下的窄幅薄膜生产，厚度公差可达±5μm。

如果不考虑其他因素，旋转部件的转速设定应考虑：使单位时间内沿旋转部件圆周方向流过的物料体积比从螺杆挤出机供给的体积大，当旋转部件的转速足够高时，挤出制品的分流线可消除。

(5) 共挤出复合机头　共挤出复合吹塑是将不同种类的树脂或不同颜色的树脂分别加入各台挤出机，通过同一个机头同时挤出制成多层或多种颜色的薄膜。复合薄膜可以弥补单层薄膜的缺陷，发挥每层膜的长处，达到取长补短的目的，可获得综合性能优越的复合材料。

复合机头有模内复合和模外复合两种形式。图 8-12 是模内复合机头。两种熔体分别从 A、B 两个进料口进入，经机头内各自的环形流道后在模口定型段汇合挤出。图 8-13 是模外复合机头。熔融树脂进入机头由不同流道挤出，物料在刚出模口时立刻进行复合。无论是模内复合还是模外复合都不能出现混料现象。

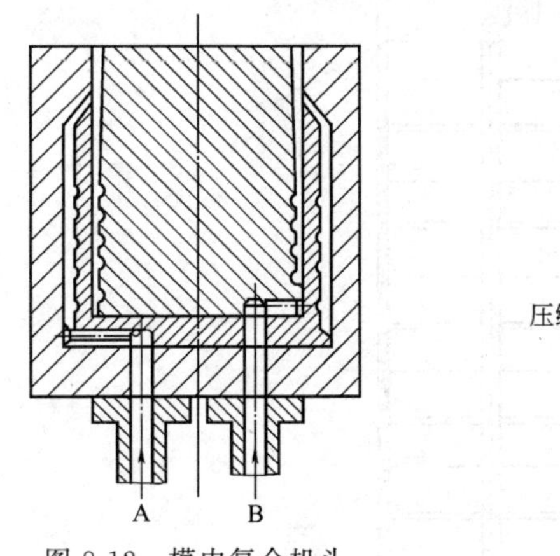
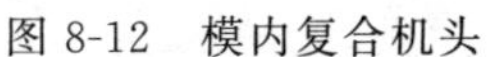

图 8-12 模内复合机头

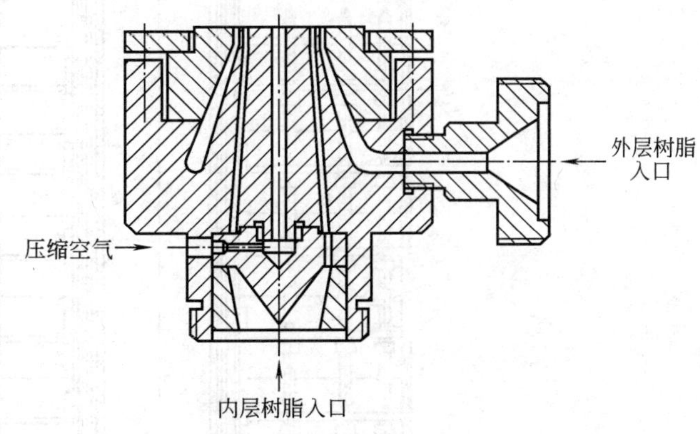

图 8-13 模外复合机头

（6）叠加型共挤机头 叠加型共挤机头是生产多层（5 至 9 层甚至 11 层）吹塑薄膜的关键技术，机头层数可以任意组合，层次的增加不改变结构，只是相同结构的层模叠加组合而成；每层温度可以单独控制，有效解决了每层因物料性质不同而要求成型温度不同的问题，既能降低能耗，又能防止物料的降解；可以很薄的一层物料叠合，能节省昂贵的阻隔材料用量，降低成本；层模与层模间只有内圈部分接触，间隙面积较大，可气隙绝热。

叠加型共挤机头一般采用侧进料，熔体在每层的叠加面（平面和锥面）流动而不是传统的筒状流动，每种熔体在每层特制的流道中混合和分布。叠加型共挤机头一层层地叠加层数的变化不会影响机头内、外径尺寸的变化，机头的外径仅由机头的直径决定。目前，这种机头主要有平面叠加型（图 8-14）、锥形叠加型（图 8-15）。

平面叠加型机头的结构特点是模块单元化结构，即每一层就是一个独立的模头，每一个单元由两块对称的压板组成。模块的组合和拆卸方便，如果要改变薄膜结构，如从 3 层增加到 5 层，只要增加 2 块模块机头即可，不必像传统机头那样需换掉整个机头。这种设计的特点为树脂从每层分别侧进料，每层都有特定的平面流道，每层的湿润面积大致相同，熔体在流道内分流几次到达机头的中央形成每层的结构。每层都是一个面的圆柱体相互叠加形成平面叠加。其优点是润湿面积少，熔体在机头内的停留时间短。但这种设计的局限在于流道的分流次数受到一定的限制，机头尺寸如要增加，机头的外径也要相应地增加，层与层之间需按比例地采用螺栓来紧固，以防止溢料。

锥形叠加型机头比平面叠加型密封性好，机头本体为锥形，强度高，能承受更大的挤出压力。图 8-15（a）为上斜叠加型，每层由下到上斜面叠加，每层之间相互吻合，从而不易溢料。熔体分层进料，一次分流，一般适用于较小尺寸（小于 500mm）的共挤机头。在较大尺寸的共挤机头中应用将造成熔融面积的增加，料流路程长，会引起压力降解和压力损失。图 8-15（b）为下斜叠加型，是从底面同一平面分别进料，流到相应的层面进行分流，其流道短，并且每层流道可设计螺旋线数量多些，从而使厚度均匀。

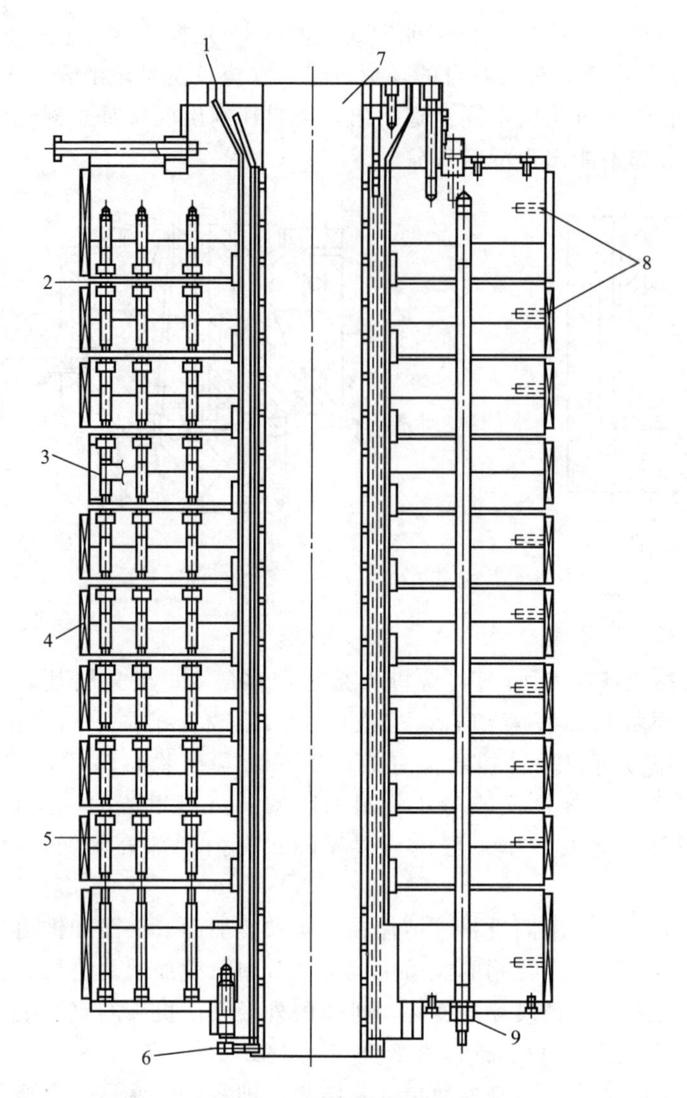

图 8-14 平面叠加型机头

1—模口间隙；2—绝热气隙；3—挤出机进料口；4—独立控制温度的层模组件（10 件）；
5—层模组件连接螺栓；6—模芯加热圈（通孔配制）；7—膜泡内冷却用大中心孔；
8—层模外加热圈（分层制作）；9—层模连接长螺栓

2. 机头工艺参数

在吹塑薄膜生产中，无论使用哪种生产方法与吹膜结构，均要求这类机头具有圆环隙出料口。塑料熔体从挤出机料筒进入机头口模内，料流沿口模环隙周向均匀分布，经模唇挤出成厚薄均匀的膜坯，进而配合吹胀、风环冷却等操作技术，才能获得厚度公差符合要求的薄膜制品。

无论设计哪种结构形式的吹膜机头，必须考虑吹胀比、拉伸比、口模缝隙宽度等结构参数。

（1）吹胀比　吹塑薄膜的吹胀比 a 是指经吹胀后管泡的直径 D_p 与机头口模直径 D_k 之比。这是吹塑薄膜一个重要的工艺参数，它将薄膜的规格和机头的大小联系起来。吹胀比通

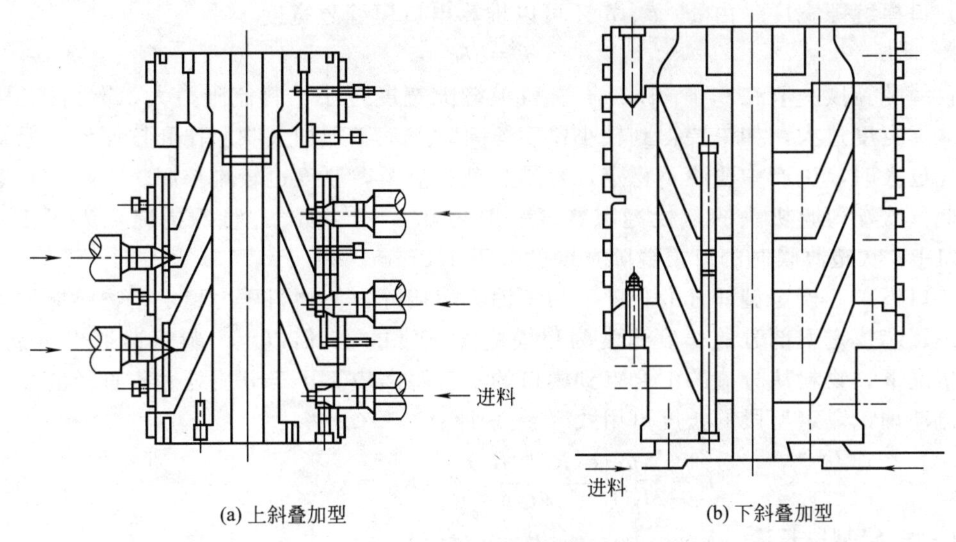

(a) 上斜叠加型　　(b) 下斜叠加型

图 8-15　锥形叠加型机头

常为 1.5～3.0，对于超薄薄膜，最大可达 5～6。在生产过程中，压缩空气必须保持稳定，保证有恒定的吹胀比。薄膜厚度的不均匀性随吹胀比的增大而增大；吹胀比太大，易造成管泡不稳定，薄膜易出现褶皱现象。

（2）拉伸比　吹塑薄膜的拉伸比 b 是指牵引速率 v_D 与挤出速率 v_Q 之比。牵引速率 v_D 是指牵引辊的表面线速度，而挤出速率 v_Q 则是指熔体离开口模的线速度，这两种速率可用式（8-1）～式（8-3）计算：

$$v_D=\frac{Q}{2W\delta\rho} \tag{8-1}$$

$$W=\frac{aD_k}{2} \tag{8-2}$$

式中　v_D——牵引速率，cm/min；

Q——挤出机的生产率，cm^3/min；

W——薄膜的折径，cm；

δ——薄膜的厚度，cm；

D_k——机头口模直径，cm；

ρ——熔融塑料的相对密度。

$$v_Q=\frac{Q}{\pi D_k h\rho} \tag{8-3}$$

式中　v_Q——挤出速率，cm/min；

Q——挤出机的生产率，cm^3/min；

D_k——机头口模直径，cm；

h——口模缝隙宽度，cm；

ρ——熔融塑料的相对密度。

由拉伸比的概念可知：

$$b=\frac{\pi D_k h}{2W\delta} \tag{8-4}$$

(3) 口模缝隙宽度 由 a、b、δ 还可以推算出口模缝隙宽度：

$$h=ab\delta \tag{8-5}$$

口模缝隙宽度一般在0.4～1.2mm。口模缝隙宽度过小，料流阻力大，影响挤出产量；若口模缝隙宽度过大，如果要得到较小厚度薄膜时，就必须加大吹胀比和拉伸比，但吹胀比和拉伸比过大时，生产中薄膜不稳定，容易起皱和折断，厚度也较难控制。

因此，吹塑薄膜机头的口模缝隙宽度一般为0.8～1.0mm，特殊情况下大于1.0mm，如用LLDPE吹塑薄膜时的口模缝隙宽度就大于1.2mm。

(4) 口模、芯模定型部分的长度 为了消除熔接缝，使物料压力稳定，物料能均匀地挤出，口模、芯模定型部分的长度通常为口模缝隙宽度的15倍以上。料流通道也不能过短，在通常情况下，物料从分流的汇合点到模口的垂直距离应不小于分流处芯棒直径的2倍。根据塑料流动理论，定型段的长度可用式(8-6)计算：

$$L=\frac{\Delta p}{2K'}\left[\frac{\pi(R_0-R_i)}{6Q}\right]^n(R_0-R_i)^{2n+1} \tag{8-6}$$

式中 L——定型段长度，cm；

Δp——熔体压力，Pa；

K'——塑料熔体黏度系数；

n——塑料熔体的非牛顿指数；

R_0——口模内半径，cm；

R_i——芯模外半径，cm；

Q——体积流量，cm^3/s。

(5) 缓冲槽尺寸 缓冲槽又称贮料槽，通常开在芯模定型区入口处，消除多股熔料汇合时产生的熔接痕迹，有利于改善膜坯流动的均匀性，提高薄膜的力学性能。该槽的截面通常呈弓形，弦长（沿芯模轴向）即槽宽为（15～30)h，弦高（沿芯模径向）即槽深为（4～8)h。

(6) 流道扩张角 塑料熔体由流道向成型段过渡，在芯模上形成的倒锥角称为流道扩张角。常取80°～100°，但最大不超过120°。

机颈的流道断面积应比机头出口的环状断面积大1～2倍，保证机头流道内具有一定的挤出压力。

三、冷却装置

膜管刚从机头挤出时温度较高（160℃以上），呈半流动状态，从吹胀到进入牵引夹辊的时间较短，仅几秒钟到1min左右的时间。在这段时间里，膜管要达到一定的冷却程度，单靠自然冷却是不够的，必须强行冷却。否则膜管不稳定，薄膜厚度和折径很难均匀，牵引、卷取时薄膜易粘连。

吹塑薄膜用的冷却装置应当满足生产能力高、制品质量好、生产过程稳定等要求。冷却装置必须有较高的冷却效率，冷却均匀，能对薄膜厚度不均匀性进行调整，挤出过程中保证管泡稳定、不抖动，生产出的薄膜具有良好的力学性能。

常用冷却装置有风环、双风口减压风环、自动风环、水环、内冷装置等。

1. 风环

普通风环的结构如图8-16所示。

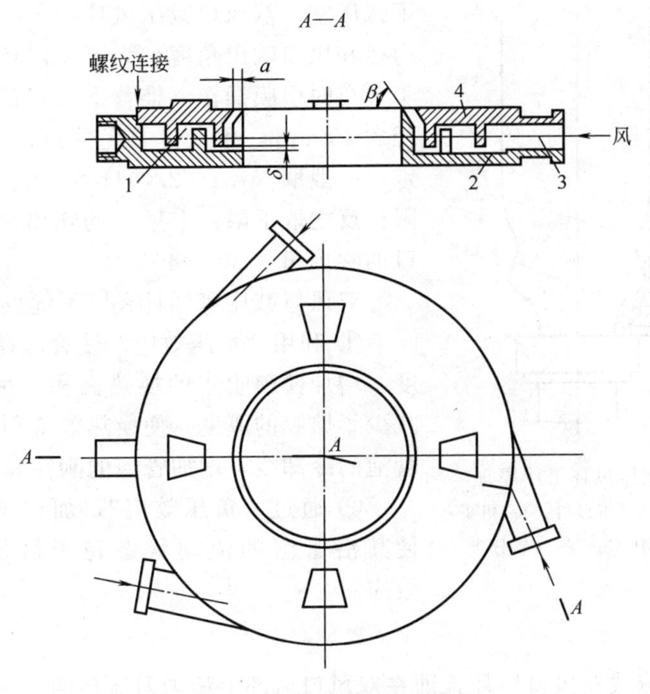

图 8-16 普通风环的结构

1—内室；2—风环体；3—进风口；4—风环盖；
a—出风口间隙；β—出风口角度

风环一般距离机头 30～100mm 的位置，薄膜直径增加时选大值。风环的内径比口模的内径大 150～300mm，小口径时选小值、大口径时选大值。

普通风环的作用是将来自风机的冷风沿着薄膜圆周均匀、定量、定压、定速地按一定方向吹向管泡；普通风环由上下两个环组成，有 2～4 个进风口，压缩空气沿风环的切线（或径线）方向由进风口进入。在风环中设置了几层挡板，使进入的气流经过缓冲、稳压，以均匀的速度吹向管泡。出风量应当均匀，否则管泡的冷却快慢就不一致，从而造成薄膜厚度不均。

风环出风口的间隙一般为 1～4mm，可调节。实践证明，风从风环吹出的方向与水平面的夹角（一般称为吹出角）应有适当的大小，如果该角度太小，大量的风近似垂直方向吹向管泡，会引起管泡周围空气的骚动。骚动的空气引起管泡飘动，使薄膜产生横向条纹，影响薄膜厚薄的均匀性，有时甚至会将管泡卡断；角度太大，会影响薄膜的冷却效果，最好选择为 40°～60°，这样角度吹出的风还有托膜的作用。出风口和薄膜之间的径向距离应调整到能得到合适的风速，压缩空气的量一般为 $5\sim10m^3/min$，调节风环中的风量，可用于各种薄膜的冷却，还可控制薄膜的厚度。

普通风环的冷却效果是比较差的，如果管泡的牵引速率较快，可以用两个普通风环串联，同时对薄膜冷却。

2. 双风口减压风环

这是一种负压风环，工作原理如图 8-17 所示。它有两个出风口，分别由两个鼓风机单独送风，出风口的大小可调节。风环中部设置隔板，分为上、下风室；在上、下风室间设置

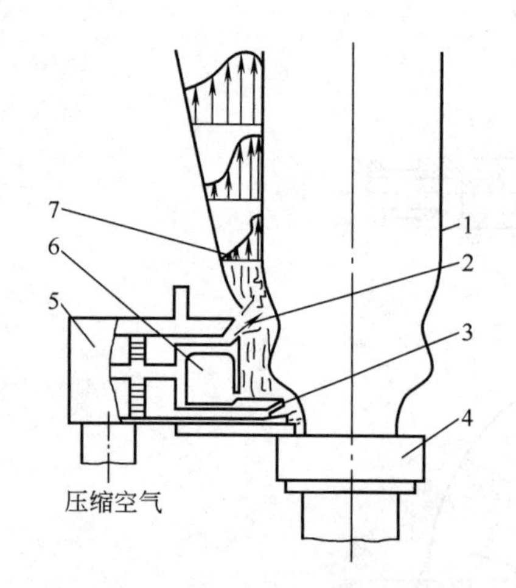

图 8-17 双风口减压风环工作原理
1—管泡；2—上风口；3—下风口；4—机头；5—减压风环；6—减压室；7—气流分布

了减压室。双风口减压风环的主要结构参数包括风环内径和风口吹出角度。为了使风环产生足够的负压便于开车时引膜操作，推荐下风口的直径 $D_{下}$ 比口模直径大 100mm，上风口的直径 $D_{上}$ 根据薄膜的吹胀比而定，一般取（1.1～2.0）$D_{下}$。当吹胀比较高时，取上限；反之取下限。上风口的吹出角为 60°～70°，下风口的吹出角为 30°～40°。

双风口减压风环具有以下优点。

① 利用“负压效应”使管泡在风环内提高膨胀程度，增加薄膜吹胀的换热面积。由于管泡提早膨胀，减少了熔膜的厚度，使换热效应得到加强，从而降低管泡的冷却线，增加管泡的刚性和稳定性。

② 通过“负压效应”，加快了冷却空气的流动，使其沿管泡的流动状态趋于最佳化，提高了换热效应。

3. 自动风环

自动风环为射流式双风口风环，即在双风口风环上增加射流环的风环，由风环体、内外风口、射流环、自动风门等零部件组成。

当挤出量到达一定的程度，常规风环和风机在管泡吹塑过程会产生“坠膜”现象，无法适应大挤出量管泡的冷却要求，从而限制薄膜产量的提高，射流式双风口风环可在不增大风机功率和风量的前提下，有效提高管泡冷却效果和薄膜产量。射流环安装在外风口的外唇面，当管泡接近射流环时，气流在环内与管泡之间运动，环内气流由风机产生，气压大，流速快，环外为环境自然气流场，气压小，流速慢，造成环内气流出现射流效应，把环外的自然空气通过射流环的进气孔强行吸入环内，从而增大环内的气流量，提高风环的冷却能力，并达到一定的节能效果。

自动风环体根据风环直径大小均匀地分隔成若干个独立的风道，每个风道都设置有能够实施自动调节开启度的独立风门。

自动风环、薄膜厚度自动检测以及计算机控制系统组成了薄膜厚度自动控制系统。见图 8-18。膜泡成形后，薄膜厚度自动检测系统对膜泡进行在线连续巡回检测，测量薄膜的径向厚度，并反馈到控制计算机，自动风环的圆周分为若干个控制区，根据控制计算机的控制信号可以自动调节各个控制区的冷却风量，对泡管周围各段进行分区控制，从而使薄膜的径向厚度得以控制在允许的误差范围内，最终控制薄膜横向厚度的分布。

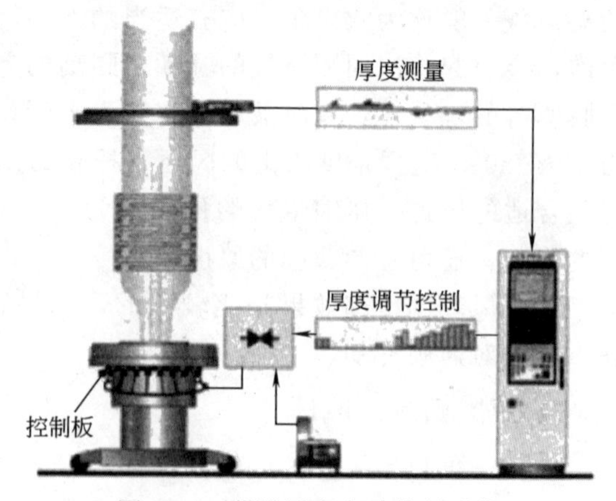

图 8-18 薄膜厚度自动控制系统

4. 水环

在平挤下吹的生产线中，熔体刚离开口模时先用风环冷却，使管泡稳定；然后立即用水环冷却，才能得到透明度较高的薄膜。冷却水环的结构如图 8-19 所示。

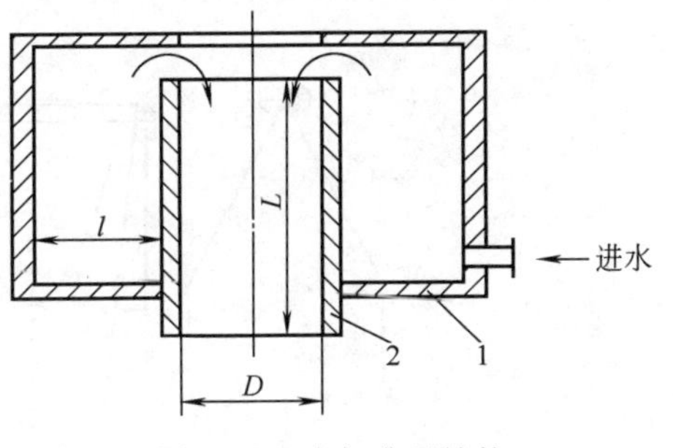

图 8-19 冷却水环结构
1—冷却水槽；2—定型管

由图 8-19 可知，冷却水环是内径与膜管外径相吻合的夹套。夹套内通冷却水，冷却水从夹套上部的环形孔溢出，沿薄膜顺流而下。薄膜表面的水珠通过包布导辊的吸附除去。

5. 内冷装置

内冷装置从理论上讲，可分为水冷却和空气冷却。从实际应用的角度来说，现在应用较多的还是空气冷却。图 8-20 为管泡内热交换器式空气内冷装置，在机头芯棒上安装一个圆筒式热交换器，顶端开有进风门，并装有电风扇。下端为一环形空气出口，开动电风扇，使空气在膜管内循环，流经热交换器时被冷却。热交换的冷却介质通常为常温或经冷却的冷水，通过穿过机头芯棒的套管进入和排出。

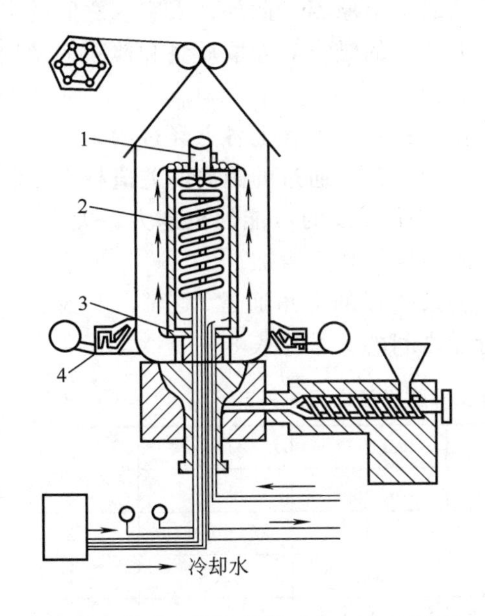

图 8-20 管泡内热交换器式空气内冷装置
1—电风扇轴；2—热交换器；3—内风环；4—外风环

因为内部和外部空气都必须经过模头，模头设计必须保证进入和排出空气的畅通。这种内冷装置的不足之处是：由于膜内有大型构件，使开机时围绕此构件拉起熔体引膜稍为困难，需要提高操作水平。

四、牵引装置

定型好的膜管，由一对安装在牵引架上的牵引辊以恒定的速率向上牵引，经固定在牵引架上、牵引辊下方的人字板展平，最后进入牵引辊辊隙被压紧，成为连续的双层薄膜被送往卷取装置。牵引装置一般由牵引架、人字板、牵引装置的传动系统和一对牵引辊组成。

1. 人字板

人字板的作用是稳定膜管，逐渐将圆筒形的薄膜折叠成平面状，进一步冷却薄膜。

人字板的种类较多，常用的有导辊式、抛光的硬木夹板式和抛光的不锈钢夹板式。导辊式和夹板式人字板如图 8-21 所示。

导辊式人字板由铜管或钢辊组成，它对膜管的摩擦阻力小，且散热快。但由于膜管内气体压力的作用，易使薄膜从辊之间胀出，引起薄膜的褶皱，折叠效果差，结构也较复杂，成本高。硬木夹板式人字板散热性能差，不锈钢夹板式的散热性能好。为了提高冷却效果，金属夹板式人字板还可通水进行冷却。

人字板在压平膜管的过程中，膜管同一圆周上的各点与其接触前后不一致，因此冷却有前有后，造成薄膜收缩不一致，形成皱纹，特别是采用冷却效果较好的水冷却式人字板以及膜管不稳定颤动时，薄膜产生的皱纹更为严重。只有在接触人字板前膜管能够充分冷却，才可能避免严重的皱纹产生。

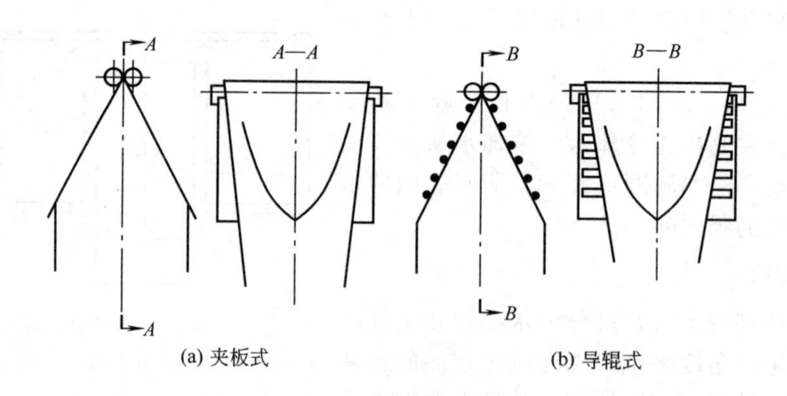

(a) 夹板式 (b) 导辊式

图 8-21 人字板的结构

薄膜在光滑的人字板上滑动时，由于摩擦而发生静电，加之膜管内压缩空气的作用，使薄膜紧紧地贴合在两块夹板上，产生了一定的摩擦阻力，当薄膜受到牵引辊牵伸时，贴合在夹板上的薄膜有被拉长的趋势，这也是薄膜产生皱纹的一个原因。此外，人字板之间的夹角大小对吹塑薄膜皱纹的产生也有直接的影响，薄膜上产生的皱纹对卷取质量和薄膜的使用都有不良的影响。

在薄膜被人字板从圆筒状压平成两层贴合的平膜过程中，膜管上各点经过的距离是不同的。人字板的夹角可用调节螺钉调节，夹角越大，膜管上各点通过的距离的差值越大，膜管表面与人字板之间产生的摩擦力的大小差异也越大，产生皱纹的可能性也越大；夹角太小，虽然膜管夹扁顺畅不易起皱，但会使人字板过长，使辅机的高度增加。

通常，人字板夹角范围在 15°～45°之间（平吹法人字板的夹角通常为 30°，上吹法和下吹法可为 50°）。人字板夹角、牵引辊长度及薄膜折径之间的关系见表 8-3。

表 8-3 人字板夹角、牵引辊长度及薄膜折径之间的关系

牵引辊长度/mm	400	800	1100	1700	2200
最大成膜折径/mm	300	700	1000	1500	2000
人字板长度/mm	500	1000	1500	1700	2200
计算膜管直径/mm	190	446	640	958	1280
人字板计算夹角/(°)	18	25	25	30	35

2. 牵引机构

牵引装置的作用是将人字板压扁的薄膜压紧并送至卷取装置，防止管泡内空气泄漏，保证管泡的形状及尺寸稳定，牵引、拉伸薄膜，使挤出物料的速率与牵引速率有一定的比例（即拉伸比），从而达到塑料薄膜所应有的纵向强度，通过对牵引速率的调整可控制薄膜的厚度。

牵引辊通常由一个橡胶辊（或表面覆有橡胶的钢辊）和一个镀铬钢辊组成，镀铬钢辊为主动辊，与可无级变速的驱动装置相连。牵引辊间的接触线中心应与人字板中心、机头中心对准，保证膜管稳定不歪斜，否则会造成膜管周围上各点到牵引辊距离之差增大而易褶皱。两牵引辊间应有一定压力，保证能牵引和拉伸薄膜，防止膜管漏气。压力可靠弹簧或汽缸加载产生，压缩的程度用螺钉来调节，适应厚薄不同的薄膜。两牵引辊之间的压力应当在满足牵引和拉伸薄膜、防止膜管漏气的条件下尽可能小，因为作用于胶辊的压力大，胶辊中部的变形也大，形成膜片的边缘被压紧而中部压不紧的现象，同时压力减小还可减小较厚薄膜由于压力造成的边缘部分（折缝处）易裂的倾向。

为了使薄膜能更充分冷却，牵引辊（光辊）内部也可通冷却水进行冷却。

牵引辊筒（光辊）可采用无缝钢管加工制成，表面镀铬，铬层厚度 0.03～0.05mm，并抛光，辊筒表面粗糙度 $R_a \leqslant 0.80\mu m$。橡胶辊的胶层硬度应保证在邵氏（A）60～70，硬度过高胶辊弹性不足，硬度太低胶辊不耐磨。使用时间较长后，胶辊表面磨损，甚至变成马鞍形，可进行上胶或磨削处理。

牵引辊筒直径的确定主要从刚度及强度来考虑，目前牵引辊筒长度在 1700mm 以下的多采用直径 150mm。

牵引辊的转动应能无级变速，适应各种规格的吹塑薄膜在实际生产中调节牵引速率的需要。

牵引辊应有较大的调速范围，最大速率应稍高于整个吹膜机组在达到最大生产能力时所需的最高牵引速率，最低速率应便于引膜操作。吹塑薄膜辅机牵引速率范围多为 2～20m/min，有些高速吹膜机组最高牵引速率已达 60m/min，甚至更高。

牵引辊筒中心高是指牵引辊中心到塑料挤出机地基平面的距离，它是决定整个辅机能否保证吹塑薄膜充分冷却的主要因素之一，尺寸过小不但薄膜冷却不充分，会造成膜层的粘连，而且膜管圆周上各点从机头出口处到牵引辊之间所经路程差增大，膜压扁时易出现褶皱；尺寸太大辅机高度大且笨重，操作不方便，也增加了厂房高度，增大了投资。

单螺杆挤出机在采用普通风环进行冷却的条件下，牵引辊中心高基本上为膜管直径的5～7 倍，最高达 8～9 倍。膜管直径小的倍数高，膜管直径大的倍数低。

随着吹塑薄膜向多层、宽幅化发展，使机头旋转或摆动较困难，越来越多的生产厂家采用摆动式牵引装置，见图 8-22，以分布膜厚误差，使薄膜卷取平整。

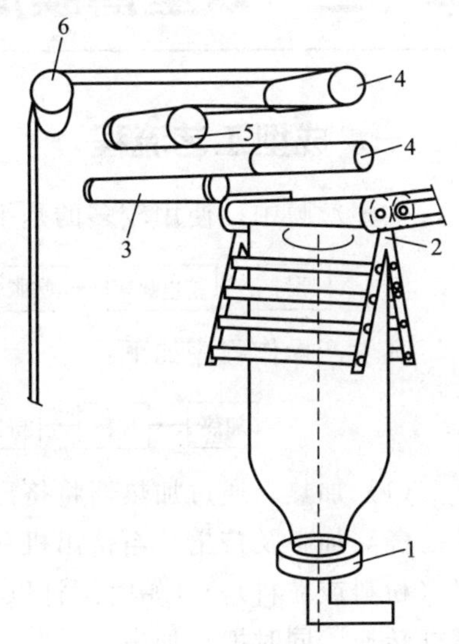

图 8-22 摆动式夹膜/牵引装置
1—机头；2—摆动式夹膜架/牵引辊；3—固定在牵引辊上的导辊；4—摆动式转辊；5—摆动式导辊；6—固定式转辊

五、卷取装置

薄膜从牵引辊出来后，经过导向辊而进入卷取装置。导向辊的作用是稳定薄膜位置和卷取速度、支撑薄膜和展平薄膜。导向辊安装应相互平行，否则薄膜会左右移动，卷取不平整。

薄膜卷取质量的好坏对以后的裁切、印刷等影响很大。卷取时，薄膜应平整无皱纹，卷边应在一条直线上。薄膜在卷取轴上的松紧程度应该一致。

因此卷取装置应能提供可无级调速的卷取速度和松紧适度的张力。卷取装置有中心卷取和表面卷取。

1. 中心卷取装置

中心卷取装置又称主动卷取装置，如图 8-23（a）所示。驱动装置直接驱动卷绕辊。这种装置可用于多种厚度薄膜的卷取，薄膜的厚度变化对卷取影响不大。薄膜在收卷过程中，由于卷绕直径不断变化，为了保持恒定的收卷线速度和张力，卷取轴的转速应随着膜卷直径的增加而相应变小，采用力矩电机作为收卷轴的动力可满足这种需求。

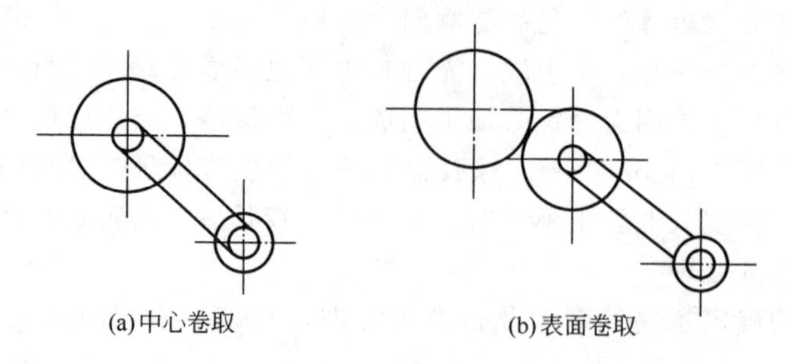

(a)中心卷取 (b)表面卷取

图 8-23 卷取装置

最简单的办法是利用摩擦离合器调节卷取辊的转速，使其随膜卷直径的增大而减小。

2. 表面卷取装置

表面卷取装置如图 8-23（b）所示。电动机由皮带把动力和速度传到表面驱动辊，卷取辊与驱动辊相接触，靠两者之间的摩擦力带动卷取辊将薄膜卷在卷取辊上。卷绕速度由表面驱动辊的圆周速度决定，不受卷绕辊直径变化的影响，因而能与牵引速率保持同步。

这种卷取装置结构简单，维修方便，卷取轴不易弯曲。但该装置易损伤薄膜，适用于卷取厚膜和难以实现中心卷取的宽幅薄膜。

随着自动化程度的提高及生产上的要求，自动卷取已发展成双工位自动卷取装置。该种装置由强力调节机构、切割机构和卷取机构三部分组成。

单元三 吹塑薄膜成型工艺

一、成型工艺流程

吹塑薄膜中，使用较多的是平挤上吹法，平挤上吹法吹塑薄膜生产工艺流程如下：

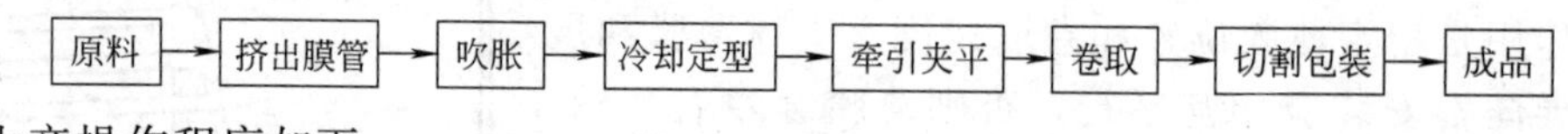

其生产操作程序如下：

加热 → 加料 → 挤出 → 提料 → 喂辊 → 充气 → 调整 → 正常生产

（1）加热 通过加热器将挤出机和机头加热到所需的温度，并保温一段时间。

（2）加料及挤出 当挤出机和机头达到保温要求后，启动挤出机，向料斗加入少量的塑料（粉料或粒料），开始时螺杆以低速转动，当熔融料通过机头并吹胀成管泡后，逐渐提高螺杆转速，同时把料加满。

（3）提料 将通过机头的熔融物料汇集在一起，并将其提起，同时通入少量的空气，防止相互黏结。

（4）喂辊 将提起的管泡喂入夹辊，通过夹辊将管泡压成折膜。再通过导辊送至卷取装置。

（5）充气　塑料管泡喂辊后，将空气吹入管泡，达到要求的幅宽为止。由于管泡中的空气被夹辊所封闭，几乎不渗透出去，因此，管泡中压力保持恒定。

（6）调整　薄膜的厚薄公差可通过口模间隙、冷却风环的风量以及牵引速率的调整得到纠正，薄膜的幅宽公差主要通过充气吹胀的大小来调节。

二、成型工艺控制

1. 工艺参数

（1）温度控制　温度控制是吹塑薄膜工艺中的关键，直接影响着制品的质量。对热敏性塑料，如 PVC 吹塑薄膜，温度控制的要求极为严格，正确地选择加热温度与加热时间之间的配合十分重要。

加工温度的设定，主要是控制物料在黏流态的最佳熔融黏度，以生产出合格的制品为基本原则。挤出不同的原料，采用的温度不同；使用相同原料生产厚度不同的薄膜，加工温度不同；同一原料同一厚度，所用的挤出机不同，加工温度不同。厚度较薄的薄膜要求熔体的流动性更好，因此，同样物料，如果成型 20μm 的薄膜，加热温度比 80μm 的薄膜所需温度要高得多。

控制温度的方式可分为两种：一种是从进料段到口模温度逐步递升；另一种是送料段温度低，压缩段温度突然提高（控制在物料最佳的塑化温度），到达计量段时，温度降至使物料保持熔融状态，但口模温度应使物料保持流动状态为宜，口模温度视挤出机螺杆长径比不同，可与料筒末端温度一致或比后者低 10～20℃。

对热稳定性较低的 PVC，机筒温度应低于机头温度，否则，物料在温度较高的机筒中容易过热分解。对于 PE 和 PP 等不易过热分解的塑料来说，机头温度可低于机筒温度。这样，不仅对膜管的冷却定型有利，而且又能使膜管更稳定，提高薄膜质量。

温度控制比较复杂，只有对物料的性能和加工条件充分了解，才能更好地掌握加热温度的控制。吹塑薄膜的挤出温度范围见表 8-4。成型温度对薄膜的性能的影响如图 8-24～图 8-26 所示。

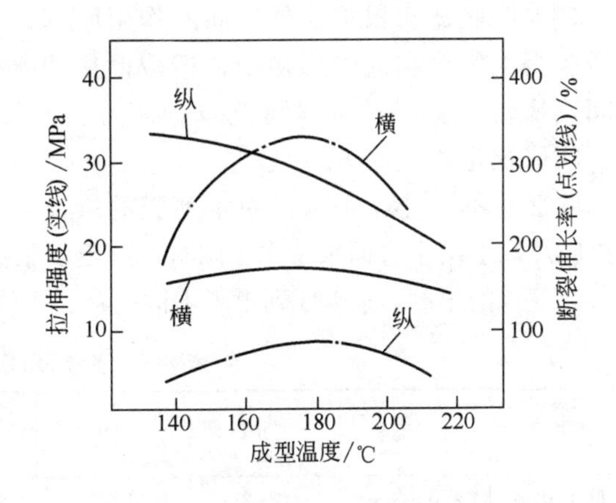

图 8-24　成型温度对拉伸性能的影响

表 8-4　吹塑薄膜的挤出温度范围　　单位：℃

薄膜品种		料筒	连接器	机头
PVC（粉料）	高速吹膜	160～175	170～180	185～190
	热收缩薄膜	170～185	180～190	190～195
PE		130～160	160～170	150～160
PP		190～250	240～250	230～240
复合薄膜	PE	120～170	210～220	200
	PP	180～210	210～220	200

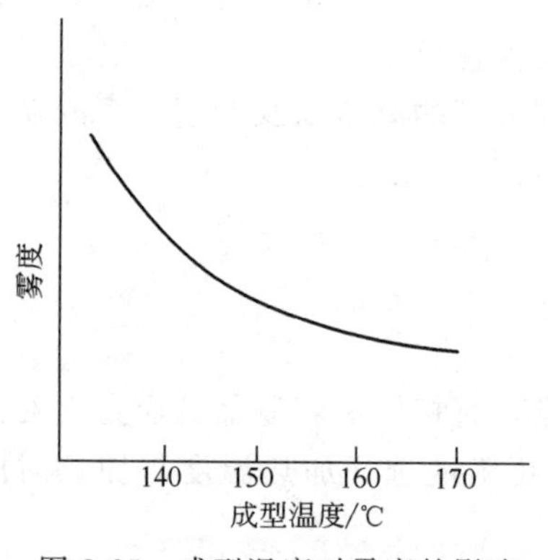

图 8-25 成型温度对雾度的影响

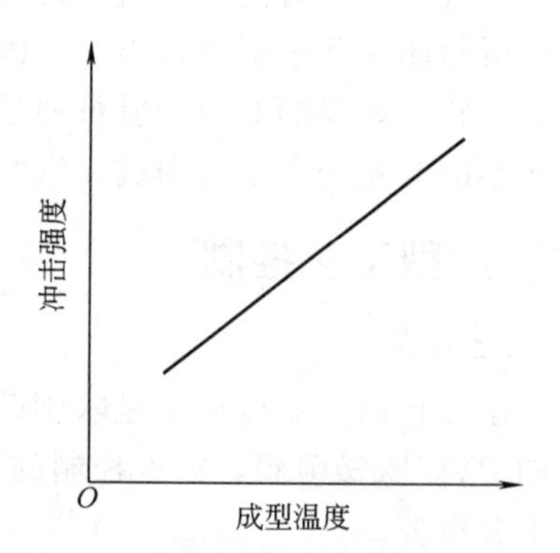

图 8-26 成型温度对冲击强度的影响

料筒和机头的加热温度对成型和薄膜性能的影响显著，例如，LDPE 成型温度过高，会导致薄膜发脆，尤其是纵向拉伸强度下降显著。此外，温度过高还会使泡管沿横向出现周期性振动波。

温度太低，不能使树脂得到充分混炼和塑化，产生一种不规则的料流，使薄膜的均匀拉伸受影响，光泽、透明度下降，图 8-25 为成型温度和雾度的关系。成型温度太低，会使膜面出现以晶点为中心、周围呈年轮状纹样，晶点周围薄膜较薄，这就是所谓的“鱼眼”。此外，温度太低，会使薄膜的断裂伸长率和冲击强度下降，如图 8-26 所示。

(2) 吹胀比 根据拉伸取向的作用原理，吹胀比大，薄膜的横向强度高，实际上，膜泡直径胀得太大会引起蛇形摆动，造成薄膜厚薄不均，产生褶皱，通常控制吹胀比在 2.5～3 之间，操作容易，同时薄膜横向、纵向强度接近。但是，当薄膜尺寸较小（折径小于 1m）时，吹胀比也可达到 6。

吹胀比的大小不但直接决定薄膜的折径，而且影响薄膜的多种性能。因此，薄膜吹胀比的选择应从以上两个方面来考虑，同时，薄膜吹胀比还受到塑料自身性质（如分子量、结晶度、熔融张力等）的限制。表 8-5 列出了不同品种、不同用途薄膜的最佳吹胀比范围，可供参考。

表 8-5 各种薄膜最佳吹胀比范围

薄膜种类	PVC	LDPE	LLDPE	HDPE（超薄）	PP	PA	收缩膜、拉伸膜、保鲜膜
吹胀比	2.0～3.0	2.0～3.0	1.5～2.0	3.0～5.0	0.9～1.5	1.0～1.5	2.0～5.0

吹胀比越大，薄膜的光学性能越好，这是因为在熔融树脂中，塑化较差的不规则料流可以纵横延伸，使薄膜平滑。图 8-27 所示为吹胀比对薄膜雾度的影响。吹胀比的增加还可以提高冲击强度，如图 8-28 所示。

如图 8-29 和图 8-30 所示，横向拉伸强度和横向撕裂强度随吹胀比增加而上升，纵向拉伸强度和纵向撕裂强度却相对下降，两向的撕裂强度在吹胀比大于 3 时趋于恒定。如果采用的吹胀比不同，随吹胀比增加，纵向伸长率下降，而横向变化不大。只有当机头环形间隙增大时，横向伸长率才开始上升。

(3) 拉伸比 吹塑薄膜的拉伸比是薄膜在纵向被拉伸的倍数。拉伸比使薄膜在引膜方向上具有取向作用，增大拉伸比，薄膜的纵向强度随之提高。但拉伸比不能太大，否则难以控制厚薄均匀度，甚至有可能将薄膜拉断。一般拉伸比为 4～6。

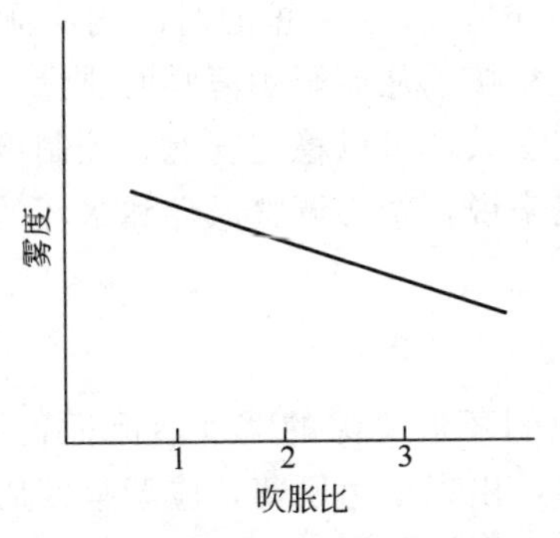

图 8-27 吹胀比对薄膜雾度的影响

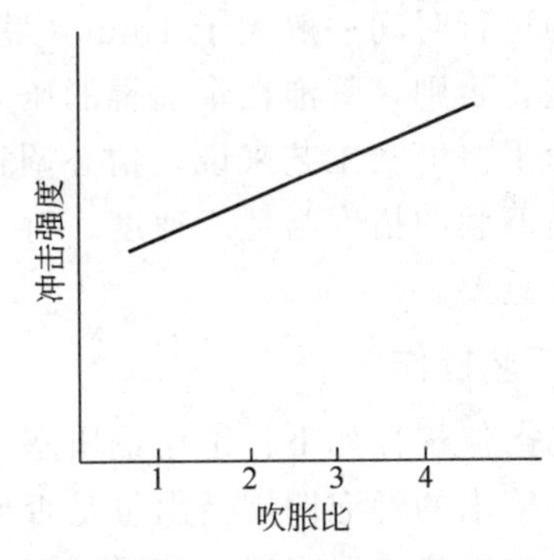

图 8-28 吹胀比对冲击强度的影响

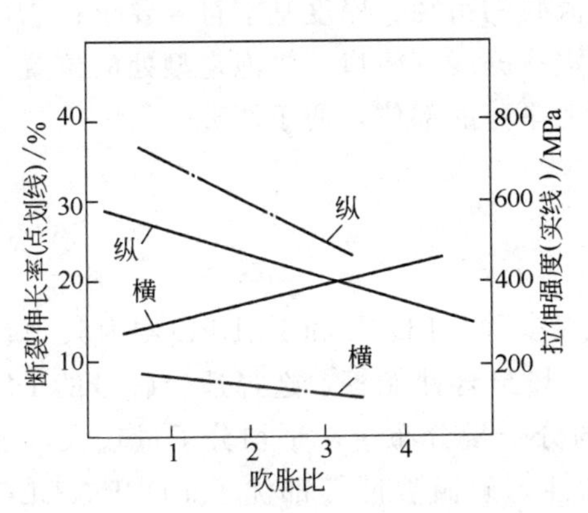

图 8-29 吹胀比对拉伸性能的影响

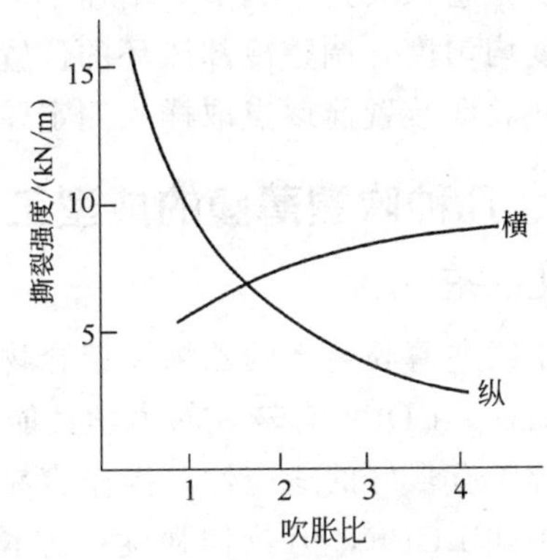

图 8-30 吹胀比对撕裂强度的影响

当加快牵引速率时，从模口出来的熔融树脂的不规则料流在冷却固化前不能得到充分缓和，光学性能较差，如图 8-31 所示。即使增加挤出速率，也不能避免薄膜透明度的下降。

在挤出速率一定时，若加快牵引速率，纵、横两向强度不再均衡，而导致纵向强度上升，横向强度下降，如图 8-32 所示。

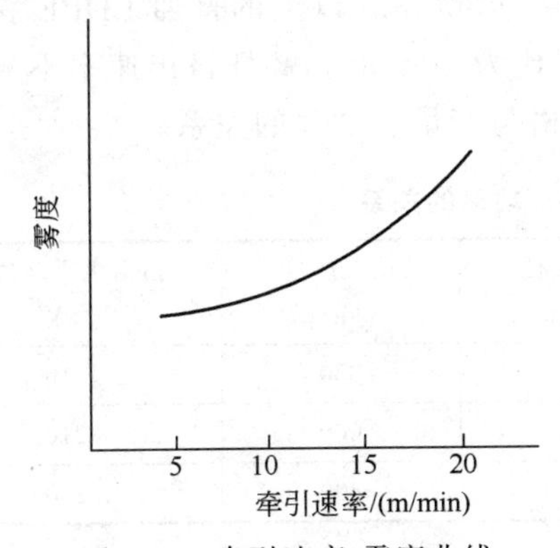

图 8-31 牵引速率-雾度曲线

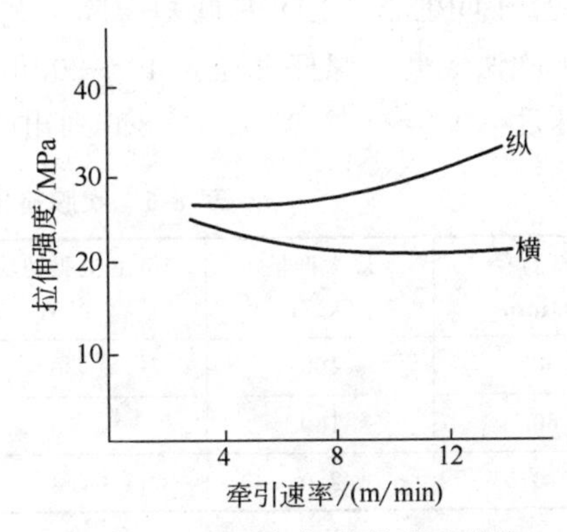

图 8-32 牵引速率-拉伸强度曲线

显而易见，吹胀比和拉伸比分别为薄膜横向膨胀的倍数与纵向拉伸的倍数。若二者同时加大，薄膜厚度就会减小，折径却变宽，反之亦然。所以吹胀比和拉伸比是决定最终薄膜尺寸和性能的两个重要参数。

（4）薄膜冷却 吹塑薄膜的冷却很重要，冷却程度与制品质量的关系很大。管泡自口模到牵引的运行时间一般大于1min（最长也不超过2.5min），在这么短的时间内必须使管泡冷却定型，否则，管泡在牵引辊的压力作用下就会相互粘接，从而影响薄膜的质量。

对于平挤上吹工艺来说，精心调整冷却风环的工艺参数，可以稳定管泡，控制冷冻线高度，提高薄膜的精度与生产速度。对于平挤下吹的工艺来说，精心调整风环和水环的工艺参数也十分重要。

2. 工艺操作

工艺操作规程如下：①用铜质塞尺调整口模与芯模间环形缝隙的宽度，保证各处一致；②观察刚挤出的管泡四周挤出量是否均匀，若管泡歪斜，出现单边厚薄，应调整四周温度及间隙宽度，出料快处降温、拧紧螺钉，反之则升温、松开螺钉；③开压缩空气吹胀管泡，压紧管泡引至卷取装置，调节牵引速率、吹胀比，使薄膜的折径、厚度基本符合要求；④调整薄膜厚度均匀度，调整冷却风环的位置及风量，稳定冷冻线（模口到管泡定型处的位置）的长度，在卷取装置前逐点取样，测定厚度，找出产生厚薄的部位，便于调整。

三、几种吹塑薄膜的成型工艺

1. LDPE膜

用于吹塑薄膜生产的乙烯类聚合物和共聚物有很多种，LDPE和LLDPE均为其中重要的树脂品种。LDPE有较好的力学性能、光学性能、热封合性能等，选择适当牌号的LDPE对吹膜加工有很好的适应性，操作容易。LLDPE的分子量分布窄，平均分子量较大，加工流动性不如LDPE，但拉伸强度、伸长率、耐穿刺性、耐撕裂性等都优于LDPE。LLDPE可以单独吹膜，但需对有关设备进行改进，才能满足吹塑成型要求。因此，LLDPE常以共混组分的形式在吹膜工艺中出现，LLDPE的加入，可以有效地提高LDPE薄膜的强度和韧性。

（1）树脂　生产普通包装膜、手提袋的LDPE选用熔体流动速率为0.7～1g/10min的树脂，LLDPE的熔体流动速率为1～2g/10min。

（2）LDPE和LLDPE吹塑薄膜工艺及设备　折径为300mm以上的普通LDPE膜采用平挤上吹法成型。螺杆直径为40～200mm，螺杆长径比为20～30。螺杆挤出速率不超过最大线速度（0.8～1.2m/s）。表8-6列出吹膜挤出机规格与产量、功率的关系。

表8-6　吹膜挤出机规格与产量、功率的关系

螺杆直径 D/mm	最大产量 /(kg/h)	挤出机驱动功率 /kW	螺杆直径 D/mm	最大产量 /(kg/h)	挤出机驱动功率 /kW
50	100	30	90	380	110
60	180	55	120	600	210
70	250	78	135	800	310

机头多采用螺旋式机头或支架式机头，口模直径100～1000mm。风环采用堤坝式铸铝风环，鼓风机压力为4000～8000Pa，流量为15～75m^3/min。

LDPE吹膜挤出机和机头的温度控制是薄膜生产中的关键，它直接影响产品质量，应使物料熔融充分，熔体黏度均匀一致，且黏度适当。控制机身从料斗向机头方向的第一段温度为140～150℃，第二段为170～180℃，第三段为180～190℃，机头温度在180℃左右。

LDPE 和 LLDPE 吹膜工艺中，熔融物料从机头口模被挤出后形成管坯，立即吹胀而被横向拉伸，同时在牵引辊的作用下被纵向拉伸，分子链在纵、横方向发生取向，取向程度对薄膜强度有显著影响，取向度大，强度高。为了使薄膜纵、横方向强度均等，应使吹胀比与拉伸比相同，但实际生产中为扩大机头的适用范围，通过调节吹胀比与牵伸比使同一规格的机头在一定范围内吹制不同折径、不同厚度的薄膜。吹胀比通常控制在 1.5～3，拉伸比控制在 3～7。

薄膜从机头挤出吹胀后，立即进行冷却，若冷却效果不好，薄膜发黏而无法引膜。为提高产量，有采用双风环冷却的办法，较为先进的冷却方法是内冷法。通过改变内部气流进行内部冷却对薄膜质量有着重要的改善。

(3) LLDPE 吹塑薄膜设备的改进　LLDPE 较 LDPE 的力学性能优异，在承受相同强度下，LLDPE 的膜厚比 LDPE 可减少 25%～50%，拉伸断裂强度 LLDPE 要比 LDPE 薄膜高 2 倍，而 LLDPE 薄膜的加工成本并不高，因此，越来越多的 LDPE 薄膜被 LLDPE 所取代，LLDPE 还被用来加工拉伸膜和共挤出膜。加工 LLDPE 薄膜与加工 LDPE 薄膜的设备有所不同，这是由于 LLDPE 的分子结构和流变性特点。图 8-33 是 LDPE 和 LLDPE 的黏度 μ 和剪切速率 γ 曲线的比较。LLDPE 的黏度高于 LDPE，所以需要螺杆承受较高的扭矩和更大的驱动功率。为了尽可能地降低熔融温度，还应修改螺杆的几何参数。

LLDPE 和 LDPE 的机头设计也是有区别的，图 8-34 是 LDPE 和 LLDPE 机头口模形状和尺寸的比较，其中图 8-34 (a) 是 LDPE 口模，图 8-34 (b) 是 LLDPE 口模。口模间隙的增加，可以消除 LLDPE 物料离模时的熔体破裂现象。

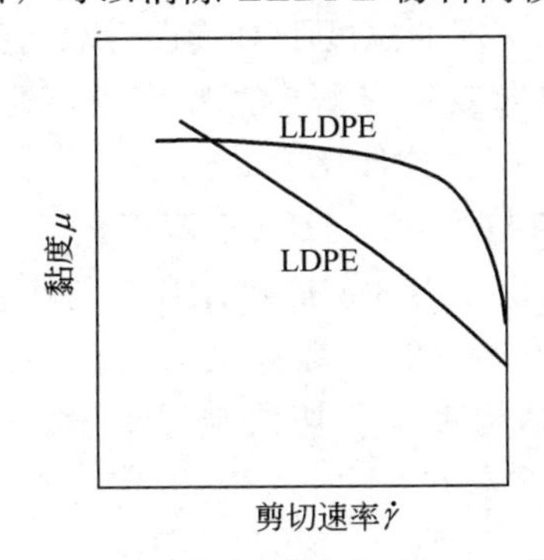

图 8-33　LDPE 和 LLDPE 的 μ-γ 曲线

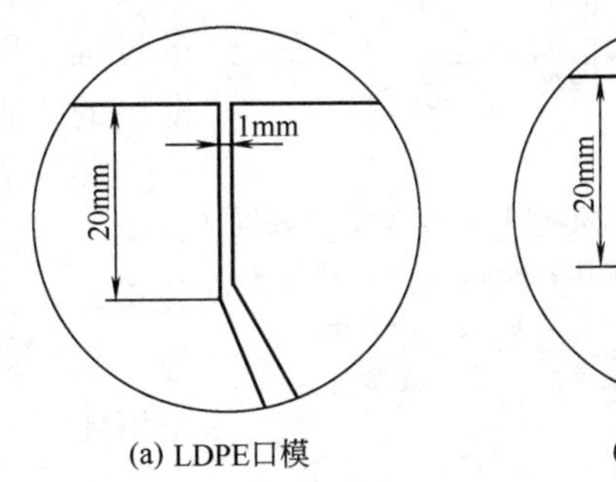

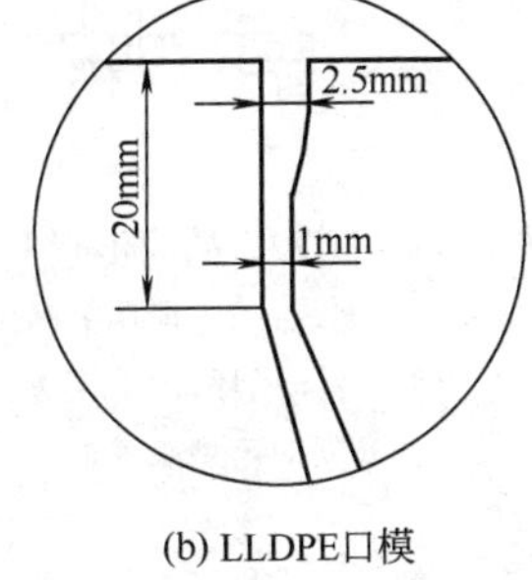

图 8-34　LDPE 和 LLDPE 机头口模的形状和尺寸的比较

在塑化状态下，LLDPE 熔体强度低，导致膜泡难以稳定，用双风口冷却风环和内冷却装置有利于膜泡的稳定和冷却。

2. HDPE 膜

由于 HDPE 分子链较为规整，结晶度高，生产的吹塑薄膜在力学性能、耐热性和阻隔性方面与 LDPE 薄膜不同，见表 8-7。

表 8-7　LDPE 与 HDPE 性能比较

项目	LDPE	HDPE
密度/(g/cm^3)	0.91～0.94	0.94～0.97
拉伸强度(DIN53455)/MPa	150～200	350～450
断裂伸长率(DIN53455)/%	600	450～650

续表

项目	LDPE	HDPE
撕裂强度(DIN53455)/(N/100mm)	8	27～32
拉伸冲击韧性(DIN53448)/MPa	2000	1800～2000
透水蒸气性(DIN53122,24h)/(g/m^2)	3	1～1.5
最高使用温度/℃	约 80	110～115

HDPE 可以生产包装薄膜、包装袋和购物提袋，其透明性较 LDPE 低，比 LDPE 硬、挺。

(1) 树脂及加工特性　用于吹塑薄膜的 HDPE 树脂熔体流动速率为 0.2～0.6g/10min。树脂的熔融温度较高，在剪切速率变化范围内黏度很高。由于分子结构为线型，故流动取向性很强。

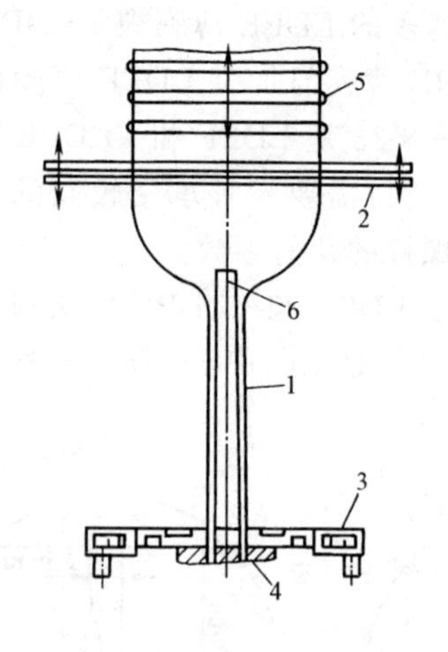

图 8-35　HDPE 的膜泡形状及冷却定型装置
1—泡颈；2—能调节高度的稳泡板；3—冷却风环；4—模头；5—可调节高度的定型装置；6—芯部支撑

(2) 成型工艺特点　与 LDPE 和 LLDPE 吹塑薄膜相同，HDPE 薄膜采取平挤上吹法成型，但膜泡的形状与 LDPE、LLDPE 的形状截然不同。图 8-35 为 HDPE 的膜泡形状和冷却定型装置。薄膜的吹胀发生在离开口模一段距离之后，膜泡的下部是一段细长的管状，其长度为口模直径的 5～8 倍。这是由 HDPE 的熔体特性和拉伸比决定的。实际上，这种泡形产生的结果相当于在工艺上先成型出一段管，再在一定的温度下对其进行双向拉伸的过程，因此，取向效果显著，薄膜获得高强度。薄膜的吹胀比是 4～6，拉伸比是 3～7。

(3) 成型设备与操作　HDPE 薄膜的生产适合用小规格的挤出机，表 8-8 是螺杆直径与产量的关系，其长径比为 16～25。螺杆最大挤出线速度为 1.4m/s。螺杆结构带有剪切段与混炼段。料筒中熔体温度为 240℃左右。

表 8-8　螺杆直径与产量的关系

螺杆直径 D/mm	最大产量/(kg/h)	螺杆直径 D/mm	最大产量/(kg/h)
35	55	75	270
50	115	90	380
65	200		

机头采用螺旋芯棒式机头，需注意的是，应在流道、螺线和口模的结构和尺寸上避免过大的剪切速率，否则易出现熔体破裂现象。由于 HDPE 的上述成型特点，HDPE 薄膜口模尺寸相对较小，一般为 30～200mm。

带有细长颈的泡形同样是用冷却风环来冷却和固定膜泡形状，除此，设置能调节高度的稳泡板也是必要的，芯部的支撑管也起到对膜泡的稳定作用。

3. PP 膜

(1) 原料选择　PP 吹塑薄膜应选择熔体流动速率为 6～12g/10min 的吹塑级树脂。一般情况下，生产厂家已在吹塑级树脂中加入了润滑剂。由于PP吹塑薄膜是将筒膜压扁后再收卷，若在树脂中不加润滑剂，会使薄膜粘连，不易揭开。

用于吹塑薄膜的树脂有均聚物和共聚物两种。一般说来，均聚物的价格较共聚物便宜。共聚物生产的薄膜宜在冬天使用，均聚物生产的薄膜可在夏天使用。因为均聚物的耐寒性差，用其生产的薄膜在冬天应用时脆性大，包装易破裂。相反，共聚物薄膜在夏天使用时，薄膜刚性差，影响包装质量。用户应根据产品应用条件选择合适的原料。

（2）设备选择　生产PP吹塑薄膜的设备主要包括挤出机、机头、风环、冷却水环、牵引辊、干燥装置和卷取装置等。挤出机的选择根据生产薄膜的规格而定。对PP吹塑薄膜的生产，一般选择直径为45mm或65mm的挤出机。螺杆多选择长径比为25、压缩比为3～5的突变型螺杆。机头可选用十字架式或螺旋式。按薄膜规格选用模口尺寸。

膜管的冷却也是PP吹塑膜生产的关键环节，可采用风环和水环同时冷却。膜管先通过风环冷却，使膜管稳定后再进入水环冷却。冷却用水在水环内壁和膜管外径之间形成一层非常薄的水膜，因此，水环内壁的粗糙度对薄膜的外观性能影响较大。实际上，内壁太光滑和太粗糙都对产品质量不利。若太粗糙，薄膜表面易起毛，而太光滑又会使膜管外径和水环内壁完全吻合，易隔断水膜而互相吸住，所以，应按经验选择合适的水环内壁粗糙度。

薄膜在收卷前必须进行干燥处理。因为水冷却后的膜管常常吸附着微量的水分，这些水在膜面上不仅对透明度有影响，而且也会在印刷前的电晕处理中因膜上含水造成导电后被击穿。

薄膜的干燥形式有热风干燥和热辊加热干燥两种。

（3）生产工艺　PP吹塑薄膜可选择平挤下吹法，用水环冷却方式对薄膜进行冷却。

工艺控制主要从以下几方面考虑。

① 挤出温度。挤出温度控制既要保证薄膜的透明性，又要确保薄膜具有良好的开口性。虽然PP薄膜的透明性随挤出温度的提高而提高，但是如果挤出温度过高，薄膜层与层会发黏，难以揭开，所以成型过程中温度控制很重要，一般说来，挤出温度可控制在180～240℃。

② 冷却水环的水温。在PP薄膜的生产中，冷却水环的水温也是关键因素。PP薄膜冷却时，如果冷却水温度上升，冷却就变得缓慢，这时薄膜的结晶度提高，透明度下降，薄膜发脆。冷却水温一般在15～25℃较合适，若大于30℃，透明度将明显下降。

③ 冷却水环与机头的间距。在一定的水温下，增加水的流量能达到提高冷却效果的目的，但水量过大会对膜管产生冲击作用，使薄膜出现褶皱。冷却水环与机头的距离通常为250～300mm。

④ 干燥温度。干燥的形式有热风干燥和热辊加热干燥，膜的干燥温度约为50℃。

⑤ 吹胀比。PP吹塑薄膜的吹胀比较PE小，一般控制在1～2，最大不超过2.5。提高吹胀比能使光泽度和冲击强度提高，但增大吹胀比也可导致一些性能变差，如开口性、纵向拉伸强度等。

4. EVA吹塑膜

EVA吹塑薄膜是一种弹性膜，由于它的弹性，使它在包装物品时有很强的缚紧力。EVA薄膜有很好的自黏性、透明性、耐低温性，无毒，是良好的集装物包裹材料。EVA还可以作性能良好的农用薄膜，由于其虽柔软，但不会像PVC那样渗出增塑剂而附着尘土，与PE相比，它有更好的保温性，所以适用于覆盖温室和塑料棚，也可以用作地膜。

（1）树脂及原料组成　EVA是由乙烯与乙酸乙烯共聚而成，它的性能取决于乙酸乙烯的含量及其熔体流动速率。乙酸乙烯含量越高，材料弹性越大；其含量越低，性能越类似LDPE。当乙酸乙烯含量小于5%，熔体流动速率小于5g/10min时，EVA树脂的结晶度高、柔软性差、自黏性低，所制得的薄膜表面粗糙，光泽度和透明度差，拉伸弹性也差；当乙酸乙烯含量大于30%，熔体流动速率大于5g/10min，树脂的流动性大，熔体强度低，很难成膜。因此，选用乙酸乙烯含量5%～20%，熔体流动速率为1～5g/10min的EVA树脂生产吹塑薄膜为宜。

典型配方为每100质量份EVA中加入少量防黏剂及防雾剂，两种助剂总量为0.1～3质量份。防黏剂是一种至少含有两个羟基的聚烷基醚多元醇，防雾剂是一种多元醇酯的脂肪酸衍生物，它是一种非离子型表面活性剂。加入防黏剂及防雾剂的目的是要适当地改善薄膜的自黏性、防雾性和透明度，适应薄膜应用的需要。

（2）生产工艺 EVA薄膜的生产工艺流程与普通LDPE相同。EVA薄膜采用平挤上吹工艺，与LDPE不同的是，EVA要有较大的吹胀比和较高的纵向拉伸比，从而使薄膜大分子在纵、横方向上迅速取向。取向程度高，热收缩率大。吹胀比一般控制在3～5。纵向拉伸比对薄膜的拉伸特性影响较大，控制在7～15为好，拉伸比小，纵向取向程度低，反之，拉伸过分则横向热收缩率可能出现负值。总之，纵向拉伸速度比过大或过小对薄膜的性能均有不良的影响。

挤出机的温度控制由料斗向机头方向为：第一段120～140℃，第二段170～180℃，第三段180～190℃，机头温度190～210℃。

（3）主要生产设备 EVA与助剂的混合使用高速混合机，容积为200L。挤出机螺杆直径45mm，长径比为25，压缩比为3。机头可以是十字形机头，口模直径为85mm，口模间隙0.8mm。

5. SPVC膜

PVC加入增塑剂可吹塑成型软质PVC膜，按使用稳定剂的不同可制成透明膜和半透明膜，前者主要用于农业棚膜，后者主要用于工业包装。PVC吹塑膜的性能随增塑剂及其他助剂添加的数量与品种不同而异，一般增塑剂含量越高，薄膜的伸长率、撕裂强度和耐低温性越好，但硬度、拉伸强度和冲击强度随之下降。

（1）原料组成 软质PVC吹塑膜配方有两类：一类用于农用棚膜和育秧膜；另一类用于防潮、防水覆盖膜和工业包装膜。两类软质PVC膜配方举例见表8-9。

表8-9 两类软质PVC膜配方举例

物料名称	配方/质量份		物料名称	配方/质量份	
	农业用	工业用		农业用	工业用
PVC①	100	100	二碱式亚磷酸铅		1
邻苯二甲酸二辛酯(DOP)	22	22	硬脂酸钡	1.8	1.5
邻苯二甲酸二丁酯(DBP)	10	10	硬脂酸镉	0.6	
癸二酸二辛酯(DOS)	6	3	有机锡稳定剂	0.5	
烷基碳酸苯酯(M-50)		4	石蜡	0.2	0.5
环氧大豆油	4		碳酸钙	0.5	1
三碱式硫酸铅		1.5			

① 采用SG-2型或SG-3型树脂。

（2）生产工艺　PVC吹膜工艺流程有两种。一种采用粉料直接挤出吹塑成型，使用双螺杆挤出机或适于粉料加工的、长径比较大的单螺杆挤出机；另一种是先造粒，再吹膜的工艺，这一工艺流程如下：

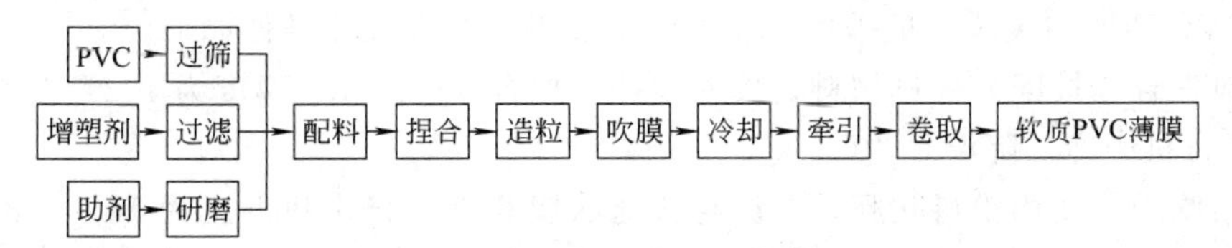

① 配料与造粒。为了除去物料中的杂质，PVC树脂需过40目筛，增塑剂通过100目铜网，其他助剂用增塑剂稀释，用三辊研磨机研磨，其细度达80μm以下，然后按配方计量放入捏合机中，捏合温度100～120℃，待物料松散有弹性即可出料。捏合好的物料投入挤出机造粒，温度控制在150～170℃，不宜过高。

② 挤出吹膜。为保证吹膜质量，最好使用预热的粒料，有利于降低吹膜能耗，提高薄膜塑化质量。从挤出机加料口向机头方向的温度控制为：第一段150～160℃，第二段170～180℃，第三段170～180℃，机头温度170℃左右。为减少因“糊料”而拆洗机头的次数，机头温度应低于机身温度。吹胀比通常为1.5～2.5，拉伸比为2～5。吹膜应予以良好的冷却，否则薄膜发黏。

（3）主要生产设备　三辊研磨机的辊筒直径为400mm，通水冷却；高速混合机容积为200L；挤出造粒机的规格为螺杆直径65mm，长径比15～20，渐变形螺杆；挤出吹膜机组中挤出机螺杆直径65mm，长径比为20～25，渐变形螺杆；机头多采用芯棒式结构。

6. RPVC膜

挤出吹塑法是成型硬质PVC薄膜的方法之一，由这一工艺生产的薄膜可达到较高的透明度，强度、韧性好，抗冲击和抗撕裂性优良，有很好的气密性，无毒、无臭、无味，保持包装物的鲜度和香度。透明的硬质PVC吹塑膜外观似玻璃纸（赛璐玢纤维素薄膜），可作香烟、糖果包装。

（1）原料组成　硬质PVC透明包装膜是一种不加增塑剂的硬质PVC产品，选用型号为SG-6型的树脂有利于加工流动性。若用于食品的包装，应选用卫生级，树脂中氯乙烯单体残留量应小于5mg/kg。典型配方见表8-10。

表8-10　硬质PVC透明包装膜配方

物料名称	配方/质量份	物料名称	配方/质量份
PVC	100	滑爽剂	0.5～1.0
甲基丙烯酸甲酯、丁二烯、苯乙烯三元共聚物(MBS)	5～10	润滑剂	3～4
加工改性剂	1～3	着色剂	适量
稳定剂	2～4		

（2）生产工艺　硬质PVC透明膜工艺流程如下：

各种原料→捏合→冷拌和→挤出吹塑→软质PVC薄膜→抗静电、热封涂覆处理→分切→校验→包装→成品

上述工艺流程为粉料直接吹塑成型，若挤出机不适合直接加工粉料，可先行造粒，造粒

过程温度不宜过高。吹塑成型的透明 PVC 薄膜可直接使用，也可经抗静电、热封涂覆处理。当用于香烟包装时，为改善 PVC 膜的热封合性，表面需涂覆一层低温热封合材料，其主要成分为氯乙烯和乙酸乙烯共聚树脂。

硬质 PVC 透明包装膜一般采用平挤上吹法成型。主要操作条件如下。

① 配料捏合。按配方称量物料，放入搅拌，捏合 5～8min，温度为 102℃左右，捏合后放入低速捏合机中冷却降温至 40～50℃。

② 挤出吹膜。使用粉料吹膜，方法与普通吹膜相似，挤出机温度为 160～180℃，机颈温度为 180～190℃，机头 190～210℃。薄膜吹胀比为 2～3，牵引速率为 10～30m/min。

③ 主要生产设备。高速混合机容积为 300L，挤出机组中挤出机螺杆直径 100mm，长径比为 25，压缩比为 3，螺杆结构为屏障型。机头口模直径为 250mm，间隙为 1.3mm。

四、成型中不正常现象、原因及解决方法

吹塑薄膜生产过程中的不正常现象产生的原因及解决方法见表 8-11。

表 8-11 吹塑薄膜生产过程中的不正常现象产生的原因及解决方法

异常现象	产生原因	解决方法
厚度不均匀	机头设计不合理 芯模“偏中”变形 机头四周温度不均匀 吹胀比太大 冷却不均匀 压缩空气不稳定	改进机头工艺参数 调换芯模 检修机头加热圈 减小吹胀比 调整冷却装置工艺参数 检修空气压缩机
薄膜褶皱	机头安装不平 薄膜厚度不均匀 冷却不够或不均匀 人字板、牵引与机头未对中 人字板角度太大 牵引辊松紧不一 卷取装置张力不恒定	校正机头水平 调整薄膜厚度均匀性 调整冷却装置或降低速度 对准中心线 减小人字板角度 调节牵引辊 调节卷取张力
薄膜表面发花	机身或口模温度过低 螺杆转速太快 螺杆温度过高或过低 配方不合理	适当升高机身或口模温度 适当降低螺杆转速 调节螺杆冷却介质流量 改进配方
薄膜有白点或焦点	原料中有杂质 过滤网破裂 树脂分解 混料不均匀	原料过筛 更换过滤网 清理机头 严格控制捏合、塑炼工艺
管泡歪斜	机身、口模温度过高 连接器温度过高 厚薄不均匀	适当降低机身或口模温度 适当降低连接器温度 调整薄膜厚度
拼缝线痕迹明显	机头或连接器温度过高 机头设计不合理 芯棒分流处料分解	适当降温 修改机头 修改芯棒分流器形状

续表

异常现象	产生原因	解决方法
薄膜黏着（即开口性差）	冷却不够 牵引速率过快 配方不合理	加强冷却 降低牵引速率 改进配方
拉不上牵引	机头温度过高或过低 单边厚度相差大	调整机头温度 调整单边厚度
透明度差	机身或机头温度过低 冷却不够	适当升温 加强冷却
薄膜有气泡	原料潮湿	烘干原料

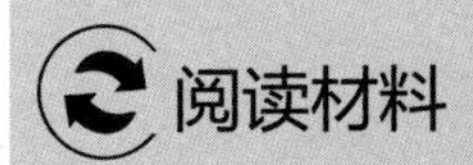

数字化控制九层共挤薄膜吹塑机组

随着社会进步和生产水平的提高，薄膜生产市场呈现多样化、个性化趋势，产品竞争日益加剧，大批量生产方式逐渐被迎合市场动态变化的品种多、批量小生产方式所代替。这就要求吹塑设备能适应不同产品、不同材料的生产需求及具有高效生产能力。在设备管理应用方面，随着企业资源规划（ERP）等信息平台的应用，对设备数字化要求也更高。自动化、数字化、信息化、智能化、高效成为行业装备制造的发展方向，国内对自动化、数字化、智能化设备需求的增长率很高。

目前，国内已研发出数字化控制九层共挤薄膜吹塑机组，产品特点是高度自动化、数字化、信息化，且适合小批量多品种生产要求的高效吹塑。机组主要由自动称重喂料系统、单螺杆挤出机、九层共挤平面叠加模头、自动加热筒式口模、自动风温式双风口风环、多风口出风式内冷风环、电动导辊式稳泡器、毛刷式人字夹板及护膜板、水平旋转牵引装置、多功能组合式收卷机、电气控制系统等部分组成。

数字化控制九层共挤薄膜吹塑机组在以下方面具有创造性与先进性：

（1）主要由吹塑机组运行管理控制系统、多种协议工业数据网络及数字化系统、自动化膜泡成型调整系统、快速换料短流程挤出模头、原料配送更换系统、宽调整范围自动口模及设备维护系统等部分组成，重点突出吹塑设备生产过程中的智能化与柔性化。

（2）采用工业视觉系统控制膜泡成型。工业视觉具有精度高、速度快、测量数据多等优点，将其应用于膜泡自动检测与控制，可实现同一时刻、平面二维信号采集，多点分析膜泡宽度变化情况。在薄膜成型过程中，根据摄像机抓取的图像，对膜泡成型状况自动测量，分析膜泡边缘的变化情况，根据时间和数值的变化，控制成型过程冷却风平衡，解决成型过程中膜泡波动的自动控制难题，使膜泡宽度精度提高、成型稳定、成型时间缩短。

（3）通过原料输送系统、短流程挤出系统、运行管理控制等集成，实现快捷原料更换和配送，缩短材料更换时间，适应不同产品、不同材料的生产需求，有效提高设备多品种、小批量、宽范围的生产能力。通过建立吹膜工艺数据库及设备参数库，实现工艺流程数字化、智能化控制，利用多种协议的工业数据连接网络，实现整机各控制设备与运行部件的数据互联互通，可方便地与企业的ERP系统连接，实现控制过程数字化透明运行。

在数字化的基础上，建立工艺数据库及设备参数库，设备运行生产过程中工艺参数会依据参数库为基础进行自适应调整，采用基于规则的模糊推理算法，根据加工过程中的压力、温度、产量的反馈情况，对工艺参数的方向和幅度进行调整，优化加工工艺，简化开机过程，提高产品质量和稳定性。

多层共挤薄膜吹塑装备用于高端的包装领域，具有较高的社会效益，通过节约原料和降低能耗，减少资源的消耗。通过多层共挤吹塑成型工艺代替复合或涂布工艺，避免复合残留溶剂对环境和包装产品的污染，增加食品的卫生安全性。

知识能力检测

1. 塑料薄膜的成型方法有哪几种？
2. 挤出吹塑薄膜的生产方法有哪几种？
3. 吹塑薄膜机头结构有什么特点？
4. 吹塑薄膜是怎样进行冷却定型的？
5. 吹塑薄膜的牵引、卷取装置作用是什么？
6. 怎样控制吹塑薄膜的生产工艺？
7. 如何解决吹塑薄膜成型中常见的故障？
8. 完成 PE 薄膜的平挤上吹生产。
9. 查找资料，了解吹塑薄膜在产品、设备与技术方面的新进展。

模块九

单向拉伸制品的挤出

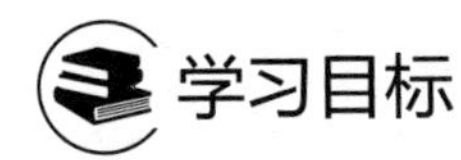

学习目标

知识目标：通过本模块的学习，了解单向拉伸制品种类、性能要求、常用原料及用途，掌握单向拉伸制品的生产基础知识，掌握单向拉伸制品挤出成型的主机、辅机及机头的结构、工作原理、性能特点，掌握单向拉伸制品挤出成型工艺及参数设计，掌握单向拉伸制品生产过程中的缺陷类型、成因及解决措施。

能力目标：能够根据单向拉伸制品的使用要求正确选用原料、设备，能够制订单向拉伸制品挤出成型工艺及设定工艺参数，能够规范操作单向拉伸制品挤出生产线，能够分析单向拉伸制品生产过程中缺陷产生的原因，并提出有效的解决措施。

素质目标：培养工程思维、创新思维和工匠精神，培养单向拉伸制品的安全生产意识、质量与成本意识、环境保护意识和规范的操作习惯。

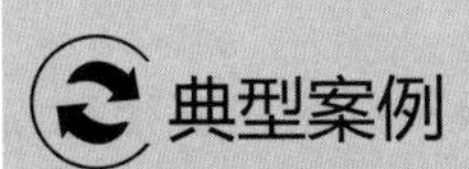

典型案例

钓鱼线挤出成型案例

钓鱼线，使用PA材料挤出成型，采用双螺杆ϕ45mm、ϕ65mm挤出机，直角式单丝机头，喷丝板，冷却水箱，在热水箱中拉伸，热处理后卷取。

挤出工艺：料筒-机头温度170～250℃，喷丝板温度230～240℃，拉伸温度为98～100℃，热处理的温度为80～90℃，总拉伸倍数4.5～5.5倍，纺丝速度800～1000m/min。

单元一　单向拉伸制品挤出基础

塑料单向拉伸制品是指制品在成型过程中经过单向拉伸，聚合物链段及分子链段在拉伸方向获得较高的取向度，从而在取向方向的机械强度有很大提高的一类制品。塑料单向拉伸制品包括单丝、扁丝、打包带、捆扎绳（撕裂膜）等。

一、单向拉伸制品及用途

单向拉伸制品因为在取向方向的机械强度较高，且具有无毒、耐水和耐化学腐蚀性好、易染色、强度高、化学稳定性好的特点，因而在一些单向拉伸受力的场合有广泛的用途。例如，PVC单丝可织成窗纱、滤布、绳索、刷子等；PE单丝可编织成渔网和缆绳；PP塑料丝是制作编织袋的好材料；PA丝特别适合做牙刷；扁丝主要用于制作编织袋，又称“编织丝”；捆扎绳是日常生活中不可缺少的，打包带尤其是机用打包带在包装业中扮演重要的角色。

二、单向拉伸制品的原料

理论上说，高分子都是可以拉伸取向的，但是为了获得稳定的、较高的取向度和较高的机械强度，单向拉伸制品的原料必须是分子量比较高、分子量分布比较窄的结晶型或者有比较高的玻璃化温度的高分子材料。塑料原料的分子量不能低也不能太高，分子量太低则制品的强度不合要求，分子量太高会给加工带来困难。分子量分布比较窄的高分子材料拉伸比较容易，强度也较高。结晶型或者有比较高的玻璃化温度的高分子材料取向后不容易解取向，可以稳定地保持材料的性能。此外，还要具有无毒、耐水和耐化学腐蚀性好、易染色、化学稳定性好等特点。

常用的单向拉伸制品所用的塑料品种有PVC、PE、PP、PA等。

三、纤维单位及主要性能

单向拉伸制品分子链以及分子链段在拉伸方向获得较高的取向度，比较规则地排列而形成细丝，细丝实质上就是较粗的纤维。因此，在此引入纤维术语。

1. 细度

细度是纤维粗细的程度，分直接指标和间接指标两种。直接指标一般用纤维的直径和截面积表示，由于纤维截面积不规则，且不易测量，通常用直接指标表示其粗细的时候并不多，故常采用间接指标表示。间接指标是以纤维质量或长度确定，即定长或定重时纤维所具有的质量（定长制）或长度（定重制），在化学纤维工业中通常以单位长度的纤维质量，即线密度（纤度）表示，常用的有以下三种表示方法。

（1）特（tex）或分特（dtex） 特或分特是国际单位制。1000m长的纤维的质量（g）称为特，其1/10为分特。由于纤维细度较细，用特表示细度时数值较小，故通常以分特表示纤维的细度。对同一种纤维来讲（即纤维的密度一定时），特数越小，单纤维越细，手感越柔软，光泽柔和且易变形加工。

（2）旦（den） 9000m长的纤维的质量（g）称为旦，对同一种纤维来讲，旦数越小，单纤维越细，旦为线密度的非法定计量单位，1den＝9tex。

（3）公制支数（Nm） 公制支数简称公支，指单位质量（g）的纤维所具有的长度（m）。对同一种纤维而言，支数越高，表示纤维越细。

几种单位之间的换算关系是：1den＝9tex；1Nm＝1000/tex或1tex＝1000/Nm；1den＝9000/Nm或1Nm＝9000/den。

几种纤维的线密度见表9-1。

表 9-1 几种纤维的线密度

纤维种类	线密度/tex	公支数/(m/g)
棉纤维	0.13～0.22	4550～7700
亚麻单纤维	0.17～0.33	3030～5880
大麻单纤维	5～8	125～200
涤纶纤维	0.2～0.7	1430～5000
腈纶纤维	0.3～0.7	1430～3330
尼龙 6 纤维	0.3～1	1000～3330

2. 密度

纤维的密度是指单位体积纤维的质量，单位为 g/cm^3。各种纤维的密度是不同的，在主要化学纤维品种中，丙纶的密度最小，黏胶纤维的密度最大。几种纺织纤维的密度见表 9-2。

表 9-2 几种纺织纤维的密度

纤维种类	密度/(g/cm^3)	纤维种类	密度/(g/cm^3)
黏胶纤维	1.50～1.52	丙纶纤维	0.91
涤纶纤维	1.38	棉纤维	1.32
尼龙纤维	1.14	蚕丝纤维	1.33～1.45
腈纶纤维	1.14～1.17	亚麻纤维	1.50

3. 吸湿性

纤维的吸湿性是指在标准温度（20℃，65％相对湿度）条件下纤维的吸水率，一般采用两种指标来表示。

回潮率：纤维中所含水分重量与纤维干重的比例。即回潮率＝试样所含水分的重量/干燥试样的重量×100％。

含湿率：纤维中所含水分重量与纤维湿重的比例。即含湿率＝试样所含水分的重量/未干燥试样的重量×100％。

各种纤维的吸湿性有很大差异，同一种纤维的吸湿性也因环境温度、湿度的不同而有很大的变化。为了计重和核价的需要，必须对各种纺织材料的回潮率作出统一规定，称公定回潮率，各种纤维在标准状态下的回潮率和我国所规定的公定回潮率见表 9-3。

表 9-3 几种纤维的回潮率和公定回潮率

纤维种类	回潮率/％	公定回潮率/％
黏胶纤维	12～14	13.0
涤纶纤维	0.4～0.5	0.1
尼龙纤维	3.5～5.0	1.5
腈纶纤维	1.2～2.0	2.0
丙纶纤维	0	0
棉纤维	7	8.5
蚕丝纤维	9	11.0
亚麻纤维	7～10	12

吸湿性影响纤维的加工性能和使用性能。吸湿性好的纤维摩擦和静电作用减小，穿着舒适，对于吸湿性差的合成纤维可以利用改性的方法来提高其吸湿性。

4. 拉伸性能

（1）断裂强度　断裂强度是表示纤维结实程度的指标。这个指标对纤维的后加工过程和纤维织品的使用性能都有较大的影响。纤维的断裂强度通常用相对强度（P）来表示，即纤维在不断增大的外力作用下发生断裂时的最大拉力（F）与线密度之比。常用的单位有：N/tex、N/dtex和g/den等，其中cN/dtex、N/tex是我国法定的计量单位，而g/den将逐步被淘汰。

（2）断裂伸长率　是表征纤维力学性能的重要指标之一，适当的伸长会赋予纤维良好的手感和柔软性。其定义与计算方法与塑料材料相同。

5. 回弹性

材料在外力作用下（拉伸或压缩）产生的形变，在外力除去后，恢复原来状态的能力称为回弹性。纤维在负荷作用下，发生的形变包括普弹形变、高弹形变和塑性形变三部分。这三种形变，不是逐个依次出现，而是同时发展的，只是各自的速度不同。当外力撤除后，可回复的普弹形变和松弛时间较短的那一部分高弹形变将很快回缩，并留下一部分形变，即剩余形变，其中包括松弛时间长的高弹形变和不可回复的塑性形变。剩余形变值越小，纤维的回弹性越好。

6. 耐磨性

纤维及其制品在加工和实际使用过程中，由于不断经受摩擦而引起磨损。而纤维的耐磨性就是指纤维耐受外力磨损的性能。

纤维的耐磨性与其纺织制品的坚牢度密切相关。耐磨性的优劣是衣着用织物服用性能的一项重要指标。纤维的耐磨性与纤维的大分子结构、超分子结构、断裂伸长率、弹性等因素有关。

四、单向拉伸制品的成型原理

1. 塑料材料挤出

塑料材料经过挤出机塑化后，以一定的速度和压力进入成型模具中，从模具流出形成熔体流，熔体流受外力作用发生形变，同时受冷却介质作用固化成型。

2. 单向拉伸

冷却定型后的塑料材料在高弹态经过单向拉伸，被拉长拉细，取向度进一步提高，从而在取向方向的机械强度有进一步的提高，形成最终的单向拉伸产品。

3. 热处理（定型处理）

经过强力拉伸的单向拉伸产品收缩率较大，拉伸产品的内应力也较大，用热处理的方法可以减少拉伸产品的收缩率和内应力，还可以提高其耐热性。

热处理必须在张紧的条件下进行，否则，经过拉伸所得到的分子链的取向结构就会被破坏。对于结晶型的聚合物，热处理温度最好保持在T_{max}温度附近，使拉伸产品中的结晶度尽可能地提高，拉伸产品的强度能大幅度地提高。对于要求不高的拉伸产品也可以不要热处理这道工序。

单元二　塑料单丝的成型

一、塑料单丝

1. 单丝的性能及应用

塑料单丝是指经过单向拉伸，得到的一束具有较高取向度的线型聚合物。这种单丝一般由熔融纺丝法生产。塑料单丝具有无毒、耐水和耐化学腐蚀性好、易染色、强度高、化学稳定性好的特点。单向拉伸制品所用的塑料品种有 PVC、PE、PP、PA 等。塑料单丝用途相当广泛，可织成渔网、制成绳索、窗纱、滤布等，是日常生活中不可缺少的。几种单丝的主要力学性能见表 9-4。

表 9-4　几种单丝的主要力学性能　　单位：N/tex

项目	PE	PP	PA	PVC	聚偏二氯乙烯
拉伸强度	0.44～0.70	0.40～0.70	0.44～0.47	0.22～0.35	0.13～0.26
结节强度	0.31～0.33	0.35～0.57	0.48～0.57	0.16～0.24	0.09～0.18

2. 单丝成型工艺流程

（1）初生纤维的形成　单丝经过挤出机塑化后，以一定的速度和压力进入纺丝组件的小孔中，从孔中流出形成熔体细流，细流受外力作用发生形变，同时受冷却介质作用固化成型。

熔体在喷丝孔中，由于流道收缩，形成速度梯度场，产生拉伸流动。流动的大分子产生一定的取向，使熔体细流的大分子结构从无序排列到有序排列。

熔体细流从喷丝板的小孔流出后，通过周围介质进行传质、传热（即冷却凝固）的同时，纺丝细流受到拉伸作用，使细流直径发生变化，在此段内产生部分取向。沿外力作用的方向使纤维的外形、粗细发生连续变化，得到的纤维具有一定的初步结构和性能，这种纤维称为初生纤维。纤维结构的变化主要决定于熔体细流的纵向速度梯度场、拉伸力及其速度变化。

（2）单向拉伸　拉伸方法有干法和湿法两种。干法就是将经冷却定型后的粗丝在热烘道中加热，在 T_g～T_f（或 T_m）之间的某一温度下，将粗丝拉长拉细。干法的特点是加热温度较高，能够提高拉伸倍数，故现在大多数采用此法，但受到设备较复杂的限制。湿法就是在 100℃的沸水中将粗丝加热后进行拉伸，对于圆形单丝特别适用。

粗丝经过单向拉伸后，被拉长拉细，取向度进一步提高，从而在取向方向的机械强度有进一步的提高，形成最终的单向拉伸制品。

（3）热处理（定型处理）　经过强力拉伸的单丝收缩率较大，单丝的内应力也较大，用热处理的方法可以减少单丝的收缩率和内应力。

单丝未经热处理就收卷，卷取筒中的单丝会因收缩而相互嵌入，无法倒丝，甚至会使卷取筒变形或产生裂缝。即使单丝立即织成网、布等制品，在存放和使用过程中，单丝受热仍会发生回缩，制品不稳定。因此，单丝经拉伸后必须重新加热，让单丝有一定的收缩，使单丝尺寸稳定。

有些单丝经热处理后，可以提高耐热性。例如，未经热处理的单丝在 50～60℃就开始收缩，而经过热处理后的单丝在 70℃时才开始收缩。

热处理必须在张紧的条件下进行，否则，经过拉伸所得到的分子链的取向结构就会被破坏。热处理导辊的线速度比第二拉伸辊的线速度要低 2%～5%，让单丝中的大分子发生部分链段松弛。

对于结晶型的聚合物，热处理温度最好保持在 T_{max} 温度附近，使单丝中的结晶度尽可能地提高，使单丝的强度能大幅度地提高。对于要求不高的单丝也可以不要热处理这道工序。

二、塑料单丝的成型设备

塑料单丝的成型设备由挤出机、机头、冷却水箱、牵伸设备、热处理设备及卷绕设备组成。塑料单丝生产的典型工艺流程如图 9-1 所示。

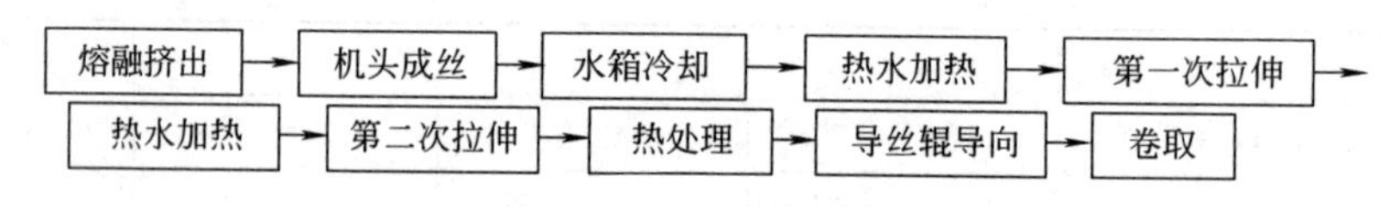

图 9-1 塑料单丝生产工艺流程

从图 9-1 可知，单丝生产挤出的粗丝进入水箱冷却定型，然后进入热水箱加热，同时进行拉伸，拉伸倍数根据需要不同而不同，一般为 3～10 倍。

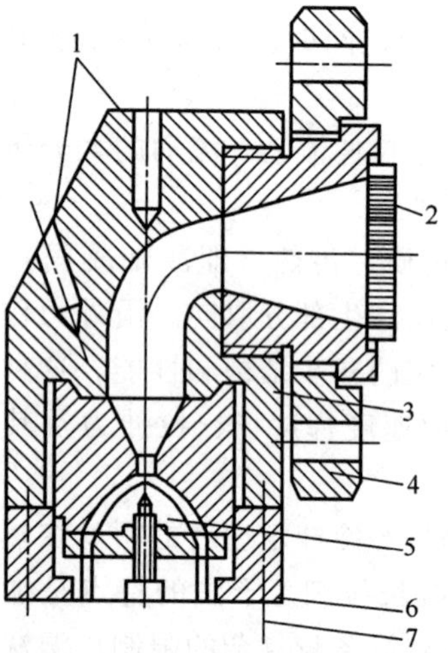

图 9-2 直角式单丝机头结构

1—温度计插入孔；2—过滤板；3—模体；4—连接法兰；5—分流器；6—喷丝板；7—锁紧螺钉

1. 挤出机

由于单丝直径较小，一般为 0.15～0.70mm，所以通常选用直径为 45mm 或 65mm 的单螺杆挤出机，有时也使用直径为 90mm 的单螺杆挤出机。长径比一般为 25 以上。挤出机料筒末端应设置过滤板并放置 2～4 层过滤网，网孔为 40～80 目。

2. 机头

单丝机头一般采用直角式，结构如图 9-2 所示。机头流道直径应逐渐缩小，产生压力将塑料压实，一般取 $D/d=2\sim4$。分流器扩张角一般为 30°～80°，分流器处流道的截面积应大于喷丝孔截面积之和。

主流道末设置了一个“瘦颈”，对物料形成了一定的阻力，然后将物料均匀地输送到喷丝板。设置瘦颈的优点是：喷丝板各处物料压力均匀，流量稳定，减少机头内存料及物料分解的可能，也减少清理机头的废料。

3. 喷丝板

喷丝孔的直径主要根据单丝直径与拉伸比决定，拉伸比为 6 时的 LDPE 和拉伸比为 8 时的 HDPE 的单丝直径与喷丝孔直径的关系见表 9-5。

表 9-5 喷丝孔直径与单丝直径的关系 单位：mm

单丝直径		0.2	0.3	0.4	0.5	0.6	0.7
喷丝孔直径	LDPE	0.5	0.8	1.1	1.3	1.5	1.7
	HDPE	0.8	1.1	1.4	1.7	2.0	2.3

对于同一原料，拉伸比固定，孔径增大时单丝的直径也增大。增大喷丝孔直径虽可提高产量，但若孔径太大则拉伸比也要随之增大，卷取速度也相当快，导致无法进行操作。喷丝孔的孔数为 12～60。对于不需要分丝的单丝，孔数可增加到 100 以上。喷丝孔的直径常用的有 0.8mm、0.9mm、1.0mm（有时孔径能达 2.3mm）。喷丝孔需要精密准确地加工，各孔的孔径、中心距、孔的平直部分的长度均要相等，否则在喷丝过程中易产生断丝或丝的粗细不均。喷丝孔的长径比为（4～10）∶1。不同塑料品种有不同的孔径包角，PE 取 60°为好，PP 取 20°为好。喷丝板是机头的主要部件，其结构如图 9-3 所示。

4. 冷却水箱

从喷丝孔出来的单丝温度很高，例如 PE 可达 300℃，为了防止单丝相互粘接，必须迅速冷却定型。冷却水箱中水面应保持一定的高度，喷丝板到冷却水表面的距离为 15～50mm，根据具体树脂确定。距离过大，塑料氧化会降低单丝的强度。冷却水箱的结构如图 9-4 所示。

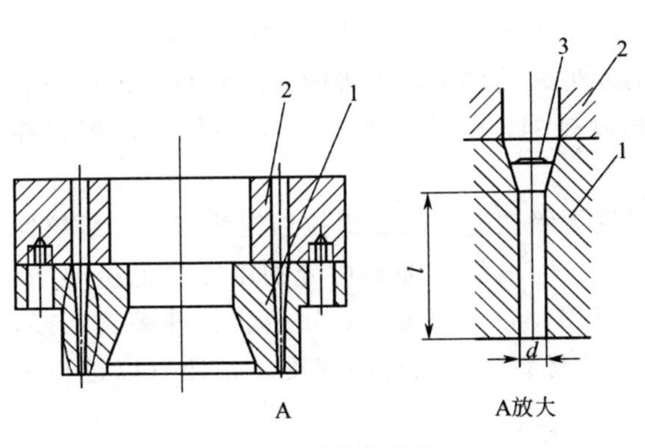

图 9-3 喷丝板结构

1—模体；2—引入导板；3—孔径包角

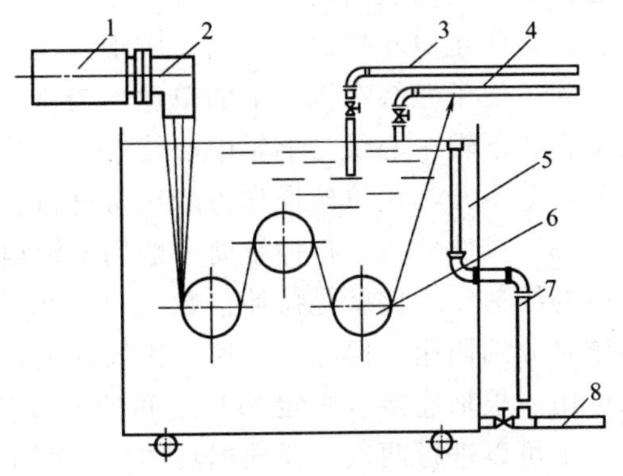

图 9-4 冷却水箱结构

1—挤出机；2—机头；3—蒸汽管；4—冷水管；5—水箱；6—滑轮；7—溢流管；8—排水管

冷却水的温度应在 20～50℃内调节。水温过高，会降低单丝的强度；水温过低，单丝内部易产生空洞。

水箱应有一定的容量，一般长 1～2m，深 0.8～1.0m，应保证单丝在水箱内通过的长度在 1m 以上。

水箱中三个滑轮固定在同一架子上，可以同时升降，便于操作。冷却水箱有蒸汽管（冬天开车时使用）和冷水管，用来调节水箱的水温。溢流管位置高低可调，以控制水面高度。排水管可将水箱中热水放出。

5. 干燥装置

当单丝从冷却水箱出来后，需经过干燥才能进入热风烘箱加热，以保证单丝的表面质量和粗细的均匀性。单丝携带的水分被海绵擦或转向棒擦去，剩余的水分被真空头吸去。有些情况下，要用热风和合适的吹风头来蒸发残余的水分。

6. 拉伸设备

因未拉伸的单丝强度低，不用橡胶辊压住，单丝就会断；拉伸后的单丝因强度大，可不用橡胶辊压住。拉伸设备主要是加热装置和拉伸装置。

（1）加热装置　加热装置的热源有电阻丝加热和红外线加热两种。加热装置一般为加热水箱，水箱中有冷水与蒸汽管，用蒸汽将水加热至沸腾（达 98～100℃），用热水加热单丝。热水箱长 2～3m，保证单丝在热水箱中有一定的停留时间。若水箱太短，则单丝拉伸不足，达不到拉伸倍数。蒸汽管有无数小孔，蒸汽从小孔溢出，以保持水的沸腾温度恒定。排水管将蒸汽冷凝水排出。

水箱中有两个较大的滑轮，水箱进口与出口处各有一个滑轮将单丝导入与导出水箱，如图 9-4 所示。水箱加热成本低，温度恒定，加热均匀，操作方便，广泛用于 PE、PVC、PA 等单丝。

另一种干法加热是辊筒加热装置，由 3～5 排加热辊筒组成。辊筒用油或电加热。较粗的单丝绕在辊筒上，通过热辊对单丝加热。干法加热装置比热水箱加热成本高。主要用于热拉伸温度较高的场合，如 PP 单丝拉伸温度为 150～160℃。

（2）拉伸装置　拉伸辊筒有 2～3 组，每一组包括上、下 2～5 个直径为 150～250mm 的空心钢筒。辊筒表面镀铬，工作部分的长度为 200～250mm，上辊为主动辊，下辊为从动辊。为了防止单丝打滑，可用橡胶辊压住上辊，或将单丝在辊筒上绕 5～10 圈。

为了便于缠绕在辊筒上的单丝均匀排列，不发生缠结现象，上辊中心线应与挤出机中心线垂直；下辊中心线与上辊中心线应有一定的角度排列，一般为 6°～12°，否则单丝聚集在一起，分不开，使拉丝操作不能正常进行。

（3）拉伸倍数　拉伸辊筒一般用整流电机实现无级调速。第二组拉伸辊筒与第一组拉伸辊筒的线速度之比就是拉伸倍数（也称为拉伸比）。2～3 组拉伸辊可分别用三台电机驱动，操作时分别调速，但经常调速，比较麻烦；也可以用一台电机驱动，用链将拉伸装置连接，也可用一根轴连接。固定相互之间的速度比，只需调节一台电机的速度。拉伸可以进行一次，也可以进行两次，要根据具体情况而定。

7. 卷取装置

卷取装置主要有卷取筒和卷取轴。卷取筒装在卷取轴上，卷取轴由电机和传动系统带动。为了使单丝均匀而平整地绕在卷取筒上，一般采用凸轮装置。

卷取有两种方式：单丝卷取和若干根丝合成一股卷在卷筒上。单根丝卷在一个小筒上，每筒单丝约重 1kg；几十根单丝卷在一个大筒上，然后用分丝机分成单根丝，每绞单丝约重 250g。卷取操作的关键是使卷取张力保持恒定，即卷取的线速度保持恒定，一般在卷取轴前装一个力矩电机。

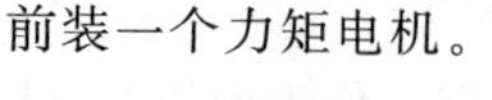

单丝的挤出成型工艺

三、塑料单丝的成型工艺

1. PE 单丝

PE 单丝是将高密度聚乙烯（HDPE）粒料加入挤出机熔融挤出成丝，再热拉伸而成，具有强度高，质量轻，耐磨性、耐化学腐蚀性好，弹性好，低温条件下柔韧性好，在潮湿条件下强度不受影响，介电性能优良等特点。广泛用于制作渔网、绳索、民用纱窗、工业滤网等。

(1) 原料　通常选用拉丝级的 HDPE，分子量在 10 万左右，*MFR* 为 0.5～1.0g/10min，分子量分布应较窄，密度为 0.955g/cm^3 左右，树脂中必要时添加适量的色母料。辽阳石油化纤总公司生产的 GF7750 树脂（*MFR* 为 0.5g/10min）、大庆石化总厂塑料厂生产的 5000S 树脂（*MFR* 为 0.9g/10min）等都是单丝专用 HDPE 树脂牌号。这两种牌号中，5000S 的 *MFR* 较高，拉丝操作与生产较容易，断丝率较低，GF7750 的 *MFR* 较小，单丝强度高，但要用 L/D 大些或加混炼头的螺杆，否则，单丝容易断丝。

(2) 生产所需设备

① 挤出机。一般使用螺杆直径为 45mm 或 65mm 的挤出机，螺杆为突变型，长径比为 20∶1。

② 机头。通常使用直角式机头，机头内流道收缩角为 30°左右。喷丝板上的喷丝孔一般为 12～60 个，孔径为 0.127～1.27mm。喷丝孔的长径比 $L/d=(3\sim10)\colon1$。喷丝板前面应加过滤网，一般为三层，前后两层铁网为 40 目，中间层铁网为 80 目。

③ 冷却水箱。冷却水箱长 1.5m、宽 0.6m、高 0.8m。

④ 拉丝辅机。一般有以下四种形式：

a. 三台辅机的转速由三台电动机分别控制。

b. 第一台辅机的转速由一台电动机控制，第二、三台辅机用链条连起来，由另一台电动机控制。

c. 三台辅机两两用链条连接起来，用一台电动机控制其转速。

d. 三台辅机被一根轴连起来，用一台电动机作动力控制其转速。

其中，后两种形式的辅机在生产中比较实用，各辅机间的转速比是固定的，便于保证单丝的质量。

(3) 生产工艺　将 PE 原料投入挤出机中，物料在机筒中受到温度和剪切力的作用被熔融，并由螺杆推向机头，熔融的物料经机头的喷丝板喷出成丝，经冷却水槽冷却，再经热拉伸、定型热处理、卷取等最终形成制品。

① 挤出机分 5 段控温，温度依次为 180℃、250℃、280℃、310℃、305℃。连接器温度为 300～310℃，口模温度为 295～305℃，实际温控波动范围为 2～5℃。

② 冷却水槽中水温也要进行控制。一般将冷却水温控制在 25～35℃。单丝出机头的温度约在 300℃以上，若对单丝进行骤冷，则球晶较小，结晶度较低，对下一步的拉伸工序有利；若冷却水温过高，则球晶大，结晶度高，在拉伸工序中容易断头。通过调节冷却水进水量和出水量达到控温的目的。

③ 水面距喷丝板的距离为 15～30mm。水面太低，单丝容易黏结，产生断头太多；水面太高，引丝操作困难。水面的高低对单丝的强度有较大的影响。适当的水面高度，可以使单丝进入冷却水后，快速冷却结晶，结晶成核的速度快，单位体积内所生成的晶核数目多，球晶直径较小。容易在拉伸时形成稳定的细颈，从而得到较好的力学性能。

④ 初生丝在沸水中加热后进行拉伸。HDPE 单丝的拉伸倍数与强度的关系见图 9-5。

由图 9-5 可知，随拉伸倍数的增加，拉伸强度增加，断裂伸长率下降，冲击强度也下降（图中未标明）。综合考虑拉伸强度与冲击强度，选定拉伸倍数为 9～10。如果拉伸倍数太高，由于断裂伸长率降低，单丝容易断头；另外，如果拉伸倍数在 10 倍以上，则操作的线速度非常快，单丝易断，生产稳定性差，所以，实际采用 9.5 左右的拉伸倍数。

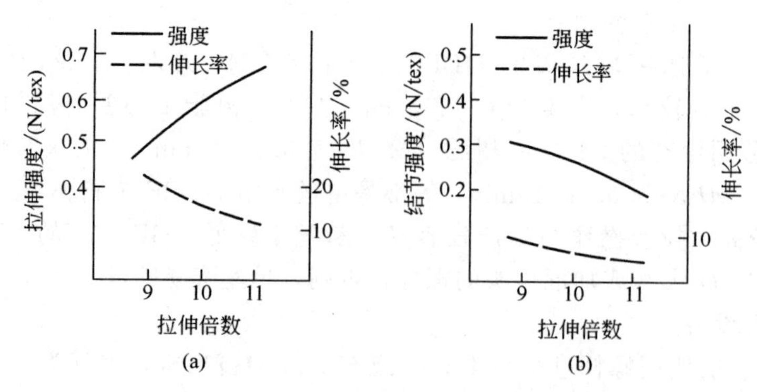

图 9-5 HDPE 单丝拉伸倍数与拉伸强度的关系

以直径 ϕ65mm 挤出机为例，当螺杆转速为 25～30r/min 时，牵引辊的速度为：第一牵引辊的线速度 v_1 为 17～18m/min；当拉伸倍数为 9.5 时，第二牵引辊的线速度 v_2 为 161～171m/min。如果实际操作线速度 v_2 达 170m/min，若有断头产生，很难将断头除去并牵引到卷取装置，所以 v_2 取 160～165m/min。计算 v_1 为 16.8～17.3m/min，这是实际生产线速度。以上计算是一次拉伸时牵引辊线速度的计算。

若采用两次拉伸，可以降低生产过程中的断丝率。二次拉伸速率计算如下：若第一牵引辊的线速度为 v_1=17.3m/min，则第二牵引辊的线速度为 v_2=121m/min，第三牵引辊的线速度为 v_3=165m/min。这样，第一次拉伸倍数为 121/17.3=7 倍，第二次拉伸倍数为 165/121=1.36 倍，则总的拉伸倍数为 7×1.36=9.5 倍。HDPE 的拉伸温度为 100℃，可在沸水中加热，即采用湿法拉伸。

⑤ 热处理辊速度。热处理是在第二个水槽中进行的，使第三牵引辊的转速比第二牵引辊慢 2.0%～3.0%。即热处理辊的线速度为 160～162m/min（采用一次拉伸为例）。

(4) HDPE 单丝质量及规格　HDPE 单丝可执行 QB/T 2356—1998。

单丝根据产品不同用途分为 A、B、C 三类，A 类为渔业用丝，单丝细度为 0.17～0.21mm；B 类为工业用丝，单丝细度为 0.15～0.30mm；C 类为民用丝，单丝细度为 0.18～0.21mm。单丝产品表面光滑、柔软、无杂质，不允许有明显色差和压痕，轴面（绞）缠绕平整，不允许有未牵伸丝和乱丝。每 250g 轴（绞）装丝中不得超过 6 个结头。

(5) LDPE 单丝　LDPE 单丝比 HDPE 单丝强度低，但更柔软。因而，要求单丝更柔软，强度不高的场合可以使用。

LDPE 单丝设备及工艺与 HDPE 相同，只是拉伸倍数较低，为 6 倍左右。该类单丝产品目前产量较少。

(6) PE 单丝生产中不正常现象及解决方法　见表 9-6。

表 9-6 PE 单丝生产中易出现的不正常现象及解决方法

不正常现象	原因分析	解决方法
喷丝板处断头多	机头温度过低 加料段料筒温度过高 原料有杂质或焦粒 第一导丝辊太快 喷丝孔不符合要求	提高机头温度 开加料段料筒冷却水 更换原料或过滤网 降低第一导丝辊速度 更换喷丝孔

续表

不正常现象	原因分析	解决方法
热拉伸箱中断头多	拉伸温度过低 拉伸倍数过高 橡胶压辊损坏 热水箱中压轮损坏 原料有杂质或分解	提高拉伸温度 降低拉伸倍数 更换橡胶压辊 更换热水箱中压轮 更换原料或清洗机头
单丝细度公差太大	喷丝板加工不合格 拉伸辊筒打滑 卷取张力太小	更换喷丝板 检修拉伸辊筒 调节卷取张力
单丝太粗	拉伸倍数过低 拉伸速率太慢 喷丝孔磨损	提高拉伸倍数 提高拉伸速率 更换喷丝板
单丝太细	拉伸速率过快 拉伸温度过低 过滤网堵塞	降低拉伸速率 提高拉伸温度 更换过滤网
单丝强度低	原料分子量太低 拉伸倍数太大或太小 冷却水温度太低 拉伸温度过低 拉伸时间不足	更换原料 调节拉伸倍数 提高冷却水温度 提高拉伸温度 增加拉伸水槽的长度
单丝表面有气泡	原料含水量过高 挤出温度过高	干燥原料 降低挤出温度
单丝表面竹节化	喷丝孔表面不光洁 主机转速太快 过滤网层数太多 机头温度偏低 喷丝板有溢料	抛光喷丝孔 降低主机转速 减少过滤网层数 提高机头温度 清理喷丝板

2. PP 单丝

PP 单丝是将聚丙烯粒料加入挤出机熔融挤出成丝，再热拉伸而成，具有耐酸碱、吸水性小、密度小、耐磨性强、耐热性和电绝缘性好等特点。PP 单丝、绳索、织物主要用于耐高温与耐腐蚀过滤网、布，也可用于编织各种日用品、渔网、缆绳。由于 PP 丝的拉伸温度较高，只能采用干法拉伸，因此，拉伸的加热设备要比 HDPE 贵一些。

(1) 原料　一般选用等规度较高的 PP，分子量为 12 万～22 万，*MFR* 为 6～10g/10min，可选 F401 等牌号。

(2) 生产所需设备

① 挤出机。一般选用 ϕ45mm、ϕ65mm 挤出机，长径比为 25～30，螺杆的几何压缩比为 4.0～4.5。滤网组为 3～5 层组合：40 目/80 目/40 目、40 目/80 目/40 目/80 目/40 目。

② 机头。选用直角式机头，结构与 HDPE 相同。喷丝孔的长径比为 4～6，包角可以较小。若包角为 20°时，在温度和剪切速率变化范围很宽的条件下，单丝在机头喷丝板处不容易产生熔融断丝，单丝质量较好。

③ 冷却水箱。冷却水箱长 1.5m、宽 0.6m、高 0.8m。

④ 辊筒牵引。利用两组辊筒的线速度不同进行拉伸。第一组辊筒由 5～6 对辊筒组成，对单丝加热，辊筒用电加热，使辊筒表面温度达 120～140℃；第二组热辊筒数目较少，由 1～2 对辊筒组成，但线速度较快，对单丝进行拉伸。如果单丝要进行热处理，可用第三组热辊筒减速进行热收缩。

⑤ 热烘道拉伸。可采用热烘道对单丝加热。拉伸仍用两组不同线速度的辊筒进行。热烘道一般为 2～3m，烘道内的温度可达 140～160℃。

(3) 生产工艺　由于 PP 单丝的拉伸温度高于 100℃，只能采用干法拉伸。干法拉伸是将经过冷却定型后的粗丝在热烘道中加热，在 T_g～T_f 温度之间将粗丝拉伸，其特点是加热温度较高，需将拉伸水箱改为热拉伸烘箱，设备较复杂。

挤出抽丝时的温度必须比原料的熔点温度高 50～130℃，才能使熔体具有较好的流动性。挤出机的温度分四段控制时，数据依次为 200～240℃、240～260℃、260～280℃、280～300℃，连接器温度为 300～320℃，喷丝板温度为 300～310℃。在喷丝板下方设置一个加热圈，可减少或消除熔体的挤出膨胀现象，并可使抽丝温度降低 30～40℃，同时提高单丝的均匀性和抽丝速度。冷却水的温度控制在 20～40℃，喷丝板到水面的距离为 15～50mm。PP 在拉伸过程中会出现“细颈”，即拉伸点。控制好固定的拉伸点位置是拉伸工艺的重要条件之一。一般拉伸倍数要在 8～10 倍。PP 一般在低于熔点 20～40℃进行热拉伸。热处理温度一般为 100℃，第三牵引辊的转速应比第二牵引辊慢 2%～5%。为满足抽丝机头的压力需要，要有足够的机头的压缩比，一般为 3～5。

拉伸倍数由单丝的用途而定，如果是用来编织制品，则单丝的拉伸倍数控制在 7～8 倍，其他情况下一般为 10 倍。PP 单丝的质量标准参照 HDPE 的 QB/T 2356—1998。

3. 尼龙单丝

尼龙单丝具有很高的强度、耐磨性和良好的韧性、化学稳定性，且无毒；特别适宜制造牙刷、缆绳、钓鱼线、网袋、织物、蚊帐等用品。

(1) 原料　生产尼龙单丝的原料要求流动性好，分子量在 1.4 万～1.6 万。分子量小于 1.4 万无法生产，大于 1.6 万时断头太多。

(2) 生产所需设备

① 挤出机。一般选用 ϕ45mm、ϕ65mm 挤出机，长径比为 25～28，螺杆的几何压缩比为 4.0～4.5，过滤网更细些，一般为 40 目/120 目。

② 机头。机头选用直角式机头，结构与 HDPE 相同。喷丝孔的长径比为 6～10，包角可以较小。包角为 60°，喷丝孔的直径较小，一般为 0.5～0.8mm。喷丝孔的数目 20～30 个。

③ 辅机。PA 单丝的拉伸温度为 98～100℃，因此，可用湿法在热水箱中拉伸，拉伸辊筒与 HDPE 相同。热处理装置是蒸汽加热水箱和一对牵引辊筒。

(3) 生产工艺

① 干燥。原料中水分含量小于 0.1%时才能加入挤出机。

② 温度控制。挤出机的温度分四段控制，依次为：170～190℃、190～210℃、210～230℃、230～250℃；连接器温度为 240～250℃，喷丝孔温度为 230～240℃。冷却水的温度控制在 30～40℃，喷丝板到冷却水水面的距离为 15～40mm。

③ 拉伸倍数。尼龙单丝总的拉伸倍数一般为 4.5～5.5 倍，生产牙刷丝时总的拉伸倍数为 4.5 倍，生产其他丝时为 5.5 倍。尼龙单丝拉伸时必须分两次进行，第一次先拉伸 3.5 倍，第二次再拉伸 1.3 倍；第一牵引辊的转速为 45m/min，第二牵引辊的转速为 157m/min，第三牵引辊的转速为 200m/min。单丝的拉伸必须在沸水中进行。

④ 热处理。PA 单丝热处理的温度为 80～90℃，热处理辊的线速度比第三牵引辊线速度低 1%～3%。

单元三 塑料扁丝的成型

一、塑料扁丝

1. 扁丝的性能及应用

塑料扁丝是指塑料薄膜分切成塑料条后经过单向拉伸，得到的一种具有较高取向度的线型聚合物。扁丝主要用于编织袋，又称“编织丝”。

扁丝的性能（特别是韧度、伸长率和热收缩量）取决于挤出的冷却方式、冷却程度与取向度。目前，塑料扁丝几乎完全取代了相关领域中的天然产品。表 9-7 列举了扁丝的常规应用和对产品的主要要求、常规的拉伸比、通常的尺寸和塑料品种。

表 9-7 塑料扁丝的应用领域和主要要求

应用领域	要求	拉伸比	尺寸:宽度 b/mm,厚度 d/mm,线密度 ρ_L/dtex	塑料品种
地毯织物	低收缩率,中等韧性,耐湿性,限定剖裂倾向,消毛	6～8	$b=0.8\sim2.5, d=0.037\sim0.05, \rho_L=270\sim1125$	PP
帆布	高韧性	7	$b=2.4, d=0.04, \rho_L=850$	PP,PE
袋	高韧性,高耐磨性,高耐候性,中伸长率	5～6	$b=2.8\sim3.0, d=0.03, \rho_L=650\sim900$	PP,PE
绳索	高拉伸强度,低伸长率,良好剖裂倾向	9～11	$b=20\sim60, d=0.04\sim0.1, \rho_L=5000\sim15000$	PP
细绳	高拉伸强度,高结点强度	9～11	$b=30\sim60, d=0.03\sim0.06, \rho_L=14000\sim30000$	PP,PP/PE共混
分离用织物	高韧性	7	$b=2.1, d=0.04, \rho_L=750$	PP
过滤用织物	低收缩率,高耐磨性	5～7	$b=1.0\sim2.0, d=0.004, \rho_L=350\sim700$	PP,PET
增强织物	低收缩率,中伸长率,耐温性	5～7	$b=2.0, d=0.03, \rho_L=550$	PP,PET
墙纸和家用织物	耐紫外线,静电少,染色均匀,手感好	7	$b=1.2\sim3.0, d=0.025\sim0.035, \rho_L=350\sim900$	PE
户外地毯	低收缩率,高耐磨性,高耐候性,好回收,染色均匀,限定剖裂倾向	6～7	$b=1.0\sim1.2, d=0.03\sim0.06, \rho_L=300\sim350$ $b=1.0\sim3.0, d=0.02, \rho_L=300\sim1000$	PP,PET

续表

应用领域	要求	拉伸比	尺寸：宽度 b/mm，厚度 d/mm，线密度 ρ_L/dtex	塑料品种
装饰用带	密度小，表面效果好	6	$b=4\sim12, d=0.03\sim0.05, \rho_L=800\sim3000$	PP+发泡剂
针织袋和其他包装	高结点强度，低剖裂倾向，柔软，耐紫外线	6.5	$b=2\sim3, d=0.02\sim0.03, \rho_L=300\sim600$	PP，PET
捆扎绳	高韧性，低剖裂倾向	7～9	$b=5\sim16, d=0.3\sim0.6, \rho_L=14000\sim90000$	PP，PET
毛制品	纤维特性	7	$b=20\sim300, d=0.025, \rho_L=10\sim70$	PP 共聚物和共混物
乔其纱箱包	高韧性，低剖裂倾向，中伸长率	6～8	$b=2.0\sim5.0, d=0.025\sim0.085, \rho_L=450\sim3000$	PP，PP/PE 共混

注：本表所阐述的扁丝的概念被拓宽了，包含了纤维、捆扎绳等制品。

2. 扁丝成型的工艺流程

扁丝的生产原理与单丝相同，因此，工艺流程也有类似之处。但扁丝生产时根据薄膜的制取方法不同可分为管膜法和平膜法（流延法）。管膜法又可分为平挤上吹和平挤下吹两种。工艺流程如图 9-6、图 9-7 和图 9-8 所示。

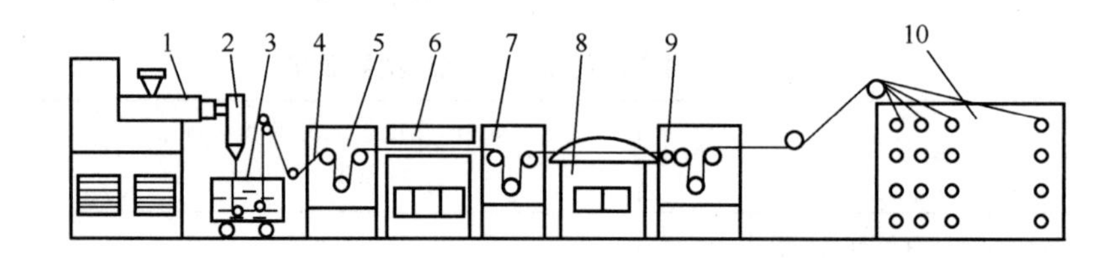

图 9-6 平膜法生产 PP 扁丝的工艺流程

1—挤出机；2—机头；3—冷却水槽；4—切条装置；5—第一牵引装置；6—热烘道加热箱；7—第二牵引装置；8—热烘板加热器；9—第三牵引装置；10—分丝机

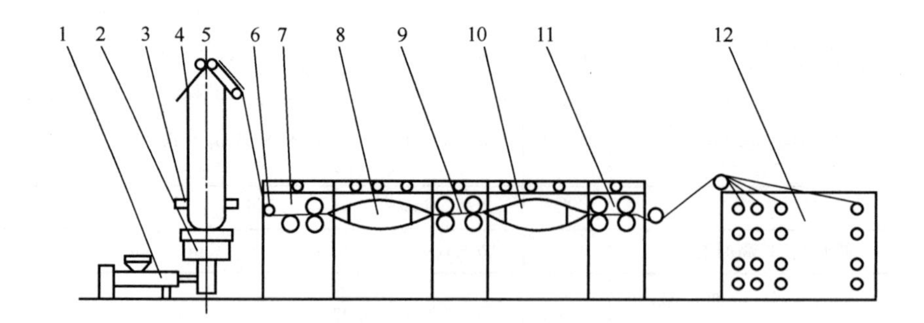

图 9-7 平挤上吹法制造 PP 扁丝的工艺流程

1—挤出机；2—机头；3—冷却风环；4—人字板；5—牵引辊；6—切条装置；7—第一牵引辊；8，10—弓板加热器；9—第二牵引辊；11—第三牵引辊；12—分丝机

平膜法的工艺流程与单丝基本相同，不同之处是平膜成型后要经过分切，将平膜切成若干个塑料条，再进入加热装置进行拉伸。平挤上吹和平挤下吹两种方法的工艺过程前半部分

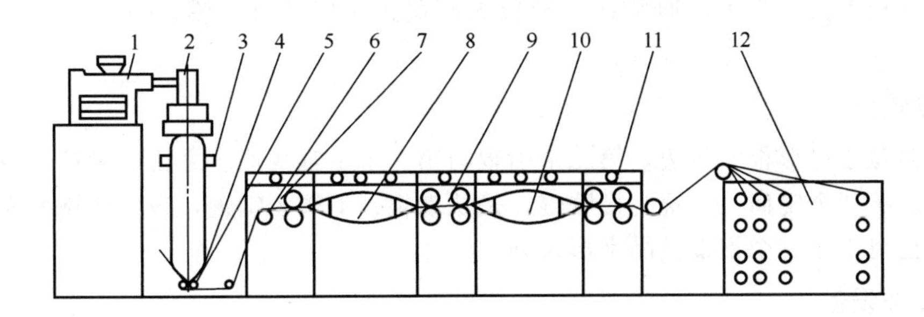

图 9-8 平挤下吹法制造 PP 扁丝的工艺流程

1—挤出机；2—机头；3—冷却风环；4—人字板；5—牵引辊；6—切条装置；7—第一牵引辊；8,10—弓板加热器；9—第二牵引辊；11—第三牵引辊；12—分丝机

与吹塑薄膜所对应的两种方法十分相似。不同点为：

① 在成型管膜的过程中，吹胀比为 1，即不要设吹胀比，拉伸比要比吹塑薄膜大得多；

② 机头选用吹塑薄膜机头；

③ 形成扁平的管式膜后，不设卷取装置，增添分切装置，将扁平的管式膜分切成两层若干条塑料条，两边的各一条进入回收装置；

④ 两层塑料条分别进入双面弧形烘箱的上、下面进行加热，以后的拉伸过程与单丝的拉伸过程完全相同。

3. 塑料扁丝与编织袋质量标准

塑料编织袋可执行 GB/T 8946—2013，该标准适用于聚乙烯、聚丙烯和聚酯等树脂为主要原料的生产。GB/T 8946—2013 标准附录 A 中规定了塑料扁丝的物理性能技术指标：断裂伸长率在 15%～30%；线密度偏差为±10%。

二、扁丝成型设备

1. 挤出机

一般选用 ϕ65mm 和 ϕ90mm 单螺杆挤出机，长径比为 25～28，螺杆要带混炼头，几何压缩比为 4 左右，螺杆头部放 2～4 层滤网，用 80 目铜丝网和 40 目铁丝网组合使用。

2. 机头

吹膜法采用吹塑薄膜机头，模唇间隙为 0.8～1.0mm；平膜法采用支管机头，膜向下挤出。

3. 冷却装置

管膜法的冷却装置与吹塑薄膜相同，平膜法的冷却装置要用冷却水箱，尺寸与 HDPE 单丝挤出时冷却水箱相似。

4. 切割装置

切割装置是将未拉伸的薄膜切割成宽为 3～5mm 的窄条。主要是将一组薄刀片装在刀轴上，再将其装在切割架上。刀片间的距离可调，刀轴可以转动，刃向下时便于切割薄膜。

5. 弓形加热板

弓形加热板对窄条薄膜进行加热。长度为 2m 左右，两端面弧长约 150mm。板内装有电加热装置。

弓形加热板表面应光滑，通常在弓形板表面覆盖一层 PTFE 膜，使扁丝与弓形板接触时不易拉断。

6. 拉伸辊筒

拉伸辊筒位于弓形板的两边，第二牵引辊与第一牵引辊线速度之比即为拉伸倍数。牵引辊通常为上、下两个辊筒，上辊为橡胶辊，是从动辊；下辊为钢辊，表面镀铬抛光，是主动辊。牵引辊也可以用三个钢辊呈品字形排列。

7. 热处理设备

热处理设备由加热弓形板和一对热处理辊组成，热处理的弓形板、辊筒与拉伸时的弓形板、辊筒相同。热处理辊筒通常称为第三拉伸辊。

8. 分丝架

一条扁丝生产线一次可生产 60～100 根扁丝。在扁丝卷取之前，必须将每根扁丝分开，按卷取辊筒位置依次排列。分丝架将扁丝分成左、右两排，每排按卷取筒位置前后依次排列在分丝架上，防止扁丝相互结团或拉断。

9. 卷取装置

卷取装置是将单根扁丝卷取，卷取筒装在卷取轴上。每个卷取辊由一个小力矩电机驱动，卷取辊上有排丝装置、张力控制装置等。

由于卷取筒较多，分上、中、下三排卷取。卷取装置分左、右两排，中间为操作通道。

三、塑料扁丝的成型工艺

1. PP 扁丝

（1）树脂的选用　用 *MFR* 为 2～8g/10min 的等规 PP 丝，专用牌号较多，如上海石化总厂塑料厂牌号为 T30S、北京燕山石化公司化工二厂牌号为 2401、英国壳牌 KY6100 等。

（2）成型工艺

① 挤出温度。挤出时挤出机料筒温度要比熔点温度高 50～130℃，若分四段控温，则料筒第 1～4 段的温度依次为 180～190℃、200～220℃、220～240℃、240～260℃；连接器温度为 240～250℃，模唇温度为 220～240℃。此为管膜法的温度控制，平膜法的温度与此相似。

② 拉伸温度。弓形板加热温度即为拉伸温度。弓形板的温度分三段控制：前段是窄条刚进入加热板，预热窄条的温度可以稍高一些；中段窄条已开始拉伸；后段拉伸已结束，温度不能太高，这三段温度依次为 105～125℃、95～105℃、70～90℃。

扁丝在弓形板表面拉伸通过时，摩擦也会产生热量，所以扁丝温度比弓形板温度稍高。

③ 拉伸倍数。拉伸倍数取 7～8 倍。拉伸速率快的辊线速度为 100～200m/min。

④ 热处理条件。热处理的温度比拉伸温度高 5～10℃，第三辊的牵引速率比第二辊慢 2%～3%（有的资料为 4%～8%）。

⑤ 平膜挤出时水箱的温度。水槽中水的温度为 30～50℃，机头与水面的距离一般为 15～50mm。水箱中不能呈湍流，水面不能有波纹。

⑥ 卷取。扁丝卷取应控制卷取张力稳定，排丝均匀，使卷筒中扁丝成品松紧一致，表面平整。防止产生单边高低不一、扁丝嵌入等弊病。

2. PE扁丝

PE扁丝的特点是柔软、韧性好，编织布与PE挤出复合二合一材料、三合一材料的黏合强度高，PE编织袋及复合材料克服了PP编织袋较硬、复合黏结强度差的缺点。

（1）设备的选用　与PP扁丝生产设备基本相同，主要不同点是：①单螺杆挤出机的长径比为25，几何压缩比为3.5，带混炼头；②可以用热水箱进行加热拉伸，也可以用弓形板加热拉伸。

（2）原料的选用　PE原丝可用HDPE、MDPE（中密度聚乙烯）生产。HDPE中可选用*MFR*为0.5～1.0g/10min挤出拉丝级的。美国陶氏化学公司新开发的MDPE，商品名称DOWLEX-2037A，*MFR*为2.5g/10min。

（3）成型工艺

① 挤出温度。用HDPE挤出扁丝时料筒温度为200～250℃，机头温度为230～240℃；用MDPE挤出扁丝时料筒温度为200～240℃，机头温度为220～230℃。

② 冷却水温度。冷却水温度为30～50℃，水面到模唇的距离为20～40mm。冷却水不能有湍流。

③ 牵引。用HDPE生产扁丝时，水浴法加热其拉伸温度为98～100℃。用MDPE生产扁丝时，用热板法加热，弓形板表面的温度为：前段100～120℃、中段100～110℃、后段90～95℃。

HDPE扁丝的拉伸倍数为8～10倍；MDPE扁丝的拉伸倍数为7.5～8.0倍。

④ 热处理条件。HDPE扁丝水浴法热处理温度为98～100℃；热板法的弓形加热表面温度为80～95℃；MDPE扁丝热板法弓形板的表面温度为80～100℃。

单元四　塑料打包带的成型

一、塑料打包带

塑料打包带是一种单轴取向的塑料捆扎材料，其厚度为0.5～1.2mm，宽度为12～22mm，具有强度高、韧性好、质地柔软、质轻、防潮、美观、耐腐蚀以及改善打包劳动强度等特点。生产塑料打包带所用原料包括PVC、PE、PP、PET等，其中PP打包带是最常见的包装捆扎材料，广泛应用于日用百货、纺织、服装、书店、邮电及出口产品的包装等方面。

PP塑料打包带一般选用熔体流动速率（*MFR*）为2～3.5g/min的聚丙烯树脂，如北京燕山石化总厂生产的2601、2301、2602、2302等型号，根据需要还可以加入适当颜料来生产不同颜色的打包带。但聚丙烯在低温冲击、成型收缩率、阻燃方面存在缺陷，可通过改性来提高其性能。

二、打包带成型设备

（1）挤出机　一般选用ϕ45mm挤出机，螺杆为突变型，长径比为20。

（2）机头　通常使用直角式机头或直机头，机头有效长度为80mm，口模长65mm，厚3mm。

（3）冷却水槽 冷却水槽长 0.7m、宽 0.4m、高 0.8m，水槽的高度应能自由调整。

（4）牵引机 目前使用的是单向拉伸装置，牵引采用双辊内旋龙门压下式牵引辊。用两个五级变速装置分别调节辊筒转速，形成前后两个拉伸辊的线速度差。

（5）拉伸槽 拉伸方法有干法拉伸和湿法拉伸两种。按加热方式分为蒸汽水浴加热、电热水浴加热、远红外线加热、热风循环加热、辊筒加热、油浴加热等。考虑到生产成本和实施的方便，目前大都采用蒸汽水浴和电热水浴加热。

（6）卷绕 打包带的卷绕有两种方法。成品宽度等于带的宽度，称为窄盘卷绕，主要用于手工打包带。成品宽度大于带的宽度，称为调盘卷绕，主要用于机械打包带。

三、打包带成型工艺

将 PP 颗粒料投入挤出机，加热熔融，经机头挤出成带，再经拉伸和压花等工序即制备成塑料打包带，其生产工艺流程如图 9-9 所示。

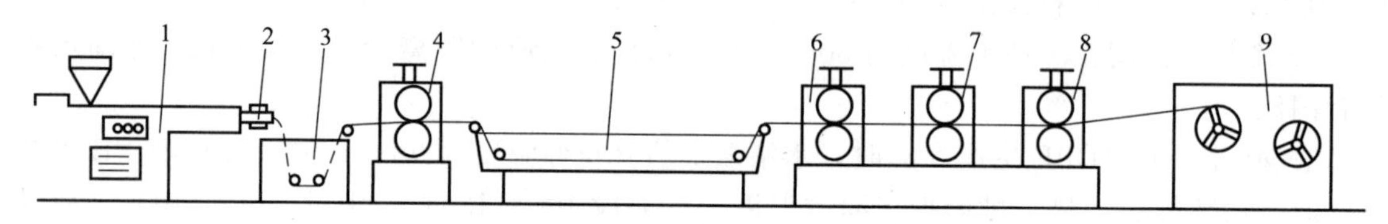

图 9-9 PP 塑料打包带生产工艺流程

1—挤出机；2—机头；3—冷却水槽；4—第一牵伸辊；5—热拉伸水槽；6—第二牵伸辊；7—压花辊；8—第三牵伸辊；9—卷曲辅机

（1）挤出机温度控制 机桶温度分三段控制，第一段约为 120℃，第二段约为 170℃，第三段约为 220℃；机头温度为 250～280℃。

（2）冷却 带料出机头后温度很高，要立即进入水中冷却，其作用是防止 PP 高温下氧化降解，立即冷却定型可防止打包带被拉断，对于结晶高聚物，快速冷却可降低结晶度有利于拉伸取向，获得高质量产品。冷却水温一般控制在 30℃以下，口模距水面 15～45mm。

（3）拉伸温度和拉伸倍数 拉伸的目的是提高打包带的纵向强度，降低伸长率。拉伸温度在热变形温度和熔点之间，一般在 130～140℃之间进行。聚丙烯的拉伸在沸水中进行，一般采用一次拉伸，拉伸倍数一般在 8～10 倍。

（4）压花 拉伸后的打包带经过两个带花纹的压辊，压上花纹，便于打包带在使用中增加摩擦，不打滑，外表美观大方。

（5）后处理 为提高印刷油墨的浸润性和附着牢度，拉伸后的打包带表面应进行电晕处理。为消除打包带拉伸和压花工序中产生的内应力，打包带还需要在紧张状态下用沸水进行退火热处理，以保证制品的质量稳定。

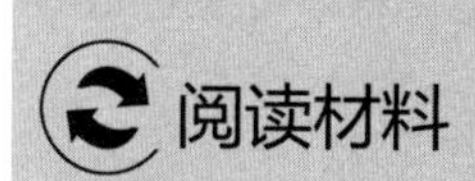

超高分子量聚乙烯纤维

超高分子量聚乙烯（UHMWPE）纤维又称高强高模聚乙烯纤维，是目前世界上比强度和比模量最高的高性能纤维，其特殊性能主要表现在：高比强度、高比模量、低纤维密度、低断裂伸长率、优良的抗冲击性和抗切割性、高耐磨性、耐化学腐蚀性。尤其是其强度相当于优质钢材的15倍左右，被广泛用于防弹衣、防刺服、头盔、防切割等安全防护用品，以及绳缆和渔网等水上结构材料、航空航天结构件、雷达罩等，是重要的战略物资和高新技术材料。

20世纪70年代后期，荷兰DSM公司以粉末状超高分子量聚乙烯为原料，采用全新的冻胶纺丝及超倍拉伸技术，制得了超高分子量聚乙烯纤维，之后将该项专利同美国Honeywell和日本东洋纺合作，在1990年开始工业化生产并且不断提升纤维品质扩大使用规模。

由于超高分子量聚乙烯纤维在航空航天、国防军工等领域有着不可替代的作用，是涉及国家安全的敏感战略物资，西方发达国家采用技术封锁、价格操纵等手段垄断了超高分子量聚乙烯纤维的全球销售市场，同时长期以来禁止向我国转让生产技术和销售产品。

为打破国外技术垄断，我国东华大学（原中国纺织大学）于1984年开始研究湿法纺丝技术，1997年进行了小试，1999年实现了扩试生产，此后该技术被国内多家企业广泛采用，得到快速发展。中国纺织科学研究院干法纺丝技术则于2000年取得了突破，2006年在中国石化集团研究院中试装置成功生产。2008年起由中国石化仪征化纤公司独家应用进行工业化生产。特别是自2007年起，国家发展改革委设立高技术纤维专项扶持计划，超高分子量聚乙烯纤维规模由百吨级迈上千吨级，此后经过十余年快速增长，我国成为全球超高分子量聚乙烯纤维生产大国。目前我国超高分子量聚乙烯纤维生产企业已近20家，年总产能超2万吨，约占全球的70%。

在产品质量方面，我国除了少量高端产品外，其余均已达到国际领先水平，在生产成本方面，我国超高分子量聚乙烯纤维生产成本比国外低20%以上。2000年之前，在西方发达国家超高分子量聚乙烯纤维技术和市场垄断期间，每吨产品价格在100万元左右，同时对我国禁售。随着我国超高分子量聚乙烯纤维逐步产业化，国外逐步放开对我国销售中低端产品，近年来，我国该产品产能和产量快速增长，市场价格逐步走低，目前已降至10万元/t左右。在生产技术方面，我国同时拥有自主知识产权的干法和湿法两种超高分子量聚乙烯纤维生产技术。

知识能力检测

1. 拉伸制品有什么优点？
2. 拉伸制品的成型原理是怎样的？
3. 拉伸制品的原料有什么特点？
4. 对于晶型材料，熔体冷却这一工序有什么要求？
5. 拉伸制品的拉伸倍数和性能有什么关系？
6. 干法拉伸和湿法拉伸都有什么特点？
7. 拉伸各工序有什么作用？定型工艺有什么特点？

模块十
挤出流延薄膜和双向拉伸薄膜

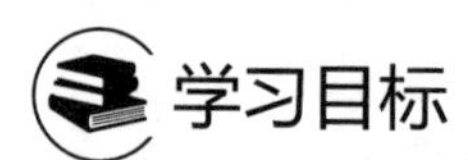

知识目标：通过本模块的学习，了解挤出流延薄膜和双向拉伸薄膜的具体用途，掌握挤出流延薄膜和双向拉伸薄膜的生产基础知识，掌握挤出流延膜和双向拉伸膜挤出成型主机、辅机及机头的结构、工作原理、性能特点，熟悉挤出流延薄膜和双向拉伸薄膜挤出成型工艺及参数设计。

能力目标：能够根据挤出流延膜和双向拉伸膜的使用要求正确选用原料、设备，能够制订挤出流延膜和双向拉伸膜生产工艺及设定工艺参数，能够规范操作挤出流延薄膜和双向拉伸薄膜制品挤出生产线，能够分析挤出流延膜和双向拉伸膜制品生产过程中缺陷产生的原因，并提出有效的解决措施。

素质目标：培养自主学习、分析问题能力，培养挤出流延膜和双向拉伸膜制品的安全生产意识、质量与成本意识、环境保护意识和规范的操作习惯。

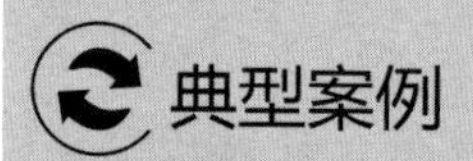

食品包装袋挤出成型案例

食品包装袋，使用PP材料挤出双向拉伸成型，分离型ϕ200mm螺杆挤出机，衣架式机头，多辊筒双面冷却成型机，纵向拉伸机，横向拉伸机，高温下定型处理（减小内应力），冷却、切边、卷取。

挤出工艺：料筒-机头温度为190～260℃，螺杆转速9～90r/min，冷却定型为厚片，双向拉伸过程中厚片预热温度150～155℃，预热后的厚片进入纵向拉伸辊，拉伸温度为155～160℃，纵向拉伸倍数5～6倍，然后进入拉幅机进行横向拉伸，拉幅机预热区165～170℃、拉伸区160～165℃、热定型区160～165℃，拉伸倍数为5～6倍。

单元一　挤出流延膜的成型

一、概述

1. 流延薄膜及用途

流延是制取薄膜的一种方法，最早用于醋酸纤维素等树脂的加工，先将溶解在溶剂中的树脂均匀地分散到衬垫上，待溶剂挥发干燥后，再从衬垫上剥离出薄膜。该工艺需要大量溶剂，溶剂回收成本高，能耗多，生产速度慢，薄膜强度差。

流延膜生产是将塑料经挤出机熔融塑化，从机头通过狭缝式模口挤出，浇注到冷却辊筒上，使塑料急剧冷却，然后再拉伸、分切、卷取。挤出流延薄膜的特点是易于大型化、高速化和自动化。所生产的塑料薄膜的透明性优于吹塑薄膜，强度可提高20%～30%，厚度均匀，可用于自动化包装，缺点是设备投资大。

由于流延膜具有透明、高强度、膜面坚挺、良好热封性和扭结性的特点，多层流延膜具有高的阻隔性、抗潮性等特点，在包装中使用广泛。如：LDPE/白色LLDPE/LDPE，膜低温时强度高，具有很好的视觉外观，被广泛应用于肉类和蔬菜类的深冷包装；PP/EVA、PP/共聚PP膜，膜面坚挺，具有良好的热封性能，被广泛用作自动包装机用膜、纺织品包装膜、蒸煮用食品包装袋和食品复合包装基材；PP/HDPE/PP膜具有良好的扭结性，膜面坚挺，被广泛应用于糖果包装；共聚PPⅠ膜/PP/共聚PPⅡ膜，在金属化后具有良好的阻隔性，广泛用作金属化薄膜基材、复合膜基材、镀铝膜基材；LDPE/黏结剂/乙烯-乙烯醇共聚物（EVOH）/黏结剂/LDPE膜，由于其中LDPE具有优良的抗潮湿性能，EVOH具有优异的阻隔气味的性能，广泛用于化肥及粉状化学品包装；PP/黏结剂/EVOH/黏结剂/共聚PP膜，可进行消毒处理，具有阻隔香味、抗潮湿、阻气等优良性能，被大量用于快餐熟食包装、果汁包装。

2. 流延膜的原材料

流延薄膜所用树脂主要有PP、PE、PA等，PS、PET主要用于双向拉伸薄膜，在流延成型中也可使用，对氧气、水蒸气的透过有良好阻隔作用的EVOH和聚偏二氯乙烯（PVDC）常用于多层共挤流延膜中。

3. 挤出流延膜的工艺流程

挤出流延成型时，薄膜成平片状。图10-1所示为流延薄膜的生产工艺流程。从该工艺流程可知，流延薄膜靠气刀中吹出的压缩空气将其吹向冷却辊表面。由于贴紧了冷却辊，可提高冷却效果，再通过两个冷却辊将薄膜两面进一步冷却。流延薄膜的冷却充分，所以生产线速度比吹塑法更高，可达60～100m/min以上，为吹塑薄膜生产线速度的3～4倍以上。

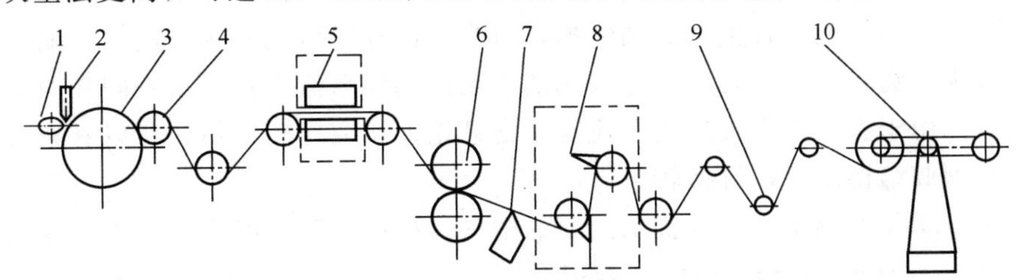

图10-1 流延薄膜生产工艺流程

1—气刀；2—机头；3—冷却辊；4—剥离辊；5—测厚仪；6—牵引辊；7—切边装置；8—电晕处理装置；9—弧形辊；10—收卷装置

二、流延膜的成型设备

流延薄膜典型的成型设备由挤出机、机头、冷却装置、测厚装置、切边装置、电晕处理装置、收卷装置等组成。

1. 挤出机

挤出机的规格决定薄膜的产量，由于流延薄膜的高速化生产，挤出机规格至少选择ϕ90mm，规格较大时也可用ϕ200mm的挤出机。根据原料不同选择螺杆结构，选择方法与吹塑成型相同。螺杆的设计决定了树脂的熔融质量，机头对树脂熔融质量要求较高，因此螺杆多采用混炼结构。一般长径比为25～33，螺杆压缩比为4。由于清理机头的需要，挤出机必须安装在可以移动的机座上，其移动方向一般与生产设备的中心线一致。停机时，挤出机应离开冷却辊，要求挤出机后移1m以上。

2. 机头

生产流延薄膜的机头为扁平机头，模口形状为狭缝式。这种机头设计的关键是要使物料在整个机头宽度上的流速相等，这样才能获得厚度均匀、表面平整的薄膜。目前，扁平机头有以下几种类型，这几种类型的机头对于薄板或片材的挤出同样适用。

机头宽度有1.3m、2.4m、3.3m、4.2m几种规格。宽度为4.2m的机头，年生产能力为7000t。口模平直部分的长度为（50～80）h（h为薄膜厚度），薄膜厚度小时取大值。

（1）支管式机头（亦称为歧管式）　支管式机头的特点是机头内有与模唇口平行的圆筒形（管状）槽，可以贮存一定量的物料。起分配作用及稳定作用，使料流稳定。机头内流道改变的地方和支管的两端要呈流线型，光滑无死角，否则易形成死点，使物料停滞分解。模唇必须可调，依靠调整唇口间隙来控制薄膜的厚度。优点是结构简单，机头体积小，重量轻，操作方便。

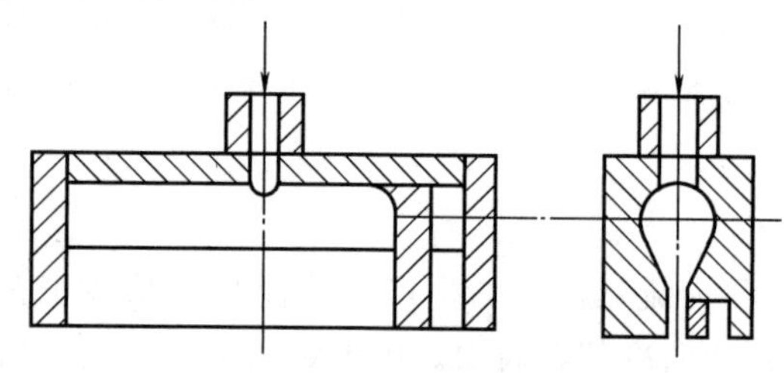

图10-2　中间供料直支管机头结构

支管式机头可分为：一端供料直支管机头、中间供料直支管机头、中间供料弯支管机头、双支管机头和带有阻流棒的支管机头。典型的中间供料直支管机头如图10-2所示。由于支管式机头有“制造困难，不能大幅度调节幅宽，唇模的各个位置上熔料分布不均”等缺陷，目前应用较少。

（2）衣架式机头　机头的流道形状像衣架而取名为衣架式机头，结构如图10-3所示。

衣架式机头采用了支管式机头的圆形槽，有少量的存料可起稳压作用，但缩小了圆形槽的截面积，减少了物料的停留时间，它采用的衣架形的斜形流道弥补了中间和两端薄膜厚薄不均匀的问题。由于衣架式机头运用了流变学的理论，研究比较成熟，所以衣架式机头应用广泛。缺点是型腔结构复杂，价格较贵。

如图10-3所示，阻流区a—a置于流道的中央，用以调节物料流速。当熔体通过径向尺寸渐减的歧管$b \to c \to d \to e \to f$到达稳压区时，横向流速已趋于一致；再通过调节阻流调节块6进行微调后，熔料流速与压力就达到均匀性要求。通过调节上模唇2，可挤出多种厚度规格的板、片数。上、下模的内表面须具有很低的粗糙度，最好能镀铬，提高板、片材的光亮度和平整度。

流延膜机头宽，模唇及调节排螺钉数量多，需要操作者有丰富经验，方可恰如其分地校正熔体流量；另外，整个机头处于高温之下，拥有相当大的热辐源，给机头调节带来不便。为此，开发自动调节式平缝机头具有实用价值。图10-4所示为“热螺栓自动调节式平缝机头”。首先，在机头横向轨道上，安装有一液压传动的拧转螺丝系统，能够移向调节排的每

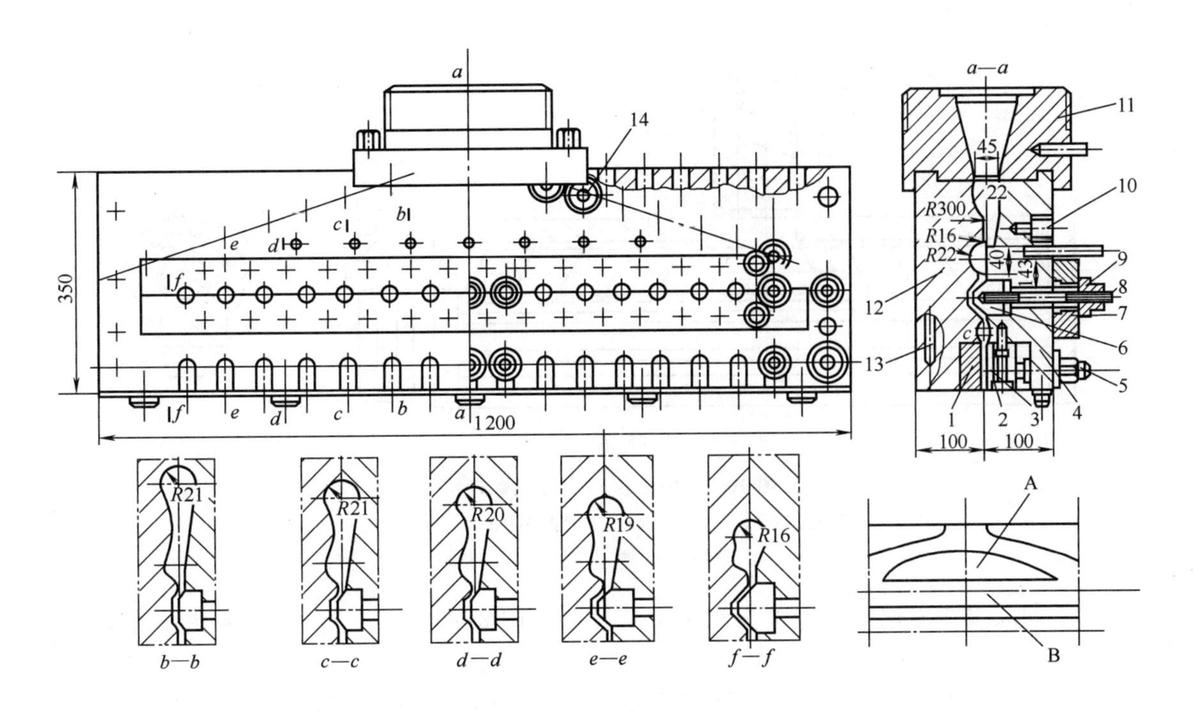

图 10-3　衣架式机头结构

1—下模唇；2—上模唇；3—螺钉；4—上模体；5,8—调节螺钉；6—阻流调节块；7—哈夫压块；9—调节螺母；10—热电偶孔；11—机颈；12—下模块；13—加热棒孔；14—内六角螺钉；A—模体；B—流道

一个调节螺栓 1，并进行调整。用谱线记录仪，将测量所得片材厚度分布显示于控制屏上，并由操作者转换成各个螺栓的调整脉冲，将螺栓调整顺序及调整量编成程序。其次，还设有一微调系统，用模唇微调螺栓 2 来调整柔性模唇，作为辅助调节。当调节过量时，切断电加热器 3 电源，用空气对螺栓补充冷却能迅速使模唇复位。

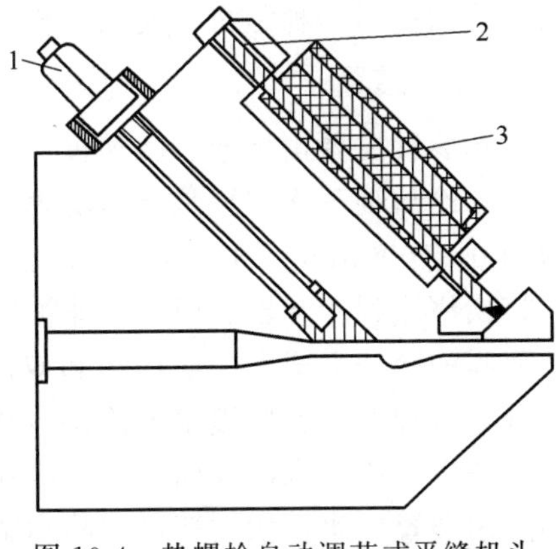

图 10-4　热螺栓自动调节式平缝机头

1—调节螺栓；2—模唇微调螺栓；3—电加热器

（3）分配螺杆机头　分配螺杆机头相当于在支管式机头内放了一根螺杆，螺杆靠单独的电动机带动旋转，使物料不停在支管内运动，并将物料均匀地分配在机头整个宽度上。

挤出机螺杆与分配螺杆机头连接的方式有两种：一端供料式和中心供料式。为了保证薄膜连续均匀地挤出，分配螺杆的挤出量应小于挤出机的供料量，即分配螺杆的直径应小于挤出机螺杆直径。中心供料式分配螺杆机头见图 10-5。

分配螺杆机头的突出优点：基本上消除了物料在机头内停留的现象，同时薄膜沿横向的物理性能基本相同。其缺点是结构复杂、制造困难，所以目前使用也不是很多。

（4）其他形式的机头　鱼尾形机头是早期使用较多的一种机头，具有结构简单、制造容易等优点。适宜加工 PVC 等热敏性塑料，但由于不能生产宽幅制品，所以现在应用不多。

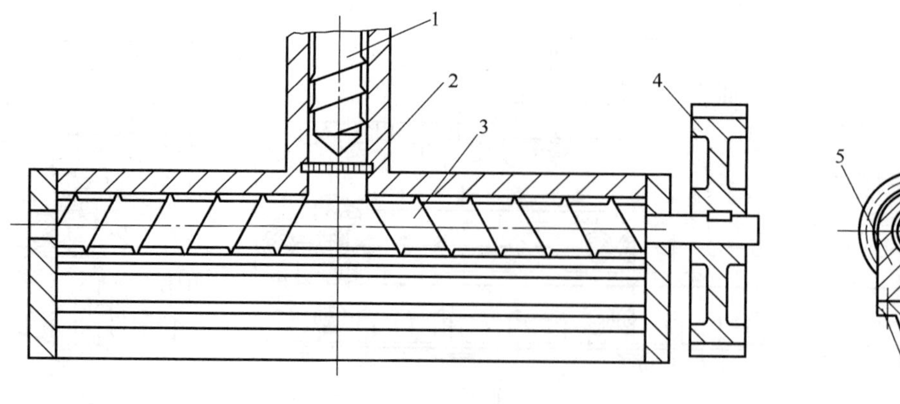

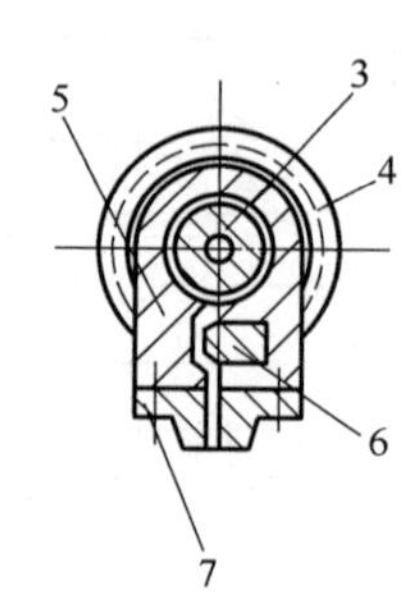

图 10-5 中心供料式分配螺杆机头
1—主螺杆；2—多孔板；3—分配螺杆；4—传动齿轮；
5—模体；6—阻力调节块；7—模唇

T 形机头及带有调节排的 T 形机头也是早期使用的平缝机头。此外，莲花瓣机头过去也曾使用过。

（5）过滤熔料装置 生产流延薄膜和吹塑薄膜一样，在机头前方应安装过滤板、过滤网。流延薄膜生产一般采用双工位过滤板，即有两块过滤板同时装在一滑动块上，在生产中，一块在工作位置，当过滤板需要更换时，降低螺杆转速，迅速推动滑块把另一块过滤板放在工作位置，然后螺杆恢复原来的转速，这样，实现了瞬间更换过滤板，减少了因更换过滤网而停产的时间。推动滑块更换滤网的装置有两种形式：一种为手动形式，即利用杠杆原理人工换网；另一种是自动换网机构，即利用液压或气压推动滑块移动的原理完成换网。

3. 冷却装置

冷却装置主要由机架、冷却辊、剥离辊、制冷系统及气刀、辅助装置组成。

（1）冷却辊 冷却辊是流延薄膜中的关键部件，其直径为 400～500mm（有些资料的数据为 400～1000mm），长度约比口模宽度稍大。冷却辊表面应镀硬铬。熔融树脂从机头狭缝唇口挤出浇注到冷却辊表面，迅速被冷却后形成薄膜，冷却辊还具有牵引作用。

薄膜的冷却方式有单面冷却和双面冷却两种。单面（辊）冷却如图 10-6 所示。双面冷却又分为两种方式：单辊水槽冷却（图 10-7）和双辊冷却（图 10-8）。单辊冷却结构简单，使用较普遍。单辊水槽双面冷却，冷却效果较好，但薄膜从水中通过，薄膜表面易带水，需增加除水装置，水位槽需严格控制和调节，应保持平衡无波动。双辊冷却效果好，但设备庞大，投资高。

双面冷却辊的直径比流延冷却辊小，为 150～300mm，表面要求与流延冷却辊相同。

冷却辊依靠强制水循环冷却，为了提高冷却效果，降低辊筒表面温差，冷却辊设计为夹套式，辊筒内是空心的。为了便于介质回流，夹套中间设有螺旋夹板，其结构如图 10-9 所示。

更先进的结构为双头螺旋夹套形式，介质进入辊筒分成两个流道，一道从左端进入，沿螺旋槽向右流动；另一道从右端进入，沿螺旋槽向左流动。这样的交叉流动，更加减少了辊筒表面温差。

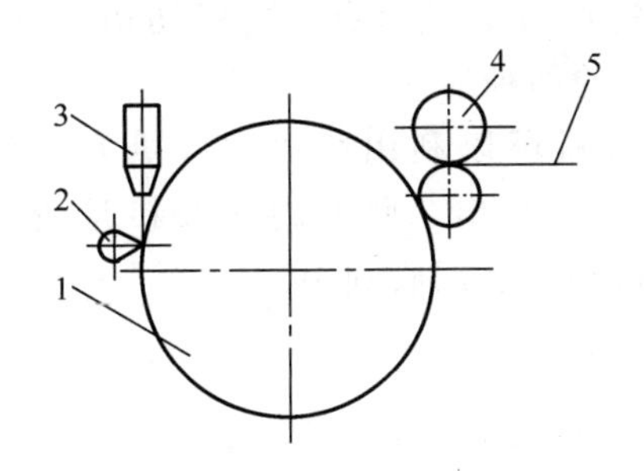

图 10-6 单面（辊）冷却
1—冷却辊；2—气刀；3—机头；
4—剥离辊；5—薄膜

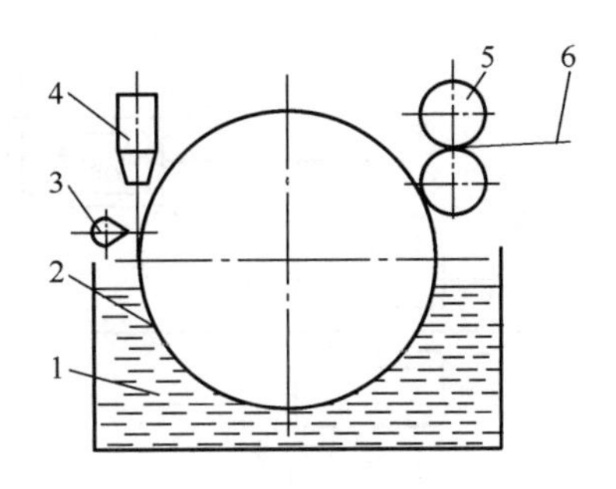

图 10-7 单辊水槽冷却
1—水槽；2—冷却辊；3—气刀；4—机头；
5—剥离辊；6—薄膜

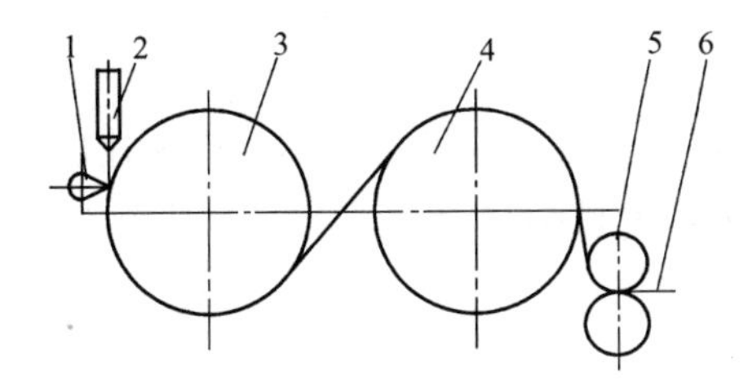

图 10-8 双辊冷却
1—气刀；2—机头；3—第一冷却辊；4—第二冷却辊；5—剥离辊；6—薄膜

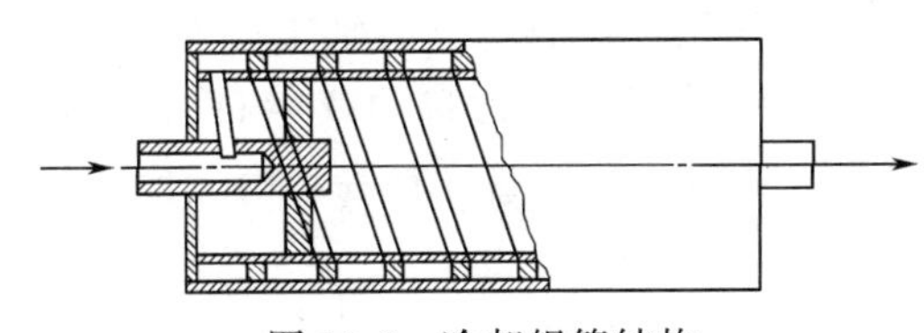
图 10-9 冷却辊筒结构

采用单辊冷却，增大冷却辊直径，也能提高冷却效果，一般辊筒直径在 500mm 以上。

为了生产出高透明度的薄膜，辊筒表面要光滑，表面粗糙度 R_a 不能大于 0.05μm，最好制成特殊的辊面即无光辊，可采用喷砂工艺获得。

(2) 气刀 气刀是吹压缩空气的窄缝喷嘴，是配合冷却辊来对薄膜进行冷却定型的装置，宽度与冷却辊的长度相同，刀唇表面光洁，制造精度高。它的作用与吹塑薄膜的风环不同，通过气刀的气流是为了使薄膜紧贴冷却辊表面，从而提高冷却效果，生产出较透明的薄膜。在整个宽度内，气流速度应均匀，否则会影响薄膜质量。气刀的间隙一般为 0.6～1.8mm（有些资料的数据为 1～2mm）。气刀的角度直接影响到薄膜质量，所以，气刀对于冷却辊的角度应可以调节。另外还有两小气刀，单独吹气压住薄膜边部，防止边部扭曲。

提高薄膜贴辊效果的方法，还有采用真空室装置，利用真空原理把薄膜和冷却辊表面之间的空气抽去，从而避免薄膜与辊筒之间产生气泡。

4. 测厚装置

采用千分尺测量薄膜厚度，只能测量膜卷表面薄膜的厚度，在高速连续生产过程中，薄膜测厚必须实现自动检测。目前大多数采用 β 射线测厚仪，检测器沿横向往复移动测量薄膜厚度，并用荧光屏显示。测量所得的数据可自动反馈至计算机进行处理，处理后自动调整工艺条件。但目前还是以人工调节为主。β 射线测厚仪工作原理如图 10-10 所示。

5. 切边装置

挤出薄膜由于产生“瘦颈”（薄膜宽度小于机头宽度）现象，会使薄膜边部偏厚，如图 10-11 所示，需切除薄膜边部，才能保证膜卷端部整齐、表面平整。

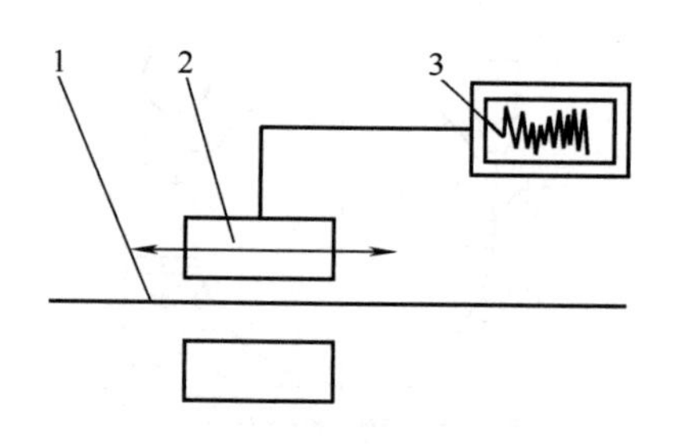

图 10-10 β射线测厚仪工作原理
1—薄膜；2—放射线检测器材；
3—荧光屏厚度显示器

切边装置的位置必须可调，薄膜切边形式常采用图 10-12 所示的两种形式。

切边后的边料可以利用废边卷绕机卷成筒状，也可采用吸气方式吸出，此处的切边料是清洁料，可直接送粉碎机粉碎后回收利用。

6. 电晕处理装置

薄膜经过电晕处理，可以提高薄膜表面张力，改善薄膜的印刷性及与其他材料的黏合力，从而增加薄膜的印刷牢度和复合材料的剥离强度。处理后的薄膜表面张力要求达到 3.8×10^{-4} N/m 以上。电晕处理机工作示意如图 10-13 所示。

7. 收卷装置

薄膜采用主动收卷（有轴中心卷取）形式。为了适应流延薄膜宽度大和生产线速度高的特点，收卷装置一般为自动或半自动切割、换卷。双工位自动换卷应用较多，工作原理如图 10-14 所示。单辊自动换卷也有一定的应用。

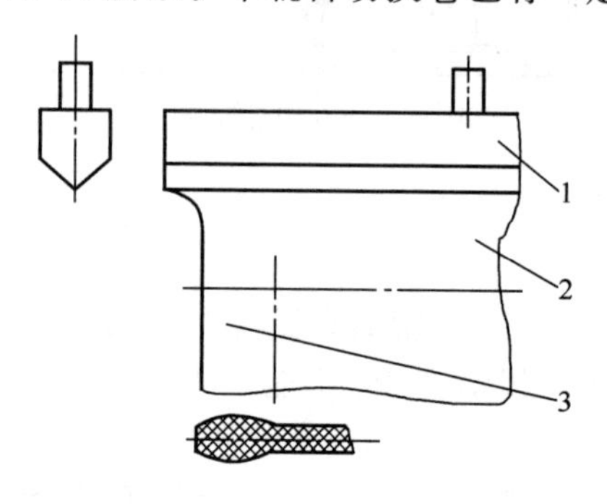

图 10-11 薄膜的瘦颈现象
1—机头；2—热熔薄膜；3—需切除部分

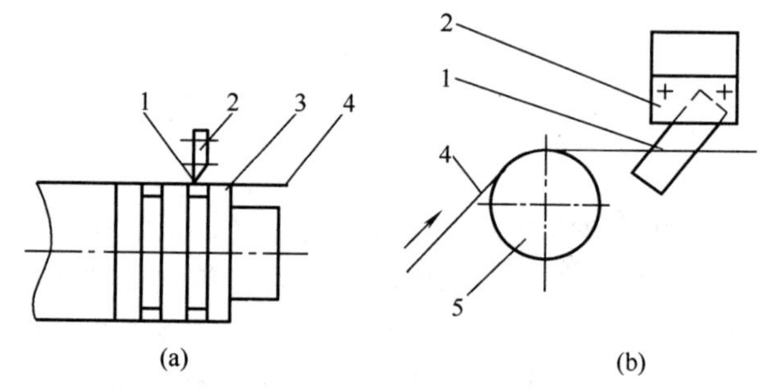

图 10-12 薄膜的切边形式
1—刀片；2—刀夹具；3—开槽辊；4—薄膜；5—导辊

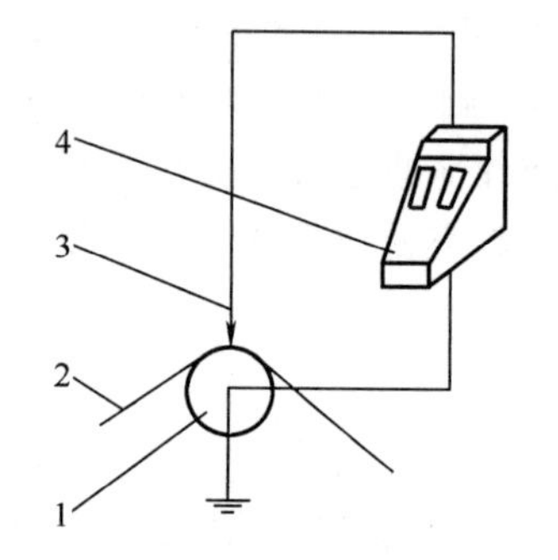

图 10-13 电晕处理机工作示意
1—电晕处理辊筒；2—薄膜；3—放电极；4—电晕处理机

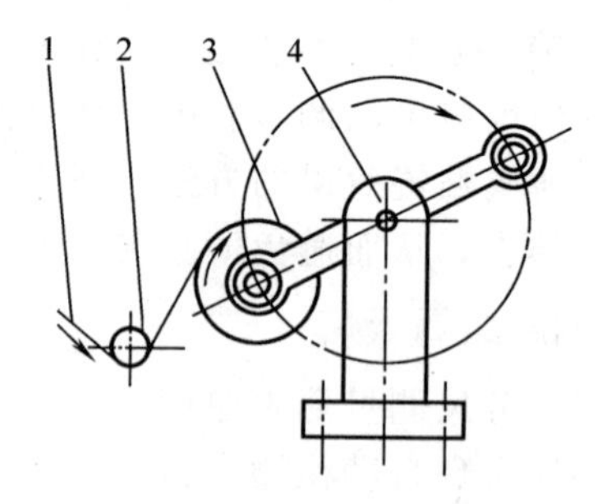

图 10-14 双工位自动换卷结构
1—薄膜；2—导向辊；3—膜卷；4—双工位收卷装置

薄膜的收卷装置还包括薄膜切割装置。薄膜的切割方式有电热切割法和刀片裁切法。电热切割法是利用电热丝的热量将薄膜熔断，刀片裁切法有人工切割和机械切割，机械切割是利用压缩空气推动切割刀沿薄膜横向迅速移动来完成。由于薄膜连续向收卷方向运动，因此薄膜切割后的末端形状为斜角形。薄膜一边切割一边用风吹，使切断的膜头紧贴在卷取芯轴上开始收卷。

薄膜收卷的关键是控制张力，张力过大或过小都会影响薄膜质量。一般的收卷装置都有张力调节机构，薄膜卷绕张力控制在98～196N。采用力矩电机能保证卷绕张力的恒定。

8. 其他辅助装置

流延成型设备，除去前面所述的装置以外，还有展平辊、导辊、压辊等。

展平辊是防止薄膜收卷时产生褶皱。展平辊有人字形展平辊、弧形辊等。人字形展平辊为表面带有左右螺纹槽的辊筒，如图10-15所示。

弧形辊是轴线弯曲成弧形的辊筒，它在转动的过程中，弓起的一面始终向着薄膜，辊拱起的角度在15°～30°，弧形辊如图10-16所示。

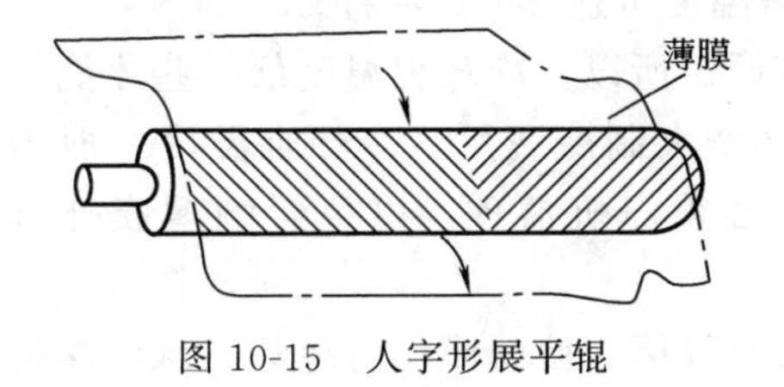

图10-15 人字形展平辊

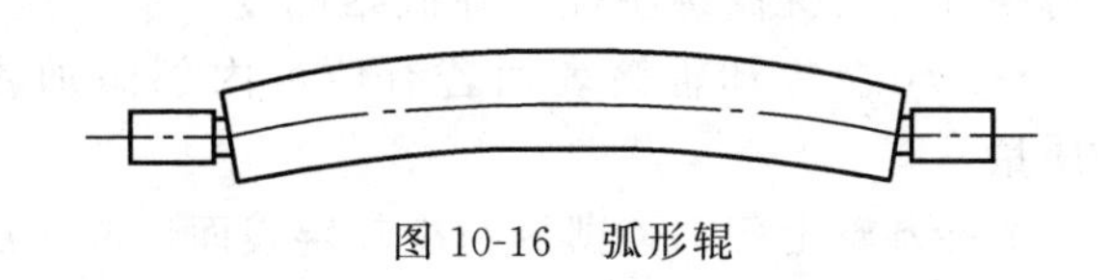
图10-16 弧形辊

三、流延膜的成型工艺

流延膜成型的铸片是指熔融塑料在压力的推动下，强行通过平缝口模，并在外力（如静电、气流等）作用下，迅速贴附在冷鼓（即流延冷却辊）表面上，制成的固体片材。

铸片方法有两种：聚合后直接铸片法和挤出重熔铸片法（简称挤出铸片法）。前者包括了聚合物的合成（属于反应挤出的范围），目前很少有厂家使用此法。后者为各厂家通用的铸片方法，此法是利用挤出机螺杆旋转产生的压力和剪切力、利用塑料与料筒及螺杆的摩擦热和料筒外部传入的热量，将聚合物充分地混合、塑化、均化并强行通过机头的口模，在冷鼓上实现铸片。

1. 流延膜的成型工艺

（1）流延PP膜　PP流延薄膜简称CPP薄膜，是目前流延薄膜中产量最大的重要品种。具有无毒、质轻、厚度均匀、强度高、透明度高、光泽性好、耐热性优良、热封性好、防潮性好、刚性高、机械适应性好等一系列优点。

流延法生产比吹塑法生产效率高，PP挤出流延膜为平片状，对于印刷、复合等后续工序更为方便，因而PP流延薄膜得到广泛应用。主要用途是复合薄膜基材，例如真空镀铝基材，复合内层或表层基材，蒸煮食品及高温消毒食品包装材料，各种食品、药品、服装、纺织品、床上用品包装材料。

① 原料选择。流延薄膜要求树脂的流动性好，一般选用挤出级PP树脂，*MFR*在10～12g/10min。树脂的型号根据薄膜的用途选定。例如，耐140℃以上高温蒸煮杀菌级薄膜，应选用嵌段共聚PP树脂；普通包装级薄膜可选用均聚PP树脂。树脂的质量对薄膜质量有直接影响。

② 生产工艺。在生产中，挤出温度、冷却温度、牵引速度等工艺参数对产品质量影响

较大，一定要严格控制。

对薄膜性能影响最大的是温度。树脂温度升高，膜的纵向拉伸强度增大，透明度增高，雾度逐渐下降，透明性、光泽度提高，但膜的横向拉伸强度下降。温度也不可过高，温度过高，工艺不好掌握，且树脂易分解。比较适宜的温度为 230～250℃。现以机头宽 1.3m 用 ϕ120mm 的单螺杆挤出机组成的生产线为例，见表 10-1。

表 10-1 流延 PP 薄膜的挤出温度 单位:℃

部位	1	2	3	4	5	6	7
料筒	180～200	200～220	220～240	230～240	210～220	230～240	240～260
机头	连接器:240～260;过滤器:240～260;模唇:240～250						

表 10-1 中的部位 5 是排气抽真空段，所以温度偏低。适当地提高挤出温度，可提高透明度与强度。按表 10-1 的工艺参数执行，机头处的塑料温度可达 240℃左右。

一般情况下，冷却辊温度高时透明度差，冲击强度低。所以，冷却辊温度低一些才能使薄膜骤冷，提高透明性，降低结晶度。但温度过低，会增大制冷费用。冷却辊温度一般为 15～20℃。冷却辊筒表面若有原料内部添加物析出，必须停机清理，以免影响薄膜外观质量。

冷却辊上气刀使薄膜与冷却辊表面形成一层薄薄的空气层，使薄膜均匀冷却，从而保持高速生产。气刀的调节必须适当，风量过大或角度不当都可能使膜的厚度不稳定或不贴辊，造成褶皱或出现花纹，影响外观质量。

机头至冷却辊间距大，薄膜冷却缓慢，结晶度提高，透明度降低。间距大，因空气流动的影响，薄膜厚度变化大。

牵引速率加快可使薄膜的混浊度提高，透明性和光泽性下降。这是因挤出的热熔膜与冷却辊的接触时间短，骤冷效果不好所致。螺杆转速为 60r/min，牵引速率可达 80～90m/min。

流延 PP 薄膜比较柔软，收卷时必须根据膜的厚度、生产速度等因素调整好压力和张力。否则会产生波纹，影响平整性。张力选择要根据产品的拉伸强度大小而定，收卷张力一般为 100N。通常收卷张力越大，卷取后的产品不易出现卷筒松弛和跑偏现象，但在开始卷取时易出现波纹，影响卷平整。反之，卷取张力小，开始效果好，但越卷越易出现膜松弛、跑偏现象。因此，张力大小应适中，控制张力恒定。

经过电晕处理的流延 PP 薄膜，其表面张力可达 $(4\sim12)\times10^{-2}$N/m。表面张力也不能太大，否则薄膜会发脆，力学强度下降。电晕处理后的薄膜，表面张力随时间的增长而下降。

总之，加工工艺对膜的质量和能否稳定生产影响很大，必须严格控制。

(2) 流延 PE 膜 PE 流延薄膜比吹塑薄膜的透明度好，厚度均匀性好，膜的幅度为 1～2m，厚度范围为 0.005～0.1mm。

① 原料与生产工艺。流延 PE 膜的生产可选用 LDPE 树脂，熔体流动速率要高一些，有利于挤出成型，但也不能过高，熔体流动速率过高会使薄膜的强度降低。在薄膜挤出过程中，树脂的熔体流动速率太高，易产生“缩颈”现象，也就是说，薄膜的宽度变窄而两边增厚。在同样条件下，树脂的熔体流动速率越高，“细颈”越严重。所选用 LDPE 树脂的熔体流动速率应为 3～8g/10min。

PE 挤出流延薄膜的生产方法可分为冷辊法和水槽法两种，较常用的为冷辊法。

设备选用 ϕ90～150mm 的单螺杆挤出机，长径比（L/D）为 25～28，压缩比为 3.0，螺杆结构为计量型。

机头多采用支管式结构，支管直径为 30～50mm，模唇间隙为 0.3～1.0 mm，其余设备与 CPP 相同。生产工艺条件如下。

冷却辊温度一般为 20～40℃。气刀与冷却辊的距离一般为 30～50mm，气压应该分布均匀。

经电晕处理后的薄膜，其表面张力≥4×10^{-3}N/m。

PE 流延薄膜挤出温度见表 10-2。

表 10-2 PE 流延薄膜挤出温度 单位：℃

料筒部位	1	2	3	4	5
温度	180～190	190～200	200～210	210～220	220～230
机头部位	左 1	左 2	中	右 1	右 2
温度	220～225	215～220	210～215	215～220	220～225

② 品种与标准。LDPE 薄膜主要用于建筑及各种防水材料、干复合材料热封基材。此膜目前尚无国标与部标，主要力学性能参考指标为：拉伸强度≥20MPa；断裂伸长率≥300%；冲击强度≥1000N/cm。

LLDPE 流延薄膜有以下两种。

a. 自黏性保鲜薄膜，该薄膜以 LLDPE 为主要原料，加入一定比例的黏性树脂经挤出流延制成。薄膜能适当地透过氧气和二氧化碳气体，可保持生鲜食品的色泽和固有风味，且伸缩性强，具有弹性和自黏性，使用方便。此薄膜执行 GB/T 10457—2021。

b. 自黏性缠绕薄膜与保鲜薄膜属同一类型产品，主要用于商品箱外包装，一般比较厚，厚度为 0.02～0.03mm；该薄膜目前尚无国标与部标。

（3）流延 PA 膜　PA 薄膜具有强度高、韧性好、透明度好、耐油性好、耐热性和耐寒性好等优良性能。可在－50～180℃范围内使用，可用作高温蒸煮材料和冷冻包装材料。PA 薄膜阻隔氧气性能好，是阻隔性材料；另外，PA 耐穿刺性好，不易被包装物品刺穿，适宜做真空包装材料。

包装肉制品、香肠，要求透氧量为 20～80cm^3/(m^2·24h)。可选用 EVOH（乙烯-乙烯醇共聚物）、PVDC（聚偏二氯乙烯）、PA6 等薄膜，不能用聚烯烃薄膜。而 EVOH、PVDC 薄膜价格较贵。因此，PA 薄膜是肉制品最理想的包装材料，冷冻贮存和高温消毒均可。

① 原料、生产设备与工艺。PA 树脂品种较多，用作生产薄膜制品的主要有 PA6、PA12、PA66 等。常用的 PA6，应选用分子量适中的树脂，熔体流动速率为 1.8～2.0g/10min。

挤出机一般用 ϕ90～150mm 单螺杆挤出机，L/D 为 28～35，螺杆的几何压缩比为 3.4～4，用混炼型螺杆。

机头多采用支管式机头，模唇定型段长度比流延 PP 稍长些。

PA 薄膜的冷却装置与流延 PP 不同，要分两步冷却。流延辊为油冷辊，辊筒内通热油，辊筒表面温度为 90～100℃。然后用水冷却辊冷却，将薄膜冷至室温。如果采用与流延 PP 同样的迅速冷却方法，PA 薄膜褶皱严重，得不到平整度好的产品。

其他设备与流延 PP 基本相同。

以 PA6 为例，用 ϕ90mm 的单螺杆挤出机，L/D 为 32，螺杆的几何压缩比为 3.5，树脂 MFR 为 1.8～2.0g/10min，生产工艺条件如下。

PA6 是高结晶聚合物，熔融温度范围窄，熔体黏度对温度变化的敏感性较大。因此，生产 PA6 流延薄膜挤出温度应严格控制，机头温度必须低于挤出机头部温度，且温度不能波动较大，否则薄膜厚度不均匀，甚至发生涌料现象。PA6 流延薄膜的挤出温度见表 10-3。

表 10-3 PA6 流延薄膜挤出温度 单位：℃

料筒部位	1	2	3	4	5	
温度	240～250	250～260	260～270	270～280	280～285	
机头部位	左 1	左 2	中	右 1	右 2	连接器
温度	270～275	265～270	260～265	265～270	270～275	260～270

冷却温度：第一冷却辊的表面温度为 90～100℃，第二冷却辊的表面温度为 20～40℃。

② 产品质量标准。流延 PA 薄膜目前尚无国标与部标，以上所生产的流延 PA6 薄膜实测的主要力学性能如下：薄膜厚度 30μm；纵向拉伸强度 70MPa；纵向断裂伸长率 280%；横向拉伸强度 60MPa；横向断裂伸长率 260%。

（4）共挤流延膜 共挤流延薄膜是用多台挤出机共挤的方式生产的多层结构的流延薄膜。多层共挤流延薄膜从最初的 2～3 层发展到目前的 5～7 层，发展迅速。

多层共挤流延薄膜具有高阻渗性、高强度、较好的透明度和印刷适宜性、厚度偏差小等优点；改善薄膜后加工性能，如提高热封强度、降低热封温度、降低薄膜成本等。该种薄膜广泛应用于食品、医药、烟草、粮食、化工产品、肉等商品的包装。

① 原料。共挤流延薄膜使用的原料均为流延级树脂，如 LDPE、中密度 PE、LLDPE、PP、乙烯-乙酸乙烯共聚物、PA6、PA66、聚偏二氟乙烯、PET 等。其中后四种原料往往用作阻隔层，其他原料用作薄膜的支撑层。

目前生产的复合膜主要为三层和五层薄膜，七层和九层复合膜很少。三层共挤复合膜结构为表面层 1/中间层/表面层 2，两个表面层为同一种树脂的是对称结构，两个表面层为不同树脂的是非对称结构，如 PP/EVA/PE、PE/黏结层/PA6 复合薄膜。五层共挤复合薄膜的结构为：表面层 1/黏结层 1/阻隔层/黏结层 2/表面层 2，其中心是阻气性好的材料，表面层 1 与表面层 2 为表层和热封内层材料，一般为聚烯烃树脂，可以是同一种树脂，也可以是不同树脂。黏结层根据表面层与中心层树脂品种选定。为了简化设备与原料，通常表面层为同一类型树脂，黏结层也为同一品种，这样，只需三台挤出机就可以生产五层共挤复合膜。

表面层树脂、黏结层和阻隔层树脂应根据制品和工艺的要求来选择。表 10-4 和表 10-5 介绍了常用的复合膜材料的性能，利于选择。

表 10-4 表面层树脂特性

树脂名称	特 性
LDPE	高透明度；良好热封性；品种多，价格低；阻隔潮湿性好；机械强度较低；可深度冷冻
LLDPE	高透明度；良好热封性；良好机械强度；阻隔潮湿性较差

续表

树脂名称	特　性
MDPE	比 LDPE 刚性好;机械强度高;良好机械加工性;阻隔潮湿性良好;有些牌号不易加工
HDPE	高刚度,较挺括;高机械强度;阻隔潮湿性良好;透明度较低
EVA	性能与 LDPE 相似;热封性更好;抗穿透性更高;对温度敏感
PP	高耐热性;高刚度,挺括;阻隔潮湿性良好;化学稳定性好;热封性差,共聚物热封性较好
离子型聚合物	优秀的热封性,被油污染热封性好;抗穿透强度高;高透明度;与 PA 的黏合性好;对机械加工设备有腐蚀性

表 10-5　阻隔层树脂特性

材料名称	特　性
PA66	透明度好;机械强度高;在 200～250℃温度下易加工;适宜热成型;材料来源广;阻气性稍差
PA6	阻气性比 PA66 好;机械强度高;加工温度较高,可达 270℃左右;耐油性好;耐热性好,为 200℃;薄膜厚度均匀性差
PET	优秀的透明度;优良的阻气性;不适宜薄型产品;原料需慎重选择
PVDC	优良的阻气性;优良的阻水蒸气性能;材料来源方便;材料热稳定性差;加工较困难;材料回收困难
EVOH	非常优秀的阻气性能;透明度好;阻隔水蒸气性较差;加工性好;价格较贵

作为黏结层树脂的黏结材料，应能在任何情况下将被黏的两种材料黏合在一起，并有很好的黏合强度，不会发生分层现象。黏结可以是高聚物之间的自然黏结，也可以采用特殊的黏结材料。

LDPE、HDPE、EVA、离子型聚合物、LLDPE 材料之间具有很好的黏结性，不需要采用黏结层；EVA 与 PP、离子型聚合物与 PP 和 PA 之间也具有自然的亲和黏结能力；其他树脂不具备黏结性，需要采用黏结层。黏结层厚度一般为 4～6μm。

黏结层材料的品种有乙烯-丙烯酸类聚合物、离子型聚合物（乙烯有机酸金属盐类共聚物）、多功能乙烯类共聚物，这些材料都具有较好的黏结性。

② 工艺流程与生产设备。以五层共挤流延膜设备为例，工艺流程如下。

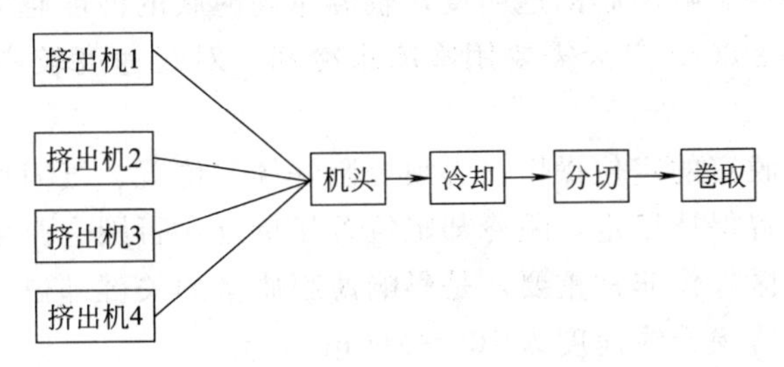

根据所用原料选配合适的挤出机。若使用三台挤出机，其中两台要使用双流道机头；若使用四台挤出机，其中要有一台双流道机头挤出机来生产五层共挤流延薄膜。

几台挤出机装在同一个操作平台上，以星形形式依次排列在加料系统和机头的四周。可缩短挤出机出口与机头入口之间的距离。每台挤出机都安装在各自轨道上，可前后移动，便于进入和退出工作位置，操作与维修都很方便。

根据各层薄膜宽度、厚度不同，可选用直径 45～150mm 挤出机。黏合层比较薄的，一般选用直径为 45～65mm 挤出机，单螺杆结构根据原料选定。挤出 PVDC，螺杆 $L/D=26$；挤出 EVOH、PA6、高黏度聚烯烃 HDPE、LLDPE 和黏结材料等，用的螺杆 $L/D=28$；挤出低/中黏度聚烯烃 LDPE、PP，用的螺杆 $L/D=33$。

自动换网装置为卷筒带式滤网，长约 10m，可不停机换网，连续工作可达三个月。

可调式分流道装置，是在多层共挤出机机头前多层物料汇合的装置。各台挤出机熔融塑化的物料，经过滤网后进入可调式分流道装置，各层熔体按要求排列，叠加在一起，然后进入机头流道。分流道结构复杂，控制系统精密，是各制造厂的技术秘密。

自动调节厚度机头，多层共挤复合膜机头结构主要为衣架式。从分流道装置汇流在一起的熔体料流，从矩形主流腔进入衣架式机头中心，分左、右两边渐远扩展至整个机头幅宽，进入机头模唇稳定地流出。

机头模唇间隙，通过热膨胀螺栓自动调节。薄膜总厚度由测厚装置测量，然后自动反馈到模唇自动调节系统，对热膨胀螺栓加热或冷却，从而改变模唇间隙。这种自动调厚装置，具有寿命长、调厚准确可靠、价格较便宜等优点，可保证薄膜总厚度公差较小，为±2%左右。

双冷辊流延装置由两个冷却辊组成，分别冷却复合薄膜两个表面。第一个流延冷却辊，直径较大，表面经特殊钝化处理，保证不同性质薄膜表面都能顺利地从冷却辊表面脱离。第二个冷却辊直径较小些。

气刀的作用是将挤出的熔融膜吹向流延辊表面定位。双腔真空吸气装置的作用与气刀相同，用来保证熔融薄膜与冷却流延辊的紧密接触。不同点是，气刀对熔体膜产生“压力”，真空吸气罩对熔体膜产生“吸力”，将冷却辊表面运转夹带的空气吸走，提高了对熔体膜的冷却效率。

各种树脂挤出温度可参见单层流延薄膜挤出温度。多层共挤膜关键是机头温度的控制。各层物料在机头处汇合重叠成一层料流，为了使各层物料界面处不产生严重的流速差异，应设法控制机头内各层物料的熔融黏度，使其比较接近，可通过控制各层物料进入机头的温度与剪切速率的办法，控制各层物料熔体黏度。多层共挤机头结构比较复杂，一般比生产单层薄膜机头温度更高一些，应根据具体树脂结构来定。

冷却辊表面温度直接影响薄膜的透明度，辊温越高薄膜的浊度越大，透明度越差。冷却辊温度一般控制在 18～20℃，夏天需要用冷冻水冷却。对线速度较高的生产线配备冷冻水循环使用系统。

经机头挤出的熔融膜帘的定位操作，必须控制好气刀位置、气刀风速和真空度，使膜帘紧贴流延冷却辊，且位置保持稳定，距冷却辊位置尽量近，否则会产生薄膜厚度不均和表面条纹等质量缺陷。成膜区操作非常重要，是影响薄膜质量的关键部位。

生产五层共挤复合薄膜的线速度为 100～250m/min。

2. 流延膜质量的影响因素

流延薄膜的质量指标有几个方面，首要问题是厚度均匀性问题。流延薄膜的厚度控制，是生产工艺最重要的问题。影响薄膜厚度的因素很多，主要有以下几方面。

（1）温度　挤出成型温度的选择，根据原料确定。挤出机料筒温度上升梯度和吹塑工艺有所相同，也有所不同。从以上三种塑料的流延工艺参数可知，挤出机的料筒温度和机头温度要比吹塑同类型薄膜时高 20～30℃，要比挤出同类型管材时高 30～40℃。机头温度控制比机身低 5～10℃。

一般机头宽度方向上的温度设置为中间低两端略高。在整个模唇的宽度方向上，温度分布的图形就像“马鞍”一样，两边高、中间低。因为从挤出机料筒挤出的熔融料流到衣架式机头两边的距离比流到中心位置的距离要长，必须使两边的温度稍高，使在此位置的熔体黏度比较低，流动性比中心部位要大些，才能保证在整个宽度方向流量的均匀性。这是一种控制方法。

另一种控制方法是确保机头在整个宽度方向加热均匀，但在整个宽度方向上的模唇开度是中心部位稍小、两边稍大，依靠机头中的节流棒来调节熔融物料的流动，保证物料的流动性一致。

另外，流延薄膜纵向厚度均匀性问题也是值得注意的。一般说来，工艺条件稳定，纵向厚度均匀性就能得到保证。

（2）模唇间隙　根据生产实际经验，以 PET 为例，不同薄膜厚度推荐模唇间隙如图 10-17 所示。

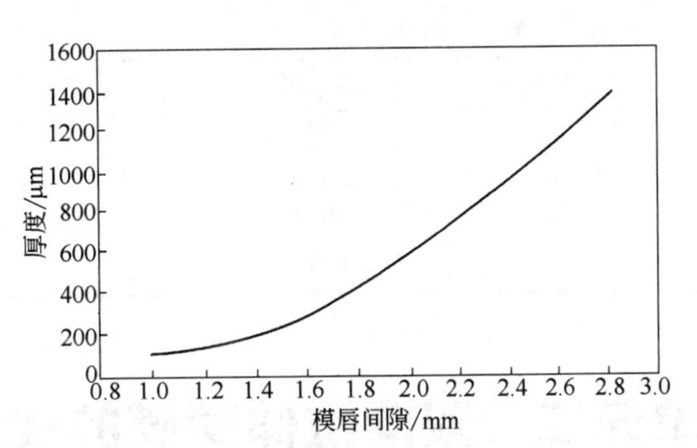

图 10-17　聚酯薄膜模唇预调曲线

机头模唇间隙是影响薄膜厚度的首要因素，除此之外，冷却辊的线速度、速度的稳定性、螺杆转速、挤出系统温度的控制、牵引倍数等也是影响薄膜厚度的不可忽视的因素。

如果挤出量一定，提高冷却辊线速度，薄膜厚度就相应减小。相反，降低冷却辊线速度，薄膜厚度就增加，如果冷却辊线速度波动，薄膜厚度就会不稳定。如提高挤出量，薄膜厚度就增加。冷却辊的任务是使从机头挤出的树脂均匀地冷却并以恒定的速度延展，在螺杆转速确定的情况下，改变冷却辊的牵引速率，可以改变薄膜的厚度。

（3）模唇到冷却辊的距离　此距离要控制到最小，因为物料从机头模唇挤出时为熔融状态，如果机头唇口离开冷却辊的距离过大，物料易受外界因素的影响产生波动，薄膜厚度随之发生变化。

（4）薄膜厚度的在线测定　流延法生产特点是高速化、大型化，薄膜宽度较大，所以薄膜厚度的测定是生产过程中不可忽视的环节。由于薄膜宽度较大，在生产过程中使用自动测厚仪，用荧光屏显示，并由计算机自动调节。影响薄膜厚度的因素很多，因此，在生产过程中，应随时监测薄膜厚度的变化情况，发现波动，应及时检查各种工艺条件是否符合要求。

（5）薄膜冷却定型　从机头挤出的树脂温度较高，呈黏流态，当熔融树脂浇注到冷却辊筒表面后冷却形成薄膜，这时薄膜中树脂的结晶度很低，同时冷却辊也起到牵引作用。

熔融物料与冷却辊筒表面紧密贴合，是薄膜成型的关键。贴辊效果直接影响到薄膜的外观质量和物理性能。为了避免薄膜与冷却辊之间产生气泡，采用空气流通过气刀均匀地吹在薄膜与冷却辊接触成切线方向的地方，使薄膜与辊面紧密贴合。薄膜边部还容易产生翘曲现象，依靠两边小气刀来压紧边部，使边部贴合良好。

气刀的风量要控制适宜，风量过大，会使熔融原膜过度抖动，引起薄膜厚度偏差增大；

风量过小、压力不足，贴辊效果变差，薄膜易产生横波。气刀对急冷辊的角度也十分重要，角度不正确，也会使薄膜表面产生气泡，该角度一般为30°。

（6）薄膜的收卷 薄膜的收卷必须保证膜卷外观平整，流延薄膜的生产工艺与吹塑薄膜不同，流延薄膜的伸长率比吹塑薄膜大，因此在收卷时张力控制要适当。此外，卷绕前薄膜的展平也是很重要的。

3. 成型中不正常现象、原因及解决方法

生产过程中的不正常现象、原因及其消除方法见表10-6。

表10-6 流延薄膜生产过程中不正常现象、原因及其消除方法

不正常现象	产生原因	消除方法
厚度不均	机头间隙不均 机头加热不均	调整机头间隙 检修机头加热器
膜面有白斑	薄膜厚度不均	调整模唇间隙
透明度差	树脂温度低	提高料筒和机头温度
条纹	机头设计不合理 机头温度过高 唇口有伤痕 唇口处有残留物	改进机头结构 降低机头温度 修理机头 去除残留物

单元二 双向拉伸薄膜的成型

一、双向拉伸薄膜

双向拉伸塑料薄膜的缩写代号为BOPF。薄膜的双向拉伸就是在熔点以下、玻璃化温度以上的温度范围内把未拉伸的薄膜或片材在纵、横两个方向上拉伸，使分子链或特定的结晶面与薄膜表面平行取向，然后在张紧的条件下再经过热处理进行热定型。

在双向拉伸塑料薄膜的生产过程中，通过改变工艺条件，可以制得纵、横两个方向的力学性能基本相同的薄膜，通常称为平衡膜（即各向同性），也可以制得一个方向的机械强度高于另一个方向的各向异性薄膜，通常称为强化膜或半强化膜。一般情况下纵向机械强度大于横向的。

塑料薄膜经双向拉伸后，拉伸强度和弹性模量可增大数倍，机械强度明显提高，成为强韧的薄膜。另外，耐热、耐寒、透明度、光泽度、气密性、防潮性、电性能均得到改善，用途广泛。

1. 品种与用途

可用于双向拉伸薄膜生产的塑料品种有PP、聚酯、PS、PA、聚乙烯醇、EVOH、聚偏二氯乙烯等塑料。其中双向拉伸PP（BOPP）膜主要用于食品、医药、服装、香烟等物品的包装，并大量用作复合膜的基材及电工膜；聚酯除了用于胶带、软盘、胶片等各种工业用途外，广泛用于蒸煮食品、冷冻食品、鱼肉类、药品、化妆品等的包装；双向拉伸PS主

要用于食品包装及玩具等包装；双向拉伸 PA 薄膜主要用于各种真空、充气、蒸煮杀菌、液体包装等用途。

2. 原材料

工业化生产的双向拉伸薄膜所用的树脂有 PP、PET、PA、PS、PVC、辐射交联 PE、聚偏二氯乙烯共聚物、聚乙烯醇等，主要用到前四种。

3. 双向拉伸膜工艺流程

双向拉伸薄膜主要成型方法有平膜法和管膜法两大类。平膜法制得的薄膜质量好，厚度精度高，生产效率高；而管膜法设备投资低，占地面积小，但产品厚度精度差，生产效率低，仅限于生产 PP 热收缩膜和香烟包装膜等特殊品种。

平膜法又叫拉幅机法，可再分为逐步双向拉伸和同时双向拉伸两种方式。逐步双向拉伸法设备成熟，线速度高，是目前平膜法的主流，同时双向拉伸方式因设备较昂贵，生产受到限制。

本模块主要介绍平面铸片逐步拉伸法双向拉伸工艺，工艺流程如图 10-18 所示。

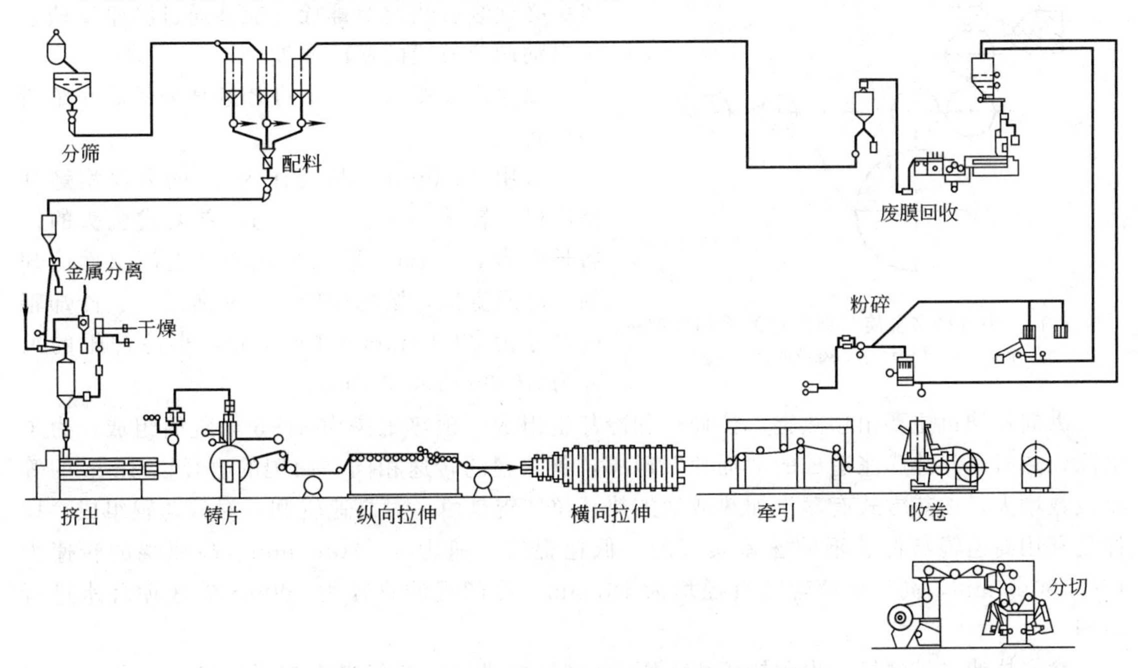

图 10-18 平面铸片逐步拉伸法双向拉伸工艺流程

二、双向拉伸 PP 薄膜

1. 原材料

用于生产的双向拉伸 PP 薄膜（BOPP）的树脂有均聚 PP 和共聚 PP 两大类。

均聚 PP 的分子量分布窄，薄膜的拉伸强度高，但成型工艺较严格，此种 BOPP 膜不能进行热封，只能用热丝焊封。为了解决不能热封的问题，采用在 PP 均聚物薄膜表面通过共挤出方法复合一层熔点低的共聚物的方法。

生产 BOPP 薄膜用的共聚 PP 为乙烯-丙烯二元共聚物，乙烯含量为 3%～5%，熔体流动速率为 4.0～7.0g/10min，熔点为 135～138℃。

为了改善薄膜的某些性能，要加入一定量的添加剂，而这些添加剂通常是以母料的形式添加的。通常使用的母料有抗黏连母料、抗静电母料和滑爽剂母料。

2. 工艺流程与设备

双向拉伸 PP 薄膜通常采用逐次拉伸法生产。

在 BOPP 生产线中，粉碎的回料可以掺入新料中直接使用。粉碎的回料的表观密度与新料相差很大，完全靠自重加料是不行的，因此，在挤出机加料口处使用螺旋强制加料器，挤出机加料段最好采用开槽料筒，挤出机不宜采用高速（为了提高挤出量，只得加大螺杆直径），螺杆已由单一的分离型、屏障型向这些形式的组合螺杆发展，挤出机必须要有测压反馈系统，挤出机的形式应根据生产能力进行选择。要有合适的过滤器，粗过滤器一般使用 60～80 目的不锈钢网，精过滤器以柱式过滤器为主，每个滤芯都套有 40/60/100～120/60 目的组合不锈钢网。

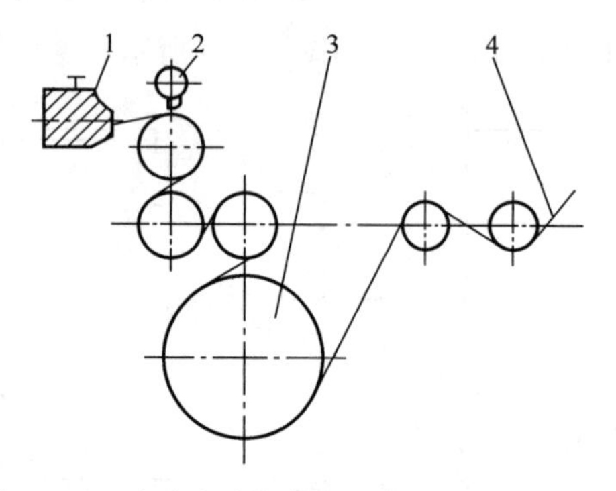

图 10-19 小直径多辊筒双面冷却的冷却成型机
1—机头；2—气刀；3—冷却辊；4—膜片

机头大多是 T 形渐缩支管式衣架式机头。机头必须装有热调节螺栓，能够通过测厚反馈系统自动调节薄膜的横向厚度。

以生产幅宽为 5.5m 的 BOPP 为例，介绍所用设备。

采用 ϕ200mm、长径比为 30 的分离型螺杆挤出机，转速为 9～90r/min，衣架式机头的模唇长度为 800mm。采用小直径多辊筒双面冷却的冷却成型机，结构如图 10-19 所示。大冷却辊的尺寸为 ϕ1100mm×1000mm，小冷却辊的尺寸为 ϕ600mm×1000mm。

纵向拉伸机主要由预热辊、拉伸辊和冷却辊组成。预热辊是由 4～5 个辊筒组成，为了消除预热时厚片热膨胀造成的“涌片”现象，预热辊的转速相同，而辊的直径以 6mm 的等差级数增大，加热方式有蒸汽加热或油加热。拉伸辊是由一对高速辊和一对低速辊组成，拉伸是利用高速辊与低速辊的速差实现的。低速辊的转速为 3～30m/min，高速辊的转速为 15～150m/min，高、低速辊的直径均为 167mm。冷却辊的直径为 300mm，用循环水进行冷却。

横向拉伸在扩幅机（也称拉幅机，图 10-20）中进行，两组带有夹子的链条在张开一定角度的导轨中水平回转，辊筒导轨部分置于保温烘箱内，保温烘箱分三个区域：预热区、拉伸区和热定型区。各区均由热风加热。横向拉幅机的入口宽度为 685mm，出口宽度为 5700mm。

3. 成型工艺

BOPP 薄膜的生产有铸片、双向拉伸、定型、冷却、切边、卷取等工序。

将原料加入料斗中，经螺杆塑化，通过 T 形机头挤出成片，片厚约 0.6mm。挤出机温度控制在 190～260℃（从料斗向前增温），厚片立即被气刀紧紧地贴在冷却辊上。冷却水温为 15～20℃。所制得的厚片应是表面平整、光洁、结晶度小、厚度公差小的片材。

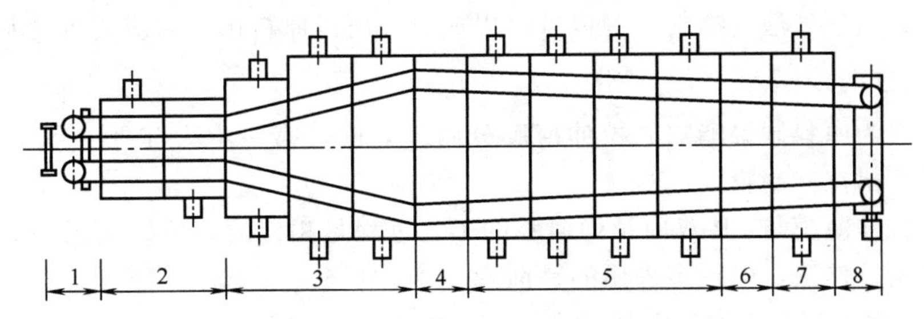

图 10-20 横向拉幅机

1—进口区；2—预热段；3—拉伸段；4—缓冲段；5—热处理区；6—缓冲区；7—冷却区；8—出口区

在双向拉伸过程中，先进行纵向拉伸，后进行横向拉伸。纵向拉伸有单点拉伸和多点拉伸。单点拉伸是靠快速辊和慢速辊之间的速度差来控制拉伸比，在两辊之间装有若干加热的自由辊。这些自由辊不起拉伸作用，只起加热和导向作用。而多点拉伸是在预热辊和冷却辊之间装有不同转速的辊筒，借每对辊筒的速度差使厚片逐渐被拉伸。辊筒的间隙很小，一般不允许有滑动现象，保证薄膜的均匀性和平整性。先将厚片经过几个预热辊进行预热，预热温度为 150～155℃，预热后的厚片进入纵向拉伸辊，拉伸温度为 155～160℃。拉伸倍数与厚片的厚度有关，一般纵向拉伸倍数随原片厚度的增加而适当提高。例如，原片厚为 0.6mm 时的纵向拉伸倍数为 5 倍，当原片厚为 1mm 时的纵向拉伸倍数为 6 倍。拉伸倍数过大时破膜率增大。

经纵向拉伸后的膜片应进入拉幅机进行横向拉伸。拉幅机分为预热区（165～170℃）、拉伸区（160～165℃）和热定型区（160～165℃）。膜片由夹具夹住两边，沿张开一定角度的拉幅机轨道被强行横向拉伸，一般拉伸倍数为 5～6 倍。

经过纵、横双向拉伸的薄膜要在高温下定型处理，减小内应力，然后冷却、切边、卷取。需印刷的薄膜再增加电火花处理等工序。

三、双向拉伸 PET 薄膜

双向拉伸 PET（BOPET）薄膜性能优良，与其他塑料薄膜相比有其独特的优点。如电气绝缘性能好，被广泛用于电子、电气绝缘材料，作微型电容器、电缆的绝缘介质及印刷电路。由于拉伸强度高，收缩率低，杨氏模量大，被用作各种磁带、电影电视录像带基材。由于其透明性好，光泽度高，耐候范围大，特别是对氧及水蒸气阻隔性能好，强度又高，经与 PE、PP、EVA、维纶、纸及铝箔等的二层复合或多层复合，成为理想的软包装基材。特别是与铝箔复合能经受高温蒸煮。同时 BOPET 还可经金属真空镀膜，用于装饰、装潢。因此，近年来 BOPET 的发展较为迅速。

1. 原材料

PET 主要用于化纤、薄膜及容器。因用途不同，对聚酯性能要求也不相同。用于化纤的聚酯在原材料酯化过程中加入消光剂，用于薄膜或容器的 PET 树脂主要差别在于特性黏度，容器用 PET 的特性黏度在 0.72～0.78，而一般薄膜级 PET 树脂的特性黏度在 0.62～0.65，最低不应低于 0.57。特性黏度增加，熔体黏度急剧增大，在熔融挤出过程中，熔体流动性变差，挤出厚片容易出现条纹，拉伸应力也增大，影响薄膜厚度均匀性、成膜性。

若聚酯树脂中水分含量高，在高温下，聚酯会发生剧烈降解反应，使聚合物分子量降低、色泽变黄、出现气泡、物料变脆以致难以成膜，所以原料选择时应要求含水量较低。

2. 工艺流程与设备

以聚酯粒料为原料制聚酯双向拉伸薄膜分两步完成，第一步为T形机头挤出制聚酯厚片，第二步为双向拉伸制膜。

聚酯双向拉伸薄膜与PP双向拉伸薄膜的工艺过程是相似的，可以采用一次拉伸法，也可采用同时双向拉伸法，但较多采用的是前者。

以幅宽1.5m的聚酯双向拉伸膜为例，主要生产设备如下。

① 挤出机。螺杆直径90mm，长径比25∶1，压缩比3∶1，分离型螺杆。

② 直支管式T形机头。

③ 冷却成型机。转鼓式冷却成型机，冷鼓直径600mm。

④ 纵向拉伸机。通常采用单点拉伸法，单点拉伸是靠快速辊与慢速辊之间的速差来控制拉伸比，在两辊之间还装有若干加热的自由辊，这些辊只起加热和导向作用。

⑤ 横向拉幅机。拉幅机有两组带有夹子的链条在张开一定角度的导轨中水平回转，整个导轨部分置于加热箱内，加热箱分为预热区、拉伸区、缓冲区、热定型区。预热区是使膜片加热，达到拉伸温度；拉伸区为膜片进行横向拉伸的区域；缓冲区是使被拉紧的PET膜的分子间作用力相对松弛的区域，可减小应力，并防止拉伸区和热定型区的温度相互干扰；热定型区是使PET膜在此升温，以达到最大结晶速率。拉幅机的出口宽度是入口宽度的3倍左右。

另外一种常用的流程是以对苯二甲酸二甲酯和乙二醇为原料，在反应釜中经酯交换和缩聚反应制得聚酯树脂，然后流延至一冷却辊筒表面冷却后得聚酯厚片，此厚片再经纵向拉伸、横向拉伸、冷却、切边、卷取，制得聚酯双向拉伸膜。

3. 成型工艺

（1）厚片的制备　由于聚酯树脂含有可水解的酯键，在微量水分存在下挤出成型时会有明显的降解，加工前必须将其含水量控制在0.005%以下，这就要求对PET进行充分干燥。一般干燥方法有两种：真空转鼓干燥和沸腾床加热干燥。采用真空转鼓干燥较好，因为PET不与氧气接触，这有利于控制PET的高温热氧老化，提高产品质量。真空转鼓干燥条件如下：蒸汽压力为0.3～0.5MPa，真空度为98.66～101.325kPa，干燥时间为8～12h，干燥后含水量≤0.005%。

经干燥的聚酯加入挤出机中，PET树脂熔融挤出塑化后，再通过粗、细过滤器和静态混合器混合后，由计量泵输送至机头，塑化熔融的物料通过T形机头挤出厚片，挤出温度控制在280℃以下。挤出的厚片，若缓慢冷却则为球晶结构，不透明，脆性大，难以拉伸，因此挤出的厚片要通过冷却辊骤冷，使结晶很少，基本呈无定形状态，以便于拉伸。

（2）双向拉伸　首先进行纵向拉伸，纵向拉伸是厚膜片经加热后，在外力作用下，使PET分子链和链段沿片材长度方向取向，以提高拉伸强度。拉伸工艺条件：预热温度85～95℃，拉伸温度95～110℃，拉伸倍数2.4～4倍。然后进行横向拉伸，即将纵向拉伸后的PET膜在拉幅机中以同步速度进行横向拉伸。工艺条件为：预热温度95～100℃，拉伸温度100～110℃，拉伸倍数2.4～4倍。

（3）热定型和冷却　经过双向拉伸的聚酯膜，当外力去除之后，分子链的排列、取向度、结晶度都会发生变化，表现出尺寸及性能的不稳定。为了制备强度高、尺寸稳定的薄膜，必须进行热定型。热定型温度为230～240℃，热定型是在拉幅机内的热定型区进行的。当薄膜离开拉幅机后就用冷风对薄膜上下进行冷却，然后切边、卷取。

为了BOPET薄膜二次加工的需要，产品出厂前需对薄膜进行单面或双面电晕处理，处理过的薄膜表面张力增大，并可增加印刷牢度，改善镀铝膜的性能。

BOPET薄膜的收卷采用中心收卷方式，张力和压力采用自动控制，以保证收卷表面平整、松紧一致。

四、双向拉伸PS薄膜

双向拉伸PS薄膜（BOPS）是一种拉伸强度很高的硬质透明薄膜，其最大特点是具有优异的电性能，介电常数为2.4～2.7，基本上与频率无关，介电损耗角正切值为5×10^{-4}，是现有塑料薄膜中最小的一种，击穿电压50kV/mm，适合作为高频绝缘材料。PS膜的耐水性非常突出，其吸水率是PVC膜的1/2、PET膜的1/5，三醋酸纤维素膜的1/100。PS膜的主要用途是利用它超群的电性能，作为国防工业、尖端技术等方面的电信器材，如可变电容器、高频电缆绝缘等，也可作食品包装薄膜。

1. 原材料

要求采用洁净且干燥的薄膜级PS树脂。为增加薄膜的韧性，在挤出前需要混入少量的增韧树脂（K树脂或高抗冲PS）。

2. 工艺流程与设备

BOPS薄膜的生产有铸片、双向拉伸、定型、冷却、电晕与涂布、切边、卷取等工序。

包装用BOPS薄膜的厚度一般在100～700μm的范围内，因此，这种产品的生产设备有许多特殊之处。主要设备有上料系统、挤出系统、制片和纵向拉伸系统、横向拉伸机、观察桥和切边、电晕与涂布、收卷机、分切机。

（1）上料系统　PS树脂的密度较轻，为1.05g/cm^3，PS是非结晶态线型高分子，不易水解，使用前只需利用一台简单的立式气流干燥器，在50～70℃下进行干燥处理即可。干燥时间1～1.5h。生产时通常利用真空泵将PS粒料从料仓抽到干燥器中，干燥后的物料和K树脂、色母料、再生回收料等再利用另一台真空泵分别抽到挤出机顶上的各小料斗内，然后经过螺杆配料器，加入挤出机。

（2）挤出系统　双向拉伸PS薄膜生产线的挤出系统包括挤出机、自动走网过滤器、计量泵、静态混合器、机头等。生产双向拉伸PS薄膜用的挤出机，通常都是采用通用型单螺杆两级排气式挤出机。特别需要指出的是，为了控制挤出物料的温度，螺杆内需要通入循环冷却水。大多数的加热套也是采用水冷却。目前，宽幅双向拉伸PS薄膜大生产线所用的机头均采用衣架形结构，内表面镀铬、精加工。机头内设有限位棒，用以调节机头内熔体流动状况，调节机唇口熔体压力分布或适应树脂黏度的变化。通常限位棒处的间隙是中间部位较窄，两边较宽，左右对称。当熔体黏度或流量变化时，需要将整幅间隙同时变大或缩小。

（3）制片和纵向拉伸系统　由于PS是一种高黏度、非结晶的聚合物，因此这种材料的制片方法和纵向拉伸过程与其他塑料有所不同。PS制片的方法不是采用单只冷鼓的铸片法，而是采用多辊熔融流延法。即从挤出机机头挤出厚度为2mm左右的熔体，首先通过上、下三个冷却辊进行冷却，压光制成片材，然后很快进入纵向预热、拉伸区。上流延辊是以冷却、压光为主，下流延辊用于进一步冷却。流延辊之间的间隙取决于薄膜的厚度，厚的薄膜间隙大，薄的薄膜间隙小。间隙大小必须精心调节，否则，间隙过大，会引起压光不好，产品表面出现水波纹；间隙过小，会引起流延辊前积料，影响薄膜厚度均匀性，严重时还会出现拉伸破膜和断片现象。PS 薄膜纵向拉伸机的位置紧紧靠近冷却辊，纵向拉伸通常是采用小间隙单点拉伸法。拉伸区不需要辅助加热器，辊内用水加热，纵向拉伸机所有的辊筒上都有一个橡胶压辊，作用是使薄膜和辊筒紧密接触，防止空气带入辊面。确保辊、膜速度一致，减少划痕。

（4）横向拉伸机　PS 薄膜横向拉伸时，从预热到热处理各个区域的加热温度十分接近，横向拉伸机内设有缓冲段。此外，冷却区不需要鼓风强制冷却。双向拉伸 PS 薄膜横向拉伸的拉伸比较小，一般为 1.7～2.2，所以横向拉伸机的进口幅宽较大，拉幅机内的幅宽变化不大。

（5）观察桥和切边　该区实际上就是平面双向拉伸装置的牵引区。对于透明度要求很高的薄膜，需要及时观察薄膜表面质量，该区的具体结构有所不同。

（6）涂布系统　用于包装材料的 BOPS 薄膜，都要求表面滑爽和防雾。因此，拉伸后的薄膜必须经过表面处理。BOPS 表面处理分为两步，首先要经过电晕处理，然后进行表面涂布。对于较厚的、刚性较大的 BOPS 薄膜，电晕处理时需要使用压紧辊排除薄膜和橡胶辊之间的空气，避免电晕时出现击穿现象。通常，BOPS 薄膜的涂布机是可以进行两面涂覆的。

（7）干燥箱　用硅油和防雾剂涂覆的 BOPS 薄膜，涂覆后表面含有较多的水分，在涂覆后需要经过一个涂层干燥箱，利用加热的空气将薄膜表面上的水分蒸发出去。涂层干燥箱内有上、下风管，热风经喷风嘴吹向薄膜表面，箱内设有夹具，为了防止薄膜下垂，只装设少量托辊。

3. 成型工艺

（1）配料　生产 BOPS 薄膜时需要使用 2～3 种以上的原料，原材料的品种和用量要根据薄膜的用途进行选择。通过调节各下料螺杆的转速比例，控制各自加料量。

当生产 80～200μm 无硅油涂层的薄膜时，原料中需要加入少量抗静电剂，防止薄膜相互粘连。在生产透明薄膜时，原料中不能加入高抗冲 PS，最好不加回收料。

（2）挤出工艺　挤出机各区温度与所用原料有关，从整个机身来看，挤出机进料段的两个区要比其他区域温度低，目的是防止物料在加料段堵塞。挤出各段工艺温度分布如下：挤出预热 160～220℃，挤出压缩 210～250℃，挤出计量 220～250℃，过滤器 210～250℃，计量泵 220～250℃，管线 210～230℃，机头 220～240℃。挤出机压力为 16～22MPa，压力波动为±0.5MPa。压力波动过大时，可通过缩短更换过滤网的周期来减小。通常，熔体泵进口压力 5～7MPa，出口压力为 6～8MPa。

（3）制片和纵向拉伸工艺　图 10-21 为 BOPS 薄膜制片、纵向拉伸时的工艺流程。流延辊 1、2 由一台直流电动机带动，流延辊 3 由一台直流电动机带动，三个流延辊必须具有一定的速度，使从机头出来的熔体下垂量较小，避免出现包辊现象。上流延辊的速度由生产片材的厚度来决定。在生产厚度为 200～700μm 的薄膜时，如果挤出量为 2000kg/h 左右，流延辊的速度较慢，为 10～15m/min；若生产厚度低于 200μm 的薄膜时，流延速度则为 15～30m/min。流延辊的间隙是利用气缸分别调节 1、3 两个流延辊与固定流延辊 2 的径向距离来实现的。精心、同步调节两个间隙，最终实现表面抛光的目的。辊间隙一定要适当，间隙过小往往造成辊前积料，使薄膜纵向厚度不均，间隙过大则会出现水波纹、薄膜表面粗糙、横向厚度不好等现象。此外，辊间隙还与产品的厚度有关，一般较薄的薄膜流延间隙偏小些。

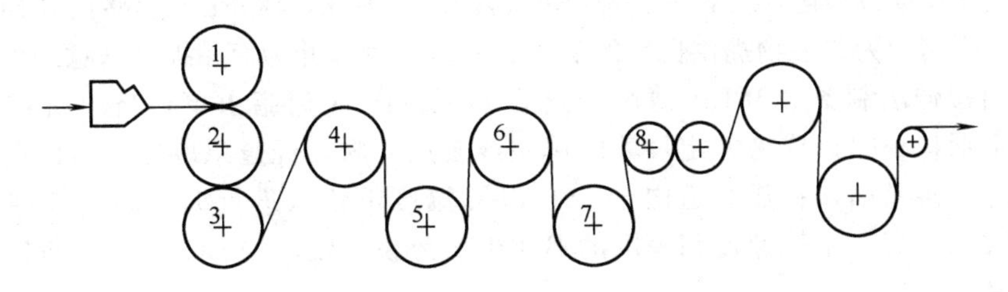

图 10-21 双向拉伸聚苯乙烯薄膜制片、纵向拉伸工艺流程

1,2,3—流延辊；4～7—预热辊；8—慢速辊

流延后的片材表面温度较低，在进行纵向拉伸之前，需要通过预热辊 4～7 进行预热，预热温度为 95～120℃，然后才能进行单点拉伸。通常，预热辊的进口速度要比流延辊的速度快 6%～15%。在预热区内，预热辊的速度也是递增的，一般辊 7 的线速度要比辊 5 的线速度快 8%～15%，其中，辊 4 的速度对薄膜表面质量影响最大，速度过快容易引起薄膜表面划伤，速度过慢会使片材坠向流延辊 3，片材容易产生脆性拉断。慢速辊 8 的速度一般比预热辊 7 高出 8%～15%，快、慢两辊的速比（即薄膜的纵向拉伸比）一般为 1.5～2.5，拉伸温度为 100～125℃。热处理辊的速度和快速辊的速度相近似，热处理温度为 100～120℃。纵向拉伸机内各辊温度调节原则是：有利于薄膜的拉伸，能够消除薄膜表面的水波纹和划痕。

（4）横向拉伸　BOPS 薄膜的横向拉伸机由四个功能段（预热段、拉伸段、定型段、冷却段）组成。横向拉伸机的速率一般要比纵向拉伸机的出口速率低 2%左右。这是因为从纵向拉伸机出来的薄膜，温度较高，当它通过近 2m 的空间时，薄膜冷却，会产生一定收缩。如果冷却空间小，两机的速率差就减小。横向拉伸的温度一般略高于纵向拉伸的温度，预热温度为 110～130℃，拉伸温度为 120～130℃，定型温度为 100～120℃，冷却温度为环境温度。薄膜的横向拉伸比一般取 1.7～2.5。有时根据产品的需要，也可以取更大值。

（5）电晕处理和涂布工艺　BOPS 薄膜表面的极性呈中性，未经处理的薄膜无法涂覆防静电剂等物质。因此，在横向拉伸之后，必须进行电晕处理，BOPS 薄膜的表面性能可以通过表面涂覆一些有机物质得到明显的改进。例如，涂覆一层硅油，可以改进薄膜的脱膜性，增加薄膜表面的滑爽性；涂覆防雾剂，能够避免水蒸气或低温水汽在膜面上凝聚、出现白雾，提高产品可见性。薄膜涂布后，需要用热风进行干燥，然后进入干燥箱进一步干燥。干燥箱的温度必须适当，过高会使薄膜在烘箱内产生收缩，影响薄膜的收卷质量。过低又不能烘干薄膜表面上的水分，收卷时将出现雾斑或硅油斑，严重影响防雾效果。通常干燥温度在 60～90℃的范围内。

五、双向拉伸 PLA 薄膜

随着人们对塑料材料的安全环保要求日益提高，具有生物基来源和可降解的材料受到关注。聚乳酸（PLA）作为半结晶线型脂肪族聚酯，是一种优良的具有生物相容性和生物可降解性的合成高分子材料，被认为是最有发展前途的绿色高分子材料。

PLA来自玉米、甘蔗和木薯等可再生植物资源，具有通用高分子材料的基本特性，有着良好的机械加工性能，可通过多种方式进行加工，如挤出、注塑、吹塑、拉伸、纺丝等成型工艺，特别是应用双向拉伸成型技术制备的BOPLA薄膜，具有更好的机械强度，同时薄膜的挺度、透光度、光泽度以及阻隔等性能会显著得到提高。因此，BOPLA能够在高档包装薄膜领域得到规模化应用，为包装物提供良好的隔水、隔氧环境，并为商品提供满意的外观效果。

逐次双向拉伸法制备BOPLA薄膜的过程如下：PLA树脂由单台挤出机或多台挤出机共挤后由一字形口模挤出成为一定尺寸的单层或多层片材，经过急冷后，再由多组具有较低恒定温度的冷却辊牵引，在热烘道内于55～85℃温度下依次进行纵向固相拉伸和横向固相拉伸，最终得到具有一定拉伸比和厚度的BOPLA薄膜。较优的BOPLA双向拉伸工艺温度参数见表10-7。

表10-7 推荐的BOPLA双向拉伸工艺温度条件

拉伸工位	纵向拉伸段			横向拉伸段		
	预热段	慢拉段	热处理段	预热段	拉伸段	热处理段
工艺温度/℃	45～65	55～70	45～55	65～70	70～85	125～140

通常情况下，BOPLA（含98%左右的左旋乳酸单元）纵向拉伸比在2～3之间，横向拉伸比在2～4之间为宜。而随着BOPLA中右旋乳酸单元含量的增大，其横、纵向的拉伸比可适当增大。

PLA可与其他功能性聚合物共挤得到双向拉伸的多层共挤薄膜，以提高断裂伸长率、抗撕裂强度、抗冲击强度以及阻隔性。比如，可以通过PLA与聚羟基脂肪酸酯（PHA）共聚物多层共挤得到双向拉伸多层复合薄膜，柔性较好的PHA复合层可以大大提高BOPLA薄膜的韧性及抗冲击性能，聚己内酯（PCL）、聚己二酸/对苯二甲酸丁二酯（PBAT）以及聚丁二酸丁二醇酯（PBS）等也可以与PLA复合得到柔韧性较好的双拉多层复合薄膜。

为了提高BOPLA的隔水隔氧性能，可以通过在BOPLA基材膜表面涂布丙烯酸酯类或PVA类涂层的方法达成；也可以通过PLA与热塑性阻隔树脂（如EVOH）进行共挤，得到具有阻隔层的多层共挤薄膜而达成。也可添加功能助剂，如抗静电母料、抗菌母料等制备功能性BOPLA薄膜。

相对于聚烯烃薄膜，未经表面处理的BOPLA薄膜的表面能较高，一般在34～44dyn/cm（$1\text{dyn}=10^{-5}\text{N}$）。高表面能为BOPLA薄膜提供了良好的印刷性能，而不用再像PP或PE薄膜那样在印刷前需进行表面电晕等极性化处理。

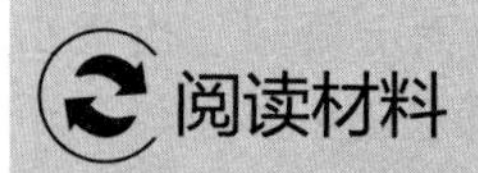

微纳层叠挤出技术

微纳层叠挤出技术是一种新型高分子材料加工方法，将不同的高分子材料共挤出后，通过微纳层叠装置（层叠器）进行多次分割和叠合，每一层的厚度可以达到微米甚至纳米级水平。

微纳层叠挤出系统主要由多台挤出机构成的塑化共挤部分、汇流单元、分流单元、层倍增单元、挤出口模及成型装置等辅助设备组成，微纳层叠挤出系统的结构示意图如图10-22，其中核心部件为层倍增单元，也是各种微纳层叠技术的创新所在。

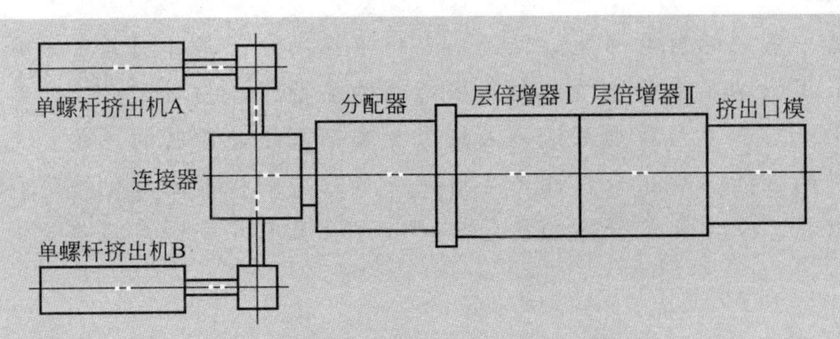

图 10-22 微纳层叠挤出系统的结构示意图

国内多家科研机构和高校对微纳层叠挤出技术进行了研究。北京化工大学研究团队研发了模内扭转层叠技术，已开发出一分二、一分三、一分四、一分六等多种规格层叠装置，以适应不同的加工条件。其一分四层叠的工作原理如图 10-23 所示，进入层叠单元的 n 层高分子熔体经过分流、扭转、叠合过程，在垂直于流动方向上被分成 4 部分，每一等分在层叠器分流道中继续向前流动同时同向扭转 90°展宽并且变薄，在出口端相互汇流成为 $n\times4$ 层的叠层熔体，宽度与厚度与入口处熔体相同。每经过一个层叠器其层数就增加 4 倍，当材料历经 k 个层叠单元后，其层数就增加为 $n\times4k$ 层的熔体，成为交替多层结构的复合薄膜材料。通过串联多个层倍增单元，聚合物熔体经过多次层叠之后，被不断拉伸变薄，在总厚度不变的条件下，每个微层的厚度可达微纳米级。

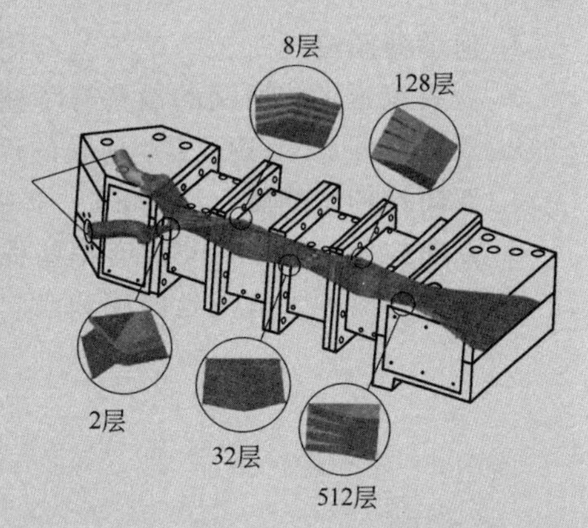

图 10-23 模内扭转一分四层叠原理示意图

与现有微纳层叠挤出技术相比，模内扭转层叠的优点有：①制造工艺简单，精度容易保证；②分割效率高，分层过程压力损失小；③可应用的聚合物范围广，流道不存在滞留区域。如图 10-24 所示分别为 EDI 技术与模内扭转层叠技术所制备的多层交替复合材料，可以看出，模内扭转层叠技术所制得的材料微层更加均一。

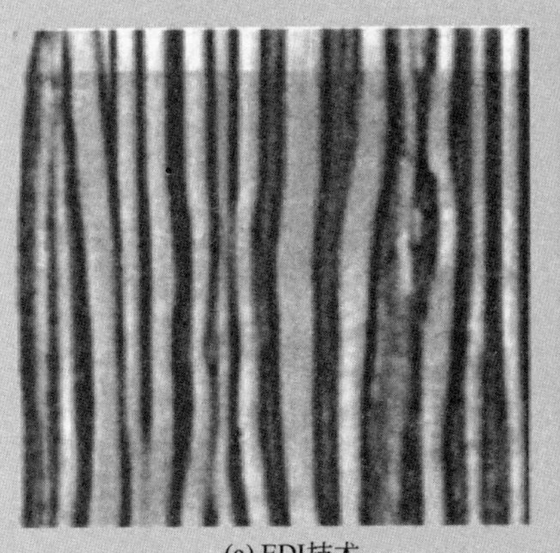

(a) EDI技术

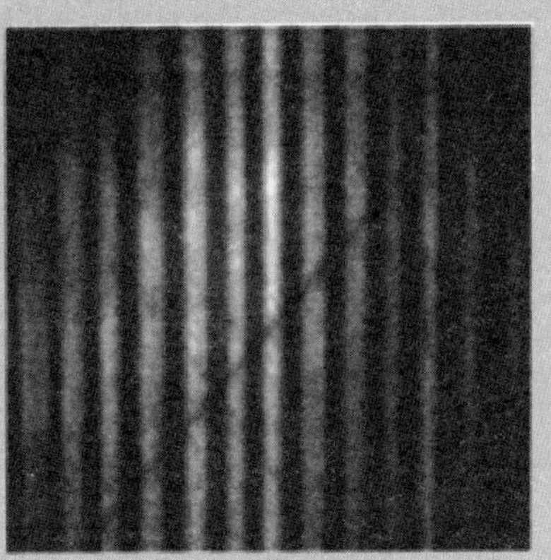

(b) 模内扭转层叠技术

图 10-24 不同技术制备的微纳层叠复合材料

扭转层叠器中形成的剪切力能够促进纳米粒子在高分子基体材料中的分散均匀性，改善材料性能；采用微纳层叠挤出技术制备出的微纳层叠复合材料，具有交替层叠结构，微观有几十乃至上千层、单层厚度可达微米级甚至是纳米级，独特的结构能充分地把2种或多种高分子材料的性能体现出来，并产生协同效应，得到性能更加优越的材料，在开发阻透材料、导电材料、光学材料等多功能复合材料方面具有广阔的应用前景。

知识能力检测

1. 何谓薄膜流延工艺？该工艺有何特点？
2. 薄膜流延工艺所用的设备有哪些？其结构如何？
3. 双向拉伸PP（BOPP）薄膜的优点是什么？用途如何？如何生产？
4. 双向拉伸聚酯膜（BOPET）有哪些优点？如何生产？
5. 双向拉伸PS（BOPS）有哪些优点？如何生产？
6. 查找资料，了解流延薄膜和双向拉伸薄膜在产品、设备与技术方面的新进展。

模块十一

中空吹塑成型

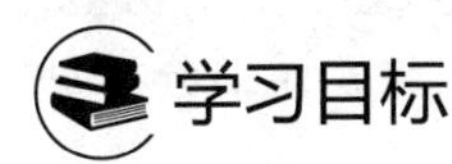

学习目标

知识目标：通过本模块的学习，了解中空吹塑制品的具体用途，掌握中空吹塑制品的生产基础知识，掌握中空吹塑成型的主机、辅机及机头的结构、工作原理、性能特点，掌握中空吹塑成型工艺及参数设计，熟悉中空吹塑制品生产过程中的缺陷类型、成因及解决措施。

能力目标：能够制订中空吹塑成型工艺及设定工艺参数，能够规范操作中空吹塑成型生产线，能够分析中空吹塑生产过程中缺陷产生的原因，并提出有效的解决措施。

素质目标：培养工程思维、创新思维和工匠精神，培养中空吹塑制品的安全生产意识、质量与成本意识、环境保护意识和规范的操作习惯。

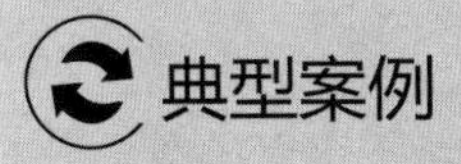

典型案例

牛奶饮料瓶生产案例

牛奶饮料瓶，使用 HDPE 料，单螺杆 ϕ45mm 挤出机，不带贮料缸（制品比较小），直角机头，吹塑模具。

挤出工艺：料筒-机头温度为 140～190℃，模具温度 50℃，吹胀比 2。

单元一　中空吹塑成型基础

一、中空吹塑

中空吹塑是将挤出或注射成型所得到的半熔融状态的塑料型坯置于各种各样的模具中，借助流体压力使闭合在模具中的型坯吹胀，使之紧贴于模腔壁上，再经冷却脱模而形成空心制品的工艺。

1. 中空制品及其用途

吹塑制品包括塑料瓶、塑料容器及各种形状的中空制品。现已广泛应用于食品、饮料、化妆品、药品、洗涤制品、儿童玩具等领域。

进入 20 世纪 80 年代中期，吹塑技术有了很大的发展，制品应用领域已扩展到形状复杂、功能独特的办公用品、家用电器、家具、文化娱乐用品及汽车工业用零部件，如保险杠、汽油箱、燃料油罐等，具有更高的技术含量和功能性，因此又称为“工程吹塑”。

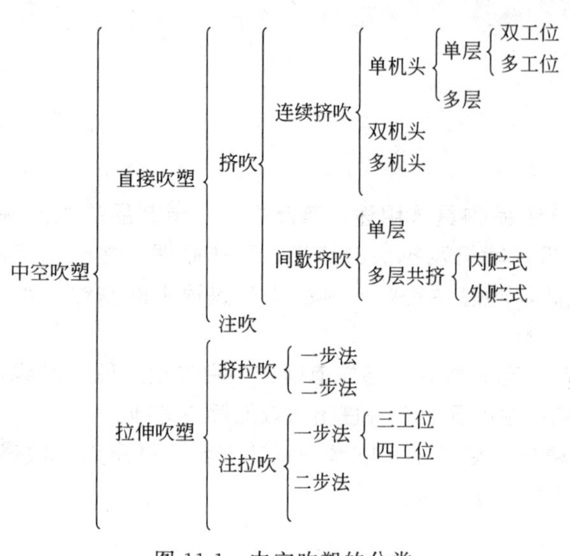

图 11-1　中空吹塑的分类

2. 中空吹塑的分类

中空吹塑可分为挤出吹塑、注射吹塑、拉伸吹塑和多层吹塑四大类。详细分类见图 11-1。

3. 用作中空吹塑的材料应具有的特性

（1）耐环境应力开裂性　作为容器，当与表面活性剂溶液接触时，在应力作用下，应具有防止龟裂的能力。一般是选择分子量较大的材料。

（2）气密性　是指阻止氧气、二氧化碳、氮气及水蒸气等向容器内外透散的特性。

（3）耐冲击性　为保护容器内装物品，制品应具有从 1m 高度落下不破不裂的耐冲击性。

此外，还应具有耐药品性、抗静电性、韧性和耐挤压性等。

二、挤出吹塑

挤出吹塑是先用挤出机挤出管状型坯，然后趁热将型坯送入吹塑模中，通入压缩空气进行吹胀，使其紧贴模腔壁面而获得模腔形状，在保持一定压力的情况下，经冷却定型，开模脱模即得到吹塑制品。挤出吹塑具有管坯生产效率高，型坯温度比较均匀，制品破裂减少，强度较高，能生产大型容器，设备投资较少，熔接缝少，对容器的形状、大小和壁厚的允许范围较大等优点，因此，在当前中空制品生产中仍占有优势。

挤出吹塑的全过程一般包括以下五个步骤。①通过挤出机使聚合物熔融，并使熔体通过机头成型为管状型坯。②型坯达到预定长度时，吹塑模具闭合，将型坯夹持在两半模具之间，切断型坯后移至下一工位。③把压缩空气注入型坯，吹胀型坯，使之贴紧模具型腔成型。④冷却。⑤开模，取出成型制品。

按出料方式不同，挤出吹塑可分为直接挤出-吹塑和挤出-贮料-压出-吹塑两大类。直接挤出-吹塑的优点是：设备简单、投资少、容易操作、适用于多种塑料的吹塑。挤出-贮料-压出-吹塑的工艺特点是：可以用小设备生产大容器，在较短的时间内获得所需要的型坯长度，保证了制品壁厚的均匀性。缺点是：设备复杂、液压系统的设计和维护困难、投资较大。

拉伸吹塑是中空吹塑的另一种方式，它包括挤出-拉伸-吹塑（简称挤拉吹）和注射-拉伸-吹塑（简称注拉吹）。拉伸吹塑是将加热到熔点以下的适当温度的有底型坯置于模具内，先用拉伸杆进行拉伸，然后再进行吹塑成型的成型方法。本模块只讨论挤出拉伸吹塑。

单元二　中空吹塑成型设备

塑料挤出中空吹塑成型机，主要由以下几个部分组成：挤出机、合模机构、吹气机构、抬头、切刀、机头、控制系统。

一、挤出机

挤出机是中空挤出吹塑装置中最主要的设备之一。挤出机的作用是使塑料均匀地塑化，并以一定的压力和速度将熔料输送至机头。主要由螺杆、料筒、料斗、电机、齿轮箱、冷却风机等组成。

挤出机的结构特点和正确操作，对吹塑制品的力学性能和外观质量、各批成品之间的均匀一致性、成型加工的生产效率和经济性影响很大。

挤出装置一般为通用型挤出机，但要求挤出机能适应周期性频繁停歇；开动和停歇的电钮应安装在离操作人员较近的地点。

挤出机应具有可连续调速的驱动装置，在稳定的速度下挤出型坯。多采用三段式单螺杆挤出机，选用等距不等深的渐变形螺杆。对聚烯烃和尼龙类塑料可选用突变形螺杆。螺杆直径按制品的容积大小来选择。凡吹塑小型制品，常选用 ϕ45～90mm 挤出机；吹塑大型中空容器，选用 ϕ120～150mm 的挤出机。也有选用两台中小型挤出机组合来吹塑大型制品的。

挤出机螺杆的长径比应适宜，一般选用长径比为 20～25。长径比太小，物料塑化不均匀，供料能力差，型坯的温度不均匀；长径比大些，分段向物料进行热能的传递较充分，料温波动小，料筒加热温度较低，能制得温度均匀的型坯，可提高产品的精度及均匀性，并适用于热敏性塑料的生产。对于给定的贮料温度，料筒温度较低，可防止物料的过热分解。

螺杆的压缩比与塑料品种有关。对聚烯烃塑料，压缩比选（3～4）：1，对 PVC 则选（2～2.5）：1。

挤出机的加热装置，要求能控制温度，使其波动范围小。控制温差小于±2℃，有利于提高产品质量。

不论采用哪种类型的挤出机，为生产出合乎质量要求的产品，挤出机挤出的型坯必须满足下列要求。

① 各批型坯的尺寸、熔体黏度和温度均匀一致。

② 型坯的外观质量要好，因为型坯存在缺陷，吹胀后缺陷会更加显著。型坯的外观质量和挤出机的混合程度有关，在着色吹塑制品的情况下尤其重要。

③ 型坯的挤出必须与合模、吹胀、冷却所要求的时间一样快，挤出机应有足够的生产率，不使生产受限制。

④ 型坯必须在稳定的速度下挤出，由于挤出速率的变化或产生脉冲，将影响型坯的质量，而在制品上出现厚薄不均。

⑤ 对温度和挤出速率应有精确的测定和控制，因温度和挤出速率的变化会大大影响型坯和吹塑制品的质量。

⑥ 由于冷却时间直接影响吹塑制品的产量，因此，型坯应在尽可能低的加工温度下挤出，在此情况下，熔体的黏度较高，必然产生高的背压和剪切力，这就要求挤出机的传动系

统和止推轴承应有足够的强度。

同其他热塑性塑料制品加工所用的挤出机一样，要具备适合所有热塑性塑料吹塑的理想挤出机是不现实的，如果配备几种不同结构的螺杆，用同一台挤出机就能生产不同塑料品种的型坯。

二、机头

机头的作用是把挤出机熔融和均化的塑料进一步塑化、压缩形成型坯，并往型坯里吹气，使型坯鼓起来。

主要由加热元件、口模、芯棒、口模调整环、分流梭、机头体等组成。

机头进料通道和螺杆接口应成直线，水平对准，以减少熔体料流在拐弯时的阻力。机头芯轴可设凸起结构，增加料流缓冲区，提高熔体压力，利于消除熔体流动时因变形引起的伤痕。

1. 机头结构形式

吹塑机头的结构和形式，应根据制品容积的大小、变量和工艺方式来选择。一般分为转角机头、直通式机头和带贮料缸式机头三种类型。除一些特殊的装置（如水平吹塑系统或采用立式挤出机）之外，绝大多数吹塑是采用出口向下的转角机头。

（1）转角机头　转角机头由连接管和连接管呈直角配置的管状机头组成。结构如图 11-2 所示。

这种机头内流道有较大的压缩比，口模部分有较长的定型段，适合于挤出 PE、PP、PC、ABS 等塑料。

由于熔体流动方向由水平转向垂直，熔体在流通中容易产生滞留，加之连接管到机头口模的长度有差别，机头内部的压力平衡受到干扰，会造成机头内熔体性能差异，为使熔体在转向时能自由平滑地流动，不产生滞留点和熔接线，多采用螺旋状流动导向装置和侧面进料机头，结构如图 11-3 所示。

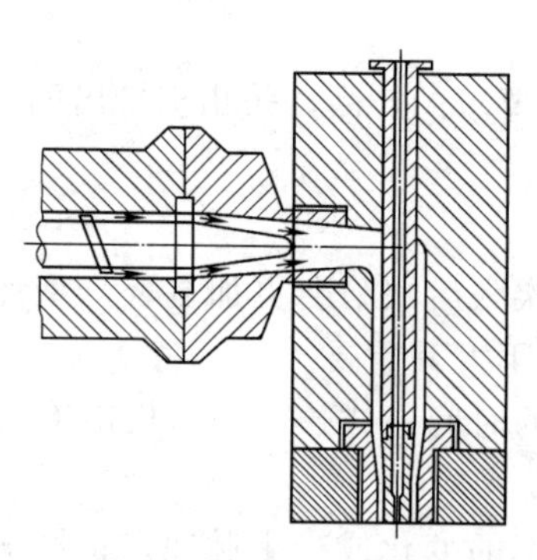

图 11-2　与型坯挤出方向成直角的管状机头结构

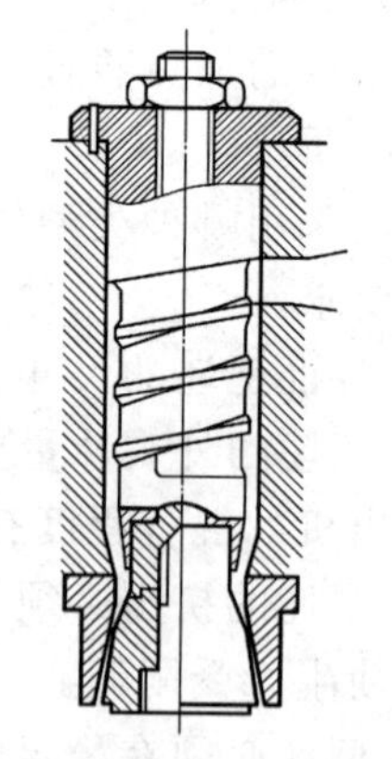

图 11-3　螺旋状沟槽心轴机头

这种结构使熔体流道更加流线型化，螺旋线的螺旋角为 45°～60°，收敛点机加工成刃形，位于型芯一侧，与侧向进料口相对，在侧向进料口中心线下方 16～19mm 处。这种结构不能完全消除熔接线。常采用的措施：一是充分汇合各分流道的物料；二是提高机头压力，促进熔体的熔合。在管心的分流梭下游装置一个节流圈，结构如图 11-4 所示，节流圈使机头内通道的有效截面缩小，增大熔体压力。节流圈的外形呈流线型。

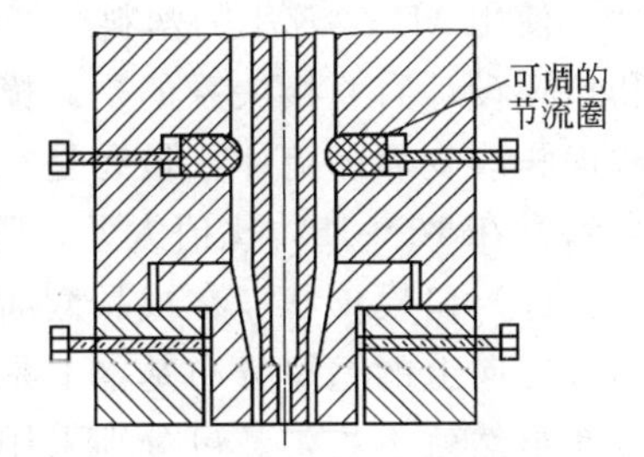

图 11-4 可调的移位节流圈式机头

（2）直通式机头 直通式机头与挤出机呈一字形配置，从而避免塑料熔体流动方向的改变，可防止塑料熔体过热而分解。直通式机头的结构能适应热敏性塑料的吹塑成型，常用于硬 PVC 透明瓶的制造。

（3）带贮料缸式机头 生产大型吹塑制品（如啤酒桶及垃圾箱等）时，由于制品的容积较大，需要一定的壁厚以获得必要的刚度，因此需要挤出大的型坯，而大型坯的下坠与缩径严重，制品冷却时间长，要求挤出机的输出量大。对于大型挤出机，一方面要求快速提供大量熔体，减少型坯下坠和缩径；另一方面，大型制品冷却期长，挤出机不能连续运行，从而发展了带有贮料缸的机头。其结构如图 11-5 所示。

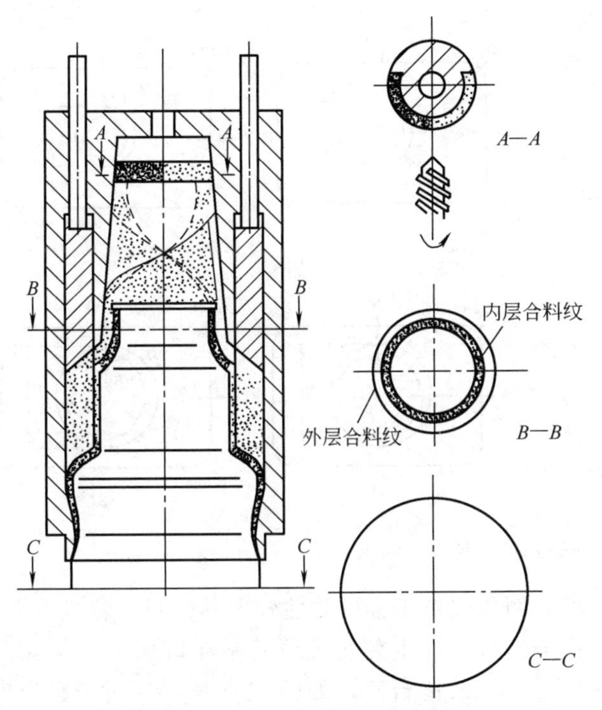

图 11-5 典型的先进先出（FIFO）型带贮料缸式机头

由挤出机向贮料缸提供塑化均匀的熔体，按照一定的周期所需熔体数量贮存于贮料缸内。在贮料缸系统中由柱塞（或螺杆）定时、间歇地将所贮物料全部迅速推出，形成大型的型坯。高速推出物料可减轻大型型坯的下坠和缩径，克服型坯由于自重产生下垂的变形而造成制品壁厚的不一致性。同时挤出机可保持连续运转，为下一个型坯备料，该机头既能发挥挤出机的能力，又能提高型坯的挤出速率，缩短成型周期。但应注意，当柱塞推动速度过快不适应熔体黏度时，熔体通过机头流速太大，可能产生熔体破裂现象。

2. 机头工艺设计

机头的设计原则基本上与挤管、吹膜机头相同，但在口模设计时，需注意下面几个问题。

（1）吹胀比 吹胀比是吹塑制品的最大外径与型坯的最大外径之比。吹胀比通常应保持在（2～3）∶1 的范围内。对于绝大多数吹塑用的热塑性塑料，这一吹胀比是比较合适的。在此范围内，型坯不大可能由于壁厚的变化或挤出原料温度不均的缘故而发生不适宜的吹胀。但在特殊情况下，由于模具夹口宽度或者容器瓶颈的关系，有时吹胀比可高达（5～7）∶1 或者不到 1∶1。

（2）型坯膨胀率 型坯离开口模时的实际外径与口模直径之差，除以口模直径后乘以 100%，所得比值称为型坯膨胀率。它的大小取决于挤出速率、口模截面积、口模压力、挤出塑料的品种、熔体温度和口模平直部分的长度等因素。提高塑料温度、降低挤出速率将会减小膨胀率。型坯的下垂和伸长作用也影响到膨胀率，这些因素取决于型坯的熔体拉伸强度。使用 MFR 较小的塑料来增加熔体强度，型坯出机头后的膨胀倾向也增加。型坯膨胀率和口模设计有直接关系的是口模平直部分长度 L 和口模间隙 T 之比。因为通过流动方向和截面积改变后的流体，最终是在这一区域节流的。L 和 T 之比和所用的塑料品种有关，但大致都在 10～15，比值太大，阻力增强，影响产量，型坯的外观也无明显的变化。

（3）口模形状　在成品截面是圆形或近似圆形的情况下，采用圆形的口模，成品截面在周长方向上的壁厚分布基本上是均匀一致的。但是，当成品截面是长方形或椭圆形时，壁厚分布显然就不均匀。可分别采用图 11-6 那样将型坯直径放大或用异形口模的方法，使制品壁厚的分布近乎均匀。前一种方法比较简单，但往往会增加模具夹口区边料的回料量，成品的合格率降低。后一种方法当口模的异形程度太大时，会造成型坯的流速在周向产生差别，使型坯弯曲变形，无法成型，因此所能取得的异型程度是有限的。所以在实际生产过程中，一般采用上述两种方法的组合来适应成品的异形程度，可收到比较理想的效果。如果成型的成品为极端扁平时，可以采用平行挤出的两片片材作为型坯直接成型。

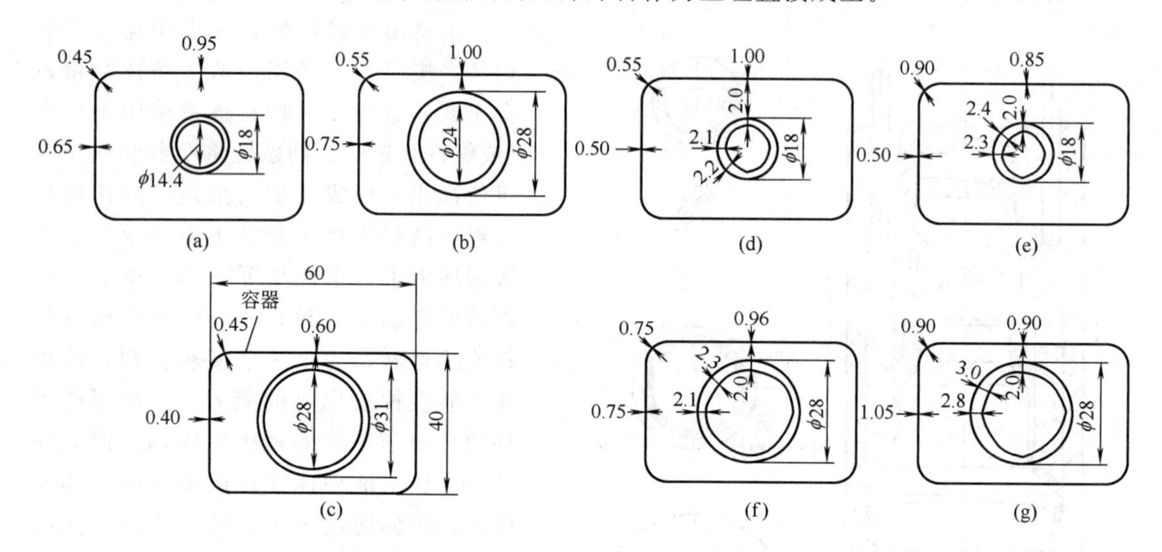

图 11-6　口模形状与容器截面壁厚分布的关系

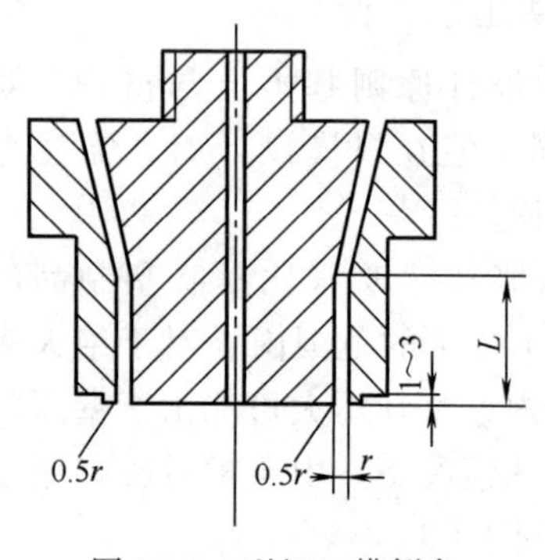

图 11-7　型坯口模倒角

（4）口模处倒角　对于金属黏性较大的塑料，特别像 PC 之类，为防止挤出型坯产生翻卷现象而粘在口模上，可在口模处设计一个 1～3mm 的台阶，如图 11-7 所示。对于翻卷现象特别严重者，除控制芯模、口模的温度，使之内外温度平衡外，可在口模上涂上一层有机硅，这是十分有效的办法。

机头材料一般为中碳钢，机头的几个技术参数如下。

① 压缩比（D）。机头中型腔的最大环形截面积与芯棒、口模之间的环形截面积之比。一般选择在 2.5～4。

② 口模定型段的长度（L）。大约为口模间隙宽度的 8 倍。

③ 吹胀比（K）。K 是制品的最大直径（异型制品采用当量直径）和型坯直径之比。对于中小型制品，K 取 2～4；对于大型或薄壁制品，K 取 1.2～2.5。

④ 离模膨胀比（m）（即型坯膨胀率）。型坯离开机头时，型坯的直径和口模的直径

之比。

三、模具

1. 吹塑模具的结构

吹塑模具主要由两半阴模构成。因模颈圈与各夹坯块较易磨损，一般做成单独的嵌块便于修复或更换，也可与模体做成一体。图 11-8 给出了典型挤出吹塑模具的结构。

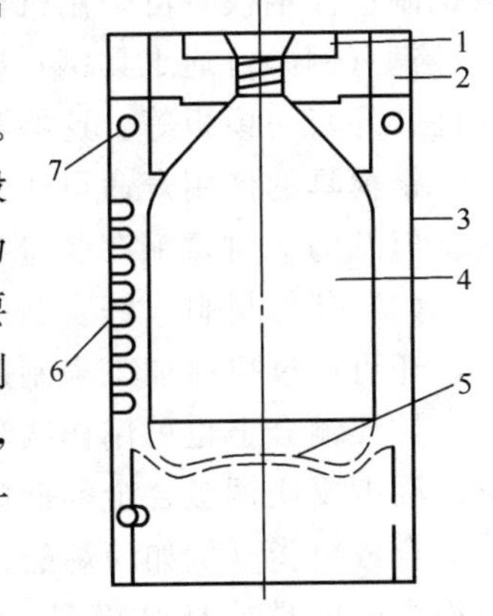

图 11-8 挤出吹塑模具
1—切坯套；2—模颈圈；3—模体；4—型腔；5—截坯口；6—分模线排气口；7—导销

吹塑模具起双重作用：赋予制品形状与尺寸，并使之冷却。与注塑模具相比，挤出吹塑模具有以下特点：①吹塑模具一般只有阴模。②吹塑模具型腔受到的型坯吹胀压力较小，一般为 0.2～1.0MPa。③吹塑模具型腔一般不需经硬化处理，除非要求长期生产。④吹塑模腔内，型坯通过膨胀来成型，可减小制品上的流痕与接合线及模腔的磨损等问题。⑤由于没有阳模，吹塑制品上较深的凹陷也能脱模（尤其对硬度较低的塑料），一般不需要滑动嵌块。

对吹塑模具的要求主要有：①可成型形状复杂的制品；②能有效地夹断型坯，保证制品接合线的强度；③能有效地排气；④能快速、均匀地冷却制品，并减小模具壁内的温度梯度以减小成型时间与制品翘曲。

吹塑模具的设计、制造对制品的生产效率与性能有很大影响。影响吹塑模具设计的主要因素有制品的形状与尺寸、注入压缩空气的方式及塑料的性能。

2. 模具材料

吹塑模具对材料的要求较低，选择范围较宽。吹塑模具材料的选择要综合考虑导热性能、强度、耐磨性能、耐腐蚀性能、抛光性能、成本以及所用塑料与生产批量等因素。例如，对会产生腐蚀性挥发物的塑料（PVC、聚丙烯腈、POM 等）要采用耐腐蚀性材料来制造模具或在模腔上镀覆耐腐蚀金属。

下面介绍制造吹塑模具采用的几种材料。

（1）铝　铝是挤出吹塑模具较早采用的材料。铝的导热性能高、机械加工性与可延性好、密度低，但硬度低、易磨损，铝合金的耐磨性会高些。铸铝的韧性较低，故夹坯嵌块要由钢或铜铍合金制造。铝模具的使用寿命为 $(1\sim2)\times10^6$ 次。

铝具有多孔性，有时会渗入微量的塑料熔体，影响吹塑制品的外观性能。可在模腔上涂覆密封胶来解决，但会降低制品与模壁之间的传热性能。

（2）铜铍合金　铜铍合金是吹塑模具较常采用的一种材料，具有很好的导热性能、硬度、耐磨性、耐腐蚀性与机械韧性。主要缺点是成本高、机械加工性能比铝差。

铜铍合金多数用于制造夹坯嵌块，与铝模具配合使用。有时（尤其是对腐蚀性塑料）整套吹塑模具均由铜铍合金制成，铜铍合金不会被 PVC 加工中产生的氯化氢所腐蚀，还可防止冷却通道中水的结垢，避免传热效率的降低。铜铍合金模具易于通过焊接或镶嵌法来修补。

除铜铍合金外，可用于制造吹塑模具的还有 Ni/Si/Cu、Cr/Cu 与铝/青铜合金，其中前两种合金的导热性能分别约为铜铍合金的 2 倍与 3 倍。

（3）钢　钢主要用于制造 PVC 与工程塑料的吹塑模具，钢的硬度、耐磨性与韧性极高，通过蚀刻模腔可使制品取得很好的表面花纹。钢的主要缺点是导热性能差，要通过冷却系统的设计及冷却流体的温度与流动状态等来补偿。腐蚀性塑料（例如 PVC）的模具要采用不锈钢制造。钢模具可采用机械加工、冷挤压、铸造或焊接（对大型模具）来制造。

钢（例如普通工具钢）还用于制造要承受磨损的吹塑模具零件，例如夹坯嵌块、拉杆、导柱、导套与模板等。这些零件要求对钢做硬化处理。

钢模具的使用寿命可达上千万次，因此，吹塑制品的生产数量大时，钢是一种优选的材料。但总的来讲，钢在制造吹塑模具方面用得较少。

（4）其他材料　锌合金的导热性能良好、成本低，可用于铸造大型模具或形状不规则模具，还可通过机械加工来制造模具，但耐腐蚀性差些。

锌镍铜合金也可用作吹塑模具材料，热导率在铜铍合金与铝合金之间，在相同的热导率下，硬度要比铜铍合金的低些。

合成树脂（例如丙烯酸树脂、环氧树脂）可用于铸造低成本的试验用模具、生产使用次数很少的模具或样品模具。它们可用金属粉末或玻璃纤维填充，以改善尺寸稳定性与导热性。

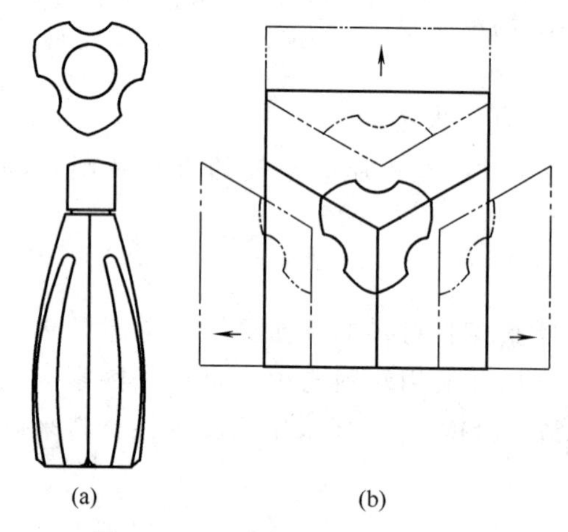

图 11-9　凹形表面容器（a）及其吹塑模具分型面的设置（b）

3. 模具分型面

分型面设计是设计吹塑模具时首先要考虑的一个问题，分型面的位置应使模具对称，减小吹胀比，易于制品脱模。因此，分型面的位置由吹塑制品的形状确定。大多数吹塑模具是设计成以分型面为界相配合的两个半模，对于形状不成规则的瓶类和容器，分型面位置的确定特别重要，如位置不当将导致产品无法脱模或造成瓶体划伤。这时，需要用不规则分型面的模具，有时甚至要使用三个或更多的可移动部件组成的多分型面模具，利于产品脱模。

对横截面为圆形的容器，分型面通过直径设置；对椭圆形容器，分型面应通过椭圆形的长轴设置；矩形容器的分型面可通过中心线或对角线设置，其中后者可减小吹胀比，但与分型面相对的拐角部位壁厚较小。对于某些制品，要设置多个分型面。例如，吹塑如图 11-9（a）所示的凹形表面容器，要设置三个分型面，如图 11-9（b）所示。

容器把手应沿分模面设置。把手的横截面应呈方形，拐角用圆弧过渡，优化壁厚分布。把手孔一般采用嵌块来成型，还可用注射法单独成型把手。

4. 型腔

吹塑模具型腔直接确定制品的形状、尺寸与外观性能。

用于 PE 吹塑的模具型腔表面应稍微有点粗糙。否则，会造成模腔的排气不良，夹留有气泡，使制品出现“橘皮纹”的表面缺陷。还会导致制品的冷却速率低且不均匀，使制品各处的收缩率不一样。由于PE吹塑模具的温度较低，加上型坯吹胀压力较小，吹胀的型坯不会楔入粗糙型腔表面的波谷，而是位于并跨过波峰，这样，可保证制品有光滑的表面，并提供微小的网状通道，使模腔易于排气。

对模腔做喷砂处理可形成粗糙的表面。喷砂粒度要适当，对于HDPE的吹塑模具，可采用较粗的粒度，对于LDPE要采用较细的粒度。蚀刻模腔也可形成粗糙的表面，还可在制品表面形成花纹。吹塑高透明或高光泽性容器（尤其采用PET、PVC或PP）时，要抛光模腔。对工程塑料的吹塑，模具型腔一般不能喷砂，除可蚀刻出花纹外，还可经抛光或消光处理。

模具型腔的尺寸主要由制品的外形尺寸和制品的收缩率来确定。收缩率一般是指室温（22℃）下模腔尺寸与成型24h后制品尺寸之间的差异。以HDPE瓶为例，其收缩率的80%～90%是在成型后的24h内发生的。

5. 模具切口

吹塑模具的模口部分应是锋利的切口，以利于切断型坯。切断型坯的夹口的最小纵向长度为0.5～2.5mm，过小会减小容器接合缝的厚度，降低其接合强度，甚至容易切破型坯不易吹胀，过大则无法切断尾料，甚至无法使模具完全闭合。切口的形状，一般为三角形或梯形。为防止切口磨损，常用硬质合金材料制成镶块嵌紧在模具上，切口尽头向模具表面扩大的角度随塑料品种而异，LDPE可取30°～50°，HDPE可取12°～15°。模具的启闭通常用压缩空气来操纵，闭模速度最好能调节，以适应不同材料的要求。如加工PE时，模具闭合速度过快，切口易切穿型坯，使型坯无法得到完好的熔接。这就要在速度和锁模作用之间建立平衡，使得夹料部分既能充分熔接，又不致飞边难从制品中除去。

在夹坯口刃下方开设尾料槽，位于模具分型面上。图11-10给出了五种尾料槽的结构，其中图11-10（e）给出的尺寸是针对吹塑60L的UHMWPE容器而言的。

尾料槽深度对吹塑的成型与制品自动修整有很大影响，尤其对直径大、壁厚小的型坯。

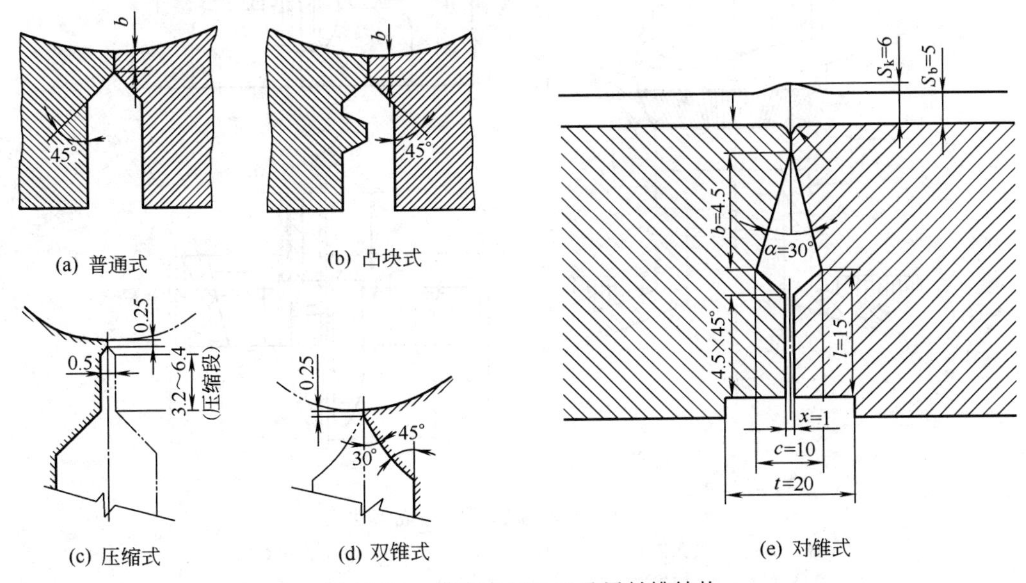

图11-10 模底夹坯口刃及尾料槽结构

槽深过小会使尾料受到过大压力的挤压，使模具尤其是夹坯口刃受到过高的应变，甚至模具不能完全闭合，难以切断尾料；若槽深过大，尾料则不能与槽壁接触，无法快速冷却，热量会传至容器接合处，使之软化，修整时会对接合处产生拉伸。每半边模具的尾料槽深度最好取型坯壁厚的 80%～90%。

尾料槽夹角的选取也应适当，常取 30°～90°。夹坯口刃宽度较大时，一般取大值，较小时有助于把少量熔体挤入接合缝中。

6. 模具中的嵌块

吹塑模具底部一般设置单独的嵌块，以挤压封接型坯的一端，并切去尾料。

设计模底嵌块时应主要考虑夹坯口刃与尾料槽，它们对吹塑制品的成型与性能有重要影响。因此，应满足下面的要求。

① 要有足够的强度、刚性与耐磨性，在反复的合模过程中承受挤压型坯熔体产生的压力。

② 夹坯区的厚度一般比制品壁的大些，积聚的热量较多。因此，夹坯嵌块要选用导热性能高的材料来制造。同时考虑夹坯嵌块耐用性，铜铍合金是一种理想的材料。对软质塑料(例如 LDPE)，夹坯嵌块一般可用铝制成，并可与模体做成一体。

③ 接合缝通常是吹塑容器最薄弱的部位，要在合模后但未切断尾料前把少量熔体挤入接合缝，适当增加其厚度与强度。

④ 应能切断尾料，形成整齐的切口。

成型容器颈部的嵌块主要有模颈圈与剪切块，如图 11-11 所示。剪切块位于模颈圈之

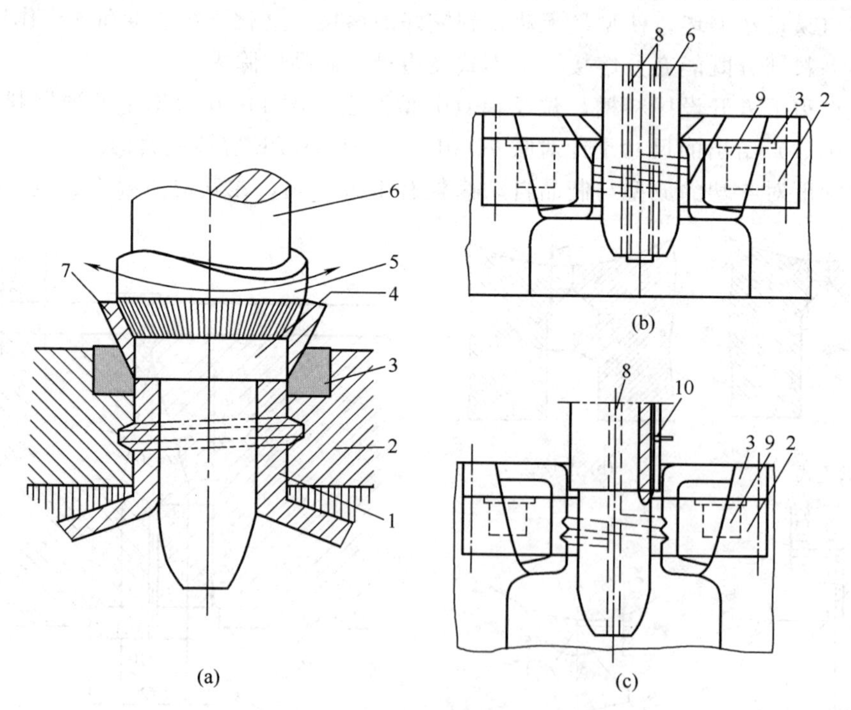

图 11-11 容器颈部的定径成型法

1—容器颈部；2—模颈圈；3—剪切块；4—剪切套；5—带齿旋转套筒；6—定径进气杆；7—颈部余料；8—进气孔；9—冷却槽；10—排气孔

上，有助于切去颈部余料，减小模颈圈的磨损。剪切块开口可为锥形的，夹角一般取 60°，如图 11-11（a）、（b），也可为杯形的，如图 11-11（c）。模颈圈与剪切块由工具钢制成，并硬化至 56～58HRC。

7. 排气

成型容积相同的容器时，吹塑模具内要排出的空气量比注射成型模具的大许多，要排除的空气体积等于模腔容积减去完全合模瞬时型坯已被吹胀后的体积，其中后者占较大比例，但仍有一定的空气夹留在型坯与模腔之间，尤其对大容积吹塑制品。另外，吹塑模具内的压力很小。因此，对吹塑模具的排气性能要求较高（尤其是型腔抛光的模具）。

若夹留在模腔与型坯之间的空气无法完全或尽快排出，型坯就不能快速地吹胀，吹胀后不能与模腔良好接触，会使制品表面出现粗糙、凹痕等缺陷，表面文字、图案不够清晰，影响制品的外观性能与外部形状，尤其当型坯挤出时出现条痕或发生熔体破裂时。排气不良还会延长制品的冷却时间，降低其力学性能，造成其壁厚分布不均匀。因此，要设法提高吹塑模具的排气性能，最古老的排气方法是模具表面用喷砂处理，提供逃逸空气的细槽。该方法十分有效，但不能为所有制品所接受，如用 PS 制成的高级化妆品包装容器，绝不允许存有严重的模糊外观来影响它的质量。在此情况下，可使用其他排气方法。

吹塑模具采用的排气方法有多种，分述如下。

（1）分型面上的排气　分型面是吹塑模具主要的排气部位，合模后应尽可能多、快地排出空气，否则会在制品上对应分型面部位出现纵向凹痕。这是因为制品上分型面附近部位与模腔贴合而固化，产生体积收缩与应力，这对分型面处因夹留空气而无法快速冷却、温度尚较高的部位产生了拉力。为此，要在分型面上开设排气槽，如图 11-12 所示。其中，图 11-12（c）的模具在分型面上的肩部与底部拐角处开设有锥形的排气槽。排气槽深度的选取要恰当，不应在制品上留下痕迹，尤其对外观要求高的制品（例如化妆品瓶），排气槽宽度可取 5～25mm 或更大。

（2）模腔内的排气　为尽快地排出吹塑模具内的空气，要在模腔壁内开设排气系统。随着型坯的不断吹胀，模腔内夹留的空气会聚积在凹陷、沟槽与拐角等处，为此，要在这些部位开设排气孔，如图 11-13（a）所示。排气孔的直径应适当，过大会在制品表面上产生凸台，过小又会造成凹陷，如图 11-13（b）所示，一般取 0.1～0.3mm。排气孔的长度应尽可能小些（0.5～1.5mm）。排气孔与截面较大的通道相连，以减小气流阻力。另一种途径是在模腔壁内钻出直径较大（如 10mm）的孔，并把一磨成有排气间隙（0.1～0.2mm）的嵌棒塞入该孔中，如图 11-13（a）所示。还可采用开设三角形槽或圆弧形槽的排气嵌棒。这类嵌棒的排气间隙比上述排气孔的直径小，但排气通道截面较大，机械加工时可准确地保证排气间隙。嵌棒排气用于大容积容器的吹塑效果好。还可在模腔壁内嵌置由粉末烧结制成的多孔性金属块作为排气塞，如图 11-13（a）、（b）所示，可能会有微量的塑料熔体渗入多孔性金属块内，在吹塑制品上留下痕迹。因此，可考虑在金属块上雕刻花纹或文字。

（3）模颈圈螺纹槽内的排气　夹留在模颈圈螺纹槽内的空气难以排除，可以通过开设排气孔来解决，如图 11-14 所示。在模颈圈钻出若干个轴向孔，孔与螺纹槽底相距 0.5～1.0mm，直径为 3mm，并从螺纹槽底钻出 0.2～0.3mm 的径向小孔，与轴向孔相通。

（4）抽真空排气　如果模腔内夹留空气的排出速率小于型坯的吹胀速率，模腔与型坯之间会产生大于型坯吹胀气压的空气压力，使吹胀的型坯难以与模腔接触。在模壁内钻出小孔

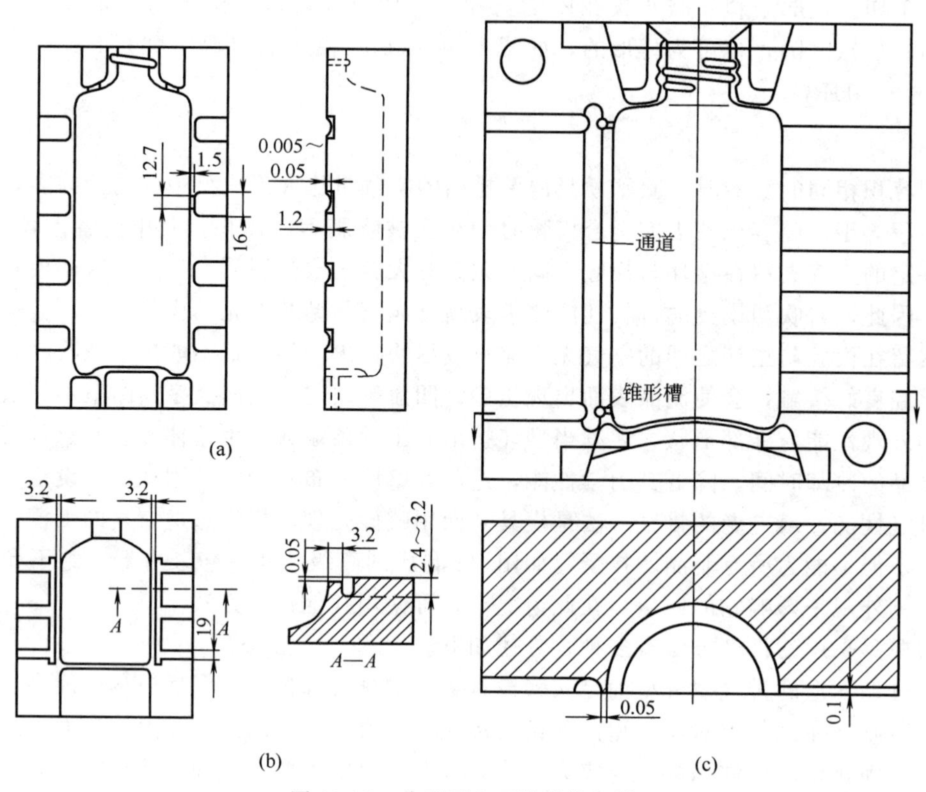

图 11-12 分型面上开设的排气槽

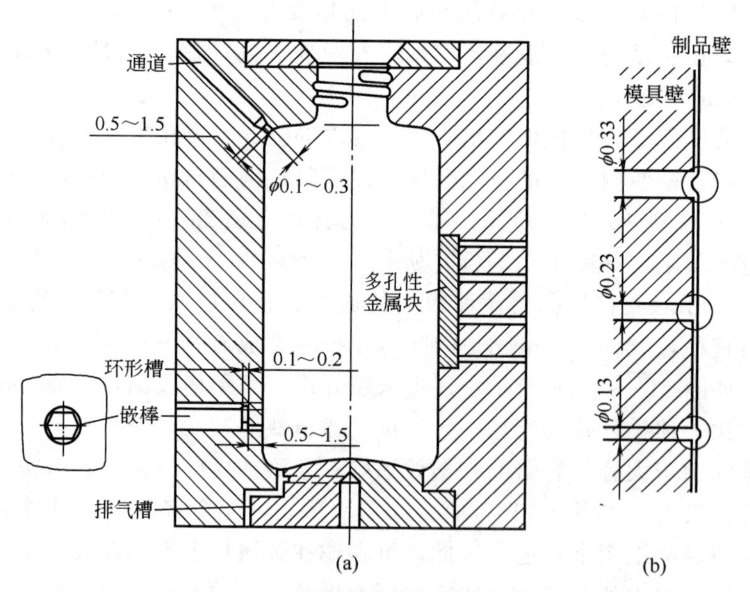

图 11-13 模腔壁内的排气系统及排气孔

与抽真空系统相连，可快速抽走模腔内的空气，使制品与模腔紧密贴合，改善传热速率，减小成型时间（一般为 10%），降低型坯吹胀气压与合模力，减小吹塑制品的收缩率（25%）。此法较常用于工程塑料的挤出吹塑。用于拉伸吹塑时，可提高型坯的周向拉伸速率，进一步提高容器性能。

8. 模具冷却

在吹塑时，塑料熔体的热量将不断传给模具，模具的温度过高会严重影响生产率。为了使模温保持在适当的范围，一般情况下，模具应设冷却装置，合理设计和布置冷却系统很重要。一般原则是：冷却水道与型腔的距离各处应保持一致，保证制品各处冷却收缩均匀。对于大型模具，为了改进冷却介质的循环，提高冷却效应，应直接在吹塑模的后面设置密封的水箱，箱上开设一个入水口和一个出水口。对于较小的模具，可直接在模板上设置冷却水通道，冷却水从模具底部进去，出口处设在模具的顶部，这样做一方面可避免产生空气泡，另一方面可使冷却水按自然升温的方向流动。模面较大的冷却水通道内，可安装折流板来引导水的流向，还可促进湍流的作用，避免冷却水流动过程中出现死角。

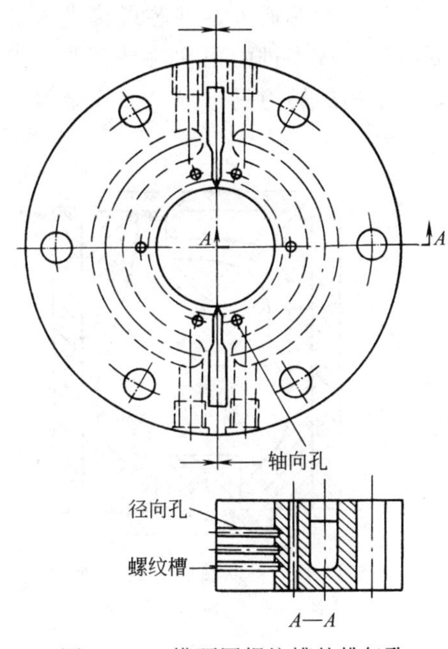

图 11-14 模颈圈螺纹槽的排气孔

对于一些工程塑料，如 PC、POM 等，不仅不需要模具冷却，有时甚至要求在一定程度上升高模温，以保证型坯的吹胀和花纹的清晰，可在模具的冷却通道内通入加热介质或者采用电热板加热。

影响挤出吹塑制品冷却时间的因素主要有：塑料原料的热扩散系数，熔体的温度、焓与固化特性；制品的壁厚、体积、质量与形状；吹塑模具材料的热导率，夹坯口刃结构，模具排气；吹塑模具冷却通道的类型与参数（表面积、与模腔之间的距离等）；冷却流体的流量及入口与出口温度，冷却流体的流动状态，模具温度和模具温度控制的精度；吹胀空气的气压、气量与流动状态；内冷却的状况等。

四、吹气机构

中空吹塑的形式很多，通常使用的基本上为针吹法、顶吹法和底吹法三种。采用哪一种可根据设备条件、成品尺寸和壁厚分布的要求加以选择。不论采用哪一种形式，应以压缩空气中不包含油和水滴，其压力足以吹胀型坯得到轮廓明显和字母花纹清晰的制品为原则。

1. 针吹法

针吹法也称横吹法。一种方法是吹气针管安装在模具的一半片中，当模具闭合时，针管向前穿破型坯壁，压缩空气通过针管吹胀型坯，然后吹针缩回，熔融物料封闭吹针遗留的针孔。另一种方式是在制品颈部有一伸长部分，以便吹针插入，又不损伤瓶颈。针吹法在同一型坯中可采用几根吹针同时吹胀，以提高吹胀效果。吹针的位置如图 11-15 所示。

针吹法的优点是适合于不切断型坯连续生产的旋转吹塑成型，吹制颈尾相连的小型容器。缺点是：对开口制品，由于型坯两端是夹住的，为获得合格的瓶颈，需要整饰加工；模具设计比较复杂；不适宜大型容器的吹胀。

2. 顶吹法

顶吹法是通过型芯吹气，模具的颈部向上，当模具闭合时，型坯底部夹住，顶部开口，压缩空气从型芯通入，型芯直接进入开口的型坯内并确定颈部内径，在型芯和模具顶部之间切断型坯。较先进的顶吹法是型芯可以定瓶颈内径，并在型芯上设有滑动的旋转刀具，吹气后，滑动的旋转刀具下降，切除余料。结构如图 11-16 所示。

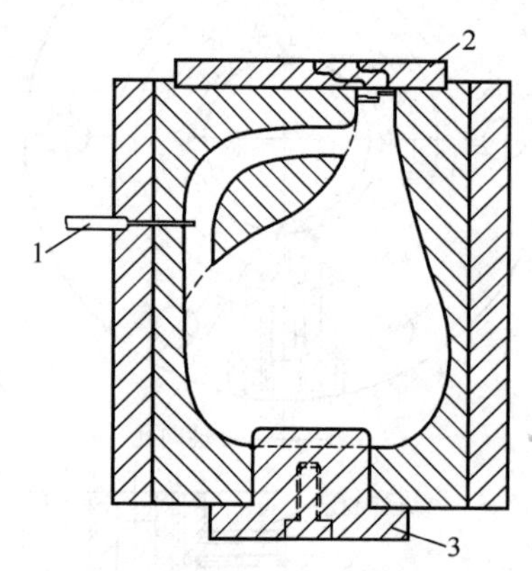

图 11-15　针吹法吹针的位置

1—吹针；2—夹口；3—夹口嵌件

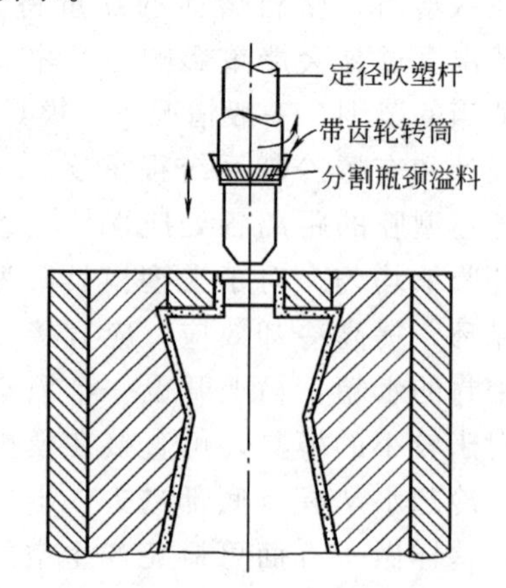

图 11-16　具有定径和切颈作用的顶吹装置

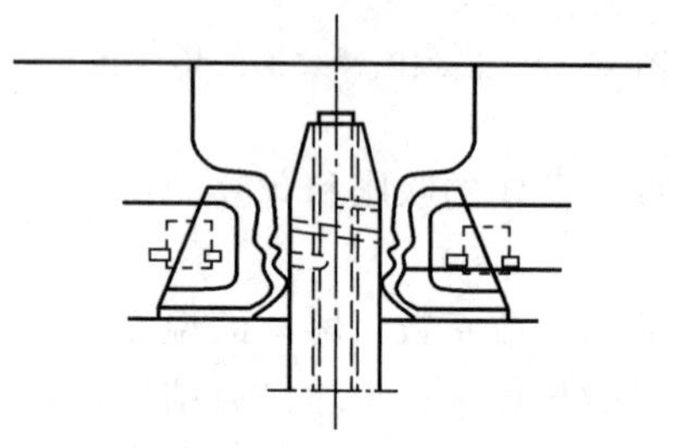

图 11-17　兼有定径和切颈的底吹法

顶吹法的优点是直接利用型芯作为吹气芯轴，压缩空气从十字机头上方引进，经芯轴进入型坯，简化了吹气机构。缺点是顶吹法不能确定内径和长度，需要附加修饰工序，压缩空气从机头型芯通过，影响机头温度。因此，应设计独立的与机头型芯无关的顶吹芯轴。

3. 底吹法

底吹法的结构如图 11-17 所示。挤出的型坯落到模具底部的型芯上，通过型芯对型坯吹胀。型芯的外径和模具瓶颈配合以确定瓶颈的内外尺寸。为保证瓶颈尺寸的准确，此区域内必须提供过量的物料，导致开模后所得制品在瓶颈分型面上形成两个耳状飞边，需要加以修饰。

底吹法适用于吹塑颈部开口偏离制品中心线的大型容器，有异形开口或有多个开口的容器。

底吹法的缺点为：进气口选在型坯温度最低的部位，当制品形状较复杂时，常造成制品吹胀不充分；另外，瓶颈耳状飞边修剪后，留下明显的痕迹，同时容器底部的厚度较薄。

五、辅助结构

1. 合模机构

合模机构的作用是保证成型模具可靠地闭合，实现模具启闭动作。

2. 控制系统（气动、液压、电气）

控制系统是该设备的“神经中枢”系统，它控制着整机的各种程序动作，实现对时间、位置、压力、温度、速度和转速进行有效控制和调节。

（1）气动系统　切刀、放杆吹气、机头吹气等动作都是由气动控制来完成。

① 系统组成：由空气压缩机、气源处理三联件、电磁阀、调压阀、节流阀、气管、压

力表、接头和气缸等组成。

② 系统原理：由空气压缩机输出的气源经过截止阀到气源处理三联件通过四通接头分配至总气压表、电磁阀底板、机头吹气调压阀。各动作过程由电磁阀控制。

(2) 液压系统 合模、开模、推模、放杆、抬头等动作均由液压控制来完成。

中空吹塑成型工艺

3. 型坯切断装置

切刀作用是把料管平整切断。热切刀刀片先要在低电压和强电流作用下被加热，刀片的冷热温度是靠切刀变压器调整电压来实现，由气缸推动动作，把料管切断。热切刀适用于任何材料，使用时要注意保证刀片的锋利和刀片的温度。

单元三 中空吹塑成型工艺

一、成型工艺流程

中空吹塑的形式很多，根据吹气方式不同有针吹法、顶吹法和底吹法三种；根据坯料的供料方式，分为连续挤出吹塑和不连续挤出吹塑两种。其中连续挤出吹塑是指挤出机连续地挤出管坯，当管坯达到设定长度后，闭合模具，切断管坯，并连同模具一起被移至下一工位进行吹胀、冷却、脱模；适用多种热塑性树脂的吹塑，PVC 等热敏性塑料的生产。挤出吹塑工艺过程如下。

1. 挤出型坯

挤出机通过加热、剪切、压缩、混合等作用得到塑化均匀熔体，并将熔体泵入机头，从管状机头挤出适当厚度和直径的型坯，垂挂在安装于机头正下方的预先分开的吹塑模具的型腔中。

2. 成型或定径

当下垂的型坯达到预定的长度时，闭合吹塑模具，利用模具的闭合力将型坯切断并夹持在两半模具之间，从型坯一端插入吹管头，并确保吹管、型坯及吹胀模腔具有相同的中心轴线。

3. 吹胀

把压缩空气通过模具分型面上的吹气管头注入型坯，利用压缩空气力将型坯不断向模腔的冷壁进行吹胀，使尚处于可塑状态的管坯被吹胀而紧贴于模具型腔的内壁上，形成与型腔形状一致的制品。

4. 冷却定型

调整开口，冷却吹塑制品，冷却定型在保持一定的充气压力的前提下进行，以确保制品冷却时紧贴模具。

5. 开模脱出制品

打开模具，取出制品，对制品进行修边、整饰。

二、成型工艺控制

挤出吹塑工艺中，挤出型坯温度、模具温度等对制品的影响较大，必须严格控制。影响挤出吹塑工艺和中空制品质量的因素主要有：型坯温度和挤出速率、吹气压力和吹气速率、吹胀比、模具温度、冷却时间和冷却速率等。

1. 型坯温度和挤出速率

挤出型坯时，温度既不能太高，也不能太低。如果温度过高，不仅冷却时间增长，而且悬挂于模口的型坯会因自重而严重下垂，引起型坯纵向厚度不均。若温度太低，则制品表面不光亮，内应力增加，在使用时容易破裂。机头必须控制芯模与口模温度一致，以防止型坯卷曲。

对于加工温度和螺杆转速的选择，应遵循这样一个原则，在既能够挤出光滑而均匀的型坯，又不会使挤出传动系统超负荷的前提下，尽可能采用较低的加工温度和较快的螺杆转速，对于加工温度影响较大的塑料和长度较大的中空制品来说，尤其重要。否则，型坯的黏度低，挤出速率又慢，由于塑料自重作用而引起的型坯下垂，将会造成壁厚相差悬殊，甚至无法成型。

挤出吹塑过程中，常发生型坯上卷现象，这是由于型坯径向厚度不均匀所致，卷曲的方向总是偏于厚度较小的一边。型坯温度不均匀也会造成型坯厚度的不均匀，因此应仔细地控制型坯温度。

2. 吹气压力和吹气速率

吹塑时，引进空气的容积速率越大越好，因为这样可以缩短吹胀时间，使制品得到较均匀的厚度和较好的表面质量。但空气的线速度不能过大，否则可能产生两种不正常的现象。一种是在空气进口处产生低压，使这部分型坯内陷；另一种是空气把型坯在模口处冲断，以致不能吹胀。从上述情况可知，吹气的线速度与容积速率之间是有矛盾的。解决的办法是加大空气的吹口，如果吹口不能加大（如制造细口瓶时），就不得不降低容积速率。

吹塑的空气应有足够的压力，不然就不能将型坯吹胀或将模面的花纹完全显出。所用压力的大小主要取决于制品的壁厚、容积以及塑料的类型。厚壁制品的压力可小些，因这种制品的型坯壁厚较大，塑料的黏度一时不会变得很高以致妨碍它的吹胀。反之，薄壁制品就需要采用较高的压力。容积大的制品应用高压，反之就用较小的压力。熔融黏度大的塑料所需压力比黏度小的高。一般吹塑压力为 0.2～1.0MPa，个别可达 2MPa。

3. 吹胀比

型坯的尺寸和质量一定时，型坯的吹胀比越大，制品的尺寸就越大。加大吹胀比，制品的壁厚变薄，虽可以节约原料，但是吹胀困难，制品的强度和刚度降低；吹胀比过小，原料消耗增加，制品壁厚，有效容积减小，制品冷却时间延长，成本升高。一般吹胀比为 2～4；应根据塑料的品种、特性、制品的形状尺寸和型坯的尺寸等酌定。通常大型薄壁制品吹胀比较小，取 1.2～1.5；小型厚壁制品吹胀比较大，取 2～4。

4. 模具温度

塑模温度应十分均匀，使制品各部分得到均匀的冷却，塑模温度通常维持在 20～50℃，如果制品小，模温可以低一些；要是大型薄壁制品，模温适当高些。

模具温度过低时，夹口处所夹的塑料延伸性就会变低，吹胀后这部分就比较厚，过低的温度常使制品表面出现斑点或橘皮状。模具温度过高时，在夹口处所出现的现象恰与过低时相反，并且还会延长成型周期和增加制品的收缩率。

对于工程塑料，由于 T_g 较高，可在较高模温下脱模而不影响制品的质量，高模温有助于提高制品的表面光滑程度。一般吹塑模温控制在低于塑料软化温度 40℃左右为宜。

5. 冷却时间和冷却速率

型坯吹胀后就进行冷却定型，一般多用水作为冷却介质。通过模具的冷却水道将热量带出，冷却时间控制着制品的外观质量、性能和生产效率。增加冷却时间，可防止塑料因弹性回复作用而引起的形变，制品外形规整，表面图纹清晰，质量优良，但生产周期延长，生产效率降低，并因制品的结晶化而降低强度和透明度。冷却时间太短，制品会产生应力而出现孔隙。

通常在保证制品充分冷却定型的前提下加快冷却速率，来提高生产效率。加快冷却速率的方法有：扩大模具的冷却面积，采用冷冻水或冷冻气体在模具内进行冷却，利用液态氮或二氧化碳进行型坯的吹胀和内冷却。

模具的冷却速率取决于冷却方式、冷却介质的选择和冷却时间、型坯的温度和厚度。如图 11-18 所示，通常随制品壁厚增加，冷却时间延长。不同的塑料品种，由于热导率不同，冷却时间也有差异，在相同厚度下，HDPE 比 PP 冷却时间长。对厚度一定的型坯，如图 11-19 所示，PE 制品冷却 1.5s 时，制品壁两侧的温差已接近于零，延长冷却时间是不必要的。

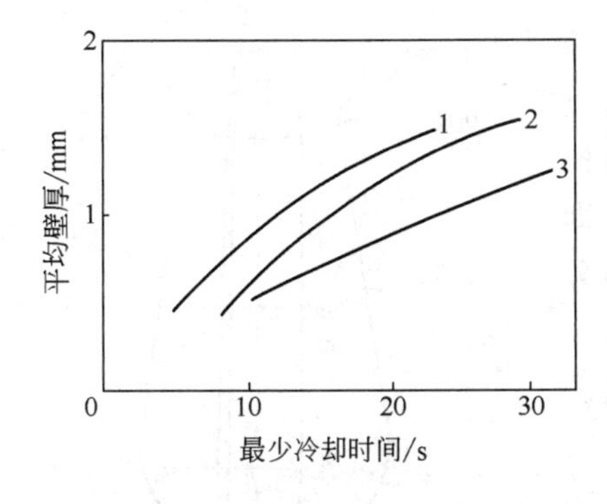

图 11-18 制品壁厚与冷却时间的关系

1—PP；2—PP 共聚物；3—HDPE

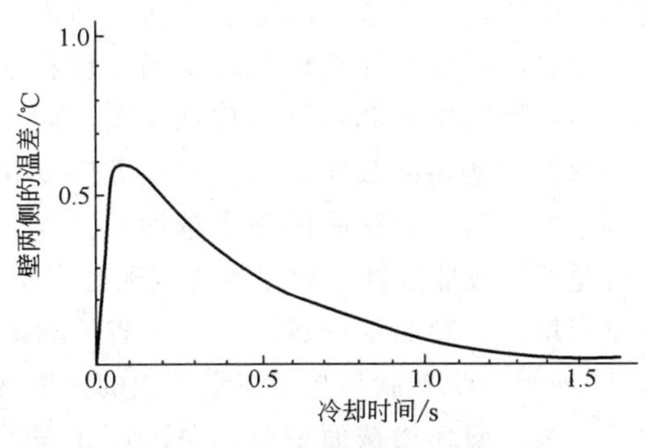

图 11-19 PE 制品冷却时间与制品壁两侧温差的关系

对于大型、壁厚和特殊构形的制品采用平衡冷却，对其颈部和切料部位选用冷却效能高的冷却介质，对制品主体较薄部分选用一般冷却介质冷却。对特殊制品还需要进行二次冷却，即在制品脱模后采用风冷或水冷，使制品充分冷却定型，防止收缩和变形。

6. 型坯厚度和长度的控制

型坯从机头口模挤出时，会产生膨胀现象，使型坯直径和壁厚大于口模间隙，悬挂在口模上的型坯由于自重会产生下垂，引起伸长和壁厚变薄（指挤出端壁厚变薄）而影响型坯的尺寸，乃至制品的质量。为控制型坯的尺寸，有以下几种方式。

（1）调节口模间隙　一般设计圆锥形的口模，通过液压缸驱动芯轴上下运动，调节口模

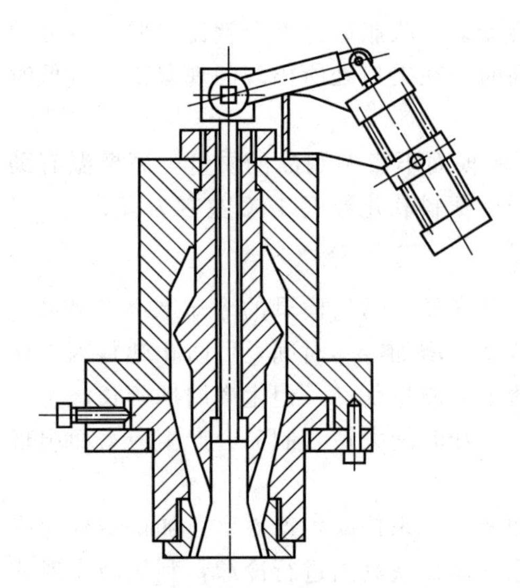

图 11-20 用圆锥形口模控制型坯厚度

间隙，作为型坯壁厚控制的变量。结构如图 11-20 所示。

（2）改变挤出速率 挤出速率越大，由于离模膨胀，型坯的直径和壁厚也就越大。利用这种原理挤出，使型坯外径恒定，壁厚分级变化，不仅能适应型坯的下垂和离模膨胀，还能赋予制品一定的壁厚，又称为差动挤出型坯法。

（3）改变型坯牵引速率 以周期性改变型坯牵引速率来控制型坯的壁厚。

（4）预吹塑法 当型坯挤出时，通过特殊刀具切断型坯使之封底，在型坯进入模具之前吹入空气称为预吹塑法。在型坯挤出的同时自动地改变预吹塑的空气量，可控制有底型坯的壁厚。

（5）型坯厚度的程序控制 这是通过改变挤出型坯横截面的壁厚来达到控制吹塑制品壁厚和重量的一种先进控制方法。吹塑制品的壁厚取决于型坯各部位的吹胀比。吹胀比越大，该部位壁越薄；吹胀比越小，壁越厚。对形状复杂的中空制品，为获得均匀壁厚，对不同部位型坯横截面的壁厚应按吹胀比的大小而变化。型坯横截面壁厚是由机头芯棒和外套之间的环形间隙所决定。因此，改变机头芯棒和环形间隙就能改变型坯横截面壁厚。现代挤出吹塑机组型坯程序控制是根据对制品壁厚均匀的要求，确定型坯横截面沿长度方向各部位的吹胀比，通过计算机系统绘制型坯程序曲线，通过控制系统操纵机头芯棒轴向移动距离，同步变化型坯横截面壁厚。型坯横截面壁厚沿长度方向变化的部位（即控制点数）越多，制品的壁厚越均匀。程序控制点的分布可呈线性或非线性，程序控制点现已多达 32 点。程序控制点增多，制品壁厚越均匀，节省原材料越多。如图 11-21 所示为吹塑制品与型坯横截面的壁厚变化关系。右边尺寸表示型坯横截面壁厚，左边尺寸表示制品横截面壁厚。

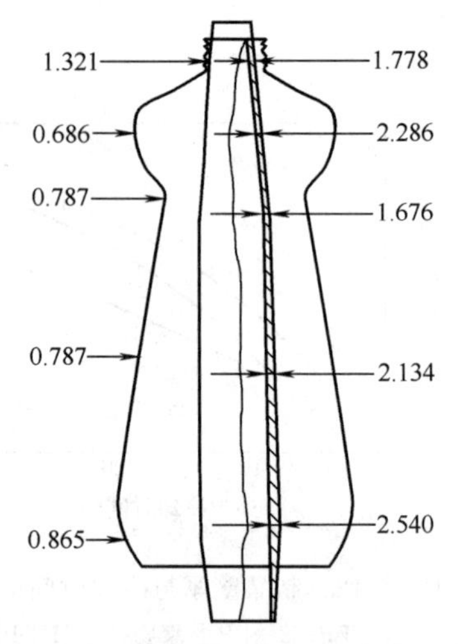

图 11-21 吹塑制品与型坯横截面的壁厚变化关系

在上述五种控制型坯壁厚的方式中，广泛采用调节口模间隙的方式。对大型精密中空容器，采用型坯壁厚程序多点控制。

型坯的长度直接影响吹塑制品的质量和切除尾料的长短，尾料涉及原材料的消耗。型坯长度取决于在吹塑周期内挤出机螺杆的转速。转速快，型坯长；转速慢，型坯短。此外，加料量波动、温度变化、电压不稳、操作变更均会影响型坯长度。控制型坯长度，一般采用光电控制系统。通过光电管检测挤出型坯长度与设定长度之间的变化，通过控制系统自动调整螺杆转速、补偿型坯长度的变化，并减少外界因素对型坯长度的影响。该系统简单实用、节约原材料，尾料耗量可降低约 5%。通常型坯厚度与长度控制系统多联合使用。

三、成型中不正常现象、原因及解决方法

中空吹塑成型中产生的不正常现象、原因及解决方法见表 11-1。

表 11-1 中空吹塑成型中不正常现象、原因及解决方法

不正常现象	产生原因	解决方法
气泡	粒料潮湿 空气从料斗混入 树脂过热或停留时间过长	原料充分干燥 提高料筒内压,有两种方法 ①提高螺杆转速 ②加滤板筛网 检查料筒及机头温度
烧焦	树脂过热或停留时间过长	检查料筒、机头温度及热电偶
型坯下垂严重	树脂温度太高 型坯挤出速率太慢 闭模速度太慢 原料吸湿	降低机头及口模温度 提高挤出速率 加快闭模速度 原料干燥
型坯模糊	树脂温度太低 挤出速率太快 两种原料混杂	提高机头及口模温度 降低挤出速率 换料、清洗料筒及机头
型坯卷边 向内侧 向外侧	 口模温度太高 模芯温度太高	 降低口模温度 降低模芯温度
型坯弯曲	机头内流道不合适 机头中心不对 机头加热不均 挤出速率太快	检查机头流道 调整机头中心 调整机头加热温度分布 降低挤出速率
型坯吹胀时破裂	吹胀比太大 型坯偏心 型坯挤出速率太慢 锁模后吹塑太慢 型坯有伤痕 混有其他原料或杂质	采用较小吹胀比 调整机头间隙 提高挤出速率 锁模后立刻吹胀 检查机头及分流梭 更换原料及清洗
成品在圆周方向壁厚不均	机头中心不对中,机头内树脂压力不一样 机头加热不均 机头中心与成型模具中心不一致 机头或模具轴芯不垂直	根据壁厚分布情况调整机头间隙 检查加热器位置及功能 使机头中心与成型模具中心对准 机头或模具校正至垂直
成品壁厚与口模间隙相比太薄	型坯下垂伸长 树脂温度太高 吹胀比太大	提高挤出温度 降低树脂温度 适当减小吹胀比
成品在模具内变形	吹塑时间太短 进气时间太慢	延长吹塑时间 闭模后立即吹胀

续表

不正常现象	产生原因	解决方法
开模时成品爆裂	成品内气压未消除	消除成品内气压后开模
成品切边部分有凹痕	切边刃口的溢料角不合适 闭模速度太快	修正切边刃口的溢料角 适当放慢闭模速度
切边部分不完全熔合	型坯温度太低 切边刃口太钝	加快闭模，提高树脂温度 更换刀片
切边部分难以从成品上取下	切边刃口太宽 切边刃口不平 锁模压力不足	修正刃口宽度 检查和修正刃口 提高锁模压力
成品上分模线明显	锁模压力不足 模具平面不平	提高锁模压力 检查修正
成品脱模不顺利	筋部无斜度 底部凹槽太深	筋上加斜度 凹槽尽可能小些
熔接线以外发生一定的纵向条纹	机头口模内有伤痕或杂质	检查口模流道
成品上有熔接痕	机头内流道不合理 机头中树脂的汇合点残留其他树脂 机头内的模芯还未达到合适的成型温度	检查机头结构并予以修正 清洗机头 提高模芯温度
流动花纹	树脂温度太高 口模出口部分圆弧不合适	降低机头及口模温度 口模出口部分加 $R=5$ 的圆弧
污点	混入杂质(如垃圾、滤网碎屑等) 吹塑空气中混入油或水滴	防止原料混入垃圾及定期更换滤网 检查压缩空气贮存器
暗褐色或黑色的点或小片混入	料筒、机头内形成的分解塑料慢慢脱落	清洗料筒与机头，挤出机停机前应先降温
制品壁厚不均匀性大	机头、口模处的热电偶温度计接触不良 传动电动机皮带打滑	检查并修正 检查并校正

单元四 了解其他挤出吹塑成型

一、挤出拉伸吹塑

1. 拉伸吹塑

挤出拉伸吹塑工艺

拉伸吹塑是指经双轴取向拉伸的一种吹塑成型。它是在普通的挤出吹塑和注射吹塑基础上发展起来的。先通过挤出法或注射法制成型坯，然后将型坯处理到塑料适当的拉伸温度，经内部（用拉伸芯棒）或外部（用拉伸夹具）的机械力作用而进行纵向拉伸，同时或稍后经压缩空气吹胀进行横向拉伸，最后获得制品。

拉伸的目的是改善塑料的力学性能。对于非结晶型的热塑性塑料，拉伸是在其热弹性范围内进行的。对于部分结晶的热塑性塑料，拉伸过程是在低于结晶熔点较窄的温度范围内进行的。在拉伸过程中，要保持一定的拉伸速率，作用是在进行吹塑之前，使塑料的大分子链拉伸定向而不至于松弛。同时，还需要考虑到晶体的晶核生成速率及结晶的成长速率，在某种情况下，可加入成核剂来提高结晶成核速度。

经轴向和径向的拉伸取向作用，容器显示优良的性能，制品的透明性、冲击强度、表面硬度和刚性、表面光泽度及阻隔性都有明显的提高。

按型坯的成型方法分，拉伸吹塑有挤出-拉伸-吹塑（简称挤拉吹）和注射-拉伸-吹塑（简称注拉吹），分别用挤出法和注射法成型型坯。本节只讨论挤拉吹。

拉伸吹塑又可分为一步法与二步法。在一步法中，型坯的成型、冷却（注拉吹不用）、加热（注拉吹不用）、拉伸、吹塑、冷却及制品的取出均在一台成型机上依次完成。二步法则先用挤出或注射法成型型坯，使之冷却至室温，成为半成品；然后将型坯送入成型机中再加热、拉伸、吹塑成型为制品。

一步法和二步法拉伸吹塑各有其特点。

一步法的主要优点是：①设备造价较低；②型坯所受的热历程较短；③能量消耗较低；④制品表面缺陷较少；⑤可用于小批量生产。

二步法的主要优点是：①可分别优化型坯成型与拉伸吹塑；②设备的操作、维修较易；③产量高；④制品成本较低；⑤适用于大批量生产。

2. 挤拉吹法

（1）一步法挤拉吹　一步法挤拉吹的成型过程如图 11-22 所示，可分为以下四个步骤。

①第一工位，由机头成型的型坯达到预定长度时，预吹塑模具转至机头下方，截取型坯，如图 11-22（a）所示。②转回第二工位，用定径压塑法成型颈部螺纹，预吹胀型坯，使之冷却，如图 11-22（b）所示；预吹塑模具开启，经预吹胀的型坯仍套在定径进气杆上，转台顺时针转动，拉伸吹塑模具从进气杆上取该型坯（此时，预吹塑模具截取下一型坯）。③转台逆时针转动，将拉伸吹塑模具转回第三工位，使已预吹胀的型坯到位，如图 11-22（c）所示。④轴向拉伸与径向吹胀，如图 11-22（d）所示。

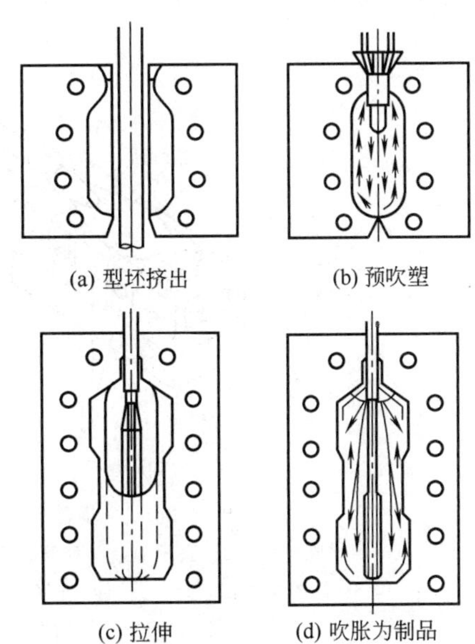

图 11-22　一步法挤拉吹的成型工艺过程

一步法挤拉吹成型机有 ESB 挤拉吹成型机，生产 0.5～1.5L 轻质 PVC 瓶，产量为 450～520 个/h。与 ESB 相似的有 KEB 挤拉吹机（法国 Krupp Kautex 公司制造）。BMO4D 挤拉吹机（法国 Bekum 公司制造），设置有两排双型腔模具，如图 11-23 所示，成型轻质 PVC 瓶的产量为 1800 个/h。Bekum 公司已推出 BMO61D 挤拉吹机，设置有两台锥形双螺杆挤出机，两排三型腔模具，成型 1.5L 耐压 PVC 瓶的产量为 2700 个/h，轻质 PVC 瓶的产量可达 3700 个/h。以上三种挤拉吹机均为三工位。

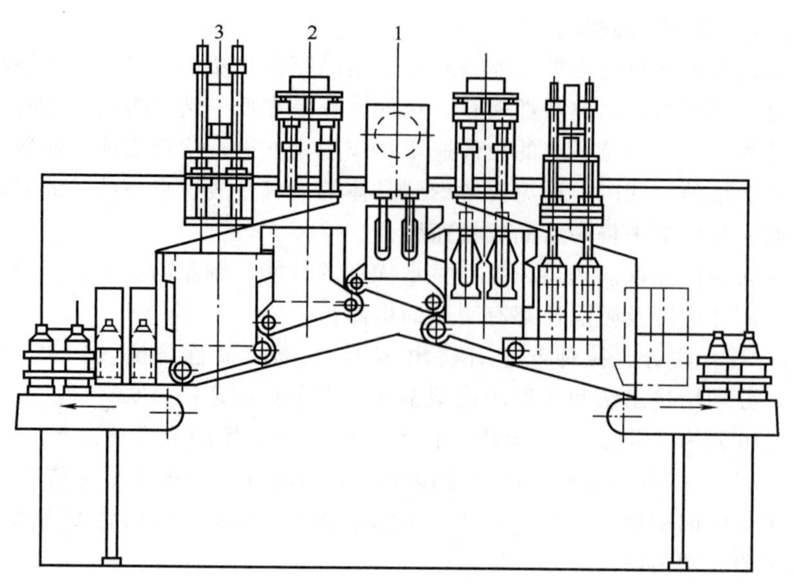

图 11-23　BMO4D 挤拉吹机示意

1—型坯挤出；2—预吹塑、冷却；3—拉伸吹塑

一步法挤拉吹要采用两副模具（即预吹塑和拉伸吹塑模具），如图 11-24 所示。预吹塑模具使型坯得到适当吹胀，并成型其颈部，更主要的是对预吹胀型坯作适当冷却。预吹塑模具开设一组冷却孔道，可分成 4～10 个控温段，冷却介质的温度一般为 65～80℃。

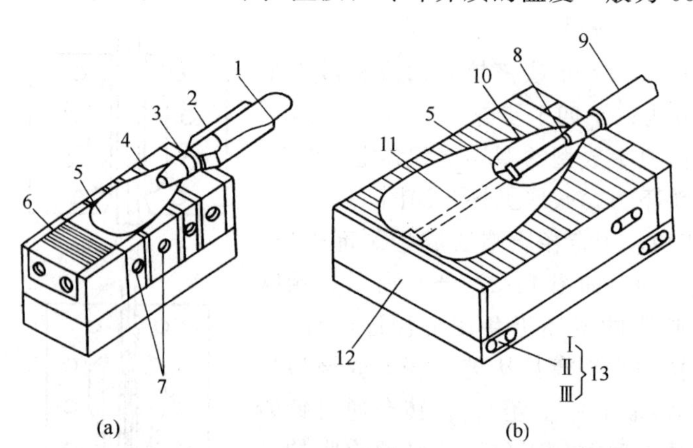

图 11-24　一步法挤拉吹的预吹塑（a）与拉伸吹塑（b）模具

1—定径吹塑杆；2—去颈部余料套筒；3—剪切套；4—剪切块；5—型坯；6—夹坯区；7—冷却孔道；8—压缩空气出口；9—拉伸/进气杆；10—排气槽；11—拉伸杆（伸出位置）；12—模底嵌块；13—模颈部Ⅰ、模体Ⅱ、模底的冷却介质出入口Ⅲ

拉伸吹塑时，型坯壁厚较小的部位对应于制品上壁厚较大的部位。因为冷却过程中，型坯壁厚较小部位的温度较低，拉伸吹塑时轴向拉伸比较小。

（2）二步法挤拉吹　此法采用挤出成型的管材为型坯，故又称为冷管拉伸吹塑。

图 11-25 为美国 Beloit 公司开发的冷管拉伸吹塑过程。将挤出成型的管材切成一定长度贮存。拉伸吹塑时，夹持管坯，放在烘箱中加热，如图 11-25（a）所示；接着成型颈部螺纹，如图 11-25（b）所示；然后，封闭管坯端部，成型容器的底部，如图 11-25（c）所示；

管坯连同芯杆转到拉伸吹塑模具中，此时，芯杆起拉伸的作用，轴向拉伸管坯，如图 11-25（d）所示；注入压缩空气，以径向吹胀管坯，如图 11-25（e）所示；最后，冷却定型，如图 11-25（f）所示。

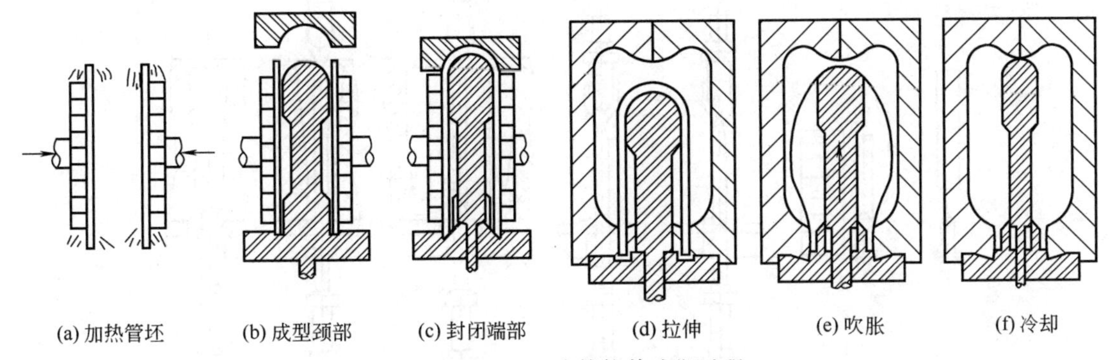

图 11-25　Beloit 冷管拉伸吹塑过程

在 Corpoplast 拉伸吹塑（由法国 Krupp Corpoplast 公司开发）过程中，先加热管坯的一端，如图 11-26（a）所示；使此端封闭，如图 11-26（b）所示；接着加热另一端，如图 11-26（c）所示；用压塑法成型瓶颈部，如图 11-26（d）所示；然后加热整段管坯，拉伸吹塑成瓶，此法可用于由 PVC 拉伸吹塑啤酒瓶。

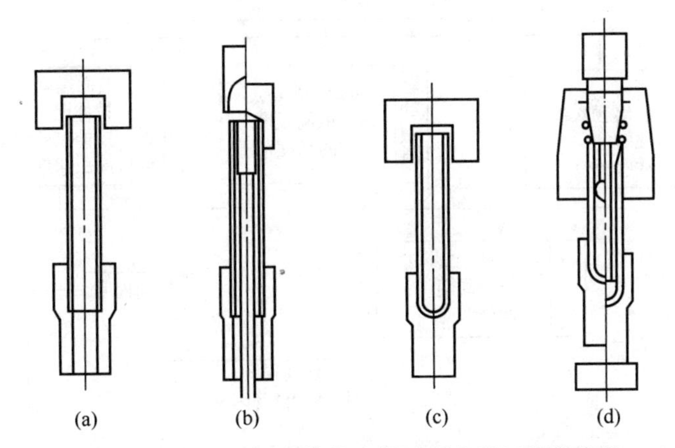

图 11-26　Corpoplast 拉伸吹塑过程中型坯的预处理

图 11-27 所示的 Orbet 拉伸吹塑（由 Phillips 公司开发）过程中，先把管坯套在转动杆上，如图 11-27（a）所示；接着送入电加热烘箱中，如图 11-27（b）所示；然后，用夹具夹住被加热管的一端，使其封闭，并将另一端置于进气杆上，如图 11-27（c）所示；模颈圈闭合，进气杆向上伸出，以压塑成型颈部螺纹，如图 11-27（d）所示；夹具向上移动，以轴向拉伸整个管坯（包括颈部），如图 11-27（e）所示；吹塑模具闭合，切去瓶底部尾料，如图 11-27（f）所示；注入压缩空气，吹胀型坯，尾料由夹具带走，如图 11-27（g）所示。此法特别适用于 PP。

3. 拉挤吹塑工艺

拉挤吹塑主要受到型坯加热温度、吹塑压力、吹塑时间和吹塑模具温度等工艺因素的影响。原料、机械、成型条件与制品性能的关系见图 11-28。

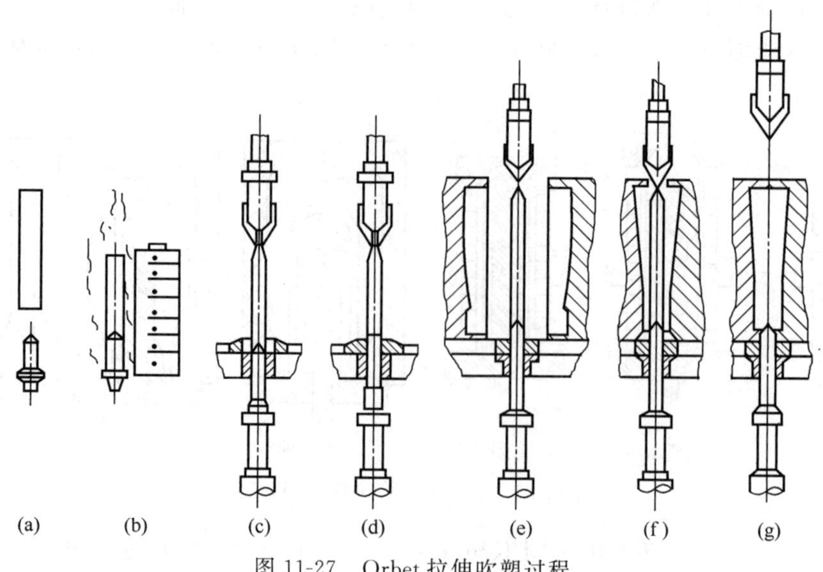

图 11-27 Orbet 拉伸吹塑过程

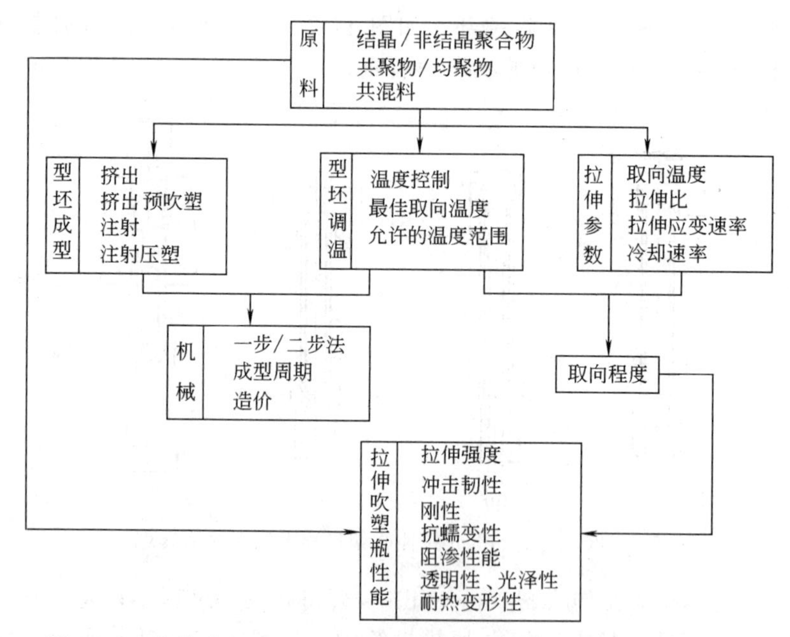

图 11-28 拉挤吹塑工艺的原料、机械、成型条件与制品性能的关系

① 拉伸温度。在 $T_g \sim T_f$ 之间，偏向于 T_g。

② 拉伸比。总拉伸比（λ）为轴向拉伸比（$\lambda_{/\!/}$）与周向拉伸比（$\lambda_{\perp}$）的乘积。$\lambda_{/\!/}$ 与 $\lambda_{\perp}$ 的选取与瓶的用途有关。对耐内压瓶（如碳酸饮料瓶），周向拉伸强度应为轴向的约两倍，$\lambda_{\perp} > \lambda_{/\!/}$；对堆叠性要求高的瓶，$\lambda_{/\!/} > \lambda_{\perp}$。

根据拉伸比、制品高度与径向尺寸，可近似地确定相应型坯尺寸。

③ 拉伸速率。拉伸吹塑时应有一定的拉伸速率，以保证有一定的取向度；但拉伸速率不能太大，否则制品会出现许多缺陷。

④ 冷却速率。应该采用较大的冷却速率，将取向度保留下来。

⑤ 取向程度。从拉伸吹塑瓶的周向轴向切出窄片，并测量其拉伸强度，可估计瓶的取向程度。一般说来，经取向后的拉伸强度近似等于未取向时的拉伸强度乘以对应的拉伸比。

二、共挤吹塑

共挤吹塑也称多层吹塑，是通过共挤出的方法，将几种不同的塑料组合，加工成多层复合的型坯，然后再经吹胀形成复合型中空容器的技术。现已被广泛应用于各种包装容器。

1. 共挤吹塑特点

氧、二氧化碳与湿气的渗透率对各种塑料是不同的。用高阻氧气渗透性的塑料来吹塑包装容器，成本很高；阻氧或二氧化碳渗透性较高的塑料其他性能较差。

在这种情况下，采用共挤吹塑，把多种聚合物复合在一起，成型多层容器，综合多种聚合物的优点，可达到以下目的：①提高容器的阻渗性能（如阻氧、二氧化碳、湿气、香味与溶剂的渗透性）；②提高容器的强度、刚度、尺寸稳定性、透明度、柔软性或耐热性；③改善容器的表面性能（如光泽性、耐刮伤性与印刷性）；④在满足强度或使用性能的前提下，降低容器成本；⑤吸收紫外线；⑥可在不透明容器上形成一条纵向透明的视带，观察容器内液体的高度。

2. 共挤吹塑制品的结构

共挤吹塑制品壁内的各层多数为不同的聚合物，也可是同种（着色与未着色、新料与回收料）聚合物。一般说来，可分为三层。

（1）基层　基层是多层复合结构的主体，厚度较大，主要确定制品的强度、刚度与尺寸稳定性等。基层也有一定的功能。基层聚合物常用 PE 和 PP，有时也用 PVC、PET、PC、PA、乙烯-乙酸乙烯共聚物等。

（2）功能层　功能层多数为阻渗层，用以提高制品使用温度与改善外观性能。阻渗层的要求由被包装物品确定。阻渗层可阻止（实际上是大幅度减小）气体（氧气、二氧化碳与氮气等）、湿气、香味或溶剂的渗透。这样，既可以阻止被包装物品内的成分渗透到容器外，也可阻止外界气体或湿气等往容器内渗透。功能层常用聚合物为乙烯-乙烯醇共聚物、聚偏二氯乙烯和聚丙烯腈。有时也使用 PA、PET、乙烯-乙酸乙烯共聚物。

（3）黏合层　基层与功能层之间的黏合性能不良时，要用黏合剂来使它们粘接，多层容器壁内各层之间的黏合是难点也是重点。黏合层常用的树脂有侧基用马来酸酐、丙烯酸或丙烯酸酯进行接枝改性的 PE 或 PP。

3. 共挤吹塑设备

共挤吹塑的多层型坯的成型也有连续式和间歇式两种，但多数采用连续式，主要优点如下：①机头熔体所受的剪切应力较低，可降低界面的不稳定性；②易于控制熔体流经机头时的温度、流速与剪切应力；③减少熔体在机头内的停留时间。

共挤吹塑机械与单层吹塑机械主要差别在于挤出系统和挤出型坯的机头，其中机头是关键。关于型坯的吹胀、冷却过程与单层型坯类似。

各层塑料的挤出机可选用通用挤出机，采用直流调速电机驱动。挤出机料斗喉部设计成曲线形。阻隔层挤出机的进料采用温控预热。共挤出的各挤出机为并联运行，分级监控熔体温度、熔体压力、挤出速率及保证运行正常的警戒值。各挤出机都装有扭矩监控装置。各挤

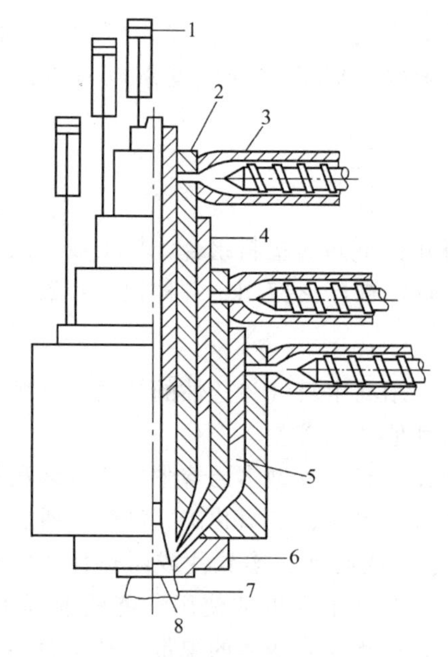

图 11-29 多层共挤出机头结构

1—注射缸；2—隔层；3—挤出机；4—环状柱塞；5—环状室；6—机头；7—三层型坯；8—模芯

出机系联合启动，当某一台挤出机扭矩下降或进料中断，可使整机停车，并可按程序联合动作；控制型坯长度，通过流量分配，自动同步调节来实现；各台挤出机的熔体温度与扭矩超出并联运行条件时，黏结层和阻隔层在机内压力超出允许范围时均由故障显示进行监控调节。

多层共挤出的机头结构设计是关键。图 11-29 为多层共挤出机头结构。

多层共挤出机头结构常设计成拼合式。机头外壳由几块法兰式外模组成，内模由几件模芯拼装而成。外模及内模芯块经精确加工，机头流道经镀铬抛光处理，以减少塑料熔体流动阻力。整个机头采用四段式可调功率陶瓷加热器加热，配合机头快速启动，并具有良好的隔热措施，确保机头有最佳的温度环境。

整机选择程序逻辑控制或微机控制。模具开模和合模阶段的速度分布、吹塑泡管的移动速度均可采用液压比例阀和数值位置变换器来控制。

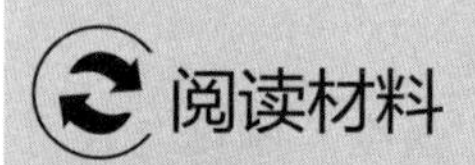

中国高分子化学领域的开拓者——冯新德

冯新德（1915 年 10 月 12 日—2005 年 10 月 24 日），江苏吴江人，著名高分子化学家和高分子化学教育家，中国高分子化学的开拓者之一，中国科学院院士。

1915 年 10 月 12 日出生于江苏吴江。12 岁离家到苏州念中学，1933 年高中毕业后考入东吴大学，1934 年转入清华大学化学系，1937 年毕业，获理学学士学位，1938 年至 1939 年任教于云南大学，1940 年至 1941 年任教于重庆中央工业专科学校化工科，1941 年 12 月入遵义浙江大学化工系作研究生，半年后改任讲师。1945 年考取公费留美，1946 年赴美留学，入印第安纳州诺特丹大学研究院化学系，在著名高分子化学家普赖斯指导下从事研究，1948 年 8 月毕业，获博士学位。在校期间因成绩优秀，连续三年获得美国通用橡胶公司奖学金，1949 年 9 月归国，受聘为清华大学化学系教授，讲授有机化学等课程，并在国内首次开设高分子化学专业课程——聚合反应，同时兼任辅仁大学化学系教授。1952 年院系调整，改任北京大学化学系教授，1955 年被任命为中国科学院高分子委员会委员，1956 年被聘为中国科学院化学研究所研究员，1977 年兼任中国科学院感光研究所研究员，1978 年当选为中国化学会第二十届至第二十二届理事会理事兼高分子委员会副主任委员，1980 年当选为中国科学院化学学部委员，1983 年受聘为中国石油化工总公司技术顾问。1984 年任日本京都大学医用高分子与生物材料研究所客座教授，赴日本讲学，1988 年受聘为美国西雅图华盛顿大学生物工程中心客座教授，曾任《高分子通讯》中英文版副主编，1987 年起开始主编《高分子学报》和《中国高分子科学》（英文版）主编。曾负责承担国家自然科学基金高分子化学方面重大项目："七五"期间"烯类双烯类聚合反应研究——机理、动力学及产物结构调节”；“八五”期间“烯类聚合反应与产物精细化的研究”“生物材料研究”；负责完成中国科学院基金项目“自由基聚合与接枝嵌段共聚合”和“自由基聚合与序列共聚合”。1987年获国家自然科学奖三等奖和国家教委科技进步奖二等奖。1990年获国家教委科技进步奖二等奖。

冯新德院士在自由基聚合、共聚合、医用高分子材料、生物降解药物释放高分子、电荷转移光聚合、开环聚合等方面取得了突出的成就。

在烯类自由基聚合研究方面，首次提出有机物与芳叔胺体系和过硫酸盐与脂肪胺体系的引发机理，并通过实验证实了过氧化物与胺体系的两组分产生的自由基都能引发单体聚合。烯类光诱导敏化聚合方面，发现胺及其他给电子体可进行光诱导敏化聚合，并由叔胺扩展至伯胺、仲胺。在光敏引发机理方面，证实可以通过循环肿瘤细胞（CTC）激发或定域激发两个途径来引发。在烯类接枝聚合反应和反应机理方面，应用模型化合物与铈离子的反应，弄清了聚醚氨酯的接枝地点和反应机理。此外，通过非共轭双烯类的自由基或负离子的聚合，发现两者都能合成环化聚合物。

在生物医用高分子方面，与天津合成材料研究所合作，在国内首先研制成了5种医用聚醚氨酯抗凝血材料。在生物降解药物释放高分子方面，通过分子设计来合成不同结构的嵌段共聚物，借以控制药物的释放速度。

冯新德院士在教学和研究中主张结合高分子科学的基础科学和应用科学的特点，把高分子合成与高分子的结构与性能、高分子物理结合起来，同时重视边缘学科的研究课题。

冯新德院士是中国高等学校第一个高分子化学专业创始人。1949年在清华大学首次讲授高分子化学专业课程——聚合反应，1952年到北京大学后，开设高分子化学课，并筹划高分子化学实验，1953年开始招收高分子化学研究生，1955年培养了首批高分子化学专业毕业生，1958年在他的积极倡导下，北京大学成立全国第一个高分子化学教研室。

冯新德院士从事教育50余年，重视基础理论的教学，注意博采国内外先进方法和经验培养研究生，同时积极到兄弟院校讲学，培养了大批高分子化学人才，1989年被授予育才奖。

冯新德院士的一生全部贡献给了科研和教育。科研方面，他虚心求学，留洋归来，成为我国高分子领域开拓者，让世界看到了我国的科研实力，不少外宾称赞我们年轻人的研究水平是上层的。在教育领域，他严谨治学，桃李满园，不重数量而重质量，为我国科研事业的传承与发展培养了可靠人才。他的一生是有高度的，对后世的影响是有广度的，这种严谨奉献的人生观值得我们新一代谨记并学习。

知识能力检测

1. 中空吹塑成型有哪几种形式？各有什么特点？
2. 挤出吹塑成型的过程是怎样的？设备及工艺控制是怎样的？
3. 设计中空吹塑的型坯机头及模具时，应注意什么问题？
4. 怎样控制双向拉伸吹塑的成型工艺？
5. 如何解决挤出吹塑成型中常见的故障？
6. 共挤吹塑制品结构如何？有何用途？
7. 完成中空吹塑PE瓶生产。

模块十二

泡沫塑料的挤出

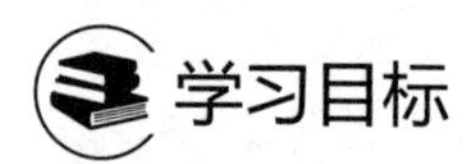

知识目标：通过本模块的学习，了解泡沫塑料制品种类、性能要求、常用原料及发泡原理，掌握泡沫塑料制品的生产基础知识，掌握泡沫塑料制品挤出成型的主机、辅机及机头的结构、工作原理、性能特点，掌握泡沫塑料制品挤出成型工艺及参数设计。

能力目标：能根据泡沫塑料制品的使用要求正确选用原料、设备，能够制订泡沫塑料制品成型工艺及设定工艺参数，能够分析泡沫塑料制品生产过程中缺陷产生的原因，并提出有效的解决措施。

素质目标：培养工程思维、创新思维和工匠精神，培养泡沫塑料挤出成型的安全生产意识、质量与成本意识、环境保护意识和规范的操作习惯。

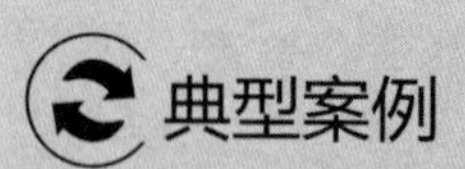

泡沫板挤出成型案例

泡沫板，使用PS材料挤出发泡成型，双级串联挤出机组（第一级挤出机 ϕ90mm 与第二级挤出机 ϕ120mm），直通式管材机头，挤出吹胀的泡管内部采用带有水冷却装置的铝制芯模来冷却定型，泡管外部采用风环吹风冷却，剖开后定型卷取。

挤出工艺：第一级挤出机加料段 185～195℃，熔融段 200～215℃，均化段 200～220℃，注入段 200～215℃，混炼段 195～205℃，在压缩段与计量段之间的注入口处，由柱塞泵以足够压力注进发泡剂丁烷，第二级挤出机熔料填塞段 180～200℃，冷却段 130～145℃、100～130℃，靠近机头部位 120～140℃，第一级挤出机与第二级挤出机转速分别为 80r/min、25r/min，吹胀比 1.5。

单元一　泡沫塑料的挤出基础

一、泡沫塑料及其分类

泡沫塑料也称为微孔塑料，指整体内含有无数微孔的塑料。通常用于制造泡沫塑料的树脂有 PU、PS、PE、PVC、POM、酚醛、环氧、有机硅、聚乙烯缩甲醛、醋酸纤维素和 PMMA 等。其中，最为常用的为前五种。尽管用于制造泡沫塑料的树脂性能各不相同，但是泡沫体都是由泡孔组成，泡孔中又都充满着气体，因此泡沫塑料有着以下的共同性能。

① 密度小。泡沫塑料中有大量气泡存在，其密度非常小，是同品种塑料密度的几分之一，甚至几十分之一，一般在 0.02～0.2g/cm^3 之间。

② 吸收冲击载荷性好。泡沫塑料在受到冲击载荷时，泡孔中的气体受载荷作用而压缩，产生一种滞流现象。这种压缩、回弹和滞流现象会消耗掉冲击载荷能量，表现出优异的缓冲能力，能有效地保护被包装物品。

③ 隔热性优良。由于泡孔中气体的热导率比塑料低约一个数量级，故泡沫塑料的热导率低。此外，泡沫塑料的气孔具有防止空气对流的作用，有利于提高泡沫塑料的隔热性。

④ 隔音效果好。泡沫塑料具有较好隔音效果的原因有两个，一是通过吸收声波能量，使声波不能反射传递；二是通过消除共振，减少噪声。当声波到达泡沫塑料泡体壁时，泡体受声波冲击，其气体压缩，并出现滞流现象，将声波冲击能消耗散逸掉。另外泡沫塑料可通过增加泡体刚性，消除或减少泡体因声波冲击而引起的共振及产生的噪声。

⑤ 比强度高。比强度是指材料强度与相对密度的比值，它代表材料的物理特性。由于泡沫塑料密度低，比强度自然要比非发泡塑料高，但泡沫塑料的力学强度随发泡倍数的增加而下降，一般认为微孔或小孔发泡的泡沫塑料强度高。

⑥ 化学稳定性好。对酸、碱、盐等化学药品均有较强的抗力，自身 pH 值属于中性，不会腐蚀包装物品。

泡沫塑料根据软硬程度不同，可分为软质泡沫塑料、半硬质泡沫塑料和硬质泡沫塑料三种；按照气孔的结构不同，又可以分为开孔泡沫塑料（孔与孔是相通的）和闭孔泡沫塑料（每一孔是独立的）两种。真正的泡沫塑料不是完全开孔或闭孔的，区分时只能从其主要倾向决定。某些塑料常用不止一种方法制成泡沫塑料，所以，它们既可制成开孔泡沫塑料，也可制成闭孔泡沫塑料。必要时，闭孔的泡沫塑料还可凭借机械施压法或化学法使其成为开孔的。开孔泡沫塑料具有良好的吸声性能和缓冲性能，闭孔泡沫塑料则具有较低的导热性能和较小的吸水性。还可按制品密度不同来分类，高发泡的泡沫塑料密度小于 0.01g/cm^3，中发泡的密度为 0.01～0.04g/cm^3，低发泡的密度则大于 0.04g/cm^3。

泡沫塑料的生产是由泡沫橡胶演变而来的，自 1845 年泡沫橡胶问世以后，随着科学技术的发展，PVC 泡沫塑料等相继制成并实现了工业化生产，从此，人们对泡沫塑料的生产和发展予以很大的重视，目前几乎可以把所有品种的树脂都加工制成泡沫塑料。泡沫塑料已经成为塑料成型加工工业的一个重要产品。根据泡沫塑料结构上的不同，有着各种不同的用途，见表 12-1。

表 12-1 泡沫塑料主要用途

项目	软质泡沫塑料		硬质泡沫塑料	
	开孔型	闭孔型	开孔型	闭孔型
主要作用	隔声材料 日用服装品 坐垫材料 过滤材料 包装材料	隔热材料 绝缘材料 浮料 气垫 室内装饰材料	隔声材料 过滤材料	隔热材料 绝缘材料 结构材料 浮料

二、气泡形成原理

泡沫塑料生产中，由于所采用的发泡方法及流程的不同，泡沫形成的原理也不尽相同。目前，工业生产中采用较多的是气发泡沫塑料的成型，下面仅对气发泡沫塑料中泡孔的形成原理作一简述。

气发泡沫塑料中泡孔的形成，是将气体溶解在液态聚合物中或将聚合物加热到熔融态，同时产生气体并形成饱和溶液。然后，通过成核作用形成无数的微小泡核，泡核增长而形成气泡。

成型泡沫塑料的气体来源有两方面：一方面是用物理的方法产生气体，另一方面是用化学的方法产生气体。

用物理的方法产生气体有三种途径：

① 用低沸点液体物质在超过沸点温度时蒸发产生气体。

② 用强烈的机械搅拌夹带气体或用贮气装置将压缩气体减压后释放气体。

③ 用带有微孔的填料填入塑料中，使塑料中带泡孔。

用化学的方法产生气体有两种途径：

① 用化学物质在高温下分解产生气体。

② 利用聚合物两组分之间的化学反应产生气体。

本模块只讨论物理方法中前两种和化学方法中的第一种方法。

气发泡沫塑料的形成大体可分为三个阶段：气泡的形成、气泡的增长和气泡的稳定。

1. 气泡的形成

把化学发泡剂（或气体）加入熔融塑料或液体混合物中，经过化学反应产生气体（或加入的气体）就会形成气-液溶液，随着生成气体的增加，溶液成为饱和状态，这时气体就会从溶液中逸出形成气泡核。除聚合物的液相外，产生了气相，分散在聚合物液体中，成为泡沫，溶液中形成气-液两相。若同时还存在很小的固体粒子或很小的气泡，即第二分散相，就会有利于这一过程的形成。气-液溶液中形成气泡核的过程称为成核作用。成核有均相成核与异相成核之分。在实际生产中常加入成核剂（即有利于气泡形成的物质），以利于成核作用能在较低的气体浓度下发生。成核剂通常是细的固体粒子或微小气孔，如果不加入成核剂就有可能形成粗孔。

2. 气泡的增长

气泡形成后，由于气泡内气体的压力与半径成反比，气泡越小，内部的压力就越高。因此当两个大小不同的气泡接近时，由于气体从小气泡扩散到大气泡而使气泡合并，并通过成核作用增加了气泡的数量，气泡的膨胀扩大了泡孔的直径，泡沫得到增长。由此可知，促进气泡增长的因素，主要是溶解气体的增加、温度的升高、气泡的膨胀和气泡的合并。

在气泡增长过程中，表面张力和溶液的黏度是阻碍气泡增长的主要因素，这两种因素的作用程度要适当。在发泡过程中，由于温度的升高，塑料熔体的黏度降低，此时，因局部区域过热（一般称为热点），或由于消泡剂的作用，使得局部区域的表面张力降低，促使泡孔壁膜减薄，甚至造成泡沫塑料的崩塌。在实际生产中要竭力避免。

3. 气泡的稳定

在泡沫形成过程中，由于气泡的不断生成和增长，形成了无数的气泡，使得泡沫体系的体积和表面增大，气泡壁的厚度变薄，致使泡沫体系不稳定。一般采用两种方法来稳定泡沫。一种是配方中加入表面活性剂，如硅油，有利于形成微小的气泡，减少气体的扩散作用来促使泡沫的稳定；另一种是提高聚合物的熔体黏度，防止气泡壁进一步减薄以稳定泡沫。也有通过对物料的冷却或增加聚合物的交联作用来提高聚合物的熔体黏度，达到稳定泡沫的目的。

三、泡沫塑料的挤出成型设备

泡沫塑料的成型方法有挤出、注射、模压、压延、浇注和涂覆等方法。本模块只讨论挤出发泡法。

泡沫塑料挤出发泡成型设备主要由挤出机、机头、冷却定型装置、牵引装置、切断装置、收卷装置等几部分组成，如图 12-1。

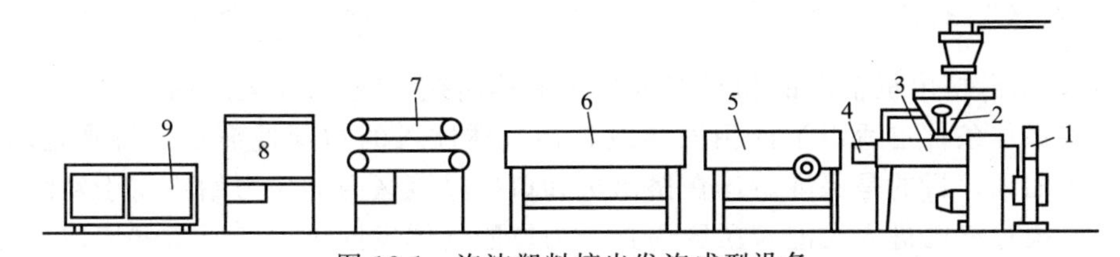

图 12-1 泡沫塑料挤出发泡成型设备

1—螺杆温度调节装置；2—加料装置；3—冷却水槽；4—挤出机主机；5—第一冷却槽；6—第二冷却槽；7—牵引装置；8—切断装置；9—收集装置

（1）挤出机　泡沫塑料挤出机主要为单螺杆挤出机和双螺杆挤出机，驱动螺杆的力和螺杆长径比要求较大，能够满足均匀塑化；能够形成足够的熔体料压，以防止提前发泡；挤出部分要耐腐蚀、耐磨蚀且温控精度高于普通挤出机。

（2）机头　泡沫塑料挤出机机头应设有温控装置，流道无死角，表面光滑，模口出口阻力要小；机头应具备足够的刚性和耐磨蚀性，防止发泡力过大和填料的磨蚀等。

（3）冷却定型装置　泡沫塑料挤出成型的冷却装置应具有足够的冷却能力，冷却装置内表面光滑，且应考虑到制品后收缩问题，确保定型尺寸与最终尺寸的可重复性。

（4）牵引装置　应有无级变速装置，设计牵引力要高于普通牵引装置，以防止由于泡沫制品出口阻力大而导致挤出不畅；由于泡沫制品的可压缩性较大，刚性差，因此牵引装置与制品接触的部位摩擦系数要较大。

（5）切断装置　切断速率具有可调性，并具备确定制品长度的功能。

（6）收卷、堆放装置　自动化生产线均配置收卷或堆放装置。对软薄泡沫片材，收卷装置应具有无级变速功能，卷捆整齐、均匀，也可配备自动换卷装置。对硬质泡沫应设有堆放区或堆放装置。

四、泡沫塑料的挤出成型工艺

泡沫塑料的挤出成型涉及很多方面：第一是挤出发泡成型的最佳条件；第二是原材料方面，如聚合物及发泡剂；第三个很重要的方面是直接利用特定树脂作为发泡剂所需的设备；第四是工艺方面；第五是挤出发泡制品（如片材、管材及异型材）的质量标准。

1. 挤出发泡成型的最佳条件

使用普通单螺杆挤出机和化学发泡剂的挤出发泡成型中，存在着如图 12-2、图 12-3 所示的最佳工艺条件。

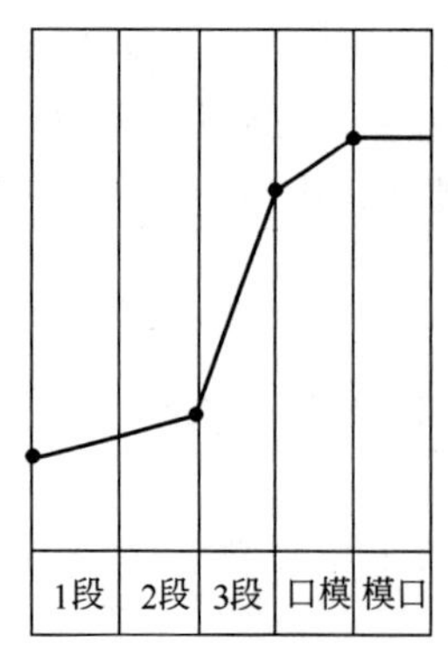

图 12-2 物料温度分布

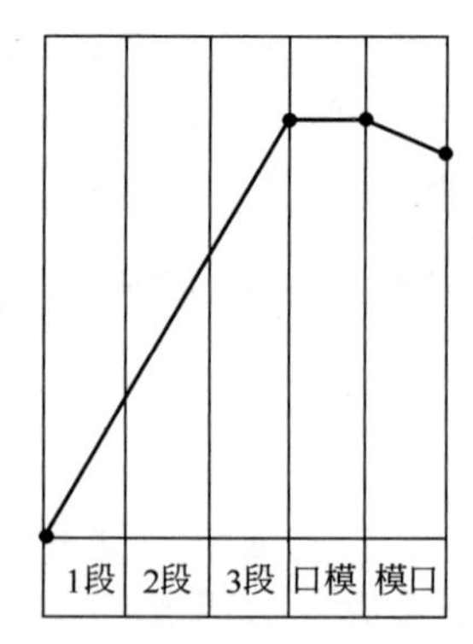

图 12-3 物料压力分布

图 12-2 表示沿挤出机轴向的物料温度分布最佳曲线。图 12-3 表示沿挤出机轴向物料压力分布。这些最佳条件也适用于使用液体或直接气体注入的物理发泡法。特别是图 12-3 所示的压力分布曲线，目的是保证熔体在挤出机和口模过渡区内的压力始终高于发泡压力，直到熔体离开口模过渡区进入发泡减压区为止。为克服气体发泡压力，所需的熔体压力值一般为 12～14MPa，这一压力区间正好在常用挤出机的操作压力范围之内，因此，用普通挤出机就能满足要求。

2. 发泡制品质量的主要影响因素

每立方厘米的平均泡孔数是表示发泡成型效率和发泡制品质量的有效参数。挤出发泡制品的平均泡孔尺寸是发泡密度的函数，可由式（12-1）进行计算：

$$N_c=\frac{1-(\rho_f-\rho_r)}{\pi D_c^3/6000}=1910\times\frac{\rho_r-\rho_f}{D_c^3\rho_r} \tag{12-1}$$

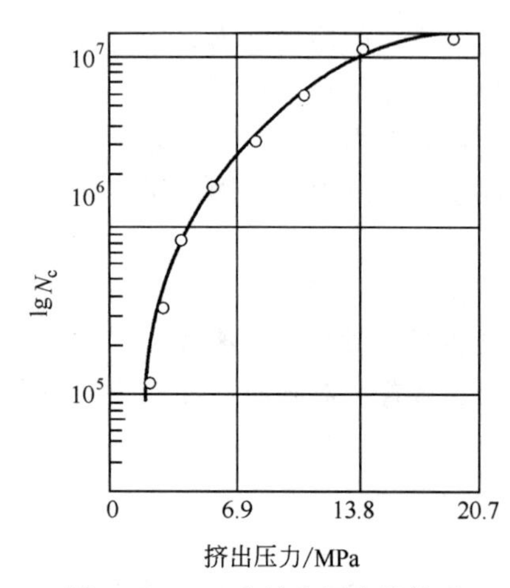

图 12-4 N_c 和挤出压力的关系

式中 N_c——单位体积内平均泡孔的个数，个/cm^3；

ρ_f——泡沫制品的密度，g/cm^3；

ρ_r——树脂的密度，g/cm^3；

D_c——泡孔平均直径，mm。

由 N_c 可以判别以下主要挤出工艺参数对于发泡质量的影响。

（1）挤出压力 挤出压力对发泡质量的影响见表 12-2 的数据。由表 12-2 中的数据可知，泡孔尺寸和发泡制品的密度随挤出压力的增加很快变小。用 N_c 表示，则可得到图 12-4 所示的曲线。泡孔数随着挤出压力的上升而增加，所以，挤出压力可用来有效地控制发泡制品的密度。

表 12-2 挤出压力对发泡质量的影响

压力 /MPa	泡孔平均直径 /mm	泡孔个数 /(×10^3/cm^3)	发泡制品密度 /(g/cm^3)	压力 /MPa	泡孔平均直径 /mm	泡孔个数 /(×10^3/cm^3)	发泡制品密度 /(g/cm^3)
1.72	0.14	1.16	0.80	3.72	0.09	8.45	0.65
2.41	0.12	3.34	0.67	5.17	0.07	17.9	0.65

续表

压力/MPa	泡孔平均直径/mm	泡孔个数/(×10³/cm³)	发泡制品密度/(g/cm³)	压力/MPa	泡孔平均直径/mm	泡孔个数/(×10³/cm³)	发泡制品密度/(g/cm³)
7.31	0.06	30.4	0.63	13.86	0.04	106	0.62
10.5	0.05	57.3	0.63	19.30	0.04	112	0.60

表 12-2 中，树脂为 HDPE，密度为 0.96g/cm³，*MFR* 为 3.5g/10min；发泡剂为偶氮二甲酰胺，配比为 0.75%；挤出温度为 180℃；物料在挤出机中滞留约 8min；物料在流变仪料筒内滞留约 7min；模具尺寸长为 20.83mm，直径为 1.02mm，入口为 90°。

（2）挤出温度　挤出温度也是影响发泡质量的一个重要参数。由表 12-3 可见，高质量的发泡体只在较窄的温度范围内才能获得。

表 12-3　挤出温度对发泡质量的影响

挤出温度/℃	泡孔平均直径/mm	泡孔个数/(×10³/cm³)	发泡制品密度/(g/cm³)	挤出温度/℃	泡孔平均直径/mm	泡孔个数/(×10³/cm³)	发泡制品密度/(g/cm³)
180	0.09	0.82	0.73	195	0.27	0.467	0.50
185	0.05	33.4	0.75	200	0.80	0.0171	0.52
190	0.09	13.1	0.48				

另外，最大发泡数量对应的挤出温度比最小发泡密度所对应的挤出温度低，说明挤出温度在一定的范围内和一定条件下存在着最佳值。图 12-5 表示高抗冲 PS（HIPS）熔体温度与发泡密度的关系。最小的发泡密度在 128～135℃。熔体温度越高，挤出物料本身的熔体强度越低，泡孔内的发泡压力可能超过泡沫表面张力所能承受的限制，从而使泡孔破裂。并且，发泡表面粗糙。

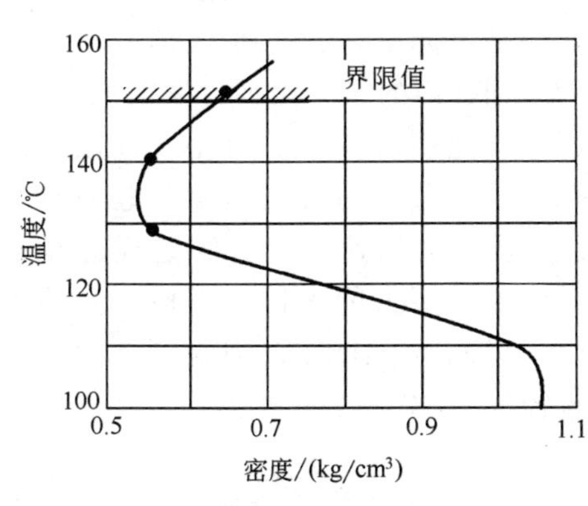

图 12-5　熔体温度和发泡密度的关系

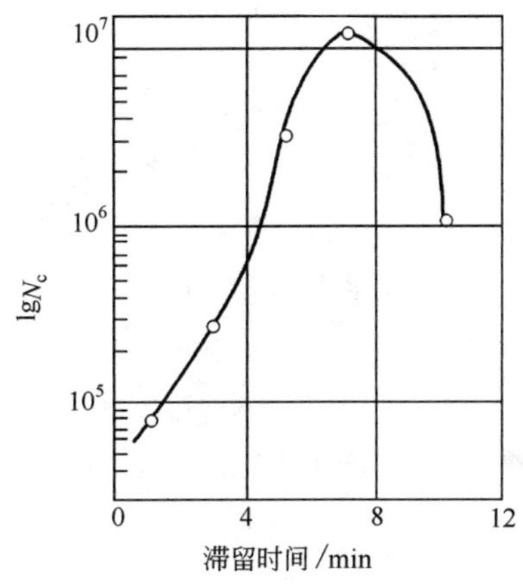

图 12-6　N_c 与滞留时间的关系

表 12-3 中，树脂为 HDPE，其密度为 0.96g/cm³，*MFR* 为 3.5g/10min；发泡剂为偶氮二甲酰胺，配比为 0.75%；挤出温度为 180℃；物料在挤出机中滞留约 8min；物料在流变仪料筒内滞留约 1min；模具尺寸长为 20.83mm，直径为 1.02mm，入口为 90°。

（3）滞留时间　物料在挤出机内的滞留时间不同，发泡质量也产生很大的变化。挤出物料的温度达到接近发泡剂分解温度时，可以得到如图 12-6 所示的泡孔数量与滞留时间的关系曲线。

由图 12-6 可知，延长物料在挤出机内的停留时间，泡孔数量逐渐增加，达到最大值后开始下降。实际上，发泡剂的分解程度和离开口模时熔体中气体与核的比例有很大关系。在较短的停留时间内，发泡剂的分解程度较低，这时，相应的气体和核的比例也较小，但成核速率却较大，也就是制品的密度较大。如果停留时间增加，气体和核的比例就会增加，制品密度就会减少。如果滞留时间过长，会引起发泡剂过早分解，由此会影响成核结果，使泡孔数量减少，气体和核的比例变得很大。因而得到的是成核不足的发泡制品。

表 12-4 中，树脂为 HDPE，其密度为 0.96g/cm^3，*MFR* 为 3.5g/10min；发泡剂为偶氮二甲酰胺，配比为 0.75%；挤出温度为 180℃；物料在挤出机中滞留约 8min；挤出压力为 19.03MPa；模具尺寸长为 20.83mm，直径为 1.02mm，入口角为 90°。

表 12-4 滞留时间对发泡质量的影响

流变仪料筒内滞留时间/min	泡孔平均直径/mm	泡孔个数/(×10^3/cm^3)	发泡制品密度/(g/cm^3)
1.0	0.09	0.82	0.93
3.0	0.08	2.74	0.86
5.0	0.05	33.4	0.75
7.0	0.04	112	0.60
10.0	0.09	13.4	0.47

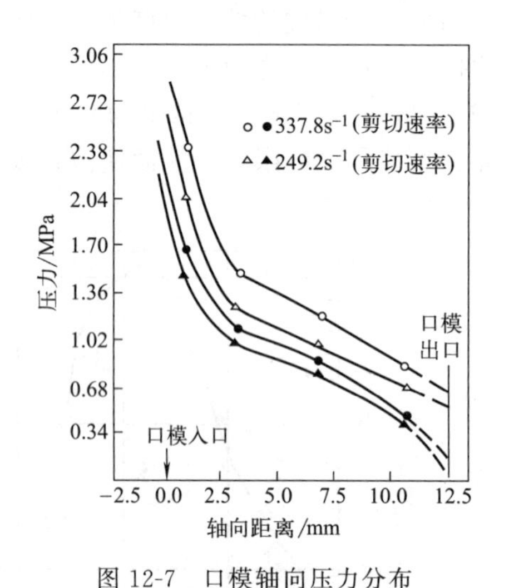

图 12-7 口模轴向压力分布

▲，●—含发泡剂的 HDPE；△，○—不含发泡剂的 HDPE

（4）口模轴向压力分布 溶解在熔体中的气体可以使熔体黏度下降。在 PE 中加入质量分数为 0.5%的发泡剂可使黏度降低 20%，图 12-7 表示 HDPE 在细孔中挤出时沿轴向的压力分布曲线。由图 12-7 可知，有、无发泡剂，其压力分布曲线是不同的，其主要区别有：含发泡剂时细孔内的压力比不含发泡剂时要小；不含发泡剂时，除了细孔入口效应外的孔内压力分布为直线，含发泡剂时为曲线；同样剪切速率，含发泡剂的料挤出时表现出更大的入口压力损失。图 12-7 中，树脂为 HDPE，细孔的 *L*/*D* 为 4，直径为 3.175mm。

单元二 泡沫塑料用原辅材料

一、树脂

挤出法生产泡沫塑料常用的树脂有 PS 树脂、PVC 树脂和 PE 树脂。

PVC 树脂和 PS 树脂都属于无定形塑料，在适宜发泡的黏度范围内所对应的温度差较大，工业生产中容易控制。PVC 塑料的许多热稳定剂都是偶氮二甲酰胺（化学发泡剂 AC）的促进剂。

PE 塑料属于结晶型塑料，在一般情况下要先交联后发泡。由于 PE 的交联工艺日趋成熟，所以，应用也相当广泛。

二、发泡剂

泡沫塑料的生产方法包括物理发泡法、化学发泡法和机械发泡法，其中前两种都必须使用发泡剂。发泡剂是在泡沫塑料的制造过程中，使塑料产生微孔结构的物质。挤出发泡制品所需的发泡剂可分为物理发泡剂和化学发泡剂两大类。通过化合物物理状态的改变而使塑料发泡的是物理发泡剂；通过化合物受热分解产生气体使塑料发泡，这种化合物就是化学发泡剂。

1. 化学发泡剂

化学发泡剂又称为分解性发泡剂，能够均匀地分散在树脂中，并且在受热时能发生分解而产生至少一种气体（通常为 N_2、CO_2、NH_3 等）。化学发泡剂可分为无机化学发泡剂和有机化学发泡剂（分别简称为无机发泡剂和有机发泡剂）两类。此外，发泡过程中，为调节发泡剂的分解温度和分解速率，也在其中加入发泡助剂。

无机发泡剂的主要特点是：价格低廉，不影响塑料的热性能，分解反应吸热，但分解气体的速率受压力的影响较大，分解反应进行缓慢，难以均匀地分布于塑料中。可在塑料中使用的无机发泡剂有碳酸盐类（主要有碳酸铵、碳酸氢铵和碳酸氢钠）、亚硝酸盐类（亚硝酸铵），碱金属的硼氢化物和过氧化氢也可作为发泡剂使用，但在塑料制品中较少使用。

有机发泡剂是目前工业上使用最广的发泡剂，它们的分子结构中几乎都含有═N—N═或—N═N—，这种结构和发泡剂分子中的其他结构相比是不稳定的，受热时易发生断裂而产生氮气（N_2），也有可能产生少量的氨气（NH_3）、一氧化碳（CO）、二氧化碳（CO_2）、水（H_2O）及其他气体，从而起到发泡作用。

有机发泡剂的主要优点是：在聚合物中的分散性好；分解温度狭窄而且可以控制；分解产生的气体以比较安全的氮气为主，不燃烧、不爆炸、不易液化，且扩散速度慢，不易溢出而发泡效率高。但有机发泡剂也存在一些缺点，主要是：分解后产生的残渣易引起异臭或表面喷霜，有的残渣还具有增塑作用，会降低材料的使用温度；分解时放出的热量较高，可能使厚度较大的制品内部被烧焦或被炭化；易燃，分解温度低，所以在贮存时要注意防火，并避免剧烈震荡。

工业上使用的有机发泡剂有 30 多个品种，应用最广的还是偶氮化合物类、*N*-亚硝基化合物类和苯磺酰肼类。

挤出发泡常用的性能优良的化学发泡剂见表 12-5。通过对具有适宜分解温度发泡剂及改性剂的选择，许多塑料材料均可发泡。

表 12-5　挤出发泡常用的性能优良的化学发泡剂

名　称	分解温度/℃	发气量/(mL/g)	分解气体
偶氮二甲酰胺(ABFA,发泡剂 AC)	220	220	N_2、CO_2、CO、NH_3
4,4′-氧代双苯磺酰肼(OBSH)	140～160	125	N_2

续表

名　　称	分解温度/℃	发气量/(mL/g)	分 解 气 体
对甲苯磺酰氨基脲(TSSC)	193	140	N_2、CO_2、CO、NH_3
5-苯基四唑	232	200	N_2
三肼基三嗪(THT)	265～290	175	N_2、NH_3
N,*N*′-二亚硝基五亚甲基四胺(发泡剂 H)	130～190①	260～270	N_2、CO_2、CO

① 表示在塑料中的分解温度。

(1) 理想的化学发泡剂应具备的条件

① 发气量大而迅速；分解放出气体的温度范围应稳定，能调节，又不宜太宽。发泡剂的发气量是指每克发泡剂所能分解放出的气体量，用标准状态下的体积量（cm^3）表示。

② 发泡剂的放气速度应能用改变成型工艺条件进行调节。

③ 发泡剂分解放出的气体和残余物应无毒、无味、无腐蚀性、无色，对塑料及其他助剂无不良影响。

④ 发泡剂在塑料中有良好的分散性。

⑤ 发泡剂分解时放热不能太大。

⑥ 化学性能稳定，便于贮存和运输，在贮存过程中不会分解。

⑦ 在发泡成型过程中能充分分解放出气体。

⑧ 价格便宜、来源广泛。

当然，在现实生产中要找到完全符合上述 8 条条件的化学发泡剂是不可能的，使用时只能根据实际情况有所取舍。

(2) 化学发泡剂的主要性能指标

① 分解温度。按化学发泡剂的分解温度可将其分为低温型（如 4,4′-氧代双苯磺酰肼）和高温型（如三肼基三嗪）。

化学发泡剂的分解温度要达到以下的要求：发泡剂的分解温度应与塑料的熔融温度相适应；发泡剂应能在一狭窄的温度范围内迅速分解；发泡剂的分解作用必须要在较短的时间内全部完成。

② 分解速率。在分解温度的范围内，有机发泡剂应能在某一时刻的较短时间内快速分解，大多数有机发泡剂都具有这种特性；而无机发泡剂的分解速率较慢。

③ 反应热。有机发泡剂分解时是放热反应。有些有机发泡剂如发泡剂 H 在热分解时一直是放热反应（+2.4kJ/g，在 218℃时）；而有些有机发泡剂如发泡剂 AC 在 229℃分解时是放热反应（+0.7kJ/g），而在 246℃分解时又是吸热反应（−0.34kJ/g），但总体上是放热反应。无机发泡剂分解时是吸热反应。在发泡工艺过程中必须掌握反应热的量，以便采取相应的工艺参数。

④ 发泡剂分解的抑制和促进。有机发泡剂都有相应的抑制剂和促进剂。例如，发泡剂 H 的助剂有硬脂酸、月桂酸、苯甲酸、水杨酸等。

⑤ 发泡效率。发泡剂的价格应该按单位体积气体的价格来计算，不应以发泡剂单位质量的价格来计算，还要考虑分解产生的气体的性质。有机发泡剂分解出的氮气比无机发泡剂分解出的二氧化碳发泡效率高，因为二氧化碳对塑料泡壁的扩散速度比氮气高，所以，二氧化碳的发泡效率低，用于制造低密度的泡沫塑料是比较困难的。

⑥ 发泡剂的并用。不同发泡剂各有其优点，也各有其局限性，如果互相配合使用，就能取长补短，增大作用效果。并用应从发泡的反应热来考虑，尤其是厚制品。例如，实际生产中常将无机发泡剂和有机发泡剂并用，其中的无机发泡剂，一方面可以降低有机发泡剂的用量，另一方面也可减小放热程度，防止中心烧焦的现象。另外，将物理发泡剂和化学发泡剂并用，也有类似作用。

2. 物理发泡剂

物理发泡剂是指在发泡过程中没有化学反应、只有物理状态变化的物质。按发泡成型特性，物理发泡剂可分为三类：低沸点液体、惰性气体和固体空心球。国内使用较多的是第一种，故本模块只阐述第一种。

（1）理想物理发泡剂应具备的条件

① 应是惰性物质，无毒性，无腐蚀性，无臭气；

② 易于和树脂相容，分子量低，密度高；

③ 在基体树脂中的扩散速度小；

④ 受树脂反应热和外部加热时应易于挥发；

⑤ 不可燃；

⑥ 不影响塑料本身的物理、化学性能；

⑦ 具有对热和化学药品的稳定性；

⑧ 在室温下蒸汽压力低，呈液体，以便贮存、运输和操作；

⑨ 价格便宜，来源广泛。

与化学发泡剂类似，在现实生产中要找到完全符合上述 9 条条件的物理发泡剂是不可能的，在实际应用时也只能根据实际情况有所取舍。

（2）常用的低沸点液体发泡剂　一般要求液体的沸点低于 110℃，最好使用常温常压下呈气态的低沸点液体，压注入塑料熔体时呈液态。这样，便于发泡剂与塑料熔体混合均匀。然后，通过减压，使其在熔体中汽化，聚集而成气泡。

将这种发泡剂在常温或低温下渗透到塑料颗粒内部，然后加热，使其迅速蒸发，在塑料颗粒中形成微孔，再经过二次发泡形成制品。PS 泡沫塑料大多数采用此法。常用的性能优良的低沸点液体发泡剂见表 12-6。

表 12-6　常用低沸点液体发泡剂的性能比较

发泡剂	分子量	密度(25℃)/(g/cm^3)	沸点或沸程/℃	汽化热[①]/(J/g)	发泡效率[②]	
					在沸点	在 100℃
戊烷[③]	72.15	0.616	30～38	—	—	—
异戊烷	72.15	0.613	9.5	—	197	260
己烷[③]	86.17	0.658	65～70	—	—	—
庚烷[③]	100.20	0.680	96～100	—	—	—
正庚烷	100.20	0.679	98.4	321.86(90℃)	206	207
苯	78.11	0.874	80.1	393.3	324	342
甲苯	92.13	0.862	110.6	412.1(25℃)	294	286
二氯甲烷	84.94	1.325	39.8	—	400	477

续表

发泡剂	分子量	密度(25℃)/(g/cm³)	沸点或沸程/℃	汽化热①/(J/g)	发泡效率②	
					在沸点	在100℃
三氯甲烷	119.39	1.489	61.2	278.8(20℃)	342	382
1,2-二氯乙烷	98.87	1.245	83.5	323.2(82.2℃)	368	385
三氯氟甲烷	137.38	1.476	23.8	181.8	262	329
1,1,2-三氯三氟乙烷	187.39	1.565	47.6	146.7	220	256
二氯四氟乙烷	170.90	1.440	3.6	—	191	258

① 栏内数字是沸点下的汽化热。

② 发泡效率按下式计算：$\frac{22400}{\text{分子量}}\times\text{密度}(25℃)\times\frac{273+t}{273}$。

③ 普通商品中含有各种异构体。

表 12-6 中最后三种俗称“氟利昂”，是较理想的发泡剂，异戊烷或三氯氟甲烷（氟利昂-11）常用于 PS，PE 中最常用氟利昂-11。而二氯二氟甲烷（氟利昂-12）常用于高压发泡，但氟利昂对环境有污染，将逐步退出泡沫塑料的生产。

三、发泡助剂

在发泡过程中，凡是与发泡剂并用时能调节发泡剂的分解温度、分解速率或发气量的物质，能改进发泡工艺、稳定泡孔结构和提高泡沫体质量的物质，均可称为发泡助剂或辅助发泡剂。目前讨论的发泡助剂主要用于发泡剂 H 和发泡剂 AC 的发泡过程。

1. 成核剂

各种情况下，可加入成核剂以获得均匀的泡孔尺寸。典型的成核剂如滑石粉及超细碳酸钙等，可作为局部气泡核的起点。在这些区域，溶解的发泡气体可从溶液中退出，并吸附在核上。气泡核形成的机理与结晶时晶核形成的机理相似。成核剂的用量在 1%左右。平均泡孔直径与成核剂用量的关系如图 12-8 所示。

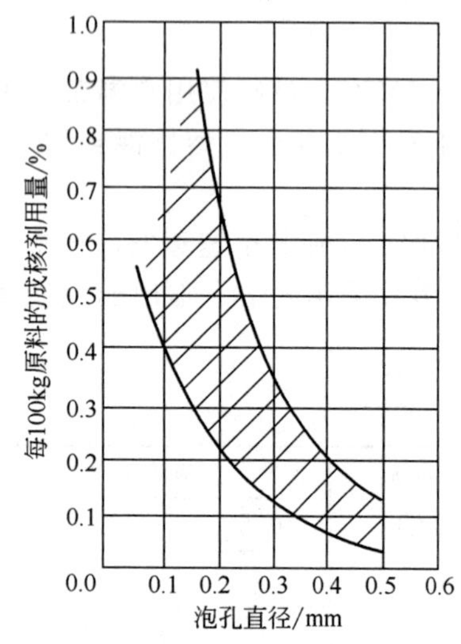

图 12-8 平均泡孔直径与成核剂用量的关系

2. 交联剂

（1）聚烯烃塑料在发泡成型时交联的必要性 聚烯烃塑料（PE、PP）发泡工艺控制比较困难，由于聚烯烃树脂为结晶聚合物，结晶度较高，在升温未达到结晶熔融温度以前，树脂流动性差，达到结晶熔融温度后，聚合物的熔体黏度急剧下降，使发泡过程中产生的气体很难保持住。此外，聚烯烃树脂热容较大，树脂从熔融状态转变到结晶态要放出大量的热，冷却时间长，树脂的气体透过率较快，使发泡的气体易于逃逸。为改善上述缺陷，在制备泡沫塑料时对聚烯烃进行交联改性，使大分子适当交联以提高熔体黏度，使黏度随温度升高而缓慢降低，调整熔融物的黏弹性适应发泡的要求，而且气体对交联 PE 的透过率较慢。PE 温度与熔融黏度的关系如图 12-9 所示。

从图 12-9 中可知，图中虚线是未交联 PE（结晶型）黏度与温度之间的关系曲线，适宜发泡的黏度范围内所对应的温度差 ΔT_1 很小，小到工业生产中很难控制；图中实线是已交联 PE（无定形的比例很大）黏度与温度之间的关系曲线，这时，熔融黏度下降缓慢，适宜发泡的黏度范围内所对应的温度差 ΔT_2 较大，在工业生产中能控制。

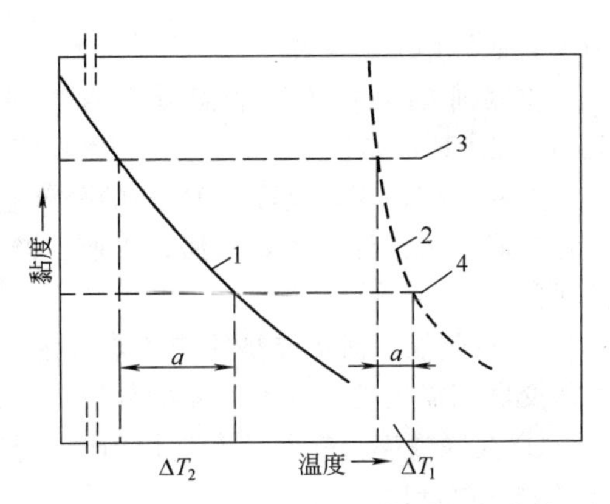

图 12-9 PE 温度与熔融黏度的关系曲线
a—加工范围；1—无定形；2—结晶；
3—挤出流动上限；4—泡孔增长下限

（2）交联方法 聚烯烃树脂的交联方法有化学交联与辐射交联两种。在化学交联中由过氧化物受热分解生成自由基与聚合物作用生成聚合物自由基而交联，在辐射交联中由聚合物与放射能量相互作用生成聚合物自由基而进行交联。由于辐射交联所用设备复杂昂贵，有效交联厚度受到限制，故此法选用较少，通常选用化学交联法。

能使塑料材料主链生成交联键的物质叫化学交联剂，多为有机过氧化物。常用性能优良的化学交联剂见表 12-7。

表 12-7 常用性能优良的化学交联剂

化学名称	缩写代号	分解温度/℃	
		$t_{1/2}$ 为 1min 时	$t_{1/2}$ 为 10h 时
过氧化二异丙苯	交联剂 DCP	171	117
过氧化二叔丁烷	—	193	126
2,5-二甲基-2,5-二叔丁基过氧化己烷	交联剂 AD	179	118
过氧化苯甲酰	交联剂 BPO	133	—
1,3-二叔丁基过氧化二异丙苯	—	182	—

选择交联剂必须遵守的两个原则为：交联剂的分解温度必须低于发泡剂的分解温度；能达到满足物料发泡所需要的交联度。

LDPE 采用交联剂 DCP，HDPE 采用交联剂 AD，用量一般在 0.3%～1.2%，发泡制品密度最小可达 0.04g/cm^3。

PE 树脂的交联度以凝胶百分数表示。交联度在 30%～80%时，PE 泡沫塑料的泡孔比较均匀，高发泡 PE 的交联度在 30%～60%为宜。

（3）化学交联剂的主要性能指标

① 活性氧。活性氧表示交联剂分解时产生自由基的数量。理论活性氧的计算式如下：

$$理论活性氧的含量=[(—O—O—的数目\times32)/交联剂的分子量]\times100\% \quad (12\text{-}2)$$

$$纯度=(测定的活性氧的含量/理论活性氧的含量)\times100\% \quad (12\text{-}3)$$

如 DCP 的活性氧含量为 5.92%（分子量为 270），密度 $\rho=1.02$g/cm^3，熔点为 39℃，燃点为 210℃。

② 半衰期。当交联剂在一定温度下加热分解时，浓度降到原来的一半所需要的时间称

为半衰期，用 $t_{1/2}$ 表示。

交联剂 DCP 在不同的温度下有不同的半衰期（$t_{1/2}$）：50h（100℃）、2.3h（125℃）、9min（150℃）、54s（175℃）、24s（180℃）、12s（190℃）。

这些数据说明，交联剂 DCP 的分解温度范围很宽，所以 $t_{1/2}$ 为 1min 时的分解温度作为制订交联工艺条件的主要依据，工业生产中，将 $t_{1/2}$ 的 8～10 倍的时间作为交联剂完全分解的时间。

③ 活化能。活化能是使交联剂分解产生自由基，必须给予分子所需要的能量。活化能大的交联剂需要较高的温度才能分解，而且分解速率小。

④ 交联效率。交联效率是指用同一基准的有机过氧物对不同品种聚烯烃作用时所产生交联物的数量比。

用同一基准数量的交联剂 DCP（如为 1 份时）分别交联聚丁二烯、PE 和 PP 时，其交联物的数量比为 10∶1∶0.1。因为聚丁二烯本身就可以交联，在 DCP 的引发作用下，交联作用明显。而 PP 由于有侧甲基，在交联过程中要消耗大量的自由基，因此，工业生产上通常不生产交联 PP 泡沫塑料。如果必须要生产 PP 交联塑料，则必须用助交联剂。

（4）影响交联度的主要因素

① 聚合物分子结构。凡分子量大、结晶度低、分子链支链越多，对同种和同数量交联度所表现的交联效率越高。

② 交联剂的用量。在一定范围内，增加过氧化物的用量，可提高聚合物的交联度，交联剂有最佳用量的选择，但超过最佳用量后，交联度增加不多，但会对其他性能有不良的影响。

③ 其他助剂。例如胺类与酚类等抗氧剂，对过氧化物的交联活性有抑制作用，因为这些抗氧剂从化学角度来讲都是还原剂；采用助交联剂与过氧化物并用体系，可提高交联度；大多数填充剂都会在一定程度上降低过氧化物的交联效率，要相应地增加过氧化物的含量。

④ 交联时间。适当延长交联时间，使过氧化物耗尽，可提高交联度，在过氧化物耗尽之后再延长交联时间则无意义，交联时间结合交联剂的分解温度和对应的半衰期来确定，一般是半衰期的 8～10 倍或 10～12 倍。

四、辐射交联

辐射交联是将 PE 树脂用 $(0.1\sim20)\times10^7$ mGy 的射线辐射使之交联，辐射交联可在高温或较低温度下进行。不像化学交联剂那样，需在物料的熔点以上进行。辐射交联使用的能源有两种：γ 射线或电子辐射。两者主要区别在于速率和透入材料的深度不同。由放射性同位素产生的 γ 射线，例如 Co^{60} 可处理 30～60cm 的 PE 片材，处理速度较慢，照射时间从数小时至一天，电子辐射只能透入 1.25cm 左右，但速度很快，每分钟可达数百平方米以上。但辐射交联投资昂贵，目前生产中使用较少。

五、助交联剂

为防止聚合物自由基的断裂、提高交联效果、改善交联聚合物的力学性能和操作性能而加入的一类助剂称为助交联剂。

常用助交联剂为含有不饱和键的单体或低聚体，如甲基丙烯酸甲酯（MMA）、顺丁烯二酸酐（MAH）和马来酰亚胺等单体。

六、泡孔稳定剂

泡孔稳定剂一般是指具有两性基团的表面活性剂。由于它们并未被树脂有效润湿，因此表面张力及界面张力较低，从而使气体易于逸出，并使材料内部压力降低。

七、化学发泡剂的促进剂

在化学发泡剂中还可加入促进剂，使发泡剂分解温度降低。ZnO、Pb-St（硬脂酸铅）、Ca-St（硬脂酸钙）、Cd-St（硬脂酸镉）和 Zn-St（硬脂酸锌）可降低发泡剂 AC 的分解温度。其中，Ca-St 对发泡剂 AC 分解温度降低得相当大，可达 135～160℃；ZnO 和 Zn-St 对发泡剂 AC 分解速率的提高幅度很大，对分解温度的降低也有益，而且还能提高发泡剂 AC 的发气量。三碱式硫酸铅对发泡剂 AC 的分解速度无影响，也可稍稍降低其分解温度，但对发气量的降低非常大。添加促进剂可调节发泡温度，使发泡时聚合物熔体有适宜的流变性能。

单元三　PS 泡沫塑料的挤出成型

一、PS 挤出发泡

1. PS 挤出发泡的特点

PS 的挤出发泡可采用物理发泡剂及化学发泡剂，但实际上使用较多的是物理发泡剂。在生产方法上可分为两种类型，一种是在悬浮聚合的 PS 颗粒中渗入低沸点液体，形成可发性聚苯乙烯（EPS）珠粒，然后直接或经预发泡后用挤出成型制成制品，但只能得到密度小的制品；另一种是将高分子量的 PS 树脂、发泡剂及其他添加剂的混合物，通过挤出机挤出发泡，再经冷却定型而成泡沫制品。

2. 挤出发泡成型过程

（1）EPS 珠粒挤出法　EPS 珠粒的制造方法有两种：一种是聚合时将苯乙烯同低沸点液体发泡剂一起加入反应釜中，经聚合得到的珠粒中已含有发泡剂；另一种是在悬浮聚合的 PS 珠粒中加入低沸点液体发泡剂（常用的是正戊烷和石油醚），两种物料按所需的比例加入反应釜中，向反应釜夹套内通蒸汽加热，釜内装有搅拌器进行搅拌，随温度上升发泡剂加速汽化，釜内压力增加，在 80～100℃ 恒温 4～12h，使发泡剂渗透入珠粒中，然后降温至 40℃以下出料，即制得 EPS 珠粒。

因为在挤出过程中很容易造成压实的情况，为了降低制品的密度，通常在原生的可发性珠粒中拌入 1.6%的硼酸和 1.8%的碳酸氢钠（两者均以 PS 为基准）作为成核剂，可发性珠粒与成核剂混合后，一起通过挤出机连续地挤出吹塑，得到具有微细泡孔和良好表面光泽的泡沫塑料纸（片）。挤出时，宜用吹塑法而不宜用直接法，因为直接法挤出泡沫片材会在制品的宽向上出现膨胀而形成波纹，EPS 珠粒挤出法的工艺流程如图 12-10 所示。

（2）直接挤出法　又称为一步法挤出成型，是将预先混合均匀的 PS 粒料、成核剂与各种助剂的混合物加入挤出机内塑化，然后用高压计量装置将液体发泡剂注入挤出机的熔融段，与熔体混合，熔体在口模出料前一直保持在压力下，自环形口模挤出时，从口模内的高

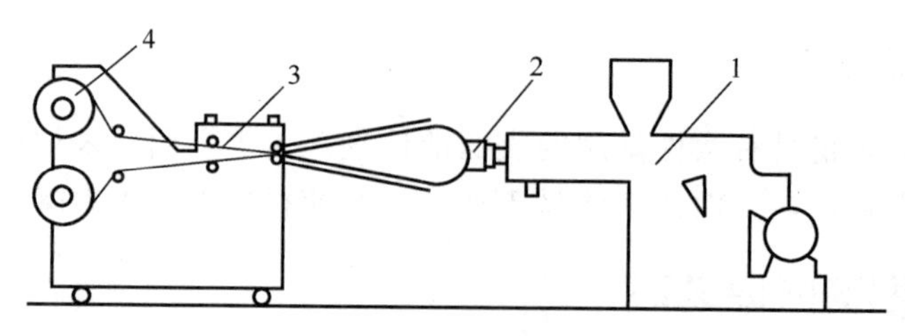

图 12-10 EPS 珠粒挤出法工艺流程

1—挤出机；2—机头；3—泡沫塑料膜；4—泡沫纸卷筒

压变至低压或常压，发泡剂汽化，形成均匀多孔泡沫塑料膜管，经吹塑、冷却、牵引、纵向切割、卷取即得 PS 泡沫塑料片材成品，或经狭缝机头口模挤出后降压发泡，缓慢地自然冷却后，得到连续的结皮泡沫塑料板材。

常用的发泡剂有脂烃类、二氯甲烷或氯甲烷等。由于发泡剂在挤出机中部熔融段注入，熔融物料在塑化状态下与发泡剂混合，并使压力增加，如果把挤出温度和压力控制在较窄的范围内，可以制得密度为 0.03～0.08g/cm^3 的泡沫板材。

一步法挤出的优点是泡沫塑料板材的密度和泡孔大小可以通过改变发泡剂用量和工艺条件来控制，从而制得具有特殊结构、性能和导热性能的泡沫塑料。生产时，挤出温度必须严格控制，挤出的泡沫塑料板材必须缓慢冷却，以免形成过大的内应力，导致泡沫崩塌。

二、PS 挤出发泡成型设备

PS 泡沫塑料挤出成型采用低沸点液体发泡剂，所用的加工设备较化学发泡塑料更为复杂。这是因为这种发泡剂需在一定压力下，于特定位置泵送进挤出机。随着发泡剂的加入，发泡剂又能起到增塑作用，从而使溶体黏度大幅度降低。结果，为提高入口处的熔体黏度必须进行充分冷却，而在此通过气体的不断逸出形成泡孔。冷却方式多种多样，发泡设备也依此进行设计。

1. 挤出机

发泡用挤出机传动系统的驱动功率一定要大于普通挤出机，螺杆长径比较大；为防止塑料提前发泡，挤出机必须能产生足够的料压，挤出螺杆混合性能要高，以保证塑料与各种助剂混合均匀；发泡挤出机的温控系统要高于普通挤出机，挤出系统要耐磨、耐腐蚀。泡沫塑料挤出用挤出机可选用单螺杆挤出机或双螺杆挤出机。

(1) 单螺杆挤出机　单螺杆发泡挤出机与塑化单螺杆挤出机有一个共同点，就是在螺杆的计量段的过渡处加上混炼元件，如图 12-11 所示。此混炼元件由鱼雷体与销钉段构成，鱼雷体与料筒的间隙为 0.381～1.143mm，可防止未塑化的颗粒进入计量段，销钉段可以进一步提高熔体的均匀性。经实践使用证明，对提高发泡料的均匀性很有效。

所有低沸点液体型发泡体系的另一个特性是在发泡剂注入机筒的注射点处安装了一个控制阀。其典型结构如图 12-12 所示。其作用是防止物料从机筒中泄漏及物料在与发泡剂供应装置相连接注入时，降低发泡压力。因此，控制阀必须使压力快速降低，克服料流阻力，并能方便快捷地对回流进行清理。

用单螺杆挤出机生产发泡制品有两种形式供选择：单级单螺杆挤出机和双级串联式单螺杆挤出机组。

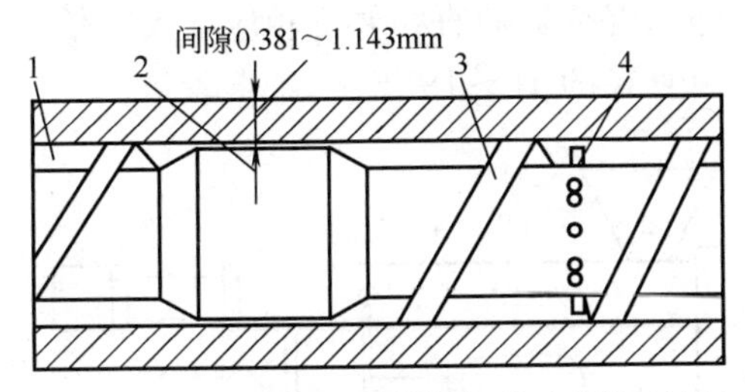

图 12-11　注入发泡剂单螺杆挤出机混料段

1—螺杆计量段；2—密封段；
3—混炼段；4—混炼销钉

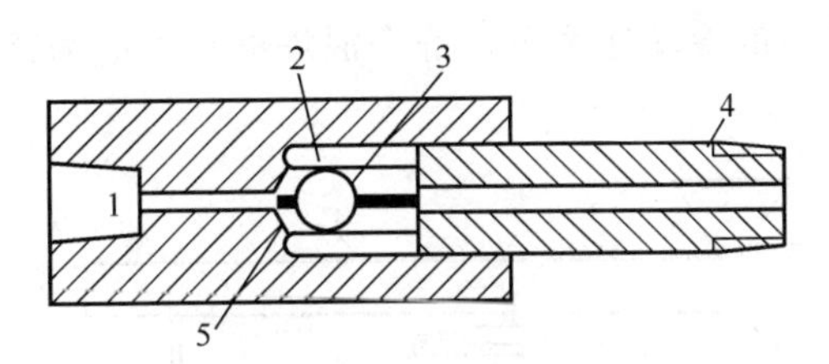

图 12-12　低沸点液体发泡的泡沫塑料生产线注入孔球形止逆阀设计

1—发泡剂注入点；2—导滑槽；3—止逆阀；
4—密封面；5—与止逆阀相配面

① 单级单螺杆挤出机。对于单级单螺杆挤出机有两种形式，即中间注入式单级单螺杆挤出机和进口混入式单级单螺杆挤出机。

进口混入式单级单螺杆挤出机是一种普通单螺杆挤出机。所用原料与发泡剂可以预混好，也可以在料斗处安装强制性混料装置，将原料和发泡剂按比例加入后再送入挤出机。若选用这种挤出机，料筒上要设有水冷或空冷装置，螺杆也要设有冷却装置，以防止发泡剂过早分解而在物料尚未塑化好就提前发泡。料斗及靠近部分料筒温度都应降低。

中间注入式单级单螺杆挤出机的发泡剂是在螺杆中部的减压段注入，一般要求在物料基本塑化时加入。发泡剂为低沸点液体时，采用此类挤出机。

这种挤出机螺杆如图 12-13 所示，可分为 6 段：Ⅰ为加料段、Ⅱ为第一压缩段、Ⅲ为第一计量段、Ⅳ为减压段、Ⅴ为第二压缩段、Ⅵ为第二计量段。图 12-13 中结构图以下的图为对应段的温度设定。在减压段的机筒上要开有孔口，可将发泡剂注入。

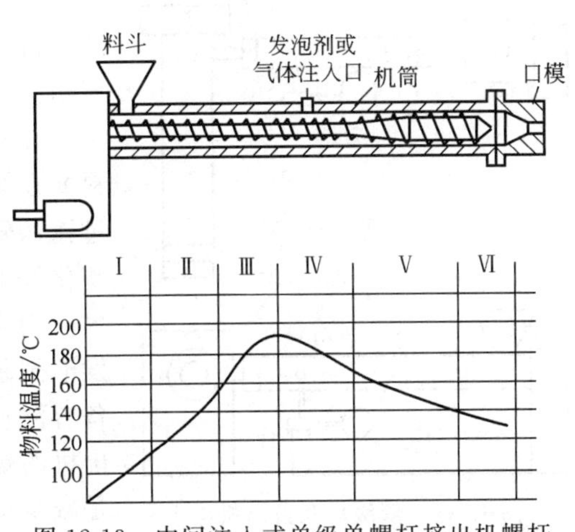

图 12-13　中间注入式单级单螺杆挤出机螺杆

对挤出装置最根本的要求是能对发泡剂进行混合，使熔融物料在适当温度下发泡时可充分冷却。图 12-14 为设有屏障段及冷却段的中间注入式单级单螺杆挤出机，这是一种特长型挤出机，冷却段的螺槽较深，但这种设备由于螺杆尺寸的缘故，生产量较低。在整个加工长度内螺杆转速均相同，从而产生一定的熔体剪切热。螺杆应具有深螺槽、大螺旋角。当物料有大颗粒熔融不良时，可选用设有屏障段及冷却段的挤出机。在物料基本塑化后，再经屏障截流，阻止大颗粒进入混合段。一般在屏障段与混合区交接处注入发泡剂。

对于小型发泡挤出机需要更好的混合效果时，可选用静态混合器式单级单螺杆挤出机，如图 12-15 所示。这种静态混炼器不会产生显著的熔体剪切热，在熔体与机筒壁相接触的许多段的混炼作用可有效地冷却熔体。其长度为料筒直径的 6～8 倍。在大型挤出机中采用静态混炼器并不能有效解决问题，这是由于随着料筒直径的增大，热散失也会成比例地增多，与此同时，物料的冷却效果也会得到相应提高。大型挤出机的机筒很长，静态混炼器的直径也需相应增大。在相同的产量下，直径增大一倍，静态混炼器的直径并不相应增大一倍。在适当的冷却速率下，静态混炼器长度应为挤出机料筒直径的12～18倍。

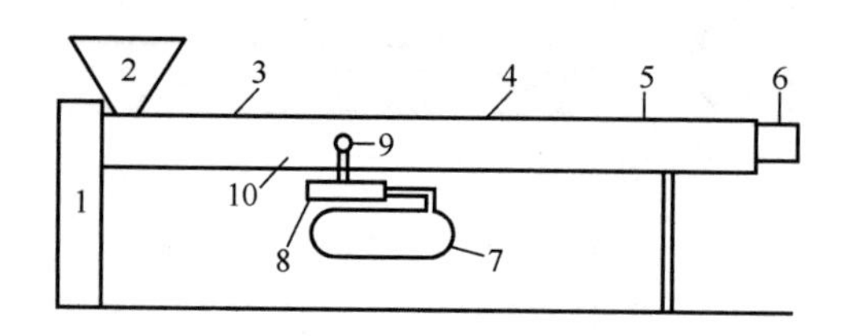

图 12-14 物理发泡剂注入单级单螺杆挤出机伸长料筒

1—传动系统；2—料斗；3—塑化段；4—混合段；5—冷却段；6—口模；7—发泡剂贮罐；8—计量泵；9—止逆阀；10—屏障段

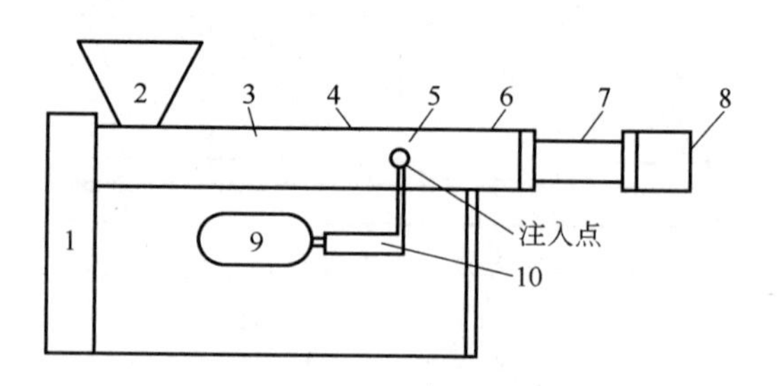

图 12-15 设静态混合器的发泡剂注入挤出机

1—传动装置；2—料斗；3—塑化段；4—阻流区；5—止逆阀；6—混炼段；7—静态混合器；8—口模；9—发泡剂贮罐；10—计量泵

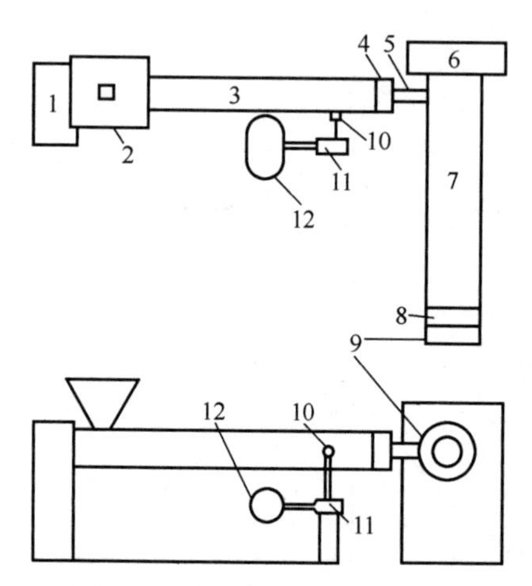

图 12-16 双级串联挤出机组

1,6—传动系统；2—料斗；3—小型塑化用挤出机；4—过渡接头；5—熔体连接器；7—大型热交换挤出机；8—机头过渡接头；9—口模；10—止逆阀；11—计量泵；12—发泡剂贮槽

② 双级串联式单螺杆挤出机组。在加工PE、PS泡沫塑料时，可选用双级串联挤出机组。其结构如图12-16所示。

在双级串联挤出机组中，两台挤出机串联排列，物料要在第一级挤出机内完成塑化和混合，挤出的熔体通过输送管进入第二台挤出机。第二级挤出机的作用是将塑化好的物料和发泡剂进一步混合均匀。该挤出机较大，相当于一台熔体泵。在塑化挤出机的最后一段，将发泡剂泵送进料筒并与塑料混合，塑化挤出机的螺杆配备有混料段，通过注入点将发泡剂混入树脂。第二级挤出机的螺杆计量段较长，螺槽较深，螺旋角较大，目的是减少剪切，就可减轻在第二台挤出机中因剪切热的影响而需充分冷却的负担。料筒温度低，会降低入口处的熔体温度，这样可保证熔体具有一定的黏度，实现稳定的低温挤出，提高泡沫制品的质量。口模位于第二台挤出机，即泵送冷却机的出口段。

（2）双螺杆挤出机 具有低剪切特性的双螺杆挤出机也可用于泡沫塑料的挤出。双螺杆挤出机具有强制送料功能，发泡塑料在料筒内停留时间短，混合性能好，发热量较小，料温容易控制，采用具有适当塑化长度的挤出机以及发泡剂注入后可对其进行冷却的装置，可以在同一台双螺杆挤出机上进行成型。但因双螺杆的强制加料性能可能造成过载，所以一般加料斗应配有准确计量的喂料器。图12-17为双螺杆发泡挤出机的结构，图中显示出了发泡剂进入料筒的点的位置，而螺杆旋转方向相反。为了塑化与冷却的充分进行，挤出机长径比（L/D）大约为20甚至更高。双螺杆挤出机中有一排气段。

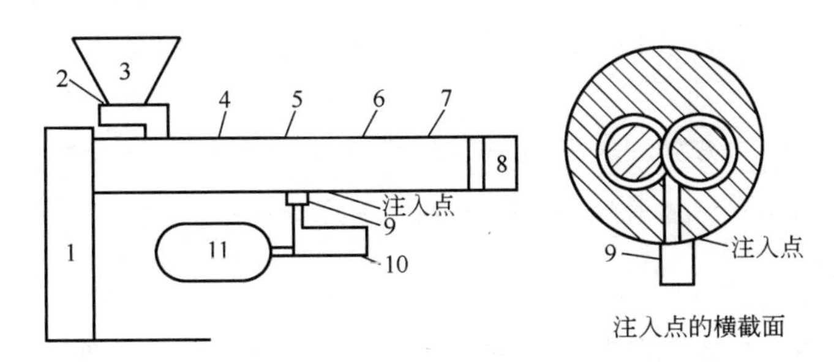

图 12-17 双螺杆发泡挤出机结构

1—传动系统；2—喂料器；3—料斗；4—塑化段；5—阻流区；6—混合段；7—冷却段；8—口模；9—止逆阀；10—计量泵；11—发泡剂贮罐

2. 机头

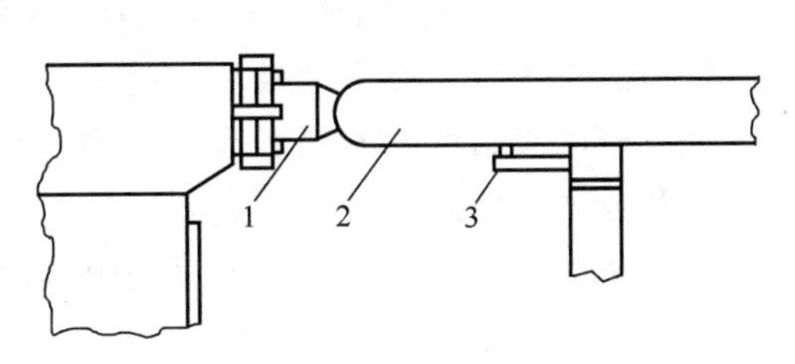

图 12-18 PS 发泡管材挤出剖开过程

1—机头；2—定径芯模；3—剖刀

机头（即口模）是指从挤出螺杆头部开始到发泡基本结束，制品外形已基本成型的这一段装置，如图 12-18 所示。这一部分的核心是提供发泡条件并形成制品形状，其组成部分有接头及成型部分，结构因发泡方法及产品不同而异。

挤出 PS 发泡片材通常使用直通式管材机头，机头内腔流道必须呈流线型而且应十分光滑，以提高管材的表面质量。机头内部设有分流筋，分流筋把熔料分割开来，影响着熔料的流动，引起管材局部变薄，显露出一条可见的料线或纵向裂纹。因此要尽量减少分流筋的数量、长度和厚度，一般情况分流筋不超过两个。分流筋的位置应设在发泡管材剖开时的切割面上，成为热成型时为夹紧链所抓住的边缘。一边剖开的片材一定要使分流线落在热成型模具哈夫模之间的夹缝处。

机头口模定型长度的大小影响着机头内部压力，影响着片材的密度。当 $L/D=0$ 时（L 为定型区长度，D 为口模直径），机头压力下降，气泡过早形成和增长。在出口处气泡快速增长而形成大气泡，这种大气泡更容易合并而破裂，从而导致制品密度增加。因此要适当地设计口模定型长度，保证发泡片材的质量。

3. 冷却装置

挤出吹胀的泡管内部采用带有水冷却装置的铝制芯模来冷却定型，泡管外部采用风环吹风冷却。

4. 人字板

人字板结构与作用和吹塑薄膜所用的相似。

5. 牵引装置

牵引装置与吹塑薄膜所用的相似。

6. 卷取装置

卷取装置与吹塑薄膜所用的相似。

三、PS 挤出发泡成型工艺

PS 发泡片材的生产工艺流程为：

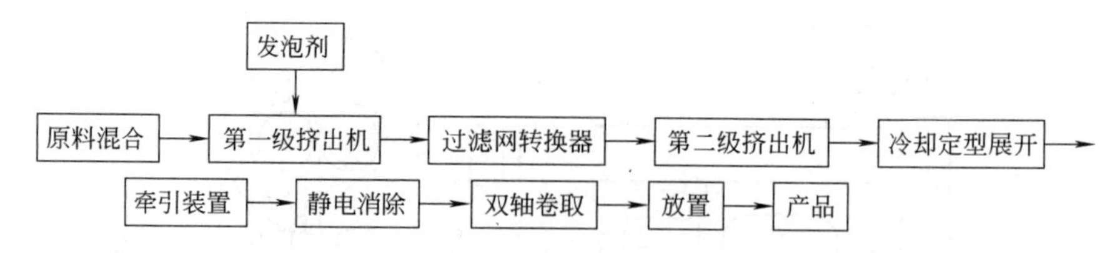

1. 原材料及配方

PS 原料所用牌号，要根据片材的不同用途而定，一般使用的是通用级 PS，由于用途不同，有时也可加入一部分改性 PS。用于成型较深的制品时，用低分子量（24 万～26 万）通用级 PS，熔体流动速率在 5～8g/min 比较合适；成型较浅的制品时，用高分子量（28 万～32 万）的通用级 PS，熔体流动速率在 1～3g/min 比较合适，可以保证制品的强度。

发泡剂为丁烷，发泡剂量增大时，其片材厚、发泡率也大，片材二次加工发泡大。

滑石粉可吸附由发泡剂形成的气泡，作为发泡成核剂，滑石粉的粒度及加入量影响气泡的大小和数量。因此，粒度一定要一致，否则，片材将出现不均匀的现象，滑石粉粒度可在 150～345 目之间进行选择。一般使用硬脂酸钙或硬脂酸镁作为润滑剂。

生产 PS 发泡片材所使用的原料可加入 20%～30%的边角再生料，但再生料加入量过大，造成分子量的分布不均匀，生产出来的片材容易断裂，根据不同的用途也可加入 10%～30%的改性 PS。

滑石粉和硬脂酸钙或硬脂酸镁的混合质量比为 1∶(0.1～0.3)。

原料与上述助剂的混合质量比为 1∶(0.01～0.03)。助剂少时，气泡的数量减少，气泡的尺寸较大，使得各气泡间树脂的层次变厚，做出来的片材较硬；相反，加入的助剂多，气泡的数量增加，各气泡的尺寸小，做出来的片材比较柔软。

2. 成型工艺

在挤出 PS 发泡片材的生产中，首先将树脂、滑石粉以及硬脂酸钙（或硬脂酸镁）等助剂，按一定的比例配制成均匀的混合物。

混合物送入第一级挤出机内，经加热、加压逐渐塑化熔融。加热温度大致控制为：加料段 185～195℃，熔融段 200～215℃，均化段 200～220℃，注入段 200～215℃，混炼段 195～205℃。在压缩段与计量段之间的注入口处，由柱塞泵以足够压力注进发泡剂丁烷，丁烷的注入量必须稳定，否则就不能得到发泡均匀的理想片材，因此要设有流量控制装置。

由第一级挤出机挤出的熔料，通过密封良好的转换连接器送入第二级挤出机内。在转换器内需要有很高的压力，通常压力控制在 10～15MPa 范围内。该处的温度大约为 230℃。第二级挤出机除了对物料进一步混合之外，还起着冷却物料的作用。因此，各段温度的合理控制就显得格外重要。通常温度控制为：熔料填塞段 180～200℃，冷却段 130～145℃、100～130℃，靠近机头部位 120～140℃。

第一级挤出机（ϕ90mm）与第二级挤出机（ϕ120mm）转速分别为 80r/min、25r/min。

发泡片材的泡孔结构与气泡的增长和气体的扩散系数有关系，气体的扩散系数又受温度的影响。机头温度升高，有利于熔体内的应力松弛，从而有利于熔体中气体的释放，加速气泡的增长；温度升高，降低了熔料的黏度，减少了气泡的表面张力，也有利于气泡的增长。降低了片材的密度，片材厚而脆。反之，机头温度降低，减慢了气泡的增长速度，片材密度增加，片材薄而柔。因此，要根据制品的使用性能要求，合理地控制机头温度，最好控制在临界值附近。机头温度分三段控制：第一段130～150℃，第二段125～145℃，第三段125～145℃。

为了保证机头口模内不发泡，必须要有适当的压力，机头部位的压力取决于口模间隙、树脂流动性、温度及螺杆转速，一般是10～18MPa，在此压力范围内，树脂与发泡剂的混合物挤出口模时，卸压膨胀可获得较好的制品，但压力不能超过20MPa，如超过时应立即停止挤出机，否则将损坏设备。

含有发泡剂的熔料由机头挤出后卸压膨胀形成很多气泡，通过吹胀（吹胀比通常为1.5），经过泡管内部带有水冷却装置的铝制芯模来冷却定型。芯模温度的高低可使发泡片材的厚度、发泡率、脆与不脆发生一定的变化。此外，泡管外部还要采用风环吹风冷却，使发泡片材表面快速冷却并迅速中止发泡，形成"结皮"。这样能够提高发泡片材的挺括性，表面光滑。风环吹风气量大，定型时间短，片材薄且表皮层大，强度大，成型性差；风环气量小，片材厚且表皮层小，成型性好。

管材离开芯模后，把管材沿分流线剖成一片或者两片，生产出宽度为芯模全周长的单张片或者宽度为芯模半周长的双张片，然后由牵引机在一定的速度（通常拉伸率在10%～14%）下引取，最后卷取。

卷取后的发泡片材需要有一时效处理期，即停放24h以上，使泡孔稳定，再进行二次加工。

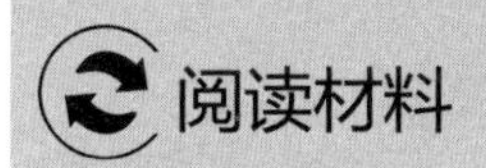

利用二氧化碳生产泡沫塑料

工业生产、驾驶和日常生活中会产生大量二氧化碳。据不完全统计，每年有数十亿吨二氧化碳被释放到大气中。毫无疑问，这种二氧化碳将对地球环境产生负面影响，作为全球温室效应的"罪魁祸首"，近年来二氧化碳的状况并不令人满意。

但二氧化碳真的只会带来问题吗？不要忘记碳酸饮料、泡沫灭火器和干冰这一"降温神器"，更不要忘记光合作用，这对植物生长至关重要。在阳光下，植物利用光合色素将二氧化碳和水转化为氧气和碳水化合物，前者是生物世界生存的基础，后者直接为植物生长提供能源和"建筑材料"。

1969年，一位日本科学家首次提出了"将二氧化碳转化为用于塑料制造的二氧化碳聚合物的梦想材料"。这不仅是因为二氧化碳的成本低、储量丰富，还因为它可以显著减少塑料行业对石油和其他化石原料的依赖，从而扩大基础工业的原料范围，为可持续发展开辟新的途径。

然而，燃烧链最后一个环节的二氧化碳具有非常稳定的化学性质，在一般条件下很难分解。此外，它本身的含量很低，因此二氧化碳的转化只能通过高性能催化剂来实现。多年来，很难找到合适的催化剂。

此前，德国先进聚合物和高性能塑料制造商Kostron宣布，已成功研制出一种"超级催化剂"，可将二氧化碳转化为工业生产的碳源，这项新技术可以使二氧化碳与用于生产传统泡沫塑料的原材料聚合，并将二氧化碳引入"工业原材料循环"，同时提高产品性能。

在塑料工业中，聚氨酯泡沫由于其弹性而被广泛用作防震包装材料、吸声材料和吸水材料。聚氨酯的主要成分是多元醇和异氰酸酯，在"超级催化剂"的作用下，二氧化碳可以打开化学键，“嵌入”多元醇，聚合成聚碳酸酯多元醇，最终与异氰酸酯形成聚氨酯。聚氨酯泡沫塑料在力学性能、耐水解性、耐热性、抗氧化性和耐磨性方面优于传统聚氨酯。

过去，泡沫塑料的生产完全基于石油。利用这项新技术，二氧化碳可以取代1/4的石油消耗，此外，催化剂在生产过程中不会被还原，生产设施也会长期使用，二氧化碳可以从火电厂等上游公司廉价获得。从长远来看，使用二氧化碳作为工业原料不仅比传统技术更环保，而且具有不容低估的经济竞争力。

知识能力检测

1. 何谓泡沫塑料？它的应用范围怎样？
2. 泡沫塑料如何分类？
3. 泡沫塑料的发泡原理及发泡方法是怎样的？
4. 化学发泡法中热分解型发泡剂应具备哪些条件？
5. 结皮泡沫塑料的特点是什么？生产工艺及设备有何特点？
6. 挤出PS泡沫生产工艺的特点是什么？

模块十三
挤出涂覆与包覆

知识目标：通过本模块的学习，了解挤出涂覆与包覆制品种类、性能要求及常用原料，掌握挤出涂覆与包覆制品的生产基础知识，掌握挤出涂覆与包覆制品成型的主机、辅机及机头的结构、工作原理、性能特点，掌握挤出涂覆与包覆制品成型的工艺及参数设计，熟悉挤出涂覆与包覆制品生产过程中的缺陷类型、成因及解决措施。

能力目标：能根据挤出涂覆制品的使用要求正确选用原料、设备，能够制订挤出涂覆制品成型工艺及设定工艺参数，能够分析挤出涂覆制品成型中缺陷产生的原因，并提出有效的解决措施。

素质目标：培养工程思维、创新思维和工匠精神，培养挤出涂覆与包覆成型的安全生产意识、质量与成本意识、环境保护意识和规范的操作习惯。

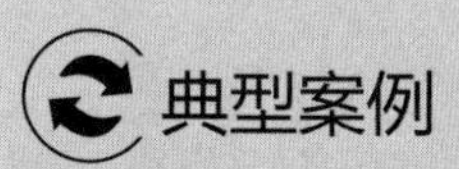

电线电缆的挤出包覆成型案例

电线电缆包覆层，使用 PE 材料挤出包覆成型，单螺杆 ϕ20mm 挤出机，包覆机头，线料预热器。

挤出工艺：线芯预热温度 80～120℃，挤出机料筒-机头温度 130～180℃，螺杆转速 20～30r/min。

单元一　挤出涂覆与包覆基础

涂覆成型方法有很多，如压延涂覆、刮涂涂覆等，但挤出涂覆是一种较简单、较经济的涂覆成型方法，被广泛采用。基本成型过程为树脂在挤出机内塑化、熔融，通过扁平机头挤出呈片状熔体，在紧密接触的两个辊筒间将其压向基材，经冷却定型得到涂覆制品。

通过塑料材料与非塑料材料的黏合达到以下目的。

① 用增强材料弥补塑料材料在刚性、变形、拉伸等性能方面的不足。

② 用塑料材料弥补非塑料材料某些方面的缺陷。例如，许多金属容易生锈，在金属材料上涂覆一层塑料材料，可使金属不生锈。

③ 透明塑料与铝、铜等金属组合，赋予塑料的金属感，提高了塑料制品的外观质量。

④ 在使用过程中，充分发挥塑料材料与非塑料材料各自的优良特性。

由于涂覆制品是将基材和涂覆塑料的性能组合在一起，综合各自材料的特点，因而具备一般单层塑料片膜无法比拟的特性，如拉伸强度、耐磨性、耐腐蚀性、可密封性、耐温性、耐折叠性、韧性等。广泛应用在包装、装饰、建材及人们日常生活等领域，具有广阔的发展空间。

为了达到防腐、绝缘、装饰等目的，往往在金属、木材等材料表面包裹一层较厚的塑料，这种成型方法称为塑料的包覆，塑料电线电缆就是包覆成型的典型例子，因此塑料包覆成型在电力、化工、机械、装饰、信号传输及控制等诸多领域得到广泛应用。

单元二 挤出涂覆的成型

一、挤出涂覆的特点及原理

挤出涂覆具有以下特点：

① 设备成本低、投资较少。

② 黏合剂和能量的损耗少。

③ 不需预制薄膜，减少了生产工序。

④ 基材与树脂靠机械、化学方法结合，可省去溶剂回收装置的投资，生产环境清洁。

⑤ 生产效率高、操作简便。

⑥ 能容易地调节所需挤出膜的幅度。

⑦ 靠调节挤出量（螺杆转速）及成型线速度，可成型厚度范围宽（4～100μm）的产品。

⑧ 可赋予基材热封性，改善基材的阻隔性、耐化学药品性、耐油脂性、包装适应性等物性。

⑨ 可挤出复合PE、PP、PA、PET、EVOH等范围广泛的热塑性塑料。因此，挤出涂覆在塑料材料的复合加工中占有相当重要的地位。挤出涂覆原理如图13-1所示。

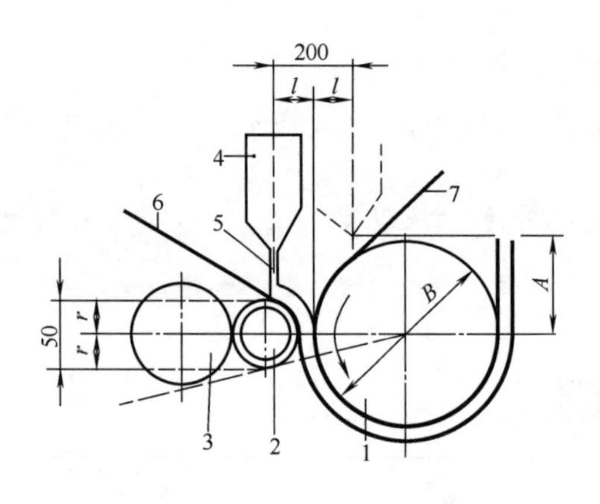

图13-1 挤出涂覆原理

A—130～430mm；B—350～1200mm；

1—冷却辊；2—压力辊；3—接触冷却辊；4—机头；

5—挤出薄膜；6—基材；7—涂层基材

二、挤出涂覆设备

生产多层复合材料的挤出涂覆机组，主要由挤出机、挤出机头、复合装置、切边装置、卷取装置等组成。现分述如下。

1. 挤出机

挤出涂覆用挤出机一般为单螺杆挤出机，螺杆直径为ϕ45～200mm，以螺杆直径

ϕ90mm 的挤出机应用最普遍，螺杆直径为 150mm 以上的挤出机主要用于宽幅材料的挤出涂覆。挤出机螺杆长径比较大，一般为 $L/D=25\sim30$，要求有足够的强度和刚度，螺杆的压缩比 $\varepsilon=3.5\sim4$。为了保护涂覆用硅胶辊及便于清理、调换螺杆和机头而不损坏涂覆装置，挤出机应装在导轨上，便于向前、向后移动。为了调节模唇与涂覆辊之间的距离，机座上需要有上、下升降的装置。

2. 挤出机头

挤出涂覆用的机头最常用的是直支管机头，机头模唇呈 V 形。采用 V 形的目的是方便缩短模唇到冷却辊与压辊相夹接触线的距离，保证复合前从机头挤出的熔体有足够高的温度，便于涂覆成型。

机头模唇宽度为涂覆材料的宽度，主要由挤出机直径大小而定，挤出机直径越大，挤出量越大，机头模唇宽度也可增大。一般机头模唇宽度为 600～1500mm，最宽可达到 2600mm 以上，机头的支管直径一般为 ϕ30～45mm，模唇间隙为 0.3～1mm，涂覆薄膜横向厚度较均匀。为了适应复合、涂覆的不同宽度，模口应设计为可调幅式结构，为适应不同厚度的要求，模唇间隙应为可调式。

3. 复合装置

复合装置主要由冷却辊、橡胶压力辊、支撑辊等组成，是影响复合质量好坏的主要部件。

（1）冷却辊　冷却辊的作用是将熔融挤出物的热量带走，冷却和固化涂覆物使其成型。因此，冷却辊的冷却效果和表面状态直接影响涂覆制品的质量。冷却辊表面必须光滑、镀铬，能承受复合压辊压力，与树脂的剥离性好。辊筒表面温度分布均匀，冷却效果好。

为了提高冷却效果和使辊的表面温度均匀，冷却辊大多采用双层夹套螺旋式钢辊筒，辊直径较大，一般为 450～600mm，最大可达 1000mm。冷却辊长度比机头口模宽度稍宽一些。

（2）橡胶压力辊　橡胶压力辊的作用是将基材和熔融塑料以一定的压力压向冷却辊，使基材和熔融塑料压紧、黏结、冷却、固化成型。压辊一般是用钢辊外面包覆 20～25mm 厚的硅橡胶制成，其耐热性、耐磨性好，不黏时，易剥离，无毒，操作方便。

4. 切边装置

挤出涂覆物由于“缩颈”现象，会使涂覆物两侧偏厚，收卷不平整，涂覆材料易起皱。因此，将涂覆材料两边厚的部分裁去。常用的切边装置有刀片切割、剪刀裁剪等。

5. 卷取装置

卷取装置的作用是将制品卷取成卷，使制品平整无皱纹，松紧适中，因此要求卷取装置有一个合适的卷取速度，该速度不随成卷直径的变化而变化，保持与挤出速率相匹配。常用的卷取装置有中心卷取和表面卷取两种。

（1）中心卷取装置　中心卷取装置是由传动装置直接驱动卷取辊进行制品卷取的装置。由于卷取辊在卷取制品时，缠绕直径是逐渐增大的，在牵引速率恒定不变的情况下，为保持卷取张力不变，必须使卷取辊的转速随缠绕直径的增大而降低，保持卷取线速度不变。

（2）表面卷取装置　如图 13-2 所示，电机通过皮带（或链）带动主动辊，卷取辊靠在

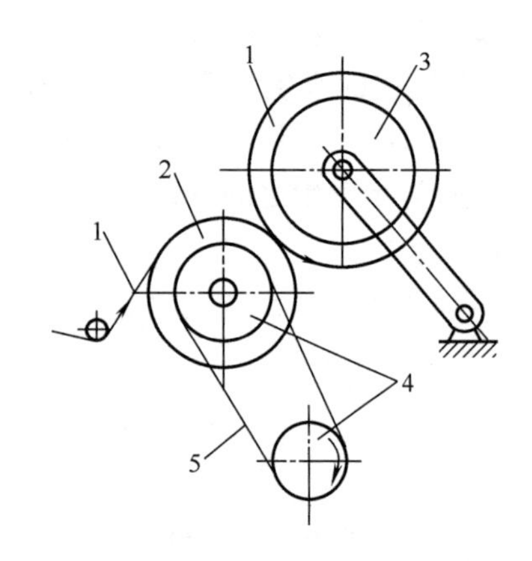

图 13-2 单主动轮单工位表面卷取
1—薄膜；2—主动辊；3—卷取辊；4—皮带轮；5—皮带

主动辊上所产生的摩擦力带动卷取辊将制品卷在卷取辊上。卷取速度取决于主动辊的圆周速度，不受缠绕直径变化的影响。表面卷取装置结构简单，维修方便，卷取质量较好。

6. 处理装置

（1）预热装置　为了改善基材与熔融塑料膜的黏合性，要设置预热装置，如在复合前预热主基材和在气隙间加热挤出的熔融塑料膜。

（2）抗氧处理装置　用氮气等不活泼气体取代冷却辊一侧塑料膜气隙中的空气，防止高温下挤出的与冷却辊接触面熔膜在气隙间被氧化生成羰基，降低热封性。

（3）氧化处理　利用煤气燃烧器等对受热不熔融的基材进行加热、氧化处理，从而提高基材与挤出塑料膜的黏合力。

三、挤出涂覆用基材

1. 非塑料类基材

除塑料外，能够作为复合材料基材的物质都属于此类基材，主要有纸、铝箔、玻璃纸等。

（1）纸　纸是应用广泛的涂覆基材，它的特点是无毒、刚性、易燃、不透明、易印刷、黏结性好；不足是透明性差、防潮防湿性能差、机械强度低等。将纸和塑料薄膜复合起来，可以充分发挥各自的优势，在包装等领域应用甚广。

（2）铝箔　铝箔是用高纯度铝经压延后使其变成极薄（厚度一般为 7～20μm）的基材产品。铝箔阻隔性能好，不透光、不透气、不透湿，表面总有一层致密的氧化膜覆盖着，保护之中的铝不再被氧化。由于铝箔本身极薄，表观机械强度不高，易撕碎、折断，和塑料等复合后才能充分发挥其耐高、低温性和高阻隔性的突出优点。

（3）玻璃纸　制作玻璃纸的原料是天然棉浆料。玻璃纸的优点是高度透明、无色、刚性好、不带静电、极性大、印刷性能好、气体透过性小、耐油性佳、光泽度好、耐热性好、不易污染等。缺点是脆性大、易断裂、耐寒性差、不抗水、对温度较敏感等。

（4）棉布　棉布（包括合成纤维布）纤维具有高度均匀性和较高的力学强度，是一种很好的复合基材。由于棉布在纺织过程中，纱上都有一定的浆料，为了增加复合材料的黏结强度，棉布在复合前要有脱浆过程。

2. 塑料薄膜类基材

不同的塑料薄膜有不同的性能，各有优缺点。复合材料就是把不同性能的材料组合起来，克服各单独塑料材料的弱点，发挥各自的优点，让复合材料充分发挥其综合的优良性能。

（1）PE 膜　PE 的性能特点是无毒、阻隔性能好，机械强度较好，透明性、耐热性一般，黏结性较好，印刷性较差。随着 PE 的密度变化，性能会发生变化，随着密度的升高，机械性能和阻隔性能提高，耐热性也好。

(2) PP 膜　适用于做基材的 PP 膜有两种：流延聚丙烯膜（CPP）和双向拉伸聚丙烯膜（BOPP）。

CPP 具有结晶度低，透明度高，光泽性好，薄膜厚度误差小，热封性好，阻隔性好，机械强度高，耐热性好，无毒等优点。而 BOPP 由于拉伸定向后，机械强度、透明性等各项性能有所提高，但透气性、吸湿性会下降。性能对比见表 13-1。

表 13-1　CPP 膜与 BOPP 膜的性能对比

材料	密度 /(g/cm³)	拉伸强度 /MPa	伸长度 /%	耐折性	冲击强度 /(kJ/m)	吸水率 /%	透水汽率 /[g/(m²·24h·mm)]	透氧率 /[mL/(m²·24h·25μm)]
CPP	0.885～0.895	3.2～7.0	500～1000	非常高	0.01～0.03	<0.005	4.18	3720
BOPP	0.902～0.907	8.4～28.2	20～200	优秀	0.12～0.2	<0.005	2.17	1860

(3) 聚酯（聚对苯二甲酸乙二醇酯）膜　聚酯膜具有极高的机械强度和刚性，耐热性、耐药品性极好，透明性和光泽度也十分优良，水汽和氧、氯透过性不大，有较好的保香性，印刷性能优良，在镀铬之后有金属光泽，有较强的装饰作用，在复合包装上广泛使用。

(4) 尼龙膜　尼龙膜具有突出的耐穿刺强度，良好的耐热性和印刷适应性，透氧率不大，柔软性好，应用在真空包装和耐穿刺的包装中。

(5) PS 膜　PS 膜具有极高的透明性和刚性，成型加工性能好，但耐热性和耐溶剂性差，且脆性大，易断裂。

(6) EVA（乙烯-乙酸乙烯共聚物）膜　EVA 膜具有很好的透明性、抗穿刺性、耐寒性、柔软性、耐冲击性和低温易热封性，但耐热性的抗温性稍差。

3. 涂覆基材的选择

根据涂覆制品的使用要求，如强度、透明度、耐阻隔性、耐穿刺强度、保鲜、保香、透气、装饰性等，结合基材及涂覆层各材料的特点，设计出既能满足要求，又易加工，低成本组合涂覆复合制品。

纸质基材主要用于纸箱、纸盒、高级礼品盒等涂覆制品。

铝箔基材可用于食品、药物等气密性、挺括、装饰要求较高的场合。

玻璃纸由于其透明性突出，可作为透明材料用于包装材料，但由于热封性差，一般不用作内层包装材料。

PE、PP 作为常用基材应用普遍，原因是综合性能优异，制造成本低。

聚酯膜由于印刷性能好，以及独特的保香性能，广泛应用于蒸煮食品和化妆品的外层包装。

尼龙膜主要用于真空包装和防刺穿的复合包装上。

PS 膜多用于托盘包装等容器包装。

四、挤出涂覆的主要工序

1. 基材的增黏

为使基材与熔融挤出的塑料膜之间黏合良好，在基材表面要有活性基团。纸张、织物等多孔基材通过热处理、火焰处理、电晕处理等手段能赋予基团活性；而塑料薄膜等无孔基材不能靠物理黏合而几乎都靠化学黏合，在经电晕处理过的表面涂增黏剂。

2. 挤出成膜与复合

挤出机将物料熔融后输送至机头（常用衣架式机头），在压力作用下，熔体经口模挤出薄膜或片材。挤出设备和工艺条件与前述挤出薄膜与片材基本相同。压力辊与冷却辊及机头模唇的相对位置对于涂覆牢度有很大的影响，如图 13-3 所示。挤出薄膜先与基材接触，在压力辊的作用下压向冷却辊有利于提高涂覆牢度，对压力辊所施加的压力一般是通过压缩空气加压的，压力泵的压力范围选用 0～0.8MPa。

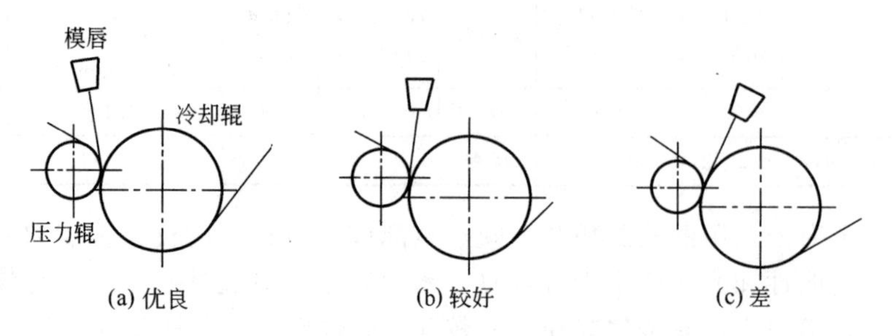

图 13-3　压力辊、冷却辊及机头模唇位置

冷却辊的冷却水温度要求不高于 10～20℃，水温过高会使涂覆制品产生黏辊现象，降低其透明度（涂覆制品为透明的）。冷却水的流速一般为 0.3～0.5m/s，流速过低易使水垢沉积于辊内壁面且降低冷却效果。

3. 涂覆成型中影响黏合力的因素

挤出涂覆成型过程中，影响涂覆黏合力的因素有很多，主要有以下因素。

（1）挤出温度　合理的成型温度直接影响涂覆材料的质量。温度太低造成塑化不良，复合牢度下降；温度太高塑料易分解，挤出膜收缩率增加也会影响涂覆制品的质量。

（2）树脂的流动性能　树脂的流动性能好，熔融指数高，熔体的黏度越低，黏合力越大，复合牢度越大。

（3）气隙　气隙是指从模唇到冷却辊与压力辊接触线间的距离，如图 13-4 所示。气隙越大，熔膜热损失越大，在接触点熔膜温度越低，涂覆牢度越差。气隙与黏合力关系如图 13-5 所示。气隙一般控制在 40～100mm。

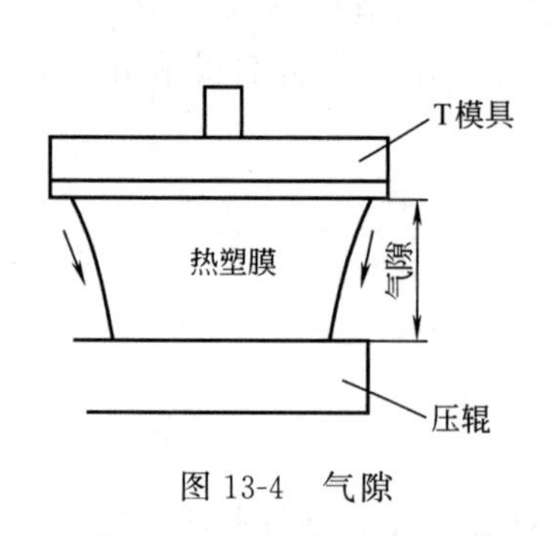

图 13-4　气隙

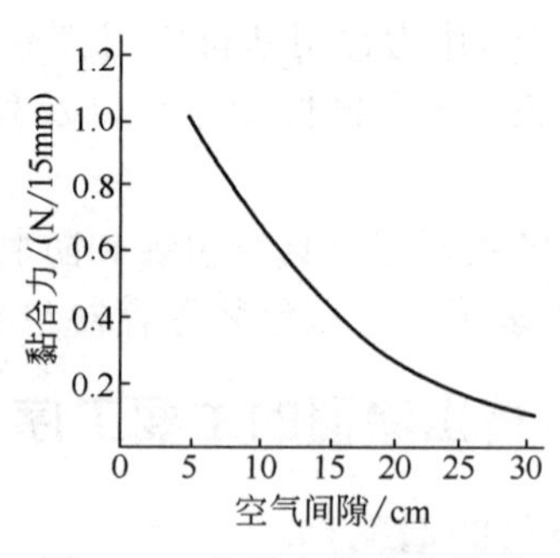

图 13-5　气隙与黏合力关系

（4）涂覆线速度　涂覆线速度越快，涂覆层越薄，薄膜的热损失越大，温度越低，黏合力越低。

4. 涂覆用黏合剂

黏合剂是指能将两种以上不同物质或材料粘接起来，使之成为统一的整体而达到某种使用目的的材料。对于涂覆用的黏合剂的基本要求有：良好的柔软性、良好的耐寒性、较高的耐热性、良好的黏结性、优良的卫生性能等。针对不同的使用性能，黏合剂应有相应的性能要求与之呼应，这是在选择黏合剂时应注意的。

常用的黏合剂（AC剂）如下。

① 钛系。用量：0.1～0.2g/m^2 干燥质量。

② 亚胺系。用量：0.01～0.05g/m^2 干燥质量。

③ 异氰酸酯系。用量：0.2～0.5g/m^2 干燥质量。

另外，也常用热熔性黏合树脂作为基材与复合物的黏合剂。如EVA、乙烯-甲基丙烯酸共聚物（EMAA）、乙烯-丙烯酸共聚物（EAA）等。

五、成型中不正常现象、原因及解决方法

挤出涂覆生产中经常会出现一些质量问题，影响因素是多方面的。不正常现象、产生原因及解决方法列于表13-2，供参考。

表13-2 挤出涂覆生产中不正常现象、产生原因及解决方法

不正常现象	原因分析	解决方法
粘接不良	树脂表面氧化不充分	提高树脂温度或降低收卷速度
	黏合时，树脂温度过低	提高树脂温度或对基材进行加热
	加压辊压力不足	提高加压辊的压力
	加压辊倾斜	调整加压辊
	对基材的AC剂湿润性不良	进行电晕处理或使用湿润性好的溶剂
	AC剂干燥不足	提高干燥温度和通风量或降低收卷速度
	AC剂的使用期限过期	调换AC剂
厚薄不均匀、纹理不良	口模间隙不均匀	调整口模间隙
	T形机头选择不当	选择适当的机头
	口模内有杂质	清理口模
	口模内有划痕	研磨口模或更换口模
	温度设定不合理	调节口模温度
	加压辊的压力不均匀	调整加压辊
膜裂、膜断	物料温度过低	提高机身或模具温度
	涂覆速度过快	降低涂覆速度
	口模间隙不合理	调整口模间隙
凝胶化及鱼尾纹	加工温度不恰当	调整加工温度
	树脂中含有杂质	更换树脂
	清洗工作不充分	充分清洗后再生产
复合材料褶皱	基材位置倾斜	调整基材位置
	基材吸湿率高	干燥基材

单元三 线缆挤出包覆成型

塑料电线电缆是指用塑料作为电线电缆的绝缘层、护套层的电线电缆。基本结构是在

铜、铝等电线芯外面包上塑料作为绝缘层。导线芯可由单根导线构成，也可由多根导线按要求铰制在一起，导线芯的截面积大小是根据要求通过的电流大小来决定的。在导线芯外面包覆绝缘层。由于塑料材料具有良好的电绝缘性能和一定的机械强度，耐热、耐老化，加工也较容易，所以用塑料作为绝缘材料是较理想的。

塑料绝缘层越厚，电线电缆的绝缘性能就越好，机械强度也越高，但电线电缆通电后总是要发热的，需要通过绝缘层把导线芯发出的热散失掉，以免烧坏绝缘层和导线。绝缘层越厚，散热也就越困难，电线电缆的传输能力就会受到影响。另外，电线电缆需要一定的柔软度，绝缘层越厚，电线电缆的柔软度越差，电线电缆的绝缘层厚度是综合各方面因素来决定的。

有些电缆需要用塑料作为保护层，保护层的作用是保护电缆绝缘层免受外界的机械操作和腐蚀作用，以及各种控制信号间的相互干扰。

塑料电线电缆的生产过程一般分两个步骤：制备电缆料和塑料电线电缆的包覆生产。

一、电缆料的制造

电缆料是指用于电线电缆的绝缘和护套材料的塑料。常用的电缆料有 PVC、PE、PP 等塑料。

1. 电缆料的原材料及配方

（1）PVC 电缆料　PVC 电缆料是由 PVC 树脂、增塑剂、稳定剂、润滑剂、填充剂等组成。由于 PVC 电缆料的耐电压和绝缘电阻比较高，介电常数和介电损耗比较大，因此主要用于 1000V 以下的电线电缆的绝缘材料。PVC 由于具有难燃、耐油、耐电晕、耐化学腐蚀和良好的耐水性能，广泛用作电线电缆的护层材料。

绝缘级、普通绝缘级、耐热级 PVC 电缆料的典型配方及护套级 PVC 电缆料的典型配方列于表 13-3、表 13-4 及表 13-5。

（2）PE 电缆料　PE 具有体积电阻率高，耐电性能好，介电常数和介电损耗小，受温度和频率的影响小等特点。可用于高频电缆和电力电缆的绝缘材料。由于 PE 的力学性能好，因此是电线护套的好材料。表 13-6 为某些 PE 电缆料的配方实例。

（3）PP 电缆料　用 PP 作为电线电缆的包覆层，具有表面硬度大、耐磨、不易压扁、软化温度高、绝缘性能好等优点，适用于生产耐高温电缆、高频电缆、特种电缆等。表 13-7 为 PP 电缆料的典型配方。

表 13-3　绝缘级及普通绝缘级 PVC 电缆料配方

物料名称	用量/质量份			物料名称	用量/质量份		
	绝缘级	普通绝缘级			绝缘级	普通绝缘级	
		配方Ⅰ	配方Ⅱ			配方Ⅰ	配方Ⅱ
PVC	100	100	100	氯化石蜡		20	
邻苯二甲酸二异癸酯(DIDP)	45	30	25	硬脂酸钙		0.5	
三碱式硫酸铅	3	3	2	碳酸钙		5	
二碱式亚磷酸酯	3	3	4	煅烧陶土		5	
硬脂酸钡	1		0.8	环氧酯			5
硬脂酸铅	0.3	0.5	0.5	双酚 A			5
烷基碳酸苯酯(M-50)		15	17				

表 13-4 耐热级 PVC 电缆料配方

物料名称	用量/质量份		物料名称	用量/质量份	
	高电性能耐热级(105℃)	耐热级(105℃)		高电性能耐热级(105℃)	耐热级(105℃)
PVC	100	100	硬脂酸铅		1
偏苯三酸三辛酯(TOTM)	42	45	双酚 A	0.3	0.5
三碱式硫酸铅	6	3	煅烧陶土	5	5
二碱式亚磷酸铅		3	硬脂酸钙	1.5	

表 13-5 护套级 PVC 电缆料配方

物料名称	耐热	普通	柔软	耐寒	物料名称	耐热	普通	柔软	耐寒
	105℃	70℃	70℃	70℃		105℃	70℃	70℃	70℃
PVC	100	100	100	100	环氧酯			2	
邻苯二甲酸二异癸酯		35	30	10	双酚 A	0.5		0.3	0.5
癸二酸二辛酯		10	30	30	烷基磺酸苯酯				20
磷酸三甲苯酯		10			氯化石蜡				10
三碱式硫酸铅		3		3	硬脂酸铅	1			1
二碱式亚硫酸铅		3		4	碳酸钙		2		5
硬脂酸钡	1	2	3		偏苯三酸三辛酯	60			
硬脂酸钙				1	二碱式邻苯二甲酸铅	8			
硬脂酸镉			6						

表 13-6 PE 电缆料的配方

物料名称	配方 1	配方 2	配方 3	配方 4
PE	100	100	100	100
炭黑	2.6	2.5	40～50	
抗氧剂 1010	0.1			
抗氧剂对苯二甲酸二辛酯(DOTP)	0.3			
二碱式亚磷酸铅		3		
氯化石蜡		1.5		
三氧化二锑		1.5		

物料名称	配方 1	配方 2	配方 3	配方 4
防老剂 N,N'-二(β-萘基)对苯二胺(DNP)		1	0.5	
交联剂 AD			1～2	
硬脂酸			2～4	
聚异丁烯			30	
发泡剂				1～1.8
滑石粉				1

注：配方 1 为护层用黑色 PE 电缆料配方。配方 2 为辐照交联 PE 电缆料配方。配方 3 为线芯用半导电 PE 电缆料配方。配方 4 为泡沫 PE 电缆料配方。

表 13-7 PP 电缆料的典型配方

原料名称	用量/质量份	原料名称	用量/质量份
聚丙烯	100	紫外线吸收剂 UV-531	0.2～0.5
抗氧剂 1010	0.5	草酸二酰肼	0.1～0.5

2. 电缆料的混合

电缆料的混合过程是十分重要的，混合的目的是使电缆料的各组分分散均匀。通过搅拌翻滚塑化等手段达到混合的目的。

PVC电缆料的捏合时间一般为40～70min，捏合温度为100～120℃。PE、PP电缆料在密炼机内密炼后，到开炼机上开炼，开炼温度为170～230℃，待物料塑化完全各组分均匀一致后，冷却破碎造粒。

3. 电缆料的挤出造粒

利用挤出机造粒，不仅生产效率高，而且粒料质量好，粒料的颗粒尺寸均匀，不黏结，塑化均匀。挤出造粒是常用的造粒方法。

（1）PVC电缆料挤出造粒工艺条件 单螺杆挤出机的温度依次为140～150℃、160～170℃、150～160℃、150～160℃（模头），螺杆转速为$n=20\sim30$r/min；双螺杆挤出机的温度依次为130～140℃、140～145℃、150～155℃、145～155℃（模头），螺杆转速为$n=15\sim20$r/min。

（2）PE、PP电缆料的挤出造粒工艺条件 用平行双螺杆挤出机造粒，挤出机控制温度依次为200～220℃、230～240℃、240～250℃、250～260℃（模头），螺杆转速为$n=100$r/min以上。

二、电线电缆的包覆成型

1. 包覆成型的工艺流程

电线电缆的包覆成型的工艺流程为：

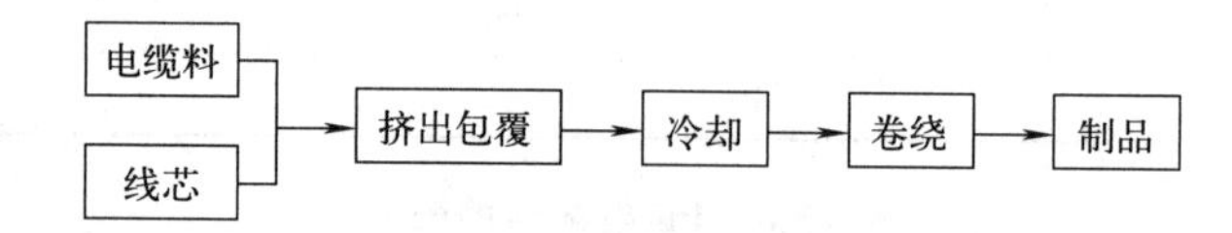

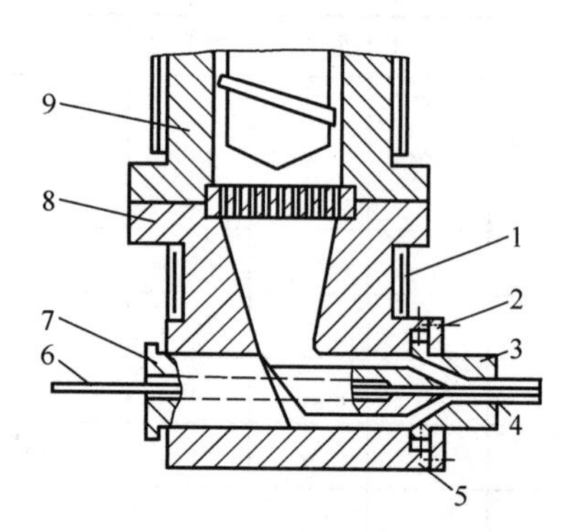

图13-6 线缆包覆机头与挤出机的组合

1—加热器；2—压紧圈；3—口模；4—线缆；5—定位螺钉；6—芯材；7—芯棒；8—机头；9—料筒

2. 包覆成型的主要设备

（1）挤出机 挤出PVC电线电缆的挤出机与SPVC管材的挤出机基本相同。

（2）包覆机头 包覆机头是生产塑料电线电缆的特殊设备，特点是挤出的包覆线缆与来自挤出机的料流成直角，即直角机头。机头与挤出机的组合情况如图13-6所示。

包覆机头有两种类型，一种为压力机头，另一种是管状机头，如图13-7（a）、（b）所示。压力机头的特点是线芯穿过机头时被熔体包围并均匀包覆，使熔体对线芯有密切的接触和黏附，主要用于挤出以绝缘为主的产品，如生产电线。管状机头特点是：虽然挤出物和线芯同心，但内径较大成为一个管，因而在机头内管表面与线芯不接触，然后在管与线芯之间抽真空，管即收缩包覆在线芯上。这种机头常用在已经包覆有绝缘层的电线上，如生产有护层的电线电缆。

若采用挤出方向与线缆传递方向呈45°角或30°角的机头，在布置上较为合理。较小的角对于塑料的包覆也较为有利，熔体比较有效地消除在模芯或接头处远端的熔接痕。

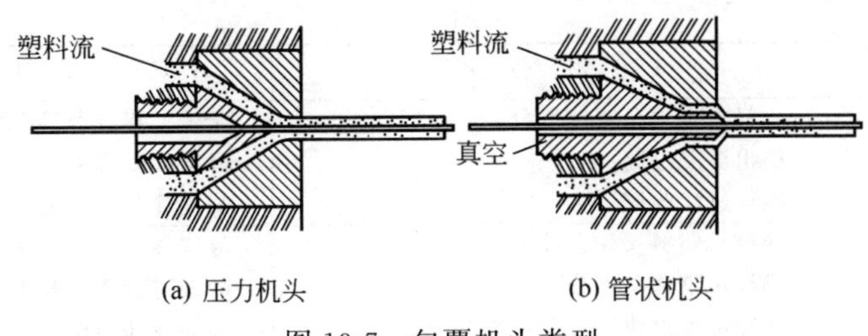

图 13-7　包覆机头类型

（3）线料预热器　采用高频加热器使线芯达到较高的温度，便于高温熔体顺利包覆，增加塑料对线芯的包覆力，使绝缘层与线芯紧密粘接。

3. 包覆成型工艺

（1）原料准备　电缆料如受潮则应充分干燥，干燥温度 80～90℃，线芯预热温度 80～120℃。

（2）温度控制　PVC 电线电缆的挤出温度控制见表 13-8。

PE、PP 电线电缆的生产工艺，挤出温度一般控制在 180～250℃，需设置过滤网，过滤网的目数和层数为 80 目/120 目/120 目/80 目共四层。螺杆类型多选用突变型螺杆，长径比 $L/D=25:1$ 左右。

表 13-8　PVC 电线电缆的挤出温度控制

级　别	料筒温度/℃		机头温度/℃	
绝缘级	140～150	150～170	170～180	175～185
护套级	130～140	140～150	150～160	155～165

（3）交联 PE 电线电缆的后处理　生产交联 PE 电线电缆应进行后处理：包覆线自机头牵引出来立即冷却定型，随后进入封闭式热处理烘道（又称交联管道），烘道长 40～50m，由表压约 1.5MPa 的直接蒸汽加热，促进 PE 交联。蒸汽加热烘道一般向下倾斜约 35°角，蒸汽冷凝水由下部排出。

三、成型中不正常现象、原因及解决方法

塑料电线电缆生产中易出现的不正常现象、原因分析及解决方法，见表 13-9。

表 13-9　塑料电线电缆生产中易出现的不正常现象、原因分析及解决方法

不正常现象	原　因　分　析	解　决　方　法
表面粗糙	生产小规格电线时，出现熔体破裂 物料塑化不均 物料含有水分 挤出不稳定	加长口模平直部分或降低螺杆转速 提高挤出压力或使用浅槽螺杆 干燥物料 提高挤出温度
直线式厚度波动	挤出机运转不均匀，料不均匀 牵引装置运转有波动 挤出物料温度不稳定	调整挤出机转速，混料均匀 调整牵引装置的稳定性 调整温度稳定性
塑料层偏心	模具不同心 口模内有冷料或局部过热 熔体黏度过小，引起重力下垂	调节模具同心 调整口模各处温度均匀 加强冷却或换用黏度大的树脂

续表

不正常现象	原因分析	解决方法
塑料层有气泡	物料中有水分或挥发分 挤出温度过高 冷却过快收缩	干燥原料或调换挥发分小的料 降低成型温度 提高冷却水温度
导线与塑料层分离	导线与塑料层黏合性差 导线污染或有水分 冷却速率过快	导线预热或提高挤出温度 导线进行清洗和预热 提高冷却温度
表面有颗粒及杂质	树脂中鱼眼过多 树脂中含有杂质	更换原料或提高挤出温度 更换原料或换过滤网

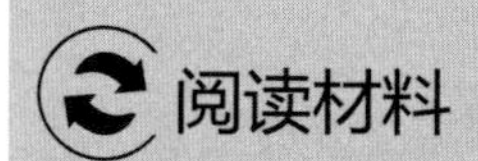

220kV 高压电缆料实现国产化

能源电力是国家的基础行业，其发展建设和运行状况关系着国家能源安全和经济发展，而电力电缆作为输送能源电力的重要载体，被誉为电力传输的“血管”与“神经”。电缆绝缘和护层材料作为电缆的重要组成部分，有着至关重要的作用，且电力电缆行业的技术发展要依托于电缆材料的进步。

随着经济的快速发展，城市化进程加速，人口逐渐向中心城市聚集，用电负荷中心急剧增加且增长迅速，高压输电技术也随之快速发展。特别是“十四五”国家碳达峰碳中和的能源战略下，高电压等级、大长度、大截面和高可靠性电力电缆已成为电网建设和城镇化发展的主要解决方案。

长期以来，我国 220kV 电压等级以上可交联聚乙烯绝缘料一直依赖进口，存在价格高、供货周期长和供应不稳定等困难，对我国高压电缆产业链和供应链安全造成威胁。我国交联电缆生产开始于 20 世纪 80 年代，彼时 35kV 的交联聚乙烯（XLPE）绝缘材料完全依靠进口。自第八个五年计划开始，我国着手开发国产 35kV 电压等级 XLPE 电缆绝缘材料，突破了基础树脂生产，材料基本配方构成、材料生产工艺技术、材料中杂质检测等一系列关键技术，完全掌握了这一等级材料的制造方法。

经过几十年的研究与发展，“十三五”中期我国 110kV XLPE 绝缘材料制造技术已相对成熟，产品质量也比较稳定，涌现出了一些具备 110kV 电缆料生产的企业。但 220kV 及以上电压等级的电缆料仍未取得有效进展，一度成为限制电力电缆行业技术发展的瓶颈。从 110kV 到 220kV 电压等级的提升，不仅仅是单纯的配方研发，更重要的是在基础理论研究、基础材料、工艺装备及工艺控制等方面的技术突破。

针对上述问题，我国组织了以电缆绝缘材料生产、电缆制造、试验检测及终端用户共同参与的技术研发团队，以解决国产 220kV 高压电缆可交联聚乙烯绝缘料复配改性及批量化生产关键技术。科研人员首先在实验室条件下开展了 220kV 高压交流电缆用可交联聚乙烯绝缘料材料体系研究，包括 LDPE 基础树脂、抗氧剂、交联剂选型和材料体系设计。材料体系确定后，随即进行了工艺和生产验证，采用“后吸法”工艺批量化生产制备了多批次 220kV 高压交流电缆用可交联聚乙烯绝缘料，并依照相关产品标准，对 220kV 电缆绝缘线芯挤出过程进行全程跟踪和检验，电缆样品经国家电线电缆质量监督检验中心的检测，通过了相关试验。

2021年11月，国内首条总长达11公里的国产220kV绝缘料电缆示范工程在深圳投运，各项运行指标正常，标志着我国已掌握高压电缆可交联聚乙烯绝缘料自主可控技术，并实现了国产绝缘料规模化生产与工程示范应用。

知识能力检测

1. 挤出涂覆有何特点？挤出涂覆常用的基材有哪些？
2. 根据包覆材料的不同，电线电缆可分为哪几种？
3. 包覆机头按结构可分为哪两类？各用于什么类型的电线电缆？
4. 挤出线缆包覆生产分为哪几个工序？各工序用何设备、工艺条件？
5. 了解电线电缆生产中常见的不正常现象。

附录

塑料挤出设备的选型

一、塑料单螺杆挤出机的选型

1. SJ-20系列塑料挤出机

SJ-20B型塑料挤出机的主要技术规格见附表1。

附表1

项目	技术规格	项目	技术规格
螺杆直径/mm	20	主电动机功率/kW	2.2
螺杆长径比	20∶1	机筒加热段数/每段功率	3段/1kW
螺杆转速/(r/min)	20～125	最高产量/(kg/h)	4.4(PVC)
最高加热温度/℃	300	外形尺寸(长×宽×高)/mm	810×660×1120
中心高/mm	1000	参考价/万元	3.2

本机选用YCT系列电磁调速异步电动机，它是一种交流恒转矩调速电动机，通过晶闸管控制而达到均匀无级调速。主机与电气控制柜组成一体，便于操作，具有较大的长径比，塑化质量好，出料均匀，对某些小型制品的生产尤为适用。因此，本机配用适当的机头及相应辅机，可供制品厂生产PVC、PE、PP、尼龙等塑料制品，如板、管、棒、丝、线缆等。此外，本机还可用于部分专业院校的实验、科研单位的试验及模拟生产试验，为大量生产提供合理有效的工艺方案及工艺参数。

2. SJ-30系列塑料挤出机

（1）SJY-30×25、SJ-30×25A、SJ-30×25型塑料挤出机　主要技术规格见附表2。

附表2

项目	SJY-30×25	SJ-30×25A	SJ-30×25
螺杆直径/mm	30	30	30
螺杆长径比	25∶1	25∶1	25∶1
中心高/mm			1000
生产能力/(kg/h)	20	3.5～16	1.5～10
主电动机功率/kW	4	5.5	
螺杆转速/(r/min)	10～20		15～150
机筒加热功率/kW			5.4
外形尺寸(长×宽×高)/mm	1200×1200×2800		
质量/kg	1400		800
参考价/万元	6.4	3	3.2

本机配用相应螺杆、机头和辅机，可加工SPVC、RPVC、PE、PP等塑料，挤管、棒板、拉丝、薄膜及包制电线等。

（2）SJ20-30B型塑料挤出机　主要技术规格见附表3。

附表3

项目	技术规格	项目	技术规格
螺杆直径/mm	30	机头架加热功率/kW	0.6
螺杆工作长度/mm	750	中心高/mm	1000
螺杆长径比	25∶1	挤出机外形尺寸(长×宽×高)/mm	1520×650×1490
螺杆转速/(r/min)	13～130,20～200	电气控制箱外形尺寸(长×宽×高)/mm	800×650×1800
生产能力/(kg/h)	1.5～22	机筒加热功率/kW	4.5
电动机功率/kW	5.5		

本塑料挤出机主要用于挤制各种热塑性塑料，配备适当螺杆、更换各种机头及相应辅机可连续生产SPVC、RPVC、PE、尼龙等塑料管、棒、薄膜等制品。本机还可供科研选用。

本机的特点是螺杆长径比大，并备有特殊型螺杆，螺杆转速高，生产能力大。晶闸管直流电动机，可实现无级平稳调速。机筒加热采用电热棒铸铝加热器加热，鼓风机冷却，数字显示，时间比例温度指示仪自动控制温度，设有轴向力过载保护和扭矩过载保护。

本机由螺杆、机筒、传动系统、加热冷却系统、电器控制屏等组成。

3. SJ-45系列塑料挤出机

（1）SJ-45B型塑料挤出机　主要技术规格见附表4。

附表4

项目	技术规格	项目	技术规格
螺杆直径/mm	45	电动机功率/kW	5.5
螺杆工作长度/mm	900	加热功率/kW	5.8
螺杆长径比	20∶1	外形尺寸(长×宽×高)/mm	1515×606×1526
螺杆转速/(r/min)	10～90	主机控制屏(长×宽×高)/mm	700×340×1700
生产能力/(kg/h)	2.5～22.5	质量/kg	843
新型螺杆生产能力/(kg/h)	10～33	参考价/万元	4

本机用于挤制各种热塑性塑料。配上各种机头、辅机、适合的螺杆，可将SPVC、RPVC、PP、PE等塑料制成棒、管、薄膜、单丝、吹瓶及包制电缆绝缘层等制品。结构特点是调速范围大，用晶闸管无级平稳调速，生产适应性大，操作方便。

本机结构紧凑、体积小、质量轻、效率高、工作平稳。

本机设置了切销式及电流过载保护器，装有测速表，可直接反映螺杆转速。设置时间比例温度指示调节仪，温度波动小，并能自动定温。

（2）SJ-45×25C型塑料挤出机　主要技术规格见附表5。

附表5

项目	技术规格	项目	技术规格
螺杆直径/mm	45	电动机转速/(r/min)	10～1200
螺杆长径比	25∶1	机身加热功率/kW	6.5
螺杆转速/(r/min)	10～100	生产能力/(kg/h)	25～30
螺杆中心高/mm	1000	外形尺寸(长×宽×高)/mm	1822×550×1780
电动机功率/kW	11	参考价/万元	5

本机配上相应的辅机，可将SPVC、RPVC、PE、PP、PS等塑料加工成管、棒、带、薄膜、单丝、瓶、造粒及包制电线电缆和绝缘层等制品。

本机结构紧凑、设计合理、工作平稳可靠、转速范围大、生产效率高、制品质量好、外形美观。

（3）SJ-45×25D型塑料挤出机 主要技术规格见附表6。

附表6

项目	技术规格	项目	技术规格
螺杆形式	波状、普通	加热功率/kW	6
螺杆直径/mm	45	冷却方式	风冷
螺杆长径比	25∶1	冷却鼓风机/m	370
螺杆转速/(r/min)	13～130	机器中心高/mm	500,1000
最大挤出量/(kg/h)	40	外形尺寸(长×宽×高)/mm	1917×1453×1600
驱动电动机功率/kW	12	参考价/万元	4.5
加热方式	铸铝加热器		

本机配以不同机头、辅机及相应螺杆，可进行PE、PVC、PP等多种塑料的挤出生产，如挤出吹塑膜、管材、棒材、单丝、造粒。

（4）SJ-45×25F型塑料挤出机 主要技术规格见附表7。

附表7

项目	技术规格	项目	技术规格
螺杆直径/mm	45	机筒加热功率/kW	7.5
螺杆工作长度/mm	1125	机头架加热功率/kW	0.8
螺杆长径比	25∶1	外形尺寸(长×宽×高)/mm	1860×800×1600
螺杆转速/(r/min)	11～110	质量/kg	1200
生产能力/(kg/h)	4～38	参考价/万元	3.5
电动机功率/kW	7.5		

本机主要用于挤制各种热塑性塑料，配备适当的螺杆、机头以及相应的辅机，可加工各种SPVC、RPVC、PE、尼龙等塑料管、棒、薄膜等制品。

本机的特点是挤出机与电控箱结合成一体，螺杆采用新型结构，螺杆长径比大，调速范围宽。采用直流电机晶闸管无级调速，铸铝加热器加热，鼓风机冷却。采用专用减速器，设有剪切式转矩过载保护器和电流过载保护器。采用新型热电偶。

本机由螺杆、机筒、传动系统、加热冷却系统、机头架、电器箱组成。

（5）SJ-45×11E型磁性塑料挤出机 主要技术规格见附表8。

附表8

项目	技术规格	项目	技术规格
螺杆直径/mm	45	主电动机功率/kW	10
螺杆长径比	11∶1	外形尺寸(长×宽×高)/mm	1500×1100×1600
螺杆转速/(r/min)	15～45	质量/kg	1500
生产能力/(kg/h)	20	参考价/万元	3.6

本机主要用于挤出高填充磁性条。

（6）SJ-18型、SJ-45J型、SJ-45J×25型、SJ-65R×25型塑料挤出机 主要技术规格见附表9。

附表 9

项目	SJ-18	SJ-45J	SJ-45J×25	SJ-65R×25	
螺杆直径/mm	18	45	45	65	
螺杆长径比	20∶1	20∶1	25∶1	25∶1	
螺杆转速/(r/min)	12～120	34～110,15～47	34～110,15～47	20～90	
电动机功率/kW	1.1	15	15	22	
外形尺寸(长×宽×高)/mm				C型	D型
	1500×300×700	1700×1765×740	1970×1765×740	2575×680×1743	2575×810×1743
质量/kg	150	1000	1500	4000	
参考价/万元		3	4.35	5.9	

本机用于加工各种热塑性塑料，配备相应的机头和辅机，可生产塑料管、板、棒、丝、膜、电线、电缆、异型材中空制品，还可进行塑料混合、塑化、造粒和着色。本机由挤出、传动、加热冷却等部分组成。挤出部分由螺杆和机筒组成，它将塑料塑化成均匀的熔体，由螺杆连续定量、定压、定温挤出。螺杆和机筒的材料为优质合金钢38CrMoAlA，经特殊处理后，硬度高、耐磨、耐腐蚀、耐高温、强度高、使用寿命长。螺杆采用新型结构，易于塑料塑化熔融，塑料质量好，生产效率高。螺杆转速可在较大范围内无级调节，对不同物料和制品的加工工艺有一定适应性。

4. SJ-65系列塑料挤出机

（1）SJ-65型塑料挤出机　主要技术规格见附表10。

附表 10

项目	技术规格	项目	技术规格
螺杆直径/mm	65	主电动机功率/kW	30
螺杆工作长度/mm	1310	外形尺寸(长×宽×高)/mm	2240×1250×470
螺杆长径比	20∶1	质量/kg	2350
螺杆转速/(r/min)	12～120	参考价/万元	6.0
生产能力/(kg/h)	15～120		

本机又称HM65-20型塑料挤出机，适用于吹塑薄膜、造粒、单丝、管材、板材等成型加工。

本机是低中心挤出机，机筒和螺杆均采用特殊的结构，产量高。材料均采用38CrMoAlA经离子氮化处理。

（2）SJ-65A型塑料挤出机　主要技术规格见附表11。

附表 11

项目	技术规格	项目	技术规格
螺杆直径/mm	65	生产能力/(kg/h)	14～50
螺杆工作长度/mm	1300	主电动机功率/kW	5.5
螺杆长径比	20∶1	加热功率/kW	8～10
螺杆压缩比	3～4.5	外形尺寸(长×宽×高)/mm	1950×800×1600
螺杆转速/(r/min)	30～60	质量/kg	700
中心高/mm	1000	参考价/万元	10.0

本机使用适合的螺杆，可加工 PE、PVC、PP 等热塑性塑料，配以相应的辅机，可加工 PE、PP 单丝、扁丝、薄膜等，还可生产各种塑料鞋类、塑料管材及吹瓶等。

本机的螺杆与机筒等主要部件都进行了氮化处理，具有较好的耐磨性和耐腐蚀性。

(3) SJ-65B 型塑料挤出机 主要技术规格见附表 12。

附表 12

项目	技术规格	项目	技术规格
螺杆直径/mm	65	中心高/mm	1000
螺杆长径比	20∶1	主电动机功率/kW	17
螺杆转速/(r/min)	10～100	外形尺寸(长×宽×高)/mm	2170×800×1982
生产能力/(kg/h)	10～70	参考价/万元	5.7

本机配置相应的机头和螺杆，可挤出 SPVC、RPVC、PE 等塑料制品，如膜、管、板、造粒等。

粒料由加料斗加入，经加热器和螺杆的输送、剪切、压缩、混炼等，完成塑料的塑化，保证机组的连续生产。

本机长径比大，调速范围宽，温控采用新型仪表，温度精度高，冷却可自动控制，机筒螺杆均可冷却，机筒分段冷却可满足多种工艺要求，本机操作控制比较方便。

(4) SJ-65C 型塑料挤出机 主要技术规格见附表 13。

附表 13

项目	技术规格	项目	技术规格
螺杆直径/mm	65	加热功率/kW	12
螺杆长径比	25∶1	主电动机功率/kW	30
螺杆转速/(r/min)	13～130	中心高/mm	1000
生产能力/(kg/h)	4090	外形尺寸(长×宽×高)/mm	730×340×1580
质量/kg	2700	参考价/万元	7.0

本机用于各种热塑性塑料，可供生产管、棒、带、膜、丝、电缆绝缘层及中空制品等。

(5) SJ-65F 型塑料挤出机 主要技术规格见附表 14。

附表 14

项目	技术规格	项目	技术规格	
螺杆直径/mm	65	生产能力/(kg/h)	RPVC	24～95
			SPVC	30～90
螺杆长径比	20∶1	换向器电动机功率/kW		0～17
螺杆转速/(r/min)	10～100	外形尺寸(长×宽×高)/mm		2070×1100×1800
加热功率/kW	12	质量/kg		2500

本机配置相应的机头和辅机，可挤出 SPVC、RPVC、PE、PS、PP、聚酰胺等多种热塑性塑料制品或半成品的加工，如挤出板材、管材、棒材、异型材或单丝、吹塑膜、中空容器及包覆电线电缆和造粒等。

本机采用工频感应器加热，升温速度快、稳定性好、耗电少、使用寿命长；采用 TW-111 和 TW-101 电子调节器控制温度；机身分三个自动定温点，机头两点，动作可靠、温度波动小、维修方便；采用抽风冷却装置，超温时能自动冷却；为防止意外超载，本机采用剪切销和电流过载双重保护装置。

(6) SJ-45×25A、SJ-65A、SJ-65×25A、SJ-65×28 型塑料挤出机　主要技术规格见附表 15。

附表 15

项目	SJ-45×25A	SJ-65A	SJ-65×25A	SJ-65×28
螺杆直径/mm	45	65	65	65
螺杆长径比	25∶1	20∶1	25∶1	28∶1
螺杆转速/(r/min)	7～70	8～80	10～90	8～80(SPVC), 4～40(RPVC)
主电动机功率/kW	11/7.5	15/10	22/15	22/15
中心高/mm	1000	1000	1000	1000
最大挤出量/(kg/h)	28	SPVC 造粒 100	80	70(SPVC), 35(RPVC)
电气总容量/kW	19	24	31	32
外形尺寸(长×宽×高)/mm	1900×1100×1700	2200×1200×1800	2400×1900×1800	2700×1900×1800
机器总质量/kg	1160	1700	1900	2000

本机适用于 PVC、PE 和 EVA 等塑料的挤出成型加工，配制不同形式和规格的机头及相应的辅机，可生产各种管、棒、网、片材造粒、吹瓶等塑料制品。

螺杆由电磁调速异步电动机经 V 形带和齿轮减速机拖动，螺杆可实现无级调速，螺杆、机筒均采用优质合金钢经氮化处理，具有最佳的硬度和耐腐蚀性能。机筒和铸铝加热器分段加热和冷却降温，实现温控自动化。

5. SJ-80 系列塑料挤出机

SJ-80×30 型塑料挤出机的主要技术规格见附表 16。

附表 16

项目	技术规格	项目	技术规格
螺杆直径/mm	80	功率/kW	50
螺杆长径比	30∶1	外形尺寸(长×宽×高)/mm	3100×2000×2500
螺杆转速/(r/min)	12～86	质量/kg	3500
生产能力/(kg/h)	20～100		

本机主要用于吹膜、拉丝、扁丝生产等。

本机采用了先进的双波状螺杆，质量稳定，产量高。

6. SJ-90 系列塑料挤出机

(1) SJ-90 型塑料挤出机　主要技术规格见附表 17。

附表 17

项目	技术规格	项目	技术规格
螺杆直径/mm	90	主电动机功率/kW	15
螺杆长径比	20∶1	转速/(r/min)	720
螺杆转速/(r/min)	37	中心高/mm	700
压缩比	3∶1	外形尺寸(长×宽×高)/mm	2850×1600×1400
生产能力/(kg/h)	20～100	质量/kg	1900

本机通过调换各种形式的机头及相应的螺杆和辅机设备，可将 SPVC、RPVC、PE、PS 等塑料挤制成管、板、棒、薄膜、拉丝、吹瓶及包制电缆绝缘层等。

本机结构简单，布置合理。齿轮箱采用封闭式齿轮结构，润滑性能好，运转平稳，性能可靠。料筒、螺杆采用 38CrMoAlA 高级优质合金钢制成，并经氮化处理，表面硬度为 60HRC 以上，经氮化后磨制而成。本机噪声小、耐磨性能好、寿命长。

（2）SJ-90A 型塑料挤出机　主要技术规格见附表 18。

附表 18

项目		技术规格	项目		技术规格
螺杆直径/mm		90	生产能力/(kg/h)	RPVC(粒料)	20～60
				SPVC 或 PE(粒料)	40～90
螺杆长径比		20∶1	外形尺寸(长×宽×高)/mm		3015×1737×1486
螺杆转速/(r/min)	低速	12～36	质量/kg		2900
	高速	24～72			
主电动机功率/kW		7.3～22	加热功率/kW		18

本机为加工热塑性塑料的设备，配上相应的辅机和成型机头及相应的螺杆，可以进行 SPVC、RPVC 等多种热塑性塑料制品或半成品的加工，如挤管、吹塑薄膜、挤板、挤棒材及造粒等。本机主要由三相交流换向器电动机、挤出部分、传动部分、传动装置、温度控制装置、加料装置等系统组成。三相交流换向器电动机可在 470～1410r/min 范围内实现无级调速，对换带轮主轴可以获得 12～36r/min 与 2～72r/min 的转速，满足塑料加工的需要。

（3）SJ-90B 型、SJ-90B1 型塑料挤出机　主要技术规格见附表 19。

附表 19

项目	SJ-90B	SJ-90B1	项目	SJ-90B	SJ-90B1
螺杆直径/mm	90	90	加热功率/kW	16	16
螺杆长径比	20∶1	20∶1	中心高/mm	1000	1000
螺杆转速/(r/min)	18～105	14～72	外形尺寸(长×宽×高)/mm	3015×1975×1705	3015×1975×1705
生产能力/(kg/h)	200	30～90	质量/kg	2500	2500
主电动机功率/kW	40	2.4～24			

本机配以相应辅机、机头及螺杆，可进行 SPVC、RPVC、PE 等多种热塑性塑料制品或半成品的加工，如管、膜、板、棒材及造粒等。

该机长径比较大，转速调节范围大，能无级调节螺杆的转速，还配有分离型螺杆。温度控制采用新型仪表，温度控制精度高，料筒螺杆均可冷却，能满足多种工艺要求，本机操作和控制方便。

（4）SJ-90A、SJ-90×25、SJ-90×28 型塑料挤出机　主要技术规格见附表 20。

附表 20

项目	SJ-90A	SJ-90×25	SJ-90×28
螺杆直径/mm	90	90	90
螺杆长径比	20∶1	25∶1	28∶1

续表

项目	SJ-90A	SJ-90×25	SJ-90×28
螺杆转速/(r/min)	10～100		6～39
主电动机功率/kW	30		37
外形尺寸(长×宽×高)/mm	2880×1015×1575		3200×1760×1260
质量/kg	3500		4000

用于加工各种热塑性塑料（如 PE、PVC、PP、PS 等），配备相应的机头和辅机，可生产管、板、棒、带、丝、膜、电线、电缆、异型材和中空制品，还可以进行塑料混合、塑化造粒和着色。

本机由挤出、传动、加热、冷却等部分组成。挤出部分由螺杆和机筒组成，它将塑料塑化成均匀的熔体，由螺杆连续定量、定压、定温挤出。螺杆和机筒材料为优质合金钢 38CrMoAlA，经特殊处理后，硬度高、耐磨、耐腐蚀、耐高温、强度高、使用寿命长。螺杆采用新型结构，易于塑料塑化熔融，塑化质量好，生产率高。螺杆转速可在较大范围内无级调节，对不同物料和制品加工工艺有一定的适应性。

（5）SJ-90×30 型塑料挤出机　主要技术规格见附表 21。

附表 21

螺杆直径/mm	螺杆长径比	螺杆转速/(r/min)	主电动机功率/kW	机筒加热功率/kW	机头加热功率/kW	生产能力/(kg/h)	挤出机质量/kg	控制屏质量/kg
90	30∶1	60～100	6～160	31.6	1.6	2～1200	5000	500

该机配置不同的螺杆、机头及相应的辅机，可将 SPVC、RPVC、PE、PS、尼龙等热塑性塑料加工成管、板、薄膜、中空容器等制品。

螺杆长径比大，塑化性能好。主机传动采用无级变速，调速范围大，设有切削过载保护器。机筒配有加热冷却装置，导温均匀，加热迅速。用时间比例式温度指示调节仪进行控制，温度波动小，并能自动定温。根据需要也可手动强制冷却。本机操作及控制方便。

7. SJ-105 系列塑料挤出机

SJ-105×25 型塑料挤出机的主要技术规格见附表 22。

附表 22

项目	技术规格	项目	技术规格
螺杆直径/mm	105	主电动机功率/kW	64
螺杆长径比	25∶1	外形尺寸(长×宽×高)/mm	5400×2000×2500
螺杆转速/(r/min)	10～50	质量/kg	6100
生产能力/(kg/h)	60～130		

本机采用实用新型减速机，噪声低、能耗少。螺杆采用销钉式，改善了混合效果。

8. SJ-120 系列塑料挤出机

SJ-120、SJ-120×25A 型塑料挤出机的主要技术规格见附表 23。

附表 23

项目	SJ-120	SJ-120×25A
螺杆直径/mm	120	120

续表

项目	SJ-120	SJ-120×25A
螺杆长径比	20∶1	25∶1
螺杆工作长度/mm	2400	3000
螺杆转速/(r/min)	8～48	8～60
生产能力/(kg/h)	25～160	30～180
主电动机功率/kW	18.5	25～75
加热功率/kW	41.7	49
中心高/mm		1100
电屏外形尺寸(长×宽×高)/mm	1100×600×1800	2560×1100×2210
挤出机外形尺寸(长×宽×高)/mm	3970×2560×2210	4570×2560×2210
挤出机质量/kg	6000	5000
电屏质量/kg	400	400

本机是一台通用设备，配备不同的螺杆、机头和辅机，可将PVC、PE、PS、聚酰胺等热塑性塑料挤制管、板、中空、薄膜及包制电线等制品。

特点是螺杆长径比大，采用无级调速螺杆，调节范围大。机筒采用铸铝加热，鼓风机冷却，设有温度调节和切削式扭矩保护装置。本机由螺杆、机筒、加热冷却、传动装置、机头连结架、电气控制屏等组成。

9. SJ-130系列塑料挤出机

SJ-130×25型塑料挤出机的主要技术规格见附表24。

附表24

项目	技术规格	项目	技术规格
螺杆直径/mm	130	功率/kW	97
螺杆长径比	25∶1	外形尺寸(长×宽×高)/mm	4000×2600×2500
螺杆转速/(r/min)	10～60	质量/kg	7000
生产能力/(kg/h)	150～300		

本机采用普通渐变螺杆或选用BM型螺杆，可挤制各种塑料制品。

10. SJ-150系列塑料挤出机

(1) SJ-150A、B型塑料挤出机　主要技术规格见附表25。

附表25

项目	技术规格	项目		技术规格
螺杆直径/mm	150	外形尺寸(长×宽×高)/mm		4565×2267×2895
螺杆长径比	20∶1	主电动机	功率/kW	75/25
			转速/(r/min)	350～1050
螺杆转速/(r/min)	RPVC:7～21 SPVC:14～42	加热功率/kW		机筒(铸铝加热):48 法兰(管形加热):3
生产能力(RPVC粒料)/(kg/h)	120～200	质量/kg		7400
中心高/mm	1100			

本机与相应辅机（包括成型机头）相配合，配上相应螺杆，便可以进行 SPVC、RPVC、PE 等多种热塑性塑料制品或半成品的加工，如挤制管材、板材、吹塑薄膜、造粒等。

本机是塑料挤出机中主机，由三相交流换向器电动机、挤出部分、传动装置、上料装置、控制系统等组成。

本机螺杆有两种转速：7～21r/min、14～42r/min（调换大小带轮实现）。在该范围内进行无级调速，以适应不同塑料制品的工艺要求。本机的螺杆和机筒均由氮化钢制成，精加工后氮化处理，硬度高、耐磨、耐腐蚀。机筒进料段内表面开有 12 条纵向沟槽，使之挤出稳定、产量高。机筒外表面还采用铸铝加热器分段加热，温度波动小，使用寿命长。本机结构紧凑、占地面积小，使用维护方便。

(2) SJ-150B、SJ-150×25C 型塑料挤出机　主要技术规格见附表 26。

附表 26

项目	SJ-150B	SJ-150×25C
螺杆直径/mm	150	150
螺杆长径比	20∶1	25∶1
螺杆转速/(r/min)	10～60,7～42	10～60,7～42
主电动机功率/kW	75	75,100
生产能力/(kg/h)	120～350	150～400
加热功率/kW	44	52
中心高/mm	1000	500,1000
质量/kg	6500	7500
外形尺寸(长×宽×高)/mm	4238×970×2950	5234×1765×2520

主要供连续挤制 SPVC、RPVC、PE 等热塑性塑料用，与相应的辅机（包括成型机头）配合，可加工多种塑料制品，如吹塑薄膜、挤制管材、板材、电缆及造粒等。本挤出机备有简单、屏障、分离、波状等不同螺杆，供用户选用。

11. SJ-200 系列塑料挤出机

SJ-200A 型塑料挤出机的主要技术规格见附表 27。

附表 27

<table>
<tr><th colspan="2">项目</th><th>技术规格</th><th>项目</th><th>技术规格</th></tr>
<tr><td colspan="2">螺杆直径/mm</td><td>200</td><td>加热功率/kW</td><td>机筒(铸铝加热):60
法兰(管形加热):4</td></tr>
<tr><td colspan="2">螺杆长径比</td><td>20∶1</td><td>冷却介质</td><td>水</td></tr>
<tr><td colspan="2">螺杆转速(RPVC 挤管)/(r/min)</td><td>5～15</td><td>中心高/mm</td><td>1100</td></tr>
<tr><td colspan="2">生产能力(RPVC 粒料)/(kg/h)</td><td>200～400</td><td>外形尺寸(长×宽×高)/mm</td><td>5880×2670×2975</td></tr>
<tr><td rowspan="2">主电动机</td><td>功率/kW</td><td>100/33.3</td><td rowspan="2">质量/kg</td><td rowspan="2">12100</td></tr>
<tr><td>转速/(r/min)</td><td>350～1050</td></tr>
</table>

本机与相应辅机（包括成型机头）相配合，配上相应的螺杆，便可进行 SPVC、RPVC、PE 等热塑性塑料制品的加工，如挤制管材、板材、吹塑薄膜、造粒等。本机是塑料挤出机组中的主机，由三相交流换向器电动机、挤出部分、传动装置、上料装置、温度控制系统等组成。

本机采用三相交流换向器电动机，螺杆转速范围 5～15r/min，在该范围内进行无级调速，以适应加工不同塑料制品的工艺要求。螺杆机筒均由氮化钢制成，精加工后氮化处理，具有较高的硬度和抗磨及耐腐蚀能力。机筒进料段内开有 16 条纵向沟槽，使之挤出稳定、产量高。机筒外表面采用铸铝加热器分段加热，温度波动小，使用寿命长。本机结构紧凑、占地面积小、使用维修方便。

12. H 系列塑料挤出机

本机配以相应的机头和辅机，可将如 PE、PVC、PP 等原料制成管、片、棒、扁丝、膜、中空容器、泡沫、电线电缆等塑料制品。

H 系列塑料挤出机的螺杆为 BM 型，挤出量大而稳定，压力波动小，筒内表面与槽表面误差小，消耗能量小，主要技术规格见附表 28。

附表 28

项目	螺杆直径/mm	螺杆长径比	螺杆转速/(r/min)	生产能力/(kg/h)	主电动机功率/kW	加热功率/kW	中心高/mm
SJ-30	30	20∶1	10～100	1～6	2.2	3	1000
SJ-45	45	20∶1	10～90	2.5～25	5.5	4.5	1000
		25∶1	20～200	80	18.5	6	1000
SJ-65	65	20∶1	10～90	6.5～60	18.5	6	1000
		25∶1	10～90	6.5～60	18.5	8	1000
SJ-90	90	20∶1	5～50	10～80	37	10	1000
		25∶1	5～50	10～80	37	12	1000
SJ-120	120	20∶1	9～54	65～130	55	40	1100
		25∶1	10～71	84～180	55	45	1100
SJ-150	150	20∶1	7～42	90～180	75	60	1100
		25∶1	7～42	120～280	75	72	1100

13. SJ 系列单螺杆塑料挤出机

本机使用相应的螺杆、机头和辅机，可挤制 SPVC、RPVC、PE、PP 等热塑性塑料。可挤出板材、管材、异型材或拉丝、吹塑薄膜、中空容器，包覆电线、电缆和造粒等。

本机螺杆与机筒均采用 38CrMoAlA，经离子氮化处理，硬度高、耐磨、耐腐蚀、强度高、使用寿命长。

本机结构紧凑，调速范围大，温度采用数显控制，塑化质量好，使用维护方便。主要技术规格见附表 29。

附表 29

项　　目	SJ-30×25B	SJ-45×25B	SJ-65B	SJ-65×25B	SJ-90B	SJ-90×25B
螺杆直径/mm	30	45	65	65	90	90
螺杆长径比	25∶1	25∶1	20∶1	25∶1	20∶1	25∶1
螺杆转速/(r/min)	16～160	12～90	15～90	15～90	12～72	12～72
生产能力/(kg/h)	210	525	760	760	2090	2090

续表

项　目	SJ-30×25B	SJ-45×25B	SJ-65B	SJ-65×25B	SJ-90B	SJ-90×25B
主电动机功率/kW	5.5	11	18.5	22	30	37
加热功率/kW	3	6	9.6	9.6	15	15
外形尺寸(长×宽×高)/mm	1700×540×1600	1960×540×1630	2210×1420×1730	2534×1420×1730	2830×1540×1770	2380×1540×1770
质量/kg	500	800	1500	1700	2000	2000

二、排气式塑料挤出机的选型

1. SJP-65×30 型排气式塑料挤出机

本机对吸湿性较强的聚合物或含水分、溶剂的聚合物，可在没有预干燥情况下直接挤出，保证制品内不出现气泡和表面无光等缺陷，具有良好的力学性能。对于排气要求不高的树脂（如 PE），采用本机可在高转速时将原来夹带的一部分未及时从加料口排出的气体、水分由排气口自然排出，提高产量，保证质量。主要技术规格见附表 30。

附表 30

项目	技术规格	项目	技术规格
螺杆直径/mm	65	生产能力/(kg/h)	15～75
螺杆长径比	30	中心高/mm	1000
螺杆转速/(r/min)	20～100	外形尺寸(长×宽×高)/mm	2895×680×1790
主电动机功率/kW	30/10	质量/kg	4000

本机适用于加工聚丙烯等流动性较差的物料。可以用于制品的成型加工，也可以用于塑化、脱水、造粒、喂料。

2. SJP-65×30A 型排气式塑料挤出机

本机主要用于聚烯烃类塑料的挤出成型，可用于生产软板、平膜、管膜、软管、硬管、拉丝、涂覆和造粒等。主要技术规格见附表 31。

附表 31

项目	技术规格	项目	技术规格
螺杆直径/mm	65	冷却方式	风冷
螺杆长径比	30	排气形式	直轴式
螺杆转速/(r/min)	20～125	生产率/(kg/h)	60～130
主电动机功率/kW	30	中心高/mm	1000
加热方式	远红外铸铅加热器	外形尺寸(长×宽×高)/mm	2980×750×1930
加热功率/kW	17.5	质量/kg	3550

三、双螺杆塑料挤出机的选型

1. SJS-30 系列双螺杆塑料挤出机

SJS-30 型双螺杆配混挤出机为高速同向排气双螺杆配混挤出机，可应用在化学、橡胶、食品、精细化工等工业，特别是塑料工业，供高分子实验室和塑料厂作合成材料配方研究、基础研究及新产品开发用，同时也可作小批量生产用。本机采用积木式原理设计，通过变换螺纹套，捏炼盘的位置、数量、旋向，可组成不同形式的数种螺杆，用途广泛。主要技术规格见附表32。

附表 32

项目	技术规格	项目	技术规格
螺杆公称直径/mm	30	螺杆转速/(r/min)	30～300
双螺杆中心距/mm	26	生产能力/(kg/h)	520
螺杆长径比	23.2(可变更)	主电动机功率/kW	5.5

2. SJSZ 系列锥形双螺杆塑料挤出机

本机主要用于挤制管材、板材和异型材等塑料制品。本机采用了新一代晶闸管调速装置驱动电动机。主控板采用紧凑板结构，调节器、触发器及保护环节集中于一块板上，直流电动机通过减速箱和分配箱驱动两根锥形螺杆由内向外异向旋转。机筒采用水环式真空泵排气，螺杆芯部设有恒油温冷却装置。本机设有定量给料装置，机筒电加热自动控温。主要技术规格见附表33。

附表 33

项目	SJSZ-45	SJSZ-65
螺杆直径/mm	45/90	65/120
螺杆长径比	14.68	15.57
螺杆转速/(r/min)	1～45.5	1～34.7
生产能力/(kg/h)	80	250
主电动机功率/kW	17	37
外形尺寸(长×宽×高)/mm	3800×900×2080	4235×1520×2450
质量/kg	3000	4000

3. SJSZ-55型、SJSZ-65型、SJSZ-80型锥形双螺杆塑料挤出机

该系列机型配合相应机头和辅机，可用于各种管材、异型材、造粒等生产。

该机主要由挤出系统、定量加料装置、真空排气系统、减速箱、齿轮箱、加热冷却系统、螺杆芯部调温系统、电控系统（包括故障报警系统和转矩保护装置）等组成。主要技术规格见附表34。

附表 34

项目	SJSZ-55	SJSZ-65	SJSZ-80
螺杆直径/mm	55/100	65/132	80/140
螺杆数量/个	2	2	2
螺杆旋向	异向向外	异向向外	异向向外
总力矩/(N·m)	8200	10300	13600
螺杆转速/(r/min)	3.4～34	3.4～34.8	3.7～37
机筒加热段数/个	4	4	4
机筒加热功率/kW	18	24	36

续表

项目	SJSZ-55	SJSZ-65	SJSZ-80
机筒冷却区段	3	3	4
中心高/mm	1000	1000	1000
外形尺寸(长×宽×高)/mm	4270×1020×2410	4150×1000×2420	5050×1510×2420
质量/kg	3800	3900	5000

该机设计先进、结构紧凑、性能优良、外形美观。

4. SJSZ-60×22型锥形双螺杆塑料挤出机

本机配以相应的辅机，可将RPVC、粉料直接加工成管材（包括波纹管）、板材、异型材、片材等制品，也可用于PVC造粒。

本机以锥形螺杆异向向外转，带定量加料装置。螺杆转矩大，混合性能好，产量高，对原料适应性强。螺杆芯部设有热油自动循环及冷却加热系统，效率高，运行可靠。传动系统采用渐开线减速机与分配齿轮箱相连，传动平稳，噪声低。螺杆、料筒采用特殊合金钢氮化处理，经久耐用。采用晶闸管直流电动机无级平稳调速，操作方便，传动效率高，设有过载保护装置。采用PC控制，机筒加热系统温度控制精度可达±1℃。主要技术规格见附表35。

附表35

项目	技术规格1	技术规格2
螺杆直径/mm	60/125	60/125
螺杆长径比	22∶1	22∶1
螺杆工作长度/mm	1320	1320
螺杆旋向	异向向外	异向向外
螺杆数量/个	2	2
螺杆转速/(r/min)	3.45～34.5	3.45～34.5
主电动机功率/kW	30	30
机筒加热功率/kW	18.7	18.7
生产能力(PVC管)/(kg/h)	200	200
中心高/mm	1000	1000
外形尺寸(长×宽×高)/mm	4485×900×2400	4480×1110×2400
质量/kg	4500	2200

5. SLJS-80×18型锥形双螺杆塑料挤出机

本机引入奥地利Cincinnati Milacron公司的专用技术制造，适合加工聚氯乙烯干粉料并可直接挤出成型。

本机设计先进，结构紧凑，螺杆为特殊设计，根据用户要求可在6种螺杆中选用，适应不同物料或制品的加工。

本机为平行式，异向旋转的双螺杆，能满足输送、压缩、混炼排气、塑化等工艺要求。设有定量加料装置，螺杆芯部设有特殊的油温加热控制系统，以保证制品质量的稳定。主要技术规格见附表36。

本机低温挤出、运转平稳、能耗低、产量高。

附表 36

项目	技术规格	项目	技术规格
螺杆直径/mm	80	机筒加热功率/kW	21
螺杆数量/个	2	加热温控范围/℃	50～300
螺杆长径比	18∶1	油冷却段/个	4
螺杆旋向	异向向外	传动功率/kW	22
螺杆转速/(r/min)	8～28.6	外形尺寸(长×宽×高)/mm	2760×810×1850
螺杆转矩/(N·m)	6300	质量/kg	2500
机筒加热段数/个	4	生产能力/(kg/h)	管材(按规定配方):150～180 型材(按规定配方):130～160 造粒(透明 PVC):130

参 考 文 献

[1] 朱复华．挤出理论及应用［M］．北京：中国轻工业出版社，2001.
[2] 王加龙．塑料挤出制品生产工艺手册［M］．北京：中国轻工业出版社，2002.
[3] 秦宗慧，谢林生，祁红志．塑料成型机械［M］．北京：化学工业出版社，2012.
[4] 张丽叶．挤出成型［M］．北京：化学工业出版社，2002.
[5] 钱汉英，王秀娴．塑料加工实用技术问答［M］．北京：机械工业出版社，2000.
[6] 曲晓红．塑料成型知识问答［M］．北京：国防工业出版社，1996.
[7] 邱明恒．塑料成型工艺［M］．西安：西北工业大学出版社，1994.
[8] 成都科技大学．塑料成型工艺学［M］．北京：中国轻工业出版社，1991.
[9] 成都科技大学．塑料成型模具［M］．北京：中国轻工业出版社，1990.
[10] 广州轻工业学校．塑料成型工艺学［M］．北京：中国轻工业出版社，1990.
[11] 吴培熙，王祖玉．塑料制品生产工艺手册［M］．北京：化学工业出版社，1998.
[12] 尹燕平．双向拉伸塑料薄膜［M］．2版．北京：化学工业出版社，2001.
[13] 吴舜英，徐敬一．泡沫塑料成型［M］．北京：化学工业出版社，1992.
[14] 黄汉雄．塑料吹塑技术［M］．北京：化学工业出版社，1996.
[15] 吕柏源，唐跃，赵永仙，等．挤出成型与制品应用［M］．北京：化学工业出版社，2002.
[16] 王善勤．塑料挤出成型工艺与设备［M］．北京：中国轻工业出版社，1998.
[17] 赵素合．聚合物加工工程［M］．北京：中国轻工业出版社，2001.
[18] 张明善．塑料成型工艺及设备［M］．北京：中国轻工业出版社，1998.
[19] 黄锐．塑料成型工艺学［M］．2版．北京：中国轻工业出版社，1998.
[20] 劳温代尔 C．塑料挤出［M］．2版．陈文瑛，韦华，赵红玉，译．北京：中国轻工业出版社，1996.
[21] 叶蕊．实用塑料加工技术［M］．北京：金盾出版社，2000.
[22] 周达飞，唐颂超．高分子材料成型加工［M］．北京：中国轻工业出版社，2000.
[23] 刘廷华．塑料成型机械使用维修手册［M］．北京：机械工业出版社，2000.
[24] 卢鸣．塑料异型材［M］．北京：化学工业出版社，2002.
[25] 林师沛．塑料配制与成型［M］．北京：化学工业出版社，1997.
[26] 吴大鸣．特种塑料管材［M］．北京：中国轻工业出版社，2000.
[27] 王文广．塑料材料的选用［M］．北京：化学工业出版社，2001.
[28] 唐志玉．塑料挤塑模与注塑模优化设计［M］．北京：机械工业出版社，2000.
[29] 塔德莫尔，高戈斯．聚合物成型加工原理［M］．2版．任冬云，译．北京：化学工业出版社，2009.
[30] 邱丹力．塑料成型工艺［M］．北京：机械工业出版社，2008.
[31] 周殿明．塑料挤出成型工艺员手册［M］．北京：化学工业出版社，2008.
[32] 欧阳德祥．塑料成型工艺与模具结构［M］．北京：机械工业出版社，2008.
[33] 屈华昌．塑料成型工艺与模具设计（修订版）［M］．北京：高等教育出版社，2007.
[34] 金灿．塑料成型设备与模具［M］．北京：中国纺织出版社，2008.
[35] 中国标准出版社．中国国家标准汇编［M］．北京：中国标准出版社，2008.
[36] 徐百平．塑料挤出成型技术［M］．北京：中国轻工业出版社，2011.
[37] 徐冬梅．塑料挤出成型技术［M］．北京：化学工业出版社，2013.
[38] 刘西文．塑料挤出工（中、高级）培训教程［M］．北京：文化发展出版社（原印刷工业出版社），2013.
[39] 周殿明．塑料挤出工问答［M］．北京：机械工业出版社，2011.
[40] 齐贵亮．塑料挤出成型实用技术［M］．北京：机械工业出版社，2012.
[41] 张玉龙，张永侠．塑料成型工艺与实例丛书——塑料挤出成型工艺与实例［M］．北京：化学工业出版社，2011.
[42] 张治国．塑料挤出成型技术问答［M］．北京：文化发展出版社，2012.
[43] 吴念．塑料挤出生产线使用与维修手册［M］．北京：机械工业出版社，2011.
[44] 朱元吉．塑料异型材挤出模具［M］．北京：化学工业出版社，2010.
[45] 周殿明．塑料管挤出成型［M］．北京：机械工业出版社，2011.

［46］ 邱建成．塑料挤出中空吹塑成型技术［M］．北京：化学工业出版社，2012．
［47］ 陈泽成，陈斌．塑料挤出机头典型结构设计及试模调机经验汇编［M］．北京：机械工业出版社，2014．
［48］ 陈泽成，陈斌．塑料挤出机头典型结构设计图集［M］．北京：机械工业出版社，2018．
［49］ 王加龙．塑料挤出成型［M］．北京：印刷工业出版社，2009．
［50］ 刘西文．挤出成型技术疑难问题解答［M］．北京：印刷工业出版社，2011．
［51］ 齐贵亮，汪菊英．吹塑成型技术疑难问题解答［M］．北京：文化发展出版社，2017．
［52］ 唐志玉．塑料模具设计师指南［M］．北京：国防工业出版社，1999．